朱 芬 编著

Zhu Fen Editor

黑水虻

Black soldier fly

中国农业科学技术出版社

图书在版编目（CIP）数据

黑水虻／朱芬编著．—北京：中国农业科学技术出版社，2019.6（2024.2重印）
ISBN 978-7-5116-4256-1

Ⅰ.①黑…　Ⅱ.①朱…　Ⅲ.①水虻科　Ⅳ.①Q949.44

中国版本图书馆 CIP 数据核字（2019）第 117839 号

责任编辑　姚　欢
责任校对　贾海霞

出 版 者　中国农业科学技术出版社
北京市中关村南大街 12 号　邮编：100081
电　　话　（010）82106631（发行部）（010）82106636（编辑室）
（010）82109703（读者服务部）
传　　真　（010）82106631
网　　址　http://www.castp.cn
经 销 者　各地新华书店
印 刷 者　北京中科印刷有限公司
开　　本　787 mm×1 092 mm　1/16
印　　张　17.5
字　　数　400 千字
版　　次　2019 年 6 月第 1 版　2024 年 2 月第11次印刷
定　　价　60.00 元

《黑水虻》

编著委员会

主 编 著： 朱　芬

编著成员：（按姓氏笔画排序）

王婉强　邓文辉　孙　盈　邱可睿　汪　岩

陈天阳　殷玉梦　高正辉　董昊霖

前　言

2013 年，在恩师雷朝亮老师和 CABI 东亚中心主任张峰博士的引荐下，我有幸参加了欧盟第七框架协议项目（昆虫蛋白的开发），其中我负责的领域是有关家蝇的研究。项目组中有负责黑水虻相关研究的成员，聆听他们介绍项目中有关黑水虻的研究进展，是我第一次真正意义上的初识黑水虻。2014 年在非洲加纳出差考察小农养殖的黑水虻时，我第一次了解到黑水虻带给养殖人员的困惑，那就是繁育成虫需要有空间足够大的透光温室，收获的大量幼虫和蛹也遭遇着安全性和卖给谁的尴尬。回国后我查阅了大量的文献，发现种虫繁育和高附加值产品缺乏是限制黑水虻产业化应用的瓶颈。于是，我开始花时间和精力，和我的研究生及本科生一起，琢磨着如何解决限制黑水虻产业化的瓶颈问题。在本团队开展系统研究的同时，我也开始系统查阅和学习国内外其他专家和学者在黑水虻的研究与利用中所取得的成绩，在这个过程中我也真正领悟到了黑水虻与其他昆虫的差别。

（1）黑水虻是一种腐生性昆虫，可以用于转化分解餐厨垃圾、屠宰场废弃物、秸秆、畜禽及人的粪污等有机废弃物，从而改善环境、造福人类。

（2）黑水虻的繁育能力强，其繁殖力丝毫不逊于家蝇、大头金蝇，其成虫还不在居民区活动，易于管理。

（3）黑水虻在转化分解有机废弃物的过程中，其虫沙可用作有机肥。

（4）黑水虻幼虫和蛹的个体较大，蛋白和油脂含量高，可以当作动物饲料的蛋白原料，也可用于开发昆虫油脂和生物柴油。

（5）黑水虻耐高密度饲养，有利于工厂化大量生产。

迄今，黑水虻的繁殖与利用研究在世界范围内有了长足的发展。本着分享成果的宗旨，我有了编著此书的念头。

书中涉及的部分研究得到了本人所指导的研究生和本科生的大力支持，也得到了国家自然科学基金项目（项目批准号：31872306）和中央高校基本科研业务费专项资金资助项目（项目批准号：2662018PY098）的支持，在此一并表示衷心感谢。

值此书付梓之际，感谢我的恩师雷朝亮老师多年来给予我的培养，感谢华中农业大学及植物科学技术学院和农业昆虫与害虫防治教研室的领导、老师给予我的诸多关怀。

本书内容涉及广泛，由于编著者水平有限，难免存在不足、错误或遗漏之处，敬请读者批评指正。

朱　芬

2019 年 6 月于武汉

目　录

第一章 概 述

第一节 黑水虻的分布

黑水虻 *Hermetia illucens*，英文名称 black soldier fly，又称亮斑扁角水虻，是双翅目水虻科扁角水虻属的一种昆虫，在全球热带和亚热带的大部分地区都有分布。

黑水虻曾被认为起源于美国，且大约 500 年前首次被带到欧洲（Benelli *et al.*，2014），但第一次可证实的古北区物种记录是来自 1926 年的南欧（马耳他）（Lindner，1936），在意大利文艺复兴时期的公主伊莎贝拉·阿拉戈纳（Isabella d'aragona，1470—1524）的石棺中发现了一头黑水虻幼虫。这就引发了一个关于这种昆虫真正地理起源的问题。有人推测黑水虻应该原产于古北地区，尽管直到 1926 年才为人所知。也有人推测黑水虻起源于美国，尽管美洲大陆是在伊莎贝拉和黑水虻幼虫死前大约 30 年被发现的，人们推测黑水虻幼虫是藏在腐烂的动物或食物中，通过西班牙商船“加隆号”意外地从美国转移到达意大利的重要港口——那不勒斯港，但这一推测无法解释新热带区的黑水虻怎样改变其生活史以适应古北区的气候（Benelli *et al.*，2014）。早在 1915 年从南非收集的标本，以及 20 世纪 40 年代从马来西亚、夏威夷、所罗门群岛、新喀里多尼亚、马里亚纳群岛、帕劳和关岛收集的标本都有黑水虻。在欧洲的传播主要是在 20 世纪五六十年代沿着地中海沿岸的西班牙、法国和意大利（Leclercq，1997；1969）。近些年来，这个物种已经有在欧洲中部向北传播的记录。关于黑水虻的报道也见于德国的记录和捷克共和国的记录（Ssymank and Doczkal，2010；Roháček and Hora，2013）。总的来看，到了 20 世纪 60 年代，黑水虻已经扩展到了今天的大部分活动范围。这一物种沿海岸线和岛屿的明显传播表明，海洋运输可能在多次偶然引入中发挥了作用（Marshall *et al.*，2015）。

虽然人们并不知道黑水虻确切的原始分布，也不能排除它最初发生在美国东南部的可能，但是目前其在北美的分布范围似乎反映了黑水虻历史上是从中美洲和南美洲北部的本土范围向北扩展的。它于 19 世纪末出现在美国南部。目前已知的最早的标本是 1881 年在佛罗里达州弗尔南迪纳（美国国家博物馆）发现的。在 1889 年，研究人员从 1987 年在阿拉巴马州从蜂箱中采集的标本里记录了这一发现（Riley and Howard，1889），当时的名字还被错误拼写成 *Hermetia mucens*。随后的进一步报道来自 1897 年在路易斯安那州的记载、1899 年在得克萨斯州的记载、1911 年在南卡罗来纳州的记载、1923 年在加利福尼亚州南边的记载、1926 年在弗吉尼亚州的记载、1931 年在爱荷华州的记载、1938 年在俄亥俄州的记载、1940 年在加利福尼亚州北边的记载、1943 年在马里兰州的记载和 1945 年在纽约的记载。目前所了解到最北的记录是 1972 年 9 月 16 日在新罕布什尔州梅里马克县华纳发现的。在堪萨斯州的双翅目昆虫（Adams，1903）和俄勒冈州的昆虫（Cole and Lovett，1921）名单中没有列出该物种。1960 年，James 展示了黑水虻在加利福尼亚的分布图，其中最北部的标本位于中央山谷的北端。当时，他还提供了一份北美地图，并提到了俄勒冈州、华盛顿州和北达科他州的记录，他将这些记录称为“临时的分布介绍”（James，1960）。2001 年，Woodley 在进行资料整理时，没有把这些记录收入在他的目录里（Woodley，2001）。到目前为止，俄勒冈州和华盛顿州也已经有了该物种的记录，因此该物种已经有可能已经迁移到这些州，并在这些州建立了种群（Marshall *et al.*，2015）。

第二节　黑水虻的重要性

经过几十年的传播，现在世界各地的许多地区都记录有黑水虻。相对于同样也是腐生性的昆虫如家蝇和丽蝇来说黑水虻的个体很大，可以阻止家蝇和丽蝇产卵，幼虫还可以吃掉其他种类的低龄幼虫。这一点很重要，因为家蝇和丽蝇的栖息地常更加恶臭，使得黑水虻看起来与人类更加友好。黑水虻的成虫口器退化，不像家蝇那样可以通过反刍传播疾病。它们很容易被抓住，比较清洁，也不叮咬人。因此，对人类来说它并不是害虫。由于它们成虫阶段不取食，使得可消耗的能量少，所以黑水虻成虫不像家蝇那样善飞。它们也不会被人类的栖息地和食物吸引。黑水虻作为一个食腐殖质者和食粪者，怀孕的雌虫常被腐败的食物或粪便吸引。若想要控制种群，只要杀死预蛹或蛹，种群就会急剧下降。

黑水虻幼虫具有很强的转化蛋白能力，其蛋白含量达 42%，且富含钙和许多氨基酸。只需要 18d，1g 黑水虻卵即可以转化成 2.4g 蛋白。通常 1g 卵中含有 45 000多粒卵。因此它们可以作为人类消费蛋白的一个来源。2013 年，奥地利设计师 Katharina Unger 发明了一款台式昆虫繁育器，称为“农场 432”。通过这种台式昆虫繁育器，人们可以在自己家里生产可食用的水虻幼虫。它是一个多室的塑料设备，看起来就像是厨具。据 Unger 说，“农场 432” 能使人们通过生产自己的蛋白源转而应对当前肉类生产的机能失调系统。该设备 1 周内能生产 500g 幼虫或两餐膳食。黑水虻幼虫的味道非常与众不同。Unger 说：“当人们烹饪的时候，闻起来有点像煮熟的马铃薯，外面更硬一点，里面就像是软的肉类。味道很奇特、口感香醇。”但是欧盟法律禁止将动物产品（包括昆虫）作为饲料用于食品生产，这也是进行商业化运作的障碍。2016 年 9 月，欧盟卫生与食品安全理事会（European Commission Directorate-General）发起了与欧盟成员国关于授权使用昆虫蛋白作为水产养殖鱼类的饲料的讨论。为此，欧盟执委会制定了一系列建议，旨在修订欧洲共同体现行规定（传染性海绵状脑病和动物副产品）。在 2017 年 5 月 24 日，欧盟委员会正式通过了 2017/893 号决议，授权使用昆虫蛋白作为水产养殖的饲料（该决议从 2017 年 7 月 1 日起生效）。这一授权仅限于包括黑水虻在内的 7 个物种的名单，而且这些物种必须达到“饲料级”才能被饲用。位于欧盟以外的公司，如 Enterra 饲料公司（加拿大）和 AgriProtein 有限公司（南非），已经在欧盟当地市场提供了一些昆虫产品，如完整的干幼虫、虫油（即 MagOil™）、烘干蛋白粉（即 MagMeal™）、肥料（即 MagSoil™和 Soil⁺）等。

在过去的几十年里，人们对利用黑水虻幼虫控制有机废弃物、堆肥产生了极大的兴趣（Lalander *et al.*，2015）。收获的幼虫经过冷冻或者干燥可以用作饲喂家畜、禽类、鸟类、鼠类、水产类等动物的食物补充或者是饲料。例如用于生物管理和转化畜禽粪便（Sheppard *et al.*，1994）、用于禽类生产中控制家蝇（Furman *et al.*，1959；Sheppard，1983），以及用作鱼类和猪等的饲料添加剂（Bondari and Sheppard，1981；Newton *et al.*，1977）。后来，人们也尝试把它作为堆肥剂。在 Newton 等（2005b）描述的一个项目中，猪粪被喂给了黑水虻幼虫，这大大减少了粪量。粪便被转移到一个盆里，盆里装着黑水虻幼虫。随着幼虫的发育，粪便减少了 50%，约 45 000头幼虫在 14d 内会消耗 24kg 猪粪。当幼虫成熟时，它们会爬出盆外，从而自我收获，随后作为家畜的饲料。黑水虻幼虫除了是动物饲料中油脂和蛋白质的良好来源外，还具有将有机废弃物转化为丰富肥料的潜力。

近年来，许多公司都在尝试优化和提高黑水虻的养殖技术从而促进其商业化应用。蛋白质和动物饲料的生产一直是世界各地许多从事黑水虻产业化相关公司的关注重点，例如 HermetiaBaruth 公司（德国），AgriProtein 有限公司（南非），Enterra 饲料公司（加拿大）等已经实现了黑水虻的大规模养殖。根据 IlkkaTaponen 的昆虫学数据库显示，全球共有 289 家昆虫公司，其中 222 家是“活跃的”。大多数提供“黑水虻”产品的公司都位于欧洲地区，也有澳大利亚、非洲、亚洲和美国的公司提供这些产品。

关于产品的检测，有学者开发了一种实时荧光定量 PCR 检测黑水虻的方法。该方法在线粒体条形码区域（细胞色素 C 氧化酶基因，*COI*）内扩增 89bp 大小的序列。在商业鱼饲料复合 DNA 的背景下，该系统的 PCR 效率达到 96%。该方法检测灵敏，复合饲料中黑水虻 DNA 稀释的检测限为 0.1 个基因组拷贝，对应的绝对数量为 0.13pg DNA。此外该方法的敏感性也较好，能可靠地检测到水产养殖饲料混合物中分离的 BSF 蛋白含量，其含量可低至 0.01%（质量百分数）。通过对干燥、加热和脱脂的影响进行的补充实验发现，即使是溶剂萃取的干燥幼虫（140℃，20min 预处理），也不会对敏感性产生负面影响。该方法还可对生鲜或加工的黑水虻产品进行灵敏、可靠的检测（Zagon *et al.*，2018）。

第三节 黑水虻相关文献的计量分析

在中国知网（CNKI）和 Web of Science 上搜索关于“黑水虻”“*Hermetia illucens*”的文献，中文主要检索截至 2019 年 1 月 30 日的文献，英文主要检索 2000 年至 2019 年 1 月 30 日的文献。利用文献题录统计分析软件（Statistical Analysis Tool for Informetrics，SATI），社会网络分析软件（University of California at Irvine NETwork，UCINET），社会网络画图工具 NetDraw 等分析并绘制网络结构图。所使用软件的版本号为 SATI 3.2，UCINET6，NetDraw2.084。中国知网上的文献存储为 EndNote 格式，Web of Science 上的文献存储为纯文本格式。利用 SATI 3.2 对所查阅文献的全文数据库题录信息进行作者、作者单位、关键词、年份等字段的抽取、频次统计和共现矩阵构建，利用 UCINET6，NetDraw2.084 进行社会网络分析，并绘制网络结构图。

图 1-1 为 CNKI 期刊数据库中有关黑水虻研究的关键词共现网络图。由图 1-1 可知，研究热点主要有：黑水虻转化分解餐厨垃圾和畜禽粪便的方法与效果研究；黑水虻幼虫在这些废弃物上的生长性能；收获黑水虻的蛋白特性及饲用效果研究；铜锌等重金属污染的影响等。在应用方面主要有以下考虑：一是废弃物的资源化利用；二是昆虫蛋白的饲用，尤其是水产方面。黑水虻幼虫既可直接作活体饵料或幼虫直接粉碎后加入饲料中，又因幼虫含丰富抗菌肽等活性物质而被用作饲料添加剂。

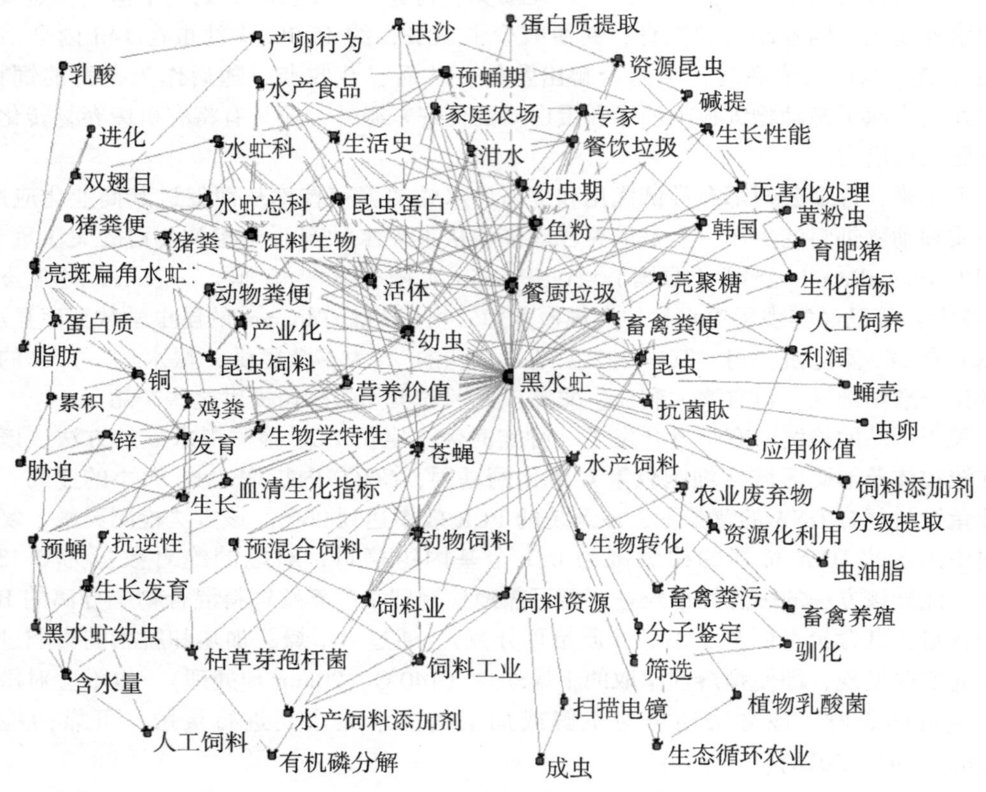

图 1-1　CNKI 期刊数据库中有关黑水虻研究的关键词共现网络

Fig. 1-1　Key words co-occurrence network of research on *H. illucens* in CNKI periodical database

图 1-2 为 Web of Science 期刊数据库有关黑水虻研究的关键词共现网络图。由图 1-2可知，出现频次较高的关键词有：*Hermetia illucens*，black soldier fly，insect meal，biodiesel，protein，forensic entomology，digestibility，waste management，bioconversion，performance，feed，*Hermetia illucens* larvae，aquaculture，poultry，edible insects，fatty acids，amino acids。研究热点主要是黑水虻的饲用、黑水虻对废弃物的消化和转化、黑水虻的营养等方面。

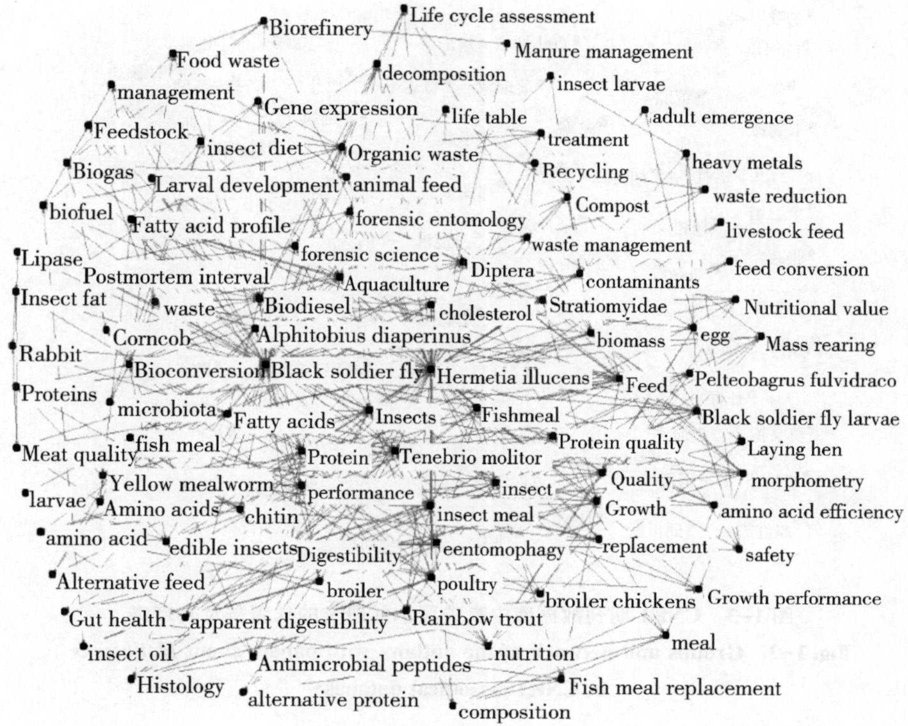

图 1-2　Web of Science 期刊数据库有关黑水虻研究的关键词共现网络

Fig. 1-2　Key words co-occurrence network of research on *H. illucens* in Web of Science periodical database

图 1-3 为 CNKI 期刊数据库中有关黑水虻研究的作者群及其网络图。由图 1-3 可知，喻子牛、喻国辉、夏嫱、廖业、张吉斌、安新城等在 CNKI 收录的中文期刊上发表文章最多。喻子牛、喻国辉对作者网络群的形成具有重要作用。

图 1-4 为 Web of Science 期刊数据库中有关黑水虻研究的作者群及其网络图。由图 1-4 可知，出现频次较高的作者排序如下：Jeffery K. Tomberlin、Yu Ziniu、Zheng Longyu、Zhang Jibin、Laura Gasco、Li Wu、Li Qing、Cai Minmin、D. Craig Sheppard、Francesco Gai、Laura Gasco、Achille Schiavone；另外从作者网络图中还可以发现，Jeffery K. Tomberlin、Yu Ziniu、Laura Gasco、Marco Meneguz 作为共同作者的出现频次较高，且对作者网络群的形成具有重要作用。

图 1-5 为 Web of Science 期刊数据库中 2000 年至 2019 年 1 月有关黑水虻研究的文章数。由图 1-5 可知，截至 2010 年，收录的文章数为 30 篇，平均每年 3 篇；2011—2015 年，每年都维持在 10~20 篇；2016 年出现了小的增幅，达到 30 篇；2017—2018 年增幅非常大，2018 年更是达到了 102 篇。

现有文献中，研究工作主要围绕黑水虻的饲用性能及幼虫对餐厨垃圾、猪粪等废弃物的生物降解及资源化利用，侧重技术应用的文章占比较高。在黑水虻的养殖过程中，

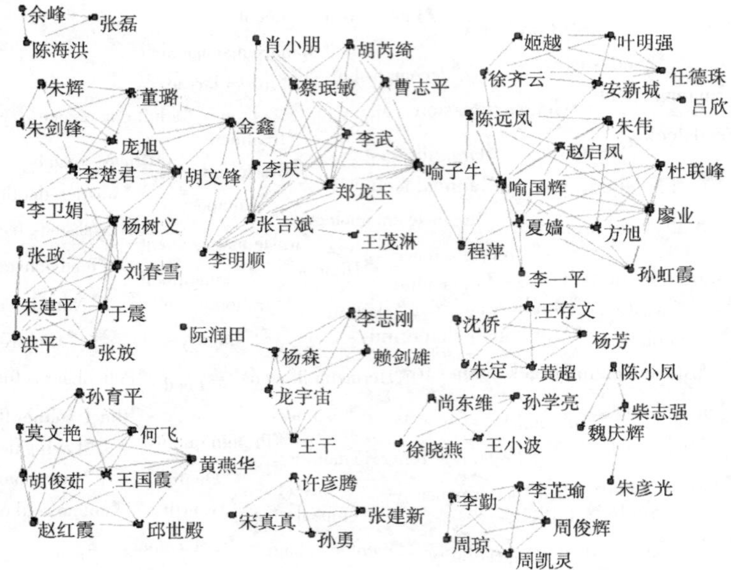

图 1-3　CNKI 期刊数据库中有关黑水虻研究的作者群及其网络

Fig. 1-3　Groups and network of the authors with papers about *H. illucens* in CNKI periodical database

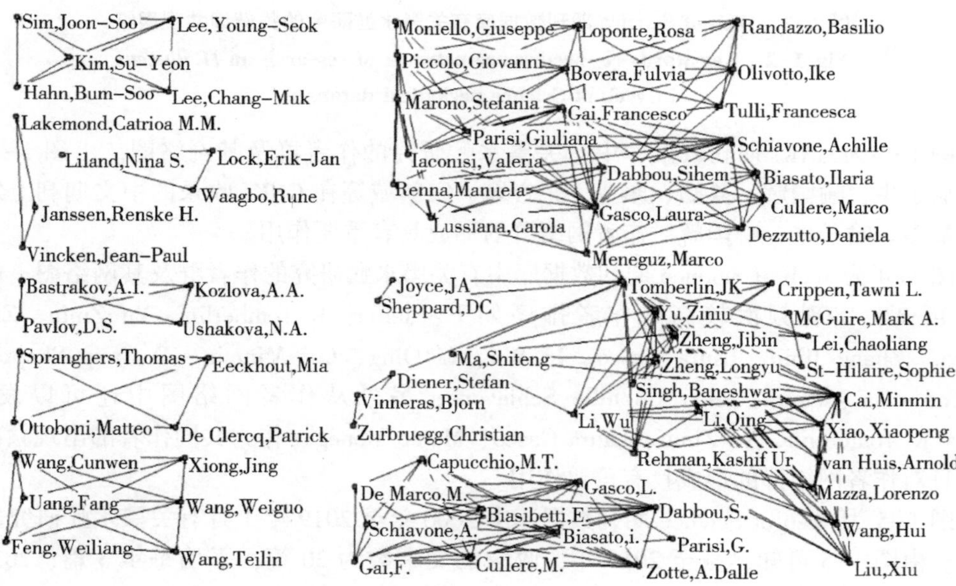

图 1-4　Web of Science 期刊数据库中有关黑水虻研究的作者群及其网络

Fig. 1-4　Groups and network of the authors with papers about *H. illucens* in Web of Science periodical database

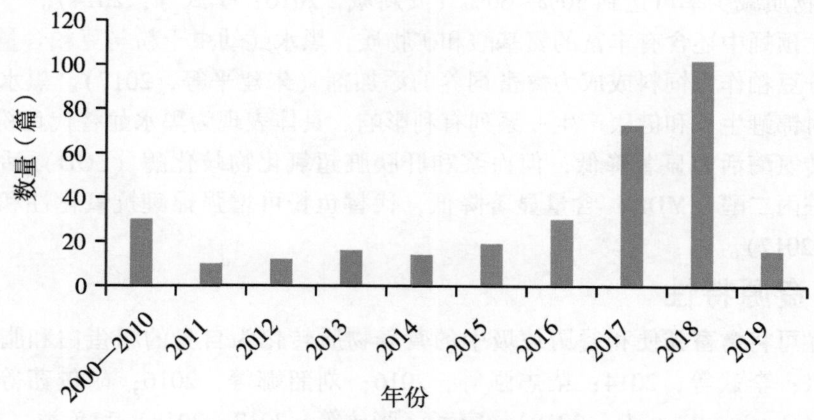

图 1-5　自 2000 年 1 月至 2019 年 1 月 Web of Science 期刊数据库中关于黑水虻的文章数

Fig. 1-5　Amount of papers about *H. illucens* in Web of Science periodical database from January, 2000 to January, 2019

温度、湿度等单因子研究较多，联合影响研究较少，这些环境因子对整个生产效益的影响研究更少。黑水虻高附加值产品研发方面的研究仍较缺乏。虽然已有不少黑水虻转化各种各样废弃物的研究，但少见大规模应用的实例。在今后的研究中应该在这些方面有所加强。

第四节　国内外关于黑水虻的研究现状

一、总体发展现状

黑水虻可作为一种昆虫资源被利用，其幼虫主要以动物粪便、餐厨垃圾和腐烂的有机物为食，包括腐肉、腐烂的水果和蔬菜垃圾等。相比于黄粉虫等其他昆虫，黑水虻的油脂含量较高，这便使黑水虻的研究更有意义。同时它又可以充当家禽以及鱼类等动物的饲料，还对资源利用和环境保护起重大作用。

黑水虻幼虫为腐生性，在自然界中以动物粪便（鸡粪、鸭粪、猪粪、牛粪等）和腐烂的有机物（腐烂的水果、蔬菜，腐肉，腐败的海产品，动物尸体等）为食（Newton *et al.*，2005b；喻国辉等，2009；刘韶娜和赵智勇，2016；马加康等，2016）。幼虫虫体含有丰富的蛋白质、氨基酸、脂肪、矿物质等（喻国辉等，2009；许彦腾等，2014；高俏等，2016）。成虫对环境安全且不主动侵入人类的居室环境、传播疾病的概率低（安新城等，2010b）。黑水虻的应用一直受到广泛关注和研究。

黑水虻具有食谱广、食量大、营养需求低、安全性高等特点，其在处理有机废弃物方面具有很好的应用潜力，幼虫处理粪便的实验研究结果显示，黑水虻对新鲜鸡粪的处理量可达到 50%，对猪粪中干物质的转化率可以达到 56%；含水量大且有丰富糖类、脂肪和蛋白质的餐厨垃圾经过黑水虻的取食后，含水量大幅减少（可从 75% 降到

15%)，干物质减少率可达到 50%~60%（安新城，2016；李武等，2014）。

黑水虻预蛹中还含有丰富的氨基酸和矿物质，黑水虻幼虫干粉与豆粕含量相近，可以代替部分豆粕作为饲料或成为禽畜饲养的添加剂（朱建平等，2017）。黑水虻还可以替代鱼粉对锦鲤生长和健康产生一系列有利影响。具体表现为黑水虻替代鱼粉时，锦鲤血浆谷丙转氨酶活力显著降低，但血浆和肝胰脏超氧化物歧化酶（SOD）活力显著增强，肝胰脏丙二醛（MDA）含量显著降低，代替鱼粉可增强锦鲤抗氧化性和抗病能力（刘兴等，2017）。

二、资源特性

黑水虻可将禽畜粪便和餐厨垃圾中的营养物质转化为自身的粗蛋白和脂肪（李志刚等，2011；李武等，2014；柴志强等，2016；刘韶娜等，2016；胡俊茹等，2017），作为家禽（Cutrignelli *et al.*，2018）、家畜（张放等，2017；2018）和鱼类（胡俊茹等，2014；刘世胜，2016）的良好的活体饲料或饲料添加成分（喻国辉等，2009；郭明，2015；高俏等，2016）。研究表明，黑水虻以 8%的转化率将鸡粪（干重）转化为粗蛋白和脂肪，比重分别为 42%和 35%；取食猪粪后其预蛹中含有 40%左右的干物质，其中粗蛋白占 43%左右，脂肪占 33%左右，还含有丰富的必需氨基酸和矿物质；取食餐厨垃圾后，黑水虻的粗蛋白和粗脂肪含量分别在 44%和 37%左右（柴志强等，2016；李来刚，2016；刘韶娜等，2016）；用作饲料时，不仅可以促进动物吸收营养，加快生长且肉质更鲜美、增强动物的抗病能力，还有效降低了动物养殖的成本（郭明，2015；陈美珠，2017；代发文等，2017）。黑水虻虫粉钙含量约 0.96%，总磷含量约 0.80%。此外，黑水虻粗脂肪中，中链脂肪酸与多不饱和脂肪酸含量占脂肪酸总量的 60%以上，其中月桂酸含量占脂肪酸的 40%以上（郭明，2015）。黑水虻预蛹的营养价值很高，其氨基酸含量与鲱鱼粉相似，特别适合于鸡、猪、牛蛙及鱼类的养殖，而且较普通的骨粉和豆粉好很多，具有非常可观的经济效益。其营养成分可以被高度利用，表现在黑水虻幼虫产生的蛋白质的制备及其体外抗氧化活性（许彦腾等，2014），为进一步钻研、综合利用及开发抗氧化功能蛋白食品提供了科学依据。

黑水虻虫体内的各类蛋白质尤其是水溶蛋白都有抗氧化活性，因此可用于天然抗氧化剂和有抗氧化功能的蛋白食品的制作（许彦腾等，2014；柴志强等，2016）；其预蛹虫壳含有大量的壳聚糖和几丁质，可进行工艺化提取；其幼虫含有丰富的油脂，可作为提取生物柴油的原材料（Wang *et al.*，2018）；而且黑水虻幼虫中含有丰富的抗菌肽、蛋白酶、水解酶、P450 水解酶等抗菌物质，因此还是药物研发的良好素材（高俏等，2016；李来刚，2016）。

三、转化分解有机废弃物的利用

1. 转化分解畜禽粪便

转化禽畜粪便时，黑水虻不仅可以减少粪便的积累、消除其中的臭味（Beskin *et al.*，2018；Newton *et al.*，2005b），还可以有效的控制家蝇的滋生（李峰等，2016；刘良等，2017）；同时还可以降低其中的有害微生物，如粪便中的大肠杆菌、沙门氏菌和金黄色葡萄球菌（Erickson *et al.*，2004；Liu *et al.*，2008；Myers *et al.*，2008）；且其对粪便中的氮元素、磷元素和钾元素的利用率很高，可有效缓解粪便中的富集元素（安新城等，2010b），对粪便中的重金属（铜、锌、锰、镉、铬等）也有解毒作用（胡俊茹等，2017；Wang *et al.*，2018），减少了重金属对环境的污染（Cai *et al.*，2018）。处理有机废弃物后的剩余物，是具有较高肥力的生物肥料，且有实验显示尿素中添加处理猪粪后产生的残渣（虫沙）对白菜的生长有促进作用（李卫娟等，2016），因此黑水虻处理过的废弃物成为了优质的有机肥（杨树义等，2016）。

2. 转化分解餐厨垃圾

黑水虻也同样处理餐饮垃圾。人类生活中会产生数量庞大的餐厨垃圾（柴志强等，2016），利用传统的处理方法会产生许多弊端，且易造成残留、产生其他垃圾等许多问题。利用黑水虻处理餐厨垃圾，可以充分实现餐厨垃圾的资源化、无害化和减量化处理的目标，不会产生其他污染物，也可大面积处理垃圾，所产生的虫体也可以作为饲料等用。

3. 转化分解病死畜禽尸体

黑水虻还可以用于对病死畜禽尸体进行处理，使其尽量无害。实验证明经过黑水虻幼虫食用带有病原菌的饲料后，从幼虫体中并没有检测到相应的病原微生物，从虫体排泄物中也没有检测出病原菌（杨燕等，2016）。这充分说明带病的饲料经过黑水虻体内吸收后，病原物被完全杀灭。同时，将黑水虻体表浸泡洗涤后检测溶液相应病原，结果是呈阴性，这说明了黑水虻体表可能富含有大量抗菌肽类物质，对其接触的病原微生物可以起到抵抗或者消灭的作用。那么由此可以推断出，黑水虻可以减量化、无害化处理病死的畜禽尸体及其副产物，在它们的资源化利用方面也同样具有广阔的应用前景。利用黑水虻高效处理病死猪，实施生物转化，可为畜禽养殖业病死动物尸体无害化处理开辟一个新的途径（喻国辉等，2009）。

四、研究与利用热点

根据目前对黑水虻的研究方向归类，可以大致分为以下四大方向。

1. 研究黑水虻幼虫处理粪便的能力

黑水虻幼虫可以转化处理多种粪便，处理粪便收获的黑水虻幼虫体内可以提炼生物柴油等副产品（Green and Popa，2012）。根据有关研究，人们发现粪便经过黑水虻幼虫处理后，其所含的 N、P、K 大量元素以及其他微量元素的含量都明显减少了，同时对粪便的除臭效果也非常好，这使得粪便中的细菌大大减少，对控制人类疾病有重要意义。

2. 研究黑水虻幼虫对餐厨垃圾处理的功效

黑水虻属于腐生性昆虫，对易腐有机废弃物的取食与消化能力非常强，可以将餐厨垃圾转化为昆虫蛋白和油脂，因此在餐厨垃圾处理领域具有巨大的应用前景，但是，中国的餐厨垃圾普遍具有高油脂、高盐、重调味品的特性，这对取食餐厨垃圾的黑水虻构成了一定的阻碍，尚需要进一步研究。

3. 将黑水虻幼虫用作畜禽及水产养殖的饲料

黑水虻幼虫、预蛹和蛹的营养成分非常丰富，对发展畜禽及水产等的养殖业意义巨大，根据目前对黑水虻幼虫的干物质成分研究表明，其粗脂肪含量达到了 31%~35%，粗蛋白含量高达42%~44%，这一含量相对于其他营养物，优势明显，预蛹中其他营养成分的含量也特别丰富，种类多，含量高，例如大家熟知的氨基酸和矿物质等含量就比较高，由于黑水虻幼虫干粉与豆粕从含量和营养成分上看比较相近，因此理论上可以用来代替部分豆粕（Green and Popa，2012），作为饲料饲养家禽。

4. 研究黑水虻的抗菌作用

根据黑水虻幼虫的腐生性特征，黑水虻幼虫取食腐烂有机物或粪便后，可以有效降低大肠杆菌（*Escherichia coli*）与沙门氏菌（*Salmonella*）的产生，还可有效减少家蝇的数量，不仅如此，还可以消除其他病原菌（赵启凤，2012）。因此可以推断，其体内应具有强大的免疫功能。

第二章　黑水虻的形态特征

黑水虻属双翅目水虻科，全变态发育。其一生共经历卵、幼虫、蛹、成虫 4 个虫态。1~5 龄幼虫体色乳白色，常称白虫。白虫取食活跃，特别是 3~5 龄时具有暴食性。6 龄幼虫体黑色，常称黑虫，又因其口器较退化且不取食，而被称为预蛹。白虫和预蛹在习性上有明显区别。白虫具有取食习性，预蛹则是寻找化蛹场所（安新城等，2010a）。因此区分预蛹和白虫并了解其特点，对生产中把握收获时间具有重要意义。

第一节　卵的形态

卵为块产，一般 500 粒左右，如图 2-1A。卵粒长椭圆形，如图 2-1B，长约 1mm。初产时为乳白色或浅黄色，后变成黄色。

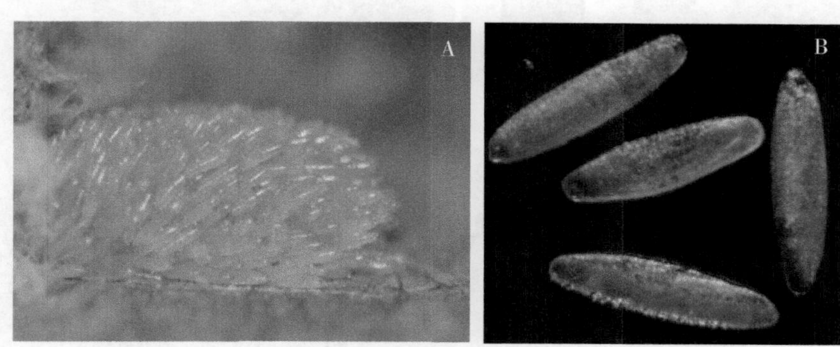

图 2-1　黑水虻卵（A：卵块；B：卵粒）

Fig. 2-1　Eggs of *H. illucens*（A：egg mass；B：individual egg）

第二节　幼虫的形态

黑水虻幼虫口器咀嚼式，除头部所在体节外，体躯其余部分为 11 节，且各体节上有大量的短毛，并呈一定规律排列，见图 2-2。幼虫头部仅前半部分骨化并显露，后半部分缩入胸内；胸、腹部的运动附肢完全退化，为半头无足型幼虫。幼虫龄期有 6 龄，但低龄幼虫极小且不易观察到蜕皮，主要是通过头壳宽度进行龄期区分，这个方法需要借助显微镜进行测定。研究表明不同龄期的黑水虻幼虫，其头壳宽度存在差异显著性（Kim，2010）。幼虫大小差异大，一般 3～19mm。最大可达体长 27mm、体宽 6mm（Hall and Gerhardt，2002）。

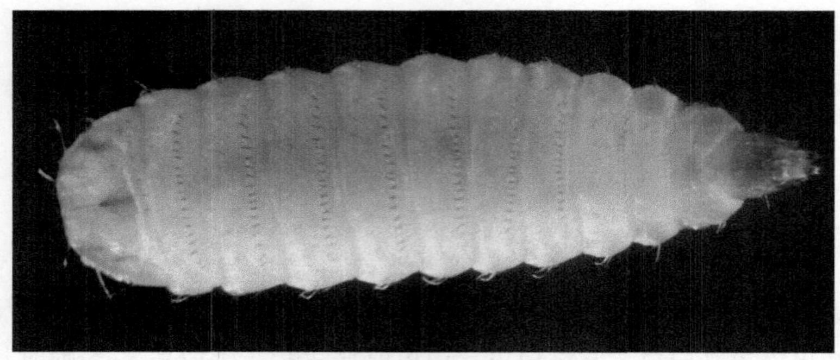

图 2-2　黑水虻 6d 幼虫

Fig. 2-2　Six days larva of *H. illucens*

不同龄期幼虫的头部形态，见图 2-3。从图 2-3 可以看出幼虫各龄期间头宽明显不同。1~2d 时头宽相同，3d 时头宽增加，4~5d 时头宽相同，6d 时头宽增加，7d 相比 6d 时头宽增加，但 7~13d 时头宽变化不大。

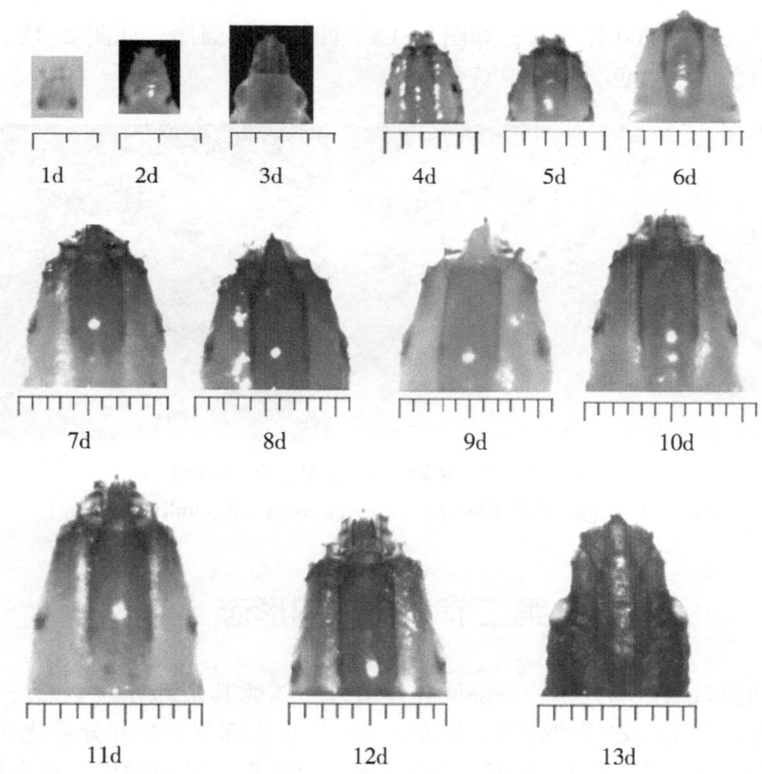

图 2-3　黑水虻不同日龄幼虫头部形态

Fig. 2-3　Head morphology of different day's larva of *H. illucens*

对不同龄期幼虫头壳测量结果如表 2-1。从表 2-1 可以看出，与 1 龄幼虫相比，

2 龄幼虫的头宽增加了 84. 6%；3 龄幼虫的头宽是 1 龄幼虫的 1. 74 倍，头宽增加 117. 4%；4 龄幼虫的头宽比 1 龄幼虫增加了 392. 3%，比 3 龄幼虫增加了 60%；5 龄幼虫的头宽比 1 龄幼虫增加了 623. 1%，比 4 龄幼虫增加了 46. 9%。随龄期的增加，幼虫的头宽也在增加，5 龄时头宽最宽，达到了 0. 94mm，不同的龄期之间，头宽差异具有显著性。经曲线模拟发现，头宽（单位：mm）与龄期成指数关系，其头宽与龄期的关系式为 $y=0.0855e^{0.4938x}$，$R^2=0.99$（其中 y 为头宽，x 为龄期）。

表 2-1　黑水虻幼虫各龄期的头宽

Table 2-1　Head capsule width of of different day's larvae of *H. illucens*

龄期	天（d）	头宽（mm）
1	1~2	0. 13±0. 01f
2	3	0. 24±0. 01e
3	4~5	0. 40±0. 01d
4	6	0. 64±0. 02c
5	7~13	0. 94±0. 08a
6（预蛹）	14	0. 88±0. 03b

在实验及生产中人们发现，可以通过体色区分黑水虻 5 龄幼虫和 6 龄幼虫（即预蛹）。5 龄幼虫体色为乳白色，6 龄则为黑褐色且微泛金属光泽。图 2-4A 中的幼虫是 5 龄幼虫，图 2-4B 中的幼虫是 6 龄幼虫，因其不食不动，被称为预蛹，预蛹的头宽为

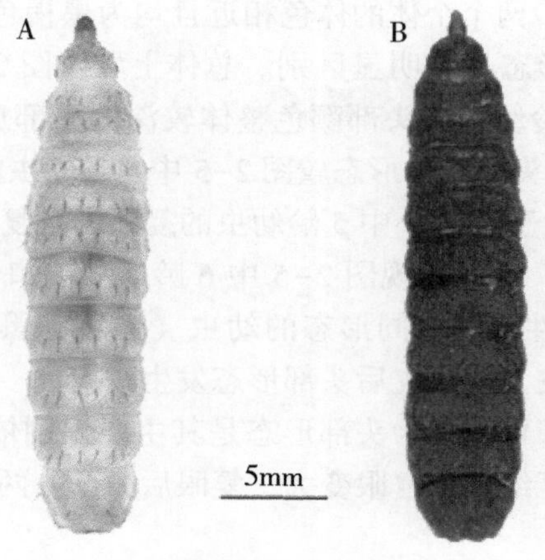

图 2-4　黑水虻 5 龄和 6 龄幼虫（A：5 龄幼虫；B：6 龄幼虫）

Fig. 2-4　The 5th instar and 6th instar larva of *H. illucens*

（A：5th instar larva；B：6th instar larva）

0. 88mm。在生产实践中研究人员区分预蛹与幼虫都是通过观察体色。当幼虫体色变暗时，就认定其为预蛹（Tomberlin *et al.*，2009；May，1961）。实际上，不管是室内研究还是生产实践，5 龄幼虫体色变暗的情况时常发生，其颜色与预蛹初期的颜色十分相近，使得通过体色无法准确区分出预蛹，甚至可能会出现错误，导致发育进度不一致的个体被同时收获。

图 2-5 显示了体色相近的黑水虻 5 龄幼虫和 6 龄幼虫（预蛹）的头部形态。

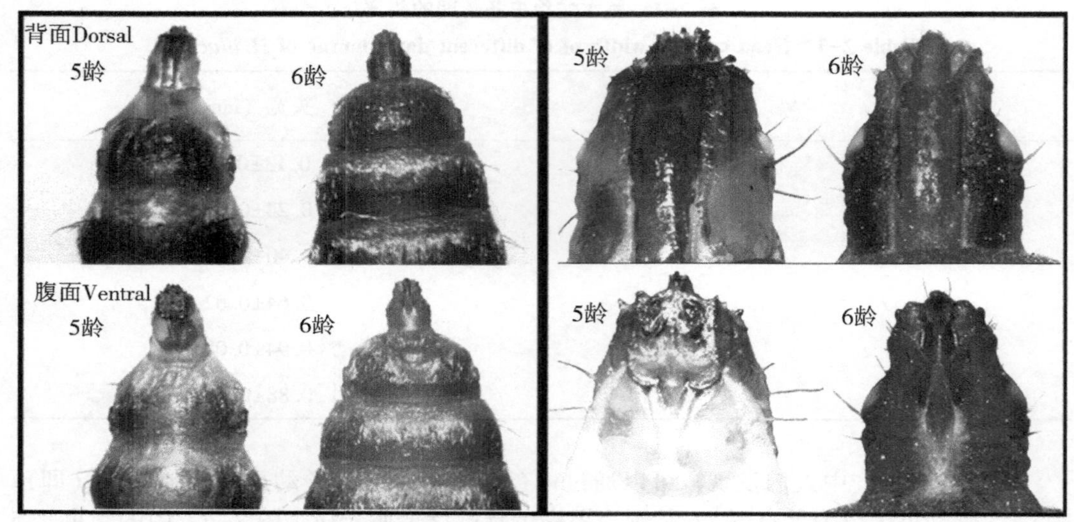

图 2-5　黑水虻 5 龄幼虫和 6 龄幼虫（即预蛹）头部形态

Fig. 2-5　Head morphology of the 5th instar larva and 6th instar larva（prepupa）

由图 2-5 可以观察到，两个个体的体色相近且均为黑褐色，单从体色上判断的话，两头均是预蛹，但其头部形态具有明显区别。总体上看，图 2-5 中 5 龄幼虫的头部前端颜色较深，图 2-5 中 6 龄幼虫的头部颜色整体较深但头部后端两侧分别有两条“黑纹”。图 2-5 中 6 龄幼虫的头部总体形态较图 2-5 中 5 龄幼虫的更尖。从背面可见图 2-5 中 6 龄幼虫的复眼明显大于图 2-5 中 5 龄幼虫的复眼，且复眼前颊区缢缩，复眼后头部两侧变黑。从腹面观察，可以发现图 2-5 中 6 龄幼虫的口器退化。为了确认图 2-5 中的 5 龄幼虫龄期的准确性，取相同形态的幼虫（体色为黑，头部形态同幼虫一样）进行观察，均发现其能蜕皮，且蜕皮后头部形态发生改变。

结合黑水虻预蛹习性，可以认为头部形态是其主要识别依据。黑水虻变成预蛹后，头部口器退化，复眼前颊区缢缩，复眼变大，复眼后方的头两侧变黑。

第三节　蛹的形态

蛹为围蛹。蛹体较扁，颜色为暗褐色。头端尖细、腹部末端向腹面 45°弯折，见图 2-6。

图 2-6　黑水虻的预蛹

Fig. 2-6　Prepupa of *Hermetia illucens*

第四节　成虫的形态

黑水虻成虫是一个模仿者，其大小、颜色和外观上都非常接近于方头泥蜂科 Crabronidae 的管风琴泥蜂 *Trypoxylon politum* 及其相似种。成虫体长一般 15~20mm，体色以黑色为主，胸部有蓝色或绿色金属光泽，有时腹末略带红色。第一腹节上有两个类似透明“小窗”样的构造，其拉丁学名即源于此。成虫形态见图 2-7，头横宽，复眼发达。触角鞭节较扁。触角的长度约为头长的两倍。足基半部为黑色，端部的跗节和前跗节为白色。翅膜质，休息时平叠于体背，翅面看起来很光亮，颜色以黑色和蓝色为主。成虫体态像蜂，但身体较光滑且只有一对膜质的翅。一般雌虫大于雄虫，雌虫比雄虫重 17%~19%。

图 2-7　黑水虻成虫的背面观与腹面观

Fig. 2-7　Dorsal view and ventral view of *Hermetia illucens* adult

第三章　黑水虻的生物学特性

黑水虻的生命周期经历卵、幼虫、蛹、成虫 4 个虫态的发育阶段。从卵到成虫一般需要 35d 左右，但在特定条件下（温度 28℃，湿度 60%~70%）28d 可完成一代（喻国辉等，2009）。人工饲养过程中因环境条件的不同，黑水虻完成一代的时间也会有差异。不同饲料饲养时，其生长速度不同，如鸡粪饲养时的生长速度比猪粪饲养时的生长速度快（李俊波等，2016）。

第一节　生活史

一、卵期

卵的发育历期与温度相关，温度越高发育越快。但卵的历期随湿度的逐渐增加而缩短，在温度 27℃、光周期 12：12（L：D）条件下，空气相对湿度为 25%时，卵的历期长达 124~138h。相对湿度在 50%~70%时，卵的历期最短，小于 90h，空气相对湿度在 60%时，卵的历期仅 71. 21h（Holmes *et al.*，2012）。

二、幼虫期

幼虫期的显著特点是大量取食，获得营养，进行生长发育。温度对幼虫期的影响非常大。19℃时幼虫期长达 60. 96d，27℃时，幼虫期只有 13. 0d（Holmes *et al.*，2016）。不同龄期幼虫体重测定结果见图 3-1，从图 3-1 可以看出，幼虫的体重每日都在增长，其中 4d 以前的幼虫体重相比其他日龄幼虫体重非常小。13d 幼虫体重是 2d 幼虫体重的 1 934倍。尽管 4d 幼虫百头虫重 0. 10±0. 04g，约是 3d 幼虫体重的 3 倍，但与 2d、3d 幼虫体重的差异不显著。5d 幼虫百头虫重 0. 63±0. 47g，观测值的变化较大，可能原因是 5d 幼虫处于蜕皮期，体重变化较大。从 7d 到 9d 折线的斜率最大，说明在这段期间，幼虫的体重积累最多，可能因为此时幼虫的取食量最大。体重在 13d 时达到最大值，百头虫重 18. 95±0. 35g（图 3-1）。到达 14d 时体重下降，并且出现了预蛹，幼虫临近预蛹前体重下降，并且与前期幼虫差异显著。

体重日增长率见图 3-2，其中 3d、4d 幼虫每日增加 2 倍左右的重量，体重日增长率无显著差异。体重日增长率最大（暴食期）出现在 5d，为 562%±152%，即 5d 幼虫一天体重增长量为其原有体重的 5~6 倍。因此，在探讨取食不同物质对黑水虻生长发育影响时最好选择在 5d 之前开始。5d 之后幼虫体重持续增加，体重日增长率逐渐变小。5~6d 幼虫体重增长约 270%±140%，7d、8d 的体重增长率相近约 130%，显著小于 6d。9d 后体重日增长率显著减少，平均为 58%。10d、11d、13d 幼虫的体重日增长率与 9d 相比无显

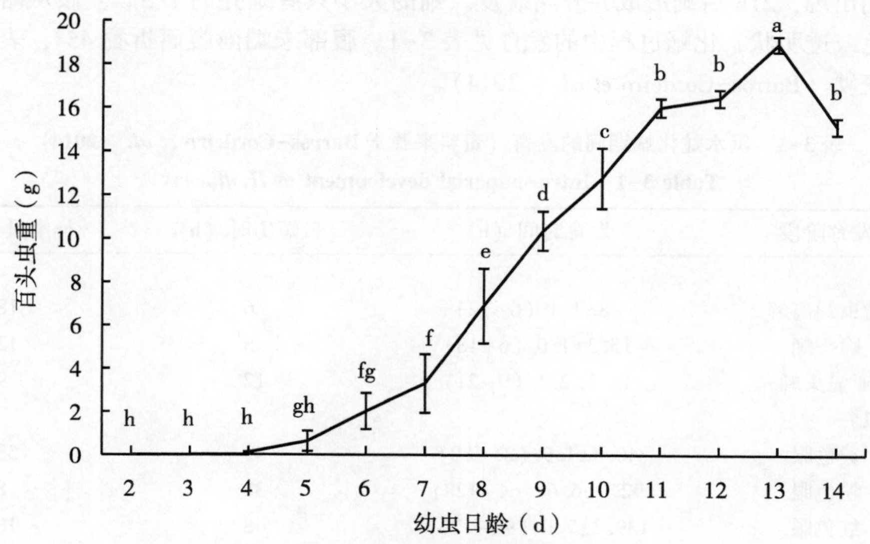

图 3-1　不同日龄幼虫百头虫重

Fig. 3-1　Weight of one hundred *H. illucens* larvae on different day

著差异。14d 幼虫体重日增长率为负值，与图 3-1 的体重减少相对应，原因可能是因为预蛹前期，幼虫开始排空肠道为预蛹做准备。图中整体观测值的变异较大，原因可能是幼虫增长速度快，同时日增长率变化大，幼虫孵化时间间隔易造成后期生长不齐。

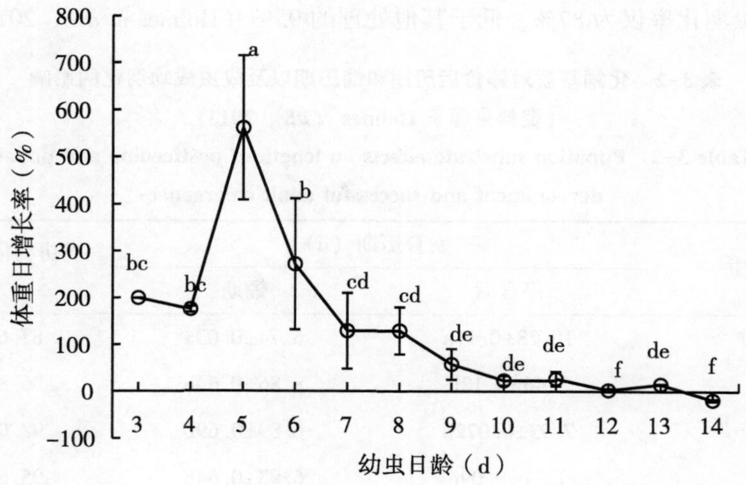

图 3-2　幼虫体重日增长率

Fig. 3-2　Daily weight growth rate of *H. illucens* larvae

三、蛹期

蛹期经历 8d。预蛹和蛹的转化发生在变成预蛹后的 6h 内，头部和胸部的附肢在第

9~21h 间出现，21h 后蛹形成并开始蜕皮。蛹的大小只有蛹壳的 1/3。复眼从略带红色变为白色或透明状，化蛹过程中的发育见表 3-1。腹部末端向腹面折叠 45°，表皮不再透明且变硬（Barros-Cordeiro *et al.*，2014）。

表 3-1　黑水虻化蛹期间的发育（资料来源于 Barros-Cordeiro *et al.*，2014）

Table 3-1　Intra-puparial development of *H. illucens*

发育阶段	发育时间（h）	最短历时（h）	样本量（头）
蛹			
幼虫蛹离解	48±1.1（6~12）	6	18
隐头蛹	15.3±1.0（6~18）	3	12
亚显头蛹	14.3±2.1（9~21）	12	9
隐成虫			
黄色眼	40.3±1.9（21~80）	43	53
粉色眼	92.0±6.6（64~128）	32	8
红色眼	139.2±7.0（96~176）	48	10
褐色眼	171.7±4.7（144~192）	48	10

黑水虻只在幼虫阶段取食，优化停食后的发育和蛹期显得非常重要，而这主要受化蛹基质的影响。Holmes 等比较了木屑、盆栽土、耕地表层土、沙、无基质对停食后发育历期、蛹历期、成虫羽化的影响，见表 3-2。没有基质时，停食后发育历期最长，达 10d，盆栽土和木屑中停食后发育历期最短，约 7~8d。没有基质时蛹的历期最短，为 6~7d，但成虫羽化率仅为 87%，低于其他处理的 95%（Holmes *et al.*，2013）。

表 3-2　化蛹基质对停食后历期和蛹历期以及成虫成功羽化的影响（资料来源于 Holmes *et al.*，2013）

Table 3-2　Pupation substrate effects on length of postfeeding and pupal development and successful adult emergence

化蛹基质	发育历期（d）		成功羽化的成虫比例（%）
	停食后	蛹期	
无基质	10.28±0.17a	6.74±0.03a	87.60±5.50a
沙	8.44±0.12b	8.86±0.64b	96.80±2.95b
表层土	7.93±0.072b	6.89±0.69b	98.00±2.12b
木屑	7.71±0.09c	6.93±0.64b	95.60±4.50b
盆栽土	7.56±0.05c	6.92±0.62b	97.20±2.28b

四、成虫期

成虫羽化成功率在 19℃时只有 31.9%，而 27℃时达到 93%，不过较低温度 19℃时成虫的寿命达 25.37d，长于较高温度 27℃下的 7.94d（Holmes *et al.*，2016）。

第二节　繁殖力

在自然条件下，黑水虻成虫的交配约69%发生在羽化2d后，约70%的产卵发生在羽化4d后。日长和光强与交配显著相关，日长、温度、湿度与产卵显著相关。羽化后的潜在因素与交配、产卵显著相关（Tomberlin and Sheppard，2002）。长期以来，缺乏稳定的卵和幼虫量阻碍了生物学研究的进展。Sheppard等用7m×9m×5m的透明温室提供阳光照射，内用2m×2m×4m的笼子，以提供充足的空间促进交配，研究结果见表3-3。成虫提供水，不提供其他食物；幼虫用麦麸、谷粉、苜蓿粉饲养，这种模式成功的持续了多年（Sheppard *et al.*，2002）。

表3-3　黑水虻在温室笼内环境日照下不同温度和湿度条件时的羽化和产卵情况（资料来源于Sheppard *et al.*，2002）

Table 3-3　*H. illucens*, emergence and oviposition rates with associated temperature and humidity in a caged colony in a greenhouse with ambient day length

时间	平均温度（℃）	相对湿度（%）	成虫日羽化数	日卵块数
11月18—30日	26.3±0.20	62.7±0.72	—	5.6±1.1
12月1—31日	25.2±0.22	55.7±0.77	312±26	11.1±1.5
1月1—31日	22.4±0.23	53.1±0.68	124±22	18.8±4.1
2月1—29日	24.2±0.26	52.4±0.78	494±69	39.6±5.1
3月1—29日	27.8±0.23	61.0±0.75	330±20	42.7±4.7
4月1—30日	—	—	478±18	41.5±3.9
5月1—31日	—	—	466±47	71.9±10.1
6月1—13日	—	—	300±61	66.7±10.7

—：指数据未收集。

人们发现碘钨灯和稀土灯对刺激成虫交配产卵有一定作用。碘钨灯下的交配率达到阳光下的61%，稀土灯下没有观察到交配。卵在4d后孵化，碘钨灯下收集的卵和阳光下收集的卵的孵化率相似。在28℃时，幼虫和蛹的发育分别需要18d和15d（Zhang *et al.*，2010）。Nakamura等在一个小笼子内（27cm×27cm×27cm）放100头成虫，补充LED光或每天2h的太阳光，见图3-3。两种条件下都得到了受精卵，产卵模式、总卵块数及产卵历期没有显著差异（图3-4）。成虫取食糖水与水相比，雄虫的寿命增加了3倍，雌虫的寿命增加了2倍（表3-4、表3-5）（Nakamura *et al.*，2016）。电生理测定显示黑水虻的小眼含有对紫外、蓝光和绿光敏感的光受体细胞，形成三色团视觉（trichromatic vision）。Oonincx等基于复眼的光谱特征设计了一种可以促进黑水虻交配的人工光源条件。新设计光源和已用过5年的荧光灯管，产生的卵块数量相同，但LED光源下得到的幼虫更多（Oonincx *et al.*，2016）。

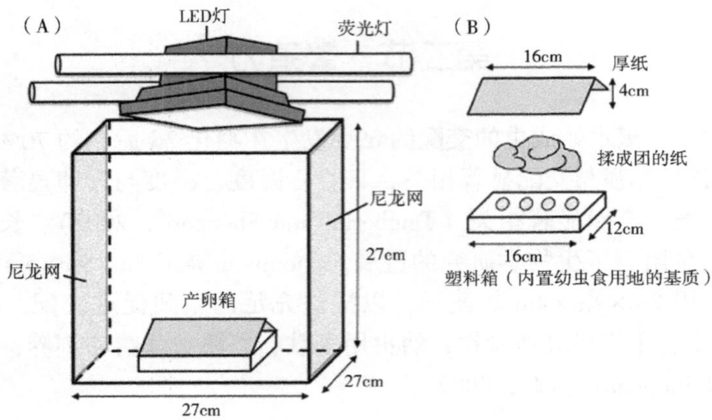

图 3-3　黑水虻小笼子养殖装置（资料来源于 Nakamura *et al.*，2016）

Fig. 3-3　Small cage for *H. illucens*

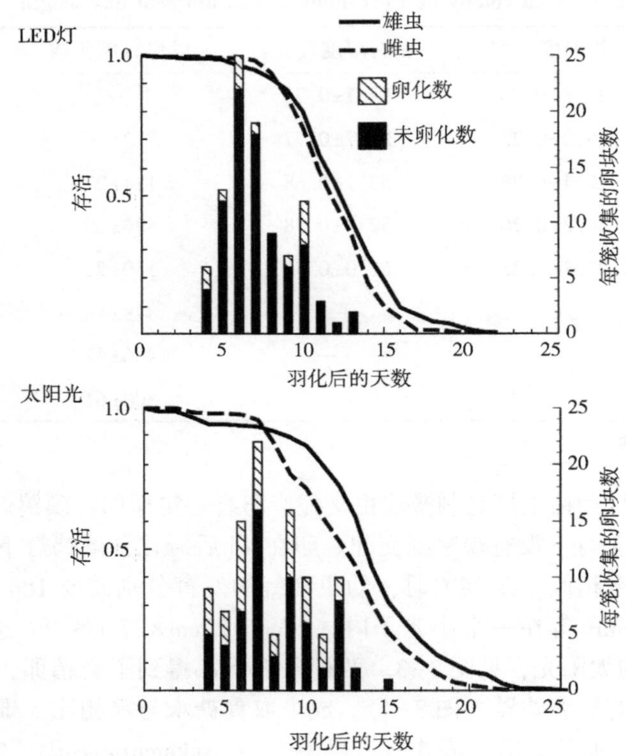

图 3-4　黑水虻在补充人工光源下的存活曲线及产卵情况

（资料来源于 Nakamura *et al.*，2016）

Fig. 3-4　Survival curves and numbers of clutches laid of *H. illucens* under artificial lighting supplemented

表 3-4　黑水虻成虫在不同光下的生活史参数（资料来源于 Nakamura *et al.*，2016）

Table 3-4　Life-history parameters of adult *H. illucens* under different light sources

参数	补充光源		方差分析		N
	LED 灯	2h 太阳光	F	P	
生活史参数（d）	4.6±0.3	4.4±0.3	0.1818	0.6811	5
产卵前期（d）	7.6±0.8	9.4±0.8	2.8929	0.1274	5
产卵历期（d）	0.43±0.04	0.39±0.04	0.4901	0.5037	5
单雌产卵块（块/雌）	0.05±0.03	0.15±0.03	5.9168	0.041	5
单雌孵化卵块（块/雌）	11.2±9.1	39.5±6.3	8.0806	0.0217	5
孵化率（%）	289.0±27.0	240.2±31.6	1.3842	0.2732	5
单雌产卵粒数（粒/雌）	43.7±35.8	84.4±19.0	1.0101	0.3443	5
单雌孵化卵粒（粒/雌）	12.8±0.2	14.1±0.3	13.7761	0.0002	5
雄虫寿命（d）	12.3±0.2	12.7±0.2	2.3561	0.1254	250
雌虫寿命（d）	4.6±0.3	4.4±0.3	0.1818	0.6811	250

表 3-5　黑水虻成虫在不同食物条件下的寿命（资料来源于 Nakamura *et al.*，2016）

Table 3-5　Longevity of adult *H. illucens* under different food conditions

处理	雄虫寿命（d）	雌虫寿命（d）	F	P	N
糖+水	73.1±7.1 a	47.6±7.1 a	6.5559	0.0161	15
只供水	20.9±1.2 b	21.5±1.2 b	0.0921	0.7638	15
无	9.1±0.7 b	10.8±0.7 b	3.0140	0.0935	15

注：同列数值后字母不同表示差异显著，$P<0.05$

第三节　发育起点温度及种群生命表

一、不同发育阶段的发育起点温度

人们在 12℃，16℃和 19℃测定了发育历期、卵的孵化和成虫的羽化。卵的发育起点温度在 12～16℃，至少需要 15d 才能完成孵化，在 19℃时需要 7.75d 才能孵化。12℃、16℃、19℃条件下，卵的孵化百分率分别为 0.00±0.00、12.85%±3.32%、75.40%±2.88%。19℃条件下的卵孵化百分率显著高于 12℃ 和 16℃条件下（$\chi^2=37.43$，$df=2$，$P<0.001$）。但 16℃条件下孵化的幼虫 3d 就全部死掉了。幼虫的发育起点温度在 16～19℃，在 19℃条件下，从卵至成虫的平均发育时间为 72d，但幼虫的死亡百分率达到 63.53%±7.16%，蛹的死亡百分率达到 16.47%±2.76%，整个能从卵发育

至成虫的百分率为 31. 90%±6. 56%（Holmes *et al.*，2016）。雄性的比例更高，超过了 50%，达到 62. 98%（n=2426）（χ^2=27. 16，df=1，P<0. 0001）。

有研究人员测定了不同阶段的过冷却点（SCP）和在 5℃下的致死时间（LT_{10}，LT_{50}，LT_{90}）。末龄幼虫的 SCP 为−7. 3℃，蛹的 SCP 为−13. 7℃（表 3−6）。取食高营养基质的幼虫形成的预蛹的 SCP 为−14. 1℃，而取食含鸡饲料基质的幼虫形成的预蛹的 SCP 为−12. 4℃（表 3−7）。预蛹和蛹比较耐寒。预蛹的 LT_{50}为 23d。根据经验和多种节肢动物的野外存活情况，预测黑水虻在西北欧的冬天能存活约 47d，但在西北欧不可能越冬，但如果有滞育发生或者有保护性的越冬场所就不一样了（Spranghers *et al.*，2017a）。

表 3−6　黑水虻不同发育阶段的体重与过冷却点（资料来源于 Spranghers *et al.*，2017）

Table 3−6　Body weight and supercooling point（SCP）of different life stages of *H. illucens*

生活阶段	数量	体重（g）	过冷却点（℃）	过冷却范围（℃）
低龄期（L2～L3）	38	0. 052±0. 005	−9. 54±0. 46c	−15. 75～−7. 12
高龄期（L4～L5）	34	0. 207±0. 006	−7. 28±0. 18d	−11. 30～−5. 40
预蛹	39	0. 207±0. 005	−11. 53±0. 36b	−15. 87～−6. 98
蛹	40	0. 192±0. 004	−13. 70±0. 43a	−18. 30～−7. 12
成虫	40	0. 096±0. 003	−10. 00±0. 39c	−14. 84～−4. 96
雄成虫	25	0. 092±0. 003	−10. 05±0. 54c	−14. 84～−4. 96
雌成虫	15	0. 108±0. 004	−9. 91±0. 56c	−13. 61～−6. 95

注：同列数值后字母不同表示差异显著，P<0. 05（Mann−Whitney U 检验）

表 3−7　食物和适应对黑水虻预蛹体重与过冷却点的影响（资料来源于 Spranghers *et al.*，2017）

Table 3−7　Body weight and supercooling point（SCP）of *H. illucens* prepupae as affected by diet or acclimation

处理	数量 N	体重（g）	过冷却点（℃）	过冷却范围（℃）
饲料				
对照	36	0. 220±0. 004a	−12. 36±0. 49b	−16. 81～−5. 19
沼渣	38	0. 084±0. 003b	−11. 15±0. 43c	−16. 22～−6. 11
餐厅垃圾	40	0. 219±0. 004a	−14. 08±0. 39a	−17. 48～−8. 50
适应				
对照	38	未检测	−11. 11±0. 46a	−16. 37～−6. 59
适应后	38	未检测	−11. 77±0. 44a	−17. 69～−6. 69

注：同列数值后字母不同表示差异显著，P<0. 05（Mann−Whitney U 检验）

二、室内种群生命表

在实验室中以人工饲料（麦麸和鸡饲料）饲养黑水虻，28 头未成熟幼虫（实验室饲养）和 28 头成虫（温室饲养）。数据收集和分析基于年龄阶段的两性生命表，见图 3-5。内禀增长率（intrinsic rate of increase，r）、周限增长率（finite rate of increase，λ）、净增值率（net reproductive rate，R_0）、平均世代历期（mean generation time，T）分别为 0. 0759（d^{-1}）、1. 0759（d^{-1}）、68. 225 粒卵、55. 635d。雌性的最大繁殖发生在第 54d，21 头雌性中只有 6 头成功产卵。单雌产卵量为 236～1 088粒。在人工饲养的条件下，低龄幼虫比高龄幼虫更容易死亡（Samayoa *et al.*，2016）。

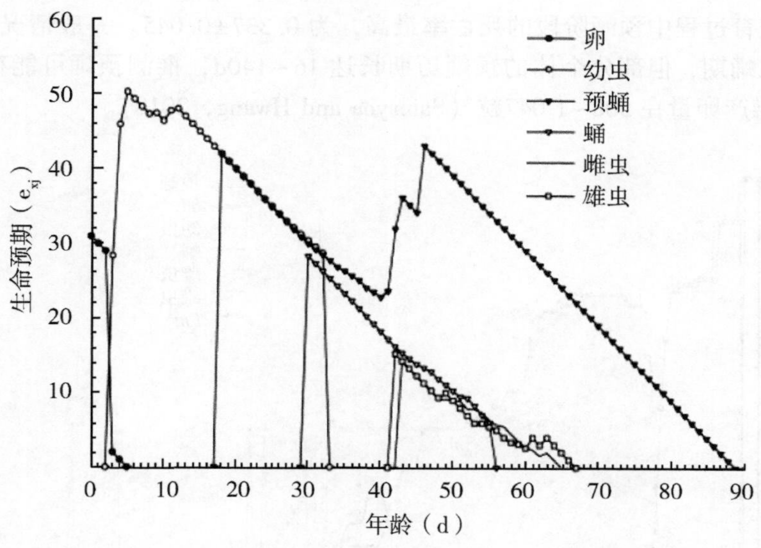

图 3-5 黑水虻在 28℃取食人工饲料时年龄-阶段的生命预期
（资料来源于 Samayoa *et al.*，2016）
Fig. 3-5 Age-stage life expectancy（e_{xj}）of *H. illucens*，individually reared on artificial diet at 28℃

人们利用种群生命表研究了黑水虻的繁殖力和寿命，也评估了黑水虻对有机废弃物的日降解率（干重变化），分析了基于年龄阶段的两性生命表（表 3-8）。内禀增长率（r）、周限增长率（λ）、净增殖率（R_0）、平均世代周期（T）分别为 0. 0498（d^{-1}）、1. 0511（d^{-1}）、118. 3 粒卵、95. 8d. 最大净繁殖力为 88d 后产 22. 5 粒卵。22 头雌性中仅 12 头能成功产卵。单雌产卵量在 508～1 047粒。每 23d 都有降解和消耗发生，直到幼虫发育至预蛹阶段。年龄阶段净消耗量（age-stage net consumption rate，B_{xj}）在第 11d 下降（1. 05mg），第 14d 时达到最大值（1. 72mg）。平均降解速率为 26. 69mg，总降解和消耗量为1 921. 52mg。预蛹阶段增加湿度很重要（Samayoa and Hwang，2018）。

表 3-8 黑水虻在 28℃取食人工饲料条件下的种群参数（资料来源于 Samayoa & Hwang，2018）

Table 3-8 Population parameters of *H. illucens* reared on artificial diet at 28℃

种群参数 Population parameter	平均值±标准误 Mean±SE
内禀增长率 Intrinsic rate of increase（r）（d^{-1}）	0. 0498±0. 0031
周限增长率 Finite rate of increase（λ）（d^{-1}）	1. 0511±0. 0033
净增殖率 Net reproduction rate（R_0）（offspring）	118. 2875±27. 3443
平均世代周期 Mean generation time（T）（d）	95. 823±3. 518

整个发育过程中预蛹阶段的死亡率最高，为 0. 337±0. 045。一般情况下，预蛹 11d 后就会进入蛹期，但部分个体的预蛹历期长达 16～140d，推测预蛹可能存在滞育（图 3-6）。单雌产卵量在 508～1 047粒（Samayoa and Hwang，2018）。

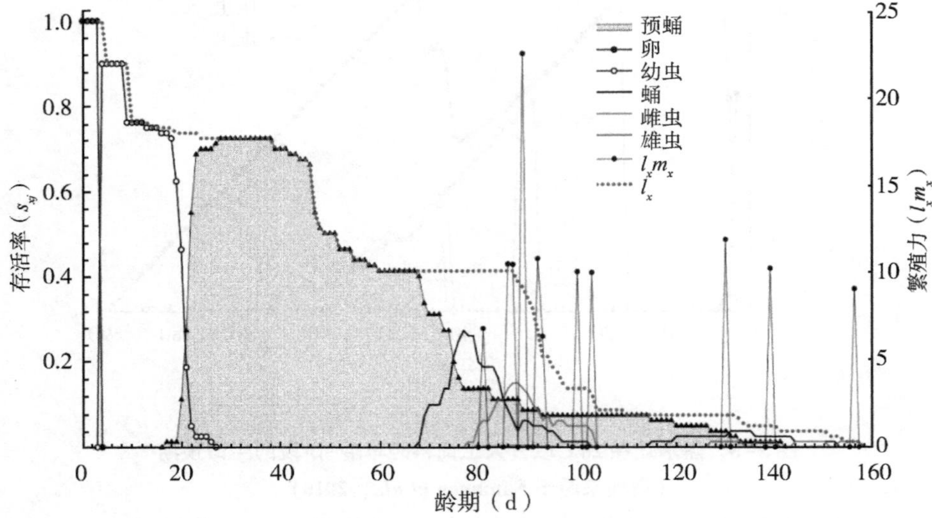

图 3-6 黑水虻在 28℃取食人工饲料饲养时年龄-阶段特异的存活率和最大净繁殖力（资料来源于 Samayoa & Hwang，2018）

Fig. 3-6 Age-stage-specific survival rate（S_{xj}）and maximum net maternity（l_x m_x）of *H. illucens* group reared on artificial diet at 28℃

三、幼虫饲料对发育的影响

人们检测了 3 种幼虫饲料对未成熟阶段的发育和成虫生活史参数的影响，见表 3-9、表 3-10、表 3-11。在 27℃，卵至成虫的发育时间在 40～43d，幼虫期持续了 22～24d。幼虫存活至预蛹阶段的比例达 96%。羽化的成虫中雌虫占 55%～60%。雄虫显著小于雌虫，但比雌虫早羽化 1～2d。有水的条件下，雄虫可活 9d，雌虫可活 8d（Tomberlin *et al.*，2002a）。

表 3-9　黑水虻取食 3 种不同基质与野外种群的个体重及预蛹热量（资料来源于 Tomberlin *et al.*，2002）

Table 3-9　Individual weights and prepupal caloric content of *H. illucens* reared on three diets and for prepupae from a wild population

饲料	幼虫终重（g）	预蛹重（g）	热量（J/mg）	蛹壳重（g）	成虫重（g）	
					雄虫	雌虫
盖氏饲料	0.157±0.077A $n=3$	0.104± 0.027A $n=30$	14.69± 1.17A $n=23$	0.01± 0.003A $n=40$	0.046± 0.005A，a $n=272$	0.056± 0.005A，b $n=339$
商用家蝇饲料	0.153± 0.063A $n=3$	0.107± 0.041A $n=30$	1.76± 1.63AB $n=22$	0.011± 0.002A $n=45$	0.044± 0.005A，a $n=254$	0.054± 0.005A，b $n=320$
母鸡配给	0.171± 0.043A $n=3$	0.111± 0.034A $n=30$	18.75± 1.13B $n=20$	0.016± 0.006B $n=45$	0.053± 0.007B，a $n=234$	0.064± 0.006B，b $n=316$
野生种群	未检测	0.220± 0.040B $n=30$	24.91± 1.34C $n=15$	±0.008C $n=30$	0.085± 0.016C，a $n=57$	0.111± 0.022C，b $n=70$

注：同列数值后字母不同表示差异显著，$P<0.05$（LSD 法）

表 3-10　黑水虻取食 3 种不同基质与野外种群发育至预蛹和成虫阶段的存活率及性比（资料来源于 Tomberlin *et al.*，2002）

Table 3-10　Percent survival of *H. illucens* larvae to the prepupal and adult stages and sex ratio for larvae reared on three diets and for prepupae from a wild population

饲料	幼虫存活至预蛹	预蛹羽化为成虫	性比（%雌虫）
盖氏饲料 Gainesville diet	97.8±0.6A	27.2±6.7A	60.5±1.2A
商用家蝇饲料 CSMA	96.0±1.4A	23.9±4.0A	55.2±2.0A
母鸡配给 Layer hen ration	96.1±0.4A	21.7±1.8A	58.0±3.4A
野生种群 Wild population	未检测	91.3±4.8B	56.0±0.0A

注：同列数值后字母不同表示差异显著，$P<0.05$（LSD 法）

表 3-11　取食 3 种不同的基质的黑水虻与野外种群的生活史参数（资料来源于 Tomberlin *et al.*，2002）

Table 3-11　Selected life-history traits of *H. illucens* reared on three diets and for adults reared from field-collected prepupae

饲料处理	寿命（d，供水）		寿命（d，无水）		卵至预蛹的发育（d）	卵至成虫的发育（d）	
	雄虫	雌虫	雄虫	雌虫		雄虫	雌虫
盖氏饲料	A9.3± 0.4A，a $n=106$	A7.9± 0.2A，a $n=161$	B6.0± 0.2A，a $n=159$	B6.1± 0.1A，a $n=160$	22.5± 0.7A $n=3$	43.0± 2.9A，a $n=3$	43.4± 2.1A，a $n=3$

（续表）

饲料处理	寿命（d，供水）		寿命（d，无水）		卵至预蛹的发育（d）	卵至成虫的发育（d）	
	雄虫	雌虫	雄虫	雌虫		雄虫	雌虫
商用家蝇饲料	A9.7±0.4A，a *n*=103	A8.5±0.2A，a *n*=163	B5.9±0.2A，a *n*=145	B6.2±0.2A，a *n*=138	23.4±0.3A *n*=3	43.0±2.5A，a *n*=3	43.0±1.3A，a *n*=3
母鸡配给	A9.3±0.4A，a *n*=96	A8.5±0.3A，a *n*=151	B7.1±0.2B，a *n*=140	B6.4±0.2A，a *n*=138	24.1±0.9A *n*=3	40.4±2.4A，a *n*=3	41.7±2.1A，a *n*=3
野生种群	A14.3±1.2B，a *n*=25	A14.2±0.9B，a *n*=42	B7.8±0.4B，a *n*=31	B8.2±0.4B，a *n*=22	无	无	无

注：同列数值后字母不同表示差异显著，$P<0.05$（LSD 法）

饲养基质的初始 pH 值对黑水虻幼虫生产、发育时间和成虫寿命的有影响，见图 3-7。初始 pH 值分别为 2.0、4.0、6.0、8.0、10.0，对照为 7.0。在初始 pH 值为 6.0

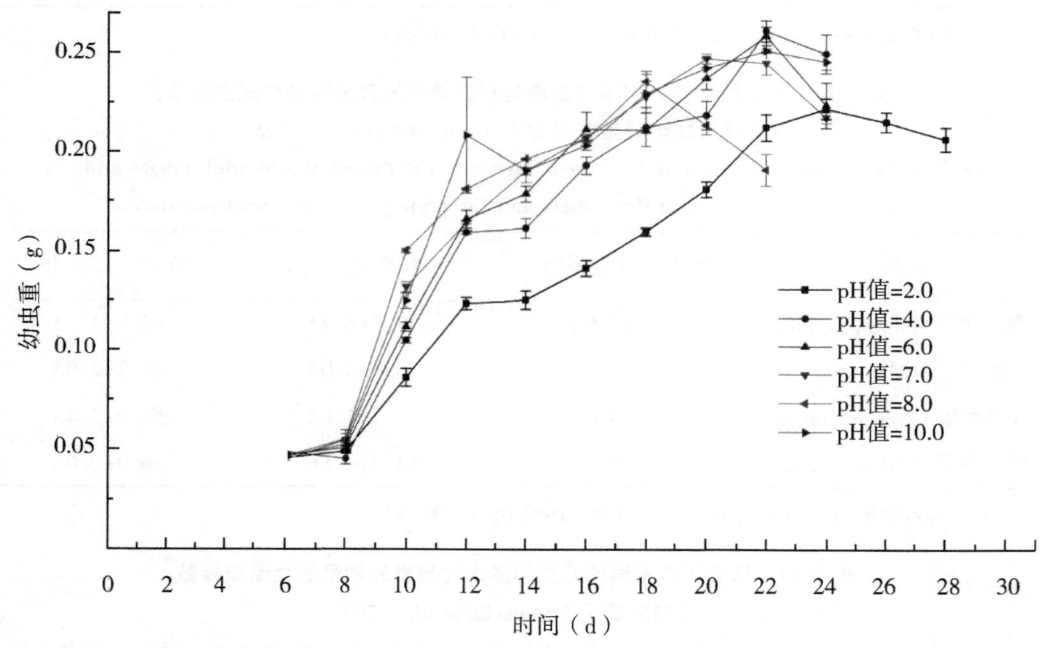

图 3-7　黑水虻转化过程中基质初始 pH 值的变化（资料来源于 Ma *et al.*，2018）

Fig. 3-7　Variations in initial adjusted pH of substrate during *H. illucens* conversion process

（0.21g）、7.0（0.20g）和 10.0（0.20g）的培养基中，最终的黑水虻幼虫体重显著增加，但在初始 pH 值为 2.0 和 4.0 的培养基中，最小的黑水虻幼虫体重为 0.16g（-23%）。在初始 pH 值为 6.0（0.18g）、7.0（0.19g）、8.0（0.18g）和 10.0

(0.18g) 的基质上饲养幼虫时，预蛹体重最显著。在初始 pH 值 2.0 的饮食中饲养的幼虫的预蛹体重最低，为 0.15g（−22%）。在 pH 值为 8.0 时，幼虫的发育时间为 21.19d，比最初 pH 值为 6.0、7.0 和 10.0 时饲养的幼虫短 3d（12.5%）。在所有处理中，3~4d 后 pH 值变为 5.7，16~17d 后 pH 值变为 8.5，两组除外（pH 值 2.0 和 4.0 仍保持微酸性，分别变为 5.0 和 6.5）（Ma *et al.*，2018）。

人们还通过试验比较了鸡、猪、牛粪作为黑水虻幼虫饲料的适宜性。用湿粪（33%的干物质）接种新孵化的幼虫，每周加 3 次水和干粪，直到第一个蛹出现。存活率在 82%~97%，说明所测试的底物是合适的。然而，发育时间比对照组要长得多（144~215d vs 20d）（Oonincx *et al.*，2015b）。研究人员用 4 种不同比例的牛粪喂养黑水虻幼虫，以确定它们对幼虫和成虫生活史特征的影响。饲料比例影响幼虫和成虫发育，个体的日重变化与每日取食量相关，吃少量比吃多量的个体更轻。此外，如果只给幼虫提供最少量的牛粪，那么黑水虻幼虫需要较长时间才能发育到预蛹阶段，但它们到达成虫阶段需要的时间少。成虫的寿命受幼虫阶段喂食牛粪量的影响，喂食 27g 比喂食 70g 要少存活 3~4d。不同处理间预蛹或成虫阶段的存活率没有差异（Myers *et al.*，2008）。

黑水虻也可以用于转化鸡粪。研究人员用黑水虻肠道共生细菌的不同菌株培养液来预发酵处理鸡粪，探讨了添加不同菌株的发酵鸡粪对黑水虻幼虫生长发育的影响。结果表明，添加不同菌株的预发酵鸡粪能显著增加预蛹和蛹的重量，显著提高化蛹率并增加雌、雄成虫体长，缩短预蛹所需时间，但对幼虫存活率、成虫羽化率、成虫寿命没有显著影响（Yu *et al.*，2010）。用从黑水虻幼虫分离的细菌处理鸡粪再喂食黑水虻，对其生长和发育以及与之相关的幼虫饲料进行了评价。评价了 4 株枯草芽孢杆菌 *Bacillus subtilis*，其中 S15，S16，S19 是从黑水虻幼虫肠道分离得到的，纳豆芽孢杆菌 *Bacillus natto* D1 是从饲喂黑水虻幼虫的饲料中分离得到的。在 200g 灭菌的新鲜母鸡粪中接种 10^6 CFU/g 的细菌并混匀，再接种 4d 黑水虻幼虫。预蛹重 0.0606g（对照）至 0.0946g（S15 处理组）。幼虫至预蛹阶段的存活率在 98.00%±2.65% 至 99.33%±1.15%。预蛹至蛹阶段的存活率在 98.95%±1.82% 至 100.00%±0.00%。处理组的成虫体长大于对照组。各处理间成虫寿命差异不显著。从孵化至 90%到达预蛹阶段的时间差异较大，在 29.00±1.00d 至 34.33±3.51d。结果表明以黑水虻幼虫来源的菌种处理家禽粪影响了黑水虻幼虫的生长发育（Yu *et al.*，2011）。

四、化蛹基质对预蛹和蛹发育的影响

黑水虻只在幼虫阶段取食，优化停食后的发育和蛹期显得非常重要，而这主要受化蛹基质的影响。Holmes 等比较了木屑、盆栽土、耕地表层土、沙、无基质对停食后发育历期、蛹历期、成虫羽化的影响（表 3-12）。没有基质时，停食后发育历期最长，达 10d，盆栽土和木屑中停食后发育历期最短，约 7~8d。没有基质时蛹的历期最短，为 6~7d，但成虫羽化率仅 87%，低于其他处理的 95%（Holmes *et al.*，2013）。

表 3-12 化蛹基质对预蛹和蛹发育时长及成虫羽化成功率的影响

（资料来源于 Holmes *et al.*，2013）

Table 3-12 Pupation substrate effects on length of postfeeding and pupal development and successful adult emergence

化蛹基质	发育历期（d）		羽化成功率（%）
	预蛹	蛹	
无基质	10. 28±0. 17A	6. 74±0. 03A	87. 60±5. 50A
沙	8. 44±0. 12B	8. 86±0. 64B	96. 80±2. 95B
耕地表层土	7. 93±0. 072B	6. 89±0. 69B	98. 00±2. 12B
木屑	7. 71±0. 09C	6. 93±0. 64B	95. 60±4. 50B
盆栽土	7. 56±0. 05C	6. 92±0. 62B	97. 20±2. 28B

注：同列数值后字母不同表示差异显著，$P<0.05$（Wilcoxon/Kruskal-Wallis 法）

第四节 不同地理种群的生物学特性

人们比较了我国武汉、广州和美国得克萨斯州 3 个地理种群的黑水虻，见表 3-13。武汉地理种群似乎更适合，幼虫到达预蛹阶段的时间要少 17. 7%～29. 9%，体重分别比来自广州和得克萨斯州的幼虫重 14. 4%～37. 0%。取食猪粪、鸡粪、牛粪 3 种基质时，收获的幼虫的干物质含量比广州种群的多 46. 0%、40. 1%和 48. 4%，比得克萨斯州种群的多 6. 9%、7. 2%和 7. 9%。这项研究表明，表型可塑性（例如发育和废物转化）在不同的黑水虻地理种群中是不同的，在选择和建立一个种群用于特定区域的废物管理时应该考虑到这一点，并且现有研究表明不同地理种群在转化特定废弃物时存在差异（Zhou *et al.*，2013a）。相同饲养条件下，不同地理种群黑水虻的生长发育历期和预蛹重也存在差异。用 Gainesville 家蝇饲料（Hogsette，1992），28℃，75% RH 的条件下，武汉种群需要约 19d 进入预蛹。武汉种群进入预蛹的时间分别比广州和得克萨斯州种群少 17. 7%和 29. 9%。同时武汉种群的百头预蛹重约 11g，显著大于广州种群的 8. 8g 和得克萨斯州种群的 7. 7g（Zhou *et al.*，2013a）。

表 3-13 3 个不同地理种群的黑水虻在 28℃、75% RH、光周期为 16∶8（L∶D）转化不同粪便时的幼虫产量及其蛋白含量（资料来源于 Zhou *et al.*，2013）

Table 3-13 The output of the larvae and the content of their protein for three strains of black soldier flies reared on three manure types at 28℃，75% RH，and a photoperiod of 16∶8（L∶D）h

地理种群	猪粪		鸡粪		牛粪	
	幼虫干重（g）	蛋白（%）	幼虫干重（g）	蛋白（%）	幼虫干重（g）	蛋白（%）
美国得克萨斯州	53. 66±0. 72Ca	32. 27±0. 23B	69. 17±0. 18C	34. 60±0. 20A	22. 43±0. 64B	33. 53±0. 30B

（续表）

地理种群	猪粪		鸡粪		牛粪	
	幼虫干重（g）	蛋白（%）	幼虫干重（g）	蛋白（%）	幼虫干重（g）	蛋白（%）
中国广州	59.03±0.48B	33.16±0.29AB	73.20±0.21B	34.23±0.41A	31.30±0.64A	34.77±0.43A
中国武汉	65.47±0.88A	33.03±0.30AB	76.63±0.30A	34.80±0.46A	31.20±1.19A	34.13±0.32AB

注：同列数值后字母不同表示差异显著，$P<0.05$

第五节 幼虫的耐饥力

一、基质对耐饥力的影响

日常饲养中观察到的幼虫在食物不足的情况下可以存活很长时间，因此，探讨了幼虫的耐饥力。幼虫的生境中不同基质对其耐饥力的影响研究结果见图 3-8。

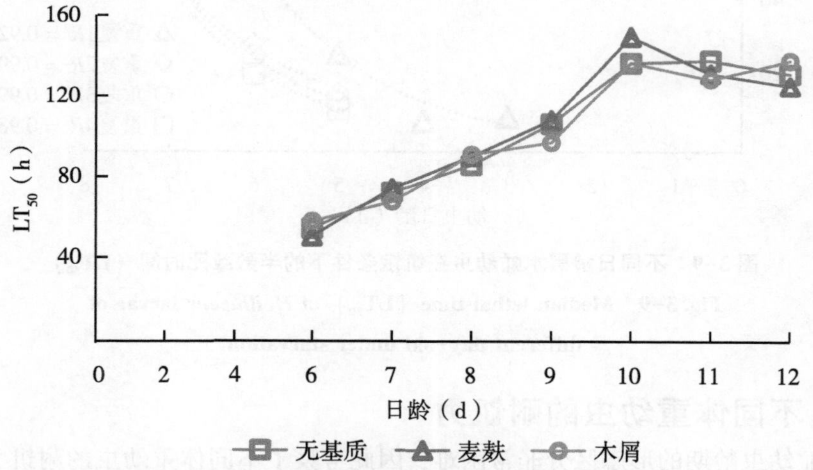

图 3-8 不同日龄黑水虻幼虫在饥饿条件下的半数致死时间（LT_{50}）

Fig. 3-8 Median lethal time（LT_{50}）of *H. illucens* larvae of different day-old under starvation

从图3-8可以看出，不同日龄幼虫在不同基质（烘干至恒重的麦麸和木屑）中的存活时间与无基质时相近。由于基质均不含水，幼虫在饥饿下存活时间都不长，最长仅为6d。但不同日龄幼虫的耐饥力不同，半数死亡时间（fifty percent lethal time，LT_{50}）也存在差异，从 6d 到 10d，随着日龄的增加，半数死亡时间也逐渐增加，10d 幼虫的半数死亡时间为 150h。但到 11d 和 12d 时，半数死亡时间比 10d 的短，6~9d 幼虫的半数死亡时间短于 10~12d。不同日龄幼虫的半数死亡时间都比较短，可能原因是幼虫对水分的缺失较为敏感。因此，幼虫在饥饿中时应给予足量的水分，保证幼虫不受干旱胁迫。

二、不同日龄幼虫的耐饥力

不同日龄幼虫的耐饥力不同，半数死亡时间（fifty percent lethal time，LT_{50}）与日龄的关系如图 3-9。3～4d 幼虫的耐饥力很弱，LT_{50}短于 10d，5～6d 幼虫的耐饥力在 20～30d，7d 幼虫的耐饥力较强，LT_{50}超过了 50d。尽管部分 8d 幼虫的耐饥力达到 70d 以上，但多数 8d 幼虫常在饥饿 5d 时就进入了预蛹阶段。对幼虫 LT_{50}与饥饿时的日龄进行了相关性分析，其相关系数为 0. 843（0. 01 水平）。同时还对不同批次幼虫 LT_{50}和日龄做了曲线拟合，发现和指数拟合度最好。从图 3-9 可以看出，其中有 3 组幼虫的 R^2 约为 0. 99，成指数关系。在正常情况下黑水虻幼虫期有 15d 左右，但图中仅呈现了幼虫 8d 之前的耐饥力，原因是当幼虫大于 8d 时，部分幼虫会在饥饿中提前进入预蛹。

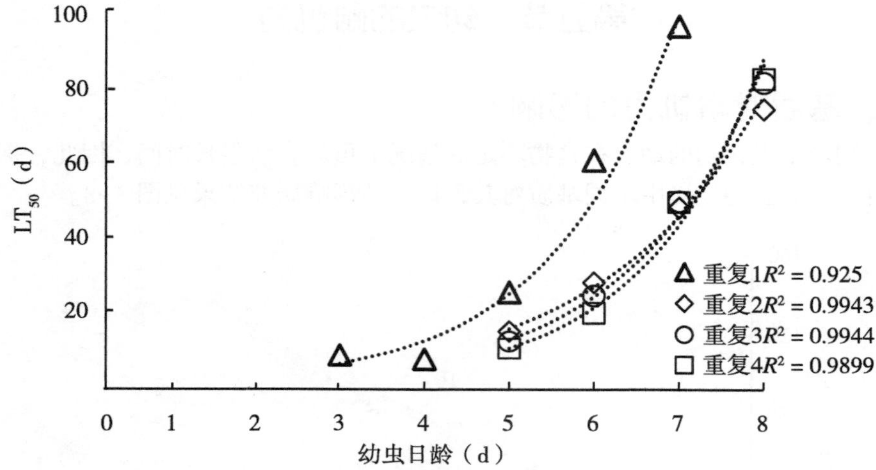

图 3-9　不同日龄黑水虻幼虫在饥饿条件下的半数致死时间（LT_{50}）

Fig. 3-9　Median lethal time（LT_{50}）of *H. illucens* larvae of different day-old under starvation

三、不同体重幼虫的耐饥力

黑水虻幼虫龄期的形态区分非常困难，因此考察了不同体重幼虫的耐饥力，LT_{50}与体重的关系见图 3-10。个体越小、体重越轻的个体，其 LT_{50}越短。百头重小于 0. 5g 的个体，其 LT_{50}小于 30d；百头重在 2～2. 5g 的个体，其 LT_{50}为 45～70d，百头重大于 4. 5g 的个体，其 LT_{50}大于 80d，但存在多数个体饥饿 5d 就会进入预蛹阶段的现象。对耐饥力和幼虫体重进行线性相关分析，R^2 = 0. 9272。可以看出，幼虫百头虫重 5g 左右的 LT_{50}约 90d，能耐受的饥饿时长几乎是正常饲养时 3 个黑水虻世代时长之和。

不同日龄幼虫经历饥饿后，都有一定数量个体会进入预蛹阶段，收集预蛹后统计预蛹率，并对其与体重的关系进行了相关性分析，相关系数为 0. 946，0. 01 水平下显著相关。在饥饿中部分幼虫会提前进入预蛹状态，发生的概率与体重相关，且随体重增加预蛹率升高，起点出现在百头虫重约 6g 处（图 3-11）。在进行线性拟合时发现，预蛹率与体重的直线拟合度最好，R^2 = 0. 8956。从散点图还能看到，当百头虫重在 16～20g 时，

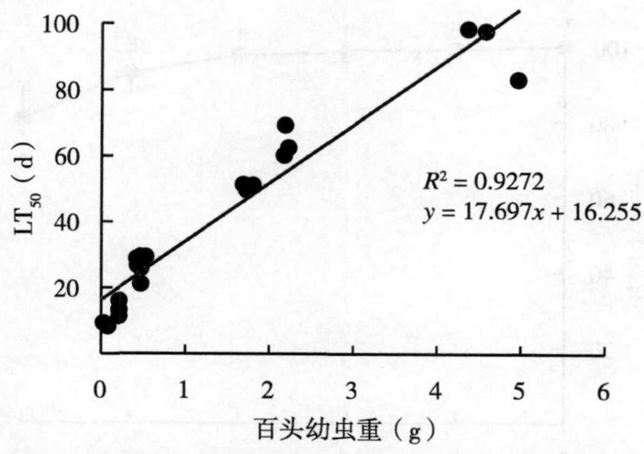

图 3-10　不同体重黑水虻幼虫在饥饿条件下的半数致死时间（LT_{50}）

Fig. 3-10　Median lethal time（LT_{50}）of *H. illucens* larvae with different body weight under starvation

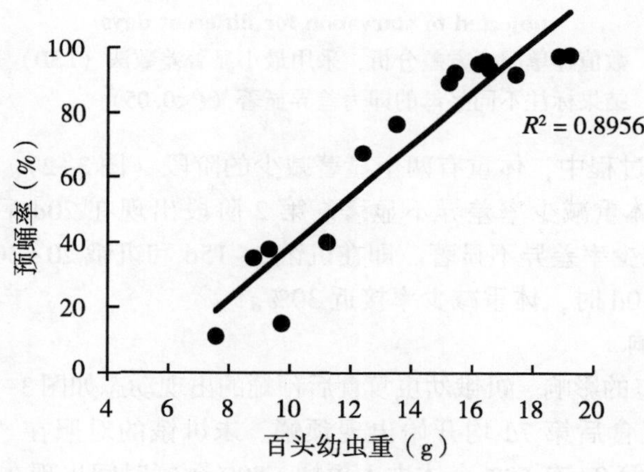

图 3-11　不同体重幼虫饥饿下的预蛹率

Fig. 3-11　Prepupa rate for different weight larvae in starvation

所有的点几乎在一条水平直线上，且百头幼虫重超过 14g 时，预蛹率超过了 80%，表明幼虫此时已经储备了足够的营养物质，并能提前进入预蛹。但幼虫的百头虫重低于 12g 时，预蛹率低于 40%，表明幼虫体重在该阈值下经历饥饿，会影响预蛹率。

四、饥饿幼虫复食后的生物学特性

1. 对存活率和体重变化的影响

（1）对存活率的影响。饥饿幼虫后，复食前的存活率结果见图 3-12。从图 3-12 中可以看出，饥饿 0~25d 的幼虫，存活率无显著差异。各处理都只出现 1~3 头幼虫死亡的情况。饥饿 30d 时，存活率为 90%±5%，显著低于其余各处理。

（2）对体重变化的影响。饥饿不同天数后，幼虫体重减少率见图 3-13。可以看出，

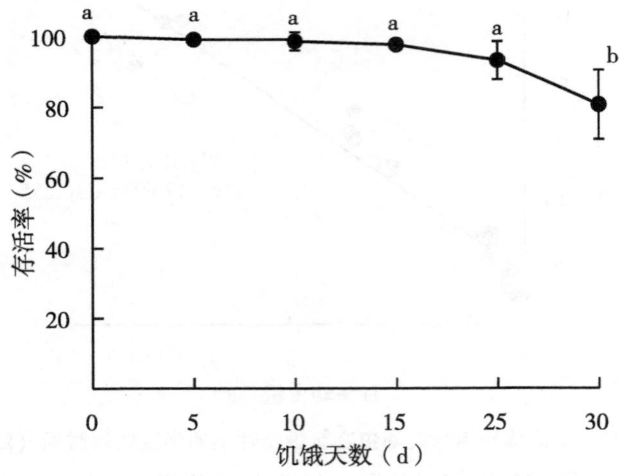

图 3-12 黑水虻 7d 幼虫饥饿不同天数后的存活率

Fig. 3-12 Survival rate of the 7 d-old larvae of *H. illucens* subjected to starvation for different days

注：数值经单因素方差分析，采用最小显著差数法（LSD）进行多重比较，结果标注不同字母的即为差异显著（$P<0.05$）

7d 幼虫饥饿 5~30d 过程中，体重有两个显著减少的阶段（图 3-2）。第 1 阶段在 5d 内，饥饿 5~15d 幼虫的体重减少率差异不显著。第 2 阶段出现在 20d 后，饥饿 20d、25d、30d 各处理的体重减少率差异不显著。即在饥饿 5~15d 和饥饿 20~30d 幼虫可能处于一种平衡状态。饥饿 30d 时，体重减少率接近 30%。

2. 对预蛹的影响

（1）对预蛹动态的影响。饥饿幼虫复食后预蛹的出现动态如图 3-14。从图 3-14 中可以看出，各处理在复食后第 7d 均开始出现预蛹。未饥饿的对照在“复食”后第 8d 有 20%个体进入预蛹；第 9d 有 50%个体进入预蛹，80%预蛹时间出现在第 11d。饥饿 5d 后复食的幼虫，20%进入预蛹时间在复食后第 7d；50%进入预蛹时间在第 9d；80%进入预蛹时间在第 11d。饥饿 15d 后复食的幼虫个体，20%进入预蛹的时间在复食后第 8d；50%进入预蛹时间在第 9d；80%预蛹时间在第 10d。饥饿 30d 后复食的幼虫个体，20%进入预蛹时间在复食后第 9d；50%进入预蛹时间在第 10d；80%进入预蛹时间在第 12d。

综上所述，与对照相比，饥饿 5d 的幼虫复食后，20%预蛹时间早 1d；饥饿 15d 的幼虫复食后，80%进入预蛹时间早 1d；饥饿 30d 复食后各时间点均比对照晚 1d。各处理出现预蛹的时间不受饥饿时长影响，饥饿 30d 的幼虫复食后预蛹时间总体延迟 1d。

（2）对预蛹率的影响。饥饿幼虫复食后的预蛹率研究结果见图 3-15。从图 3-15 中可以看出，经历饥饿 10d 的幼虫预蛹率在各处理间最高，且显著高于未饥饿的对照。饥饿 5d、15d 和 25d 幼虫的预蛹率与对照相比略高，但差异不显著。饥饿 30d 的预蛹率为 87%±7.8%，与未饥饿的对照相比无显著差异。

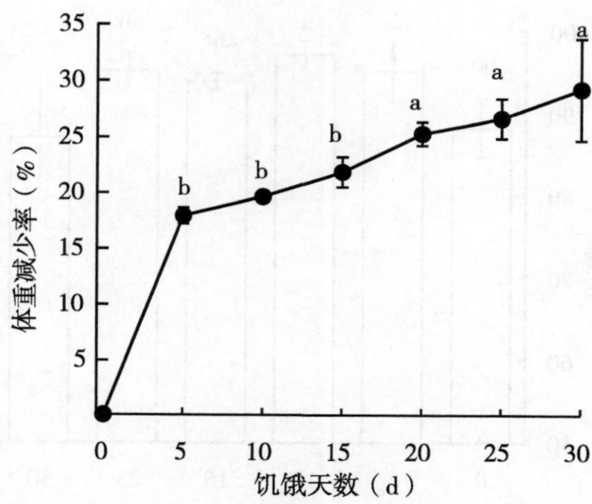

图 3-13　黑水虻 7d 幼虫饥饿不同天数后的体重减少率

Fig. 3-13　Weight loss rate of the 7 d-old larvae of *H. illucens* subjected to starvation for different days

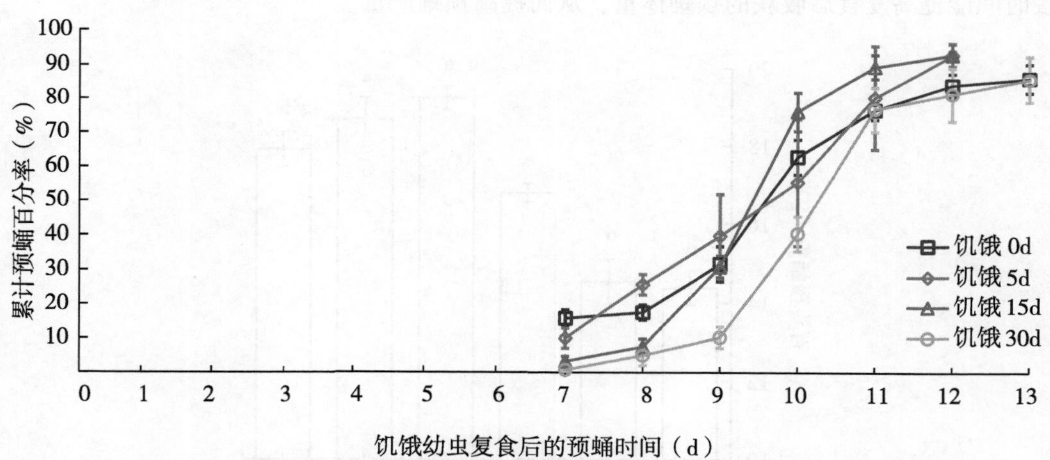

图 3-14　黑水虻 7d 幼虫饥饿后复食的累计预蛹率

Fig. 3-14　Cumulative prepupal rate of the 7 d-old larvae of *H. illucens* after starvation and refeeding

（3）对预蛹重的影响。饥饿幼虫复食后的预蛹的重量研究结果见图 3-16。从图 3-16 可以看出，正常取食的幼虫变为预蛹后，百头预蛹重为 14. 3±0. 4g。与该处理相比，饥饿 10~30d 后复食均能显著提高预蛹重。饥饿对预蛹重的影响在不同时长处理间差异显著。饥饿 5d 后复食，预蛹重与对照相比差异不显著。饥饿 15d 后复食预蛹重最大，百头预蛹重约为 19. 2±0. 3g，比对照大 33%。饥饿 25d 后复食预蛹重稍低于饥饿 15d 后复食的处理组，但差异不显著。饥饿 30d 后复食，预蛹重显著小于饥饿 15d 和 25d 后复食收获预蛹的重量，但大于未饥饿的对照和饥饿 10d 后复食收获的预蛹。使幼虫饥饿一

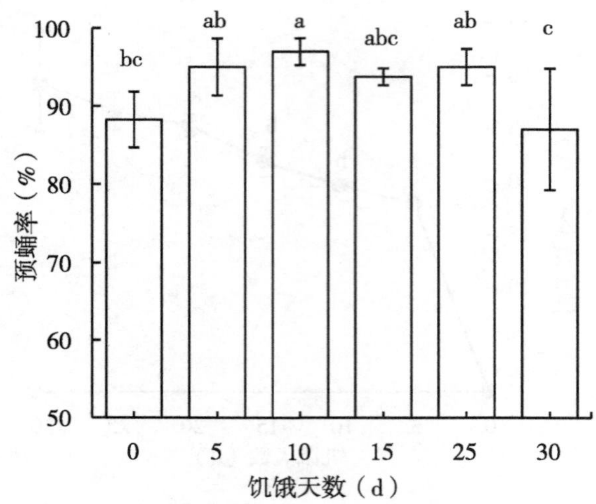

图 3-15　黑水虻 7d 幼虫饥饿后复食的预蛹率

Fig. 3-15　Prepupal rate of the 7 d-old larvae of *H. illucens* after starvation and refeeding

段时间能提高复食后收获的预蛹体重，从而提高预蛹产量。

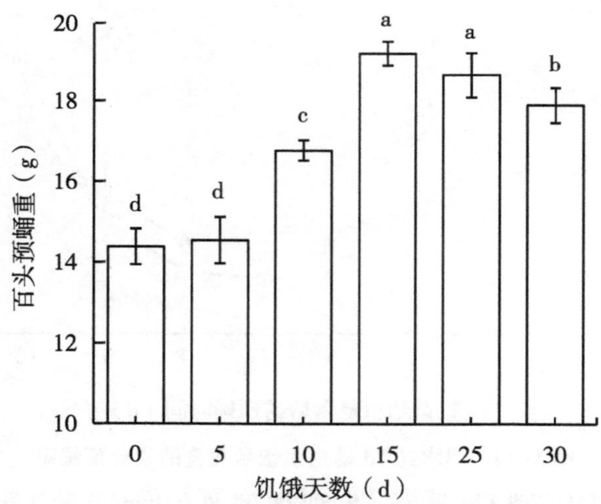

图 3-16　黑水虻 7d 幼虫饥饿后复食的预蛹重

Fig. 3-16　Prepupal weight of the 7 d-old larvae of *H. illucens* after starvation and refeeding

3. 对成虫繁殖的影响

（1）对成虫产卵的影响。幼虫饥饿后复食，至成虫阶段时成虫的产卵量研究结果见图 3-17。从图 3-17 可以看出，对照组 40 头雌成虫，总产卵量为 1.099±0.074g。用文献中报道的单雌产卵量 0.0291g（Booth and Sheppard，1984）换算，有 38 头雌虫产卵。幼虫饥饿经历 10～40d 后复食与没有饥饿过的对照相比，成虫产卵量无显著变化（图3-17），40 头雌成虫的总产卵量平均在 1g 左右。

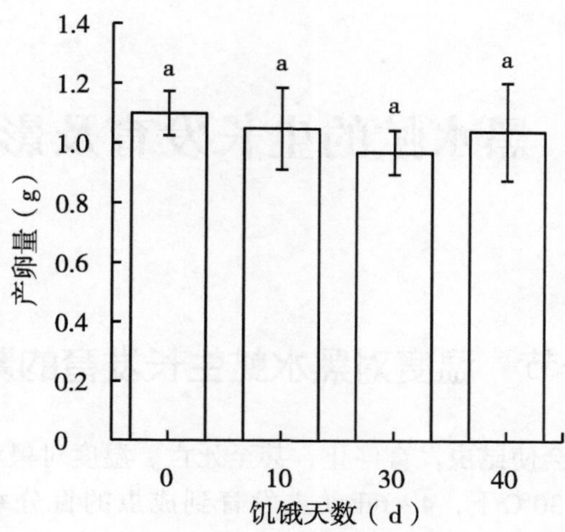

图 3-17　饥饿经历再饲养后黑水虻成虫的产卵量

Fig. 3-17　Total eggs weight of adults after refeeding about different days starvation

（2）对卵孵化率的影响。幼虫饥饿经历对成虫所产卵的卵孵化率影响见图 3-18。幼虫饥饿经历 0d、10d、30d、40d 的成虫卵孵化率分别为 93. 38%±2. 53%、83. 31%±3. 95%、61. 47%±16. 13%和 49. 09%±9. 14%。从图 3-18 可以看出，幼虫饥饿经历 10d 对其成虫所产卵的卵孵化量无显著影响，饥饿经历 30d 和 40d 卵孵化量显著低于对照。试验结果表明，饥饿时间超过一定天数后，幼虫的饥饿经历会影响成虫所产卵的活性。

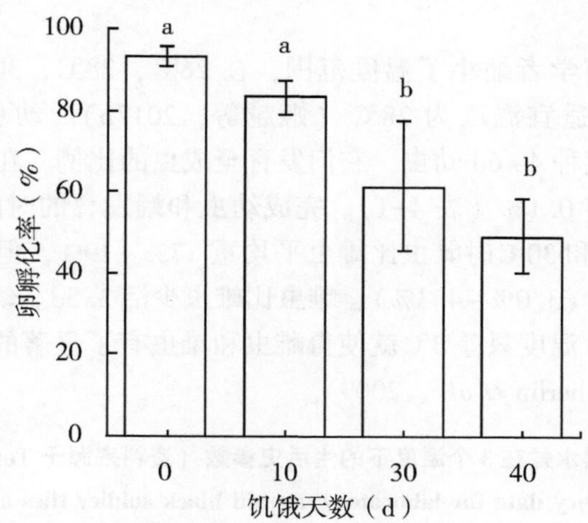

图 3-18　饥饿经历再饲养后黑水虻成虫卵孵化率

Fig. 3-18　Eggs hatching rate of adults after refeeding about different days starvation

第四章　黑水虻的生长发育及影响因子

第一节　温度对黑水虻生长发育的影响

温度过高或过低都会使昆虫发育停止，甚至死亡。温度对黑水虻的生长发育的影响很显著。已知在27℃、30℃下，4～6d幼虫发育到成虫的百分率为74%～97%，而在36℃下仅有0.1%。因此，黑水虻幼虫存活的高温阈值在30～36℃（Tomberlin *et al.*，2009）。

过低的温度同样会对黑水虻造成不利影响，已有关于黑水虻卵孵化以及初孵幼虫存活的低温阈值的研究。卵孵化的低温阈值在12～16℃，但即使是16℃，孵化的幼虫3d后就死了，虽然没有精确测量，但存活3d的幼虫明显比初孵幼虫大，表明这些幼虫还是有一定程度的发育。初孵幼虫存活的低温阈值在16～19℃。19℃时，卵能成功孵化，但幼虫期长达60.96d，27℃时，幼虫期只有13.0d。蛹期也有很大变化，19℃时为11.52d，27℃时为8.41d。成虫羽化成功率在19℃时只有31.9%，而27℃时达到93%，不过较低温度19℃时成虫的寿命达25.37d，长于较高温度27℃下的7.94d（Holmes *et al.*，2016）。

在此基础上，又有学者缩小了温度范围，在26℃，28℃，30℃，32℃，34℃中确定黑水虻幼虫发育的适宜温度为28℃（姬越等，2017b）。幼虫用谷物饲料饲养在27℃，30℃，36℃，接种4~6d幼虫，它们发育至成虫的比例，在27℃，30℃为74%～97%，但在36C时仅有0.1%（表4-1）。完成幼虫和蛹发育的时间在27℃时比在30℃时平均长4d。在27℃和30℃时雌虫比雄虫平均重17%～19%，但完成幼虫发育需要的时长平均多0.6~0.8d（3.0%~4.3%），雌虫比雄虫少活3.5d。幼虫的发育历期是预测成虫寿命的重要因子。温度只差3℃就使得雌虫和雄虫有了显著的权衡。这在法医应用上具有重要意义（Tomberlin *et al.*，2009）。

表4-1　室内饲养的黑水虻在3个温度下的生活史参数（资料来源于Tomberlin *et al.*，2009）

Table 4-1　Life history data for laboratory-reared black soldier flies at three temperatures

温度（℃）	性别	幼虫发育（d）	预蛹重（g）	蛹发育（d）	成虫重（g）	成虫寿命（d）
27	雌	20.1±0.32	0.160±0.0131	17.8±0.74	0.081±0.0073	14.0±0.69
27	雄	19.5±0.30	0.139±0.0119	17.9±0.79	0.066±0.0057	17.4±0.94
30	雌	18.5±0.50	0.148±0.0038	15.5±0.58	0.076±0.0029	12.4±0.70

（续表）

温度（℃）	性别	幼虫发育（d）	预蛹重（g）	蛹发育（d）	成虫重（g）	成虫寿命（d）
30	雄	17.7±0.52	0.128±0.0029	15.4±0.63	0.063±0.0021	15.9±1.03
36	总计	25.9±0.23	0.085±0.0029	—	—	—

第二节　湿度对黑水虻生长发育的影响

湿度也显著影响黑水虻生长发育，见表4-2。在温度27℃、光周期12∶12（L∶D）条件下，相对湿度在25%~70%时，随着湿度的增加，卵的孵化率也逐渐增加，相对湿度在60%~70%时，卵的孵化率显著高于其他湿度条件下；相对湿度在25%~40%时，卵的孵化率小于20%。但卵的历期随湿度的逐渐增加而缩短，相对湿度为25%时，卵的历期长达124~138h。相对湿度在50%~70%时，卵的历期最短，小于90h，相对湿度在60%时，卵的历期仅71.21 h（Holmes *et al.*，2012）。

表4-2　相对湿度不同时卵的历期及孵化率（资料来源于Holmes *et al.*，2012）

Table 4-2　Mean time to egg eclosion and per cent successful egg eclosion in each RH treatment

处理	相对湿度（%）	卵的历期（h）	卵孵化率（%）
试验1	25	124.43±1.85A	8.44±0.75a
		138.00±0.00B	5.44±1.40a
	70	87.63±2.70C	64.67±7.69b
		80.78±3.75C	86.22±2.91b
试验2	40	90.11±0.35A	19.86±1.27a
	50	87.84±1.30B	38.00±2.29b
	60	71.21±0.37C	72.74±2.46c

注：同一试验同列数值后字母不同表示差异显著，$P<0.05$（Wilcoxon/Kruska-Wallis法）

在实际生产过程中，幼虫生长发育到预蛹前都是在含水量较高的基质中，空气湿度的影响几乎可以忽略，所以也就没有相对应的研究，但是有幼虫基质含水量对幼虫生长发育影响的研究。相比较而言，含水量低于30%，大部分幼虫死亡，50%含水量对幼虫的生长发育，相对于70%含水量的基质也较为不利（喻国辉等，2014））。在27℃、RH80%、光周期14∶10（L∶D）的饲养条件下，以含水量70%人工饲料饲养黑水虻为对照，比较饲料含水量为30%和50%时黑水虻幼虫的存活率、幼虫体重、雌雄成虫体长、羽化率以及不同发育阶段持续时间等生物学参数与对照组的差异。结果发现，30%和50%含水量饲料饲养幼虫平均体重与对照幼虫相比显著降低（$P<0.05$），30%和50%

含水量两个处理间体重亦有显著差异（$P<0.05$）。黑水虻幼虫不能在含水量30%的人工饲料中发育至预蛹，大部分幼虫至13d时死亡。50%含水量饲料饲养幼虫比对照延迟5d出现预蛹，滞后14d结束预蛹，预蛹过程耗时18d，比对照延长8d；50%含水量饲料饲养雌雄虫比对照成虫体长显著缩短（$P<0.05$），雌雄成虫羽化时间亦比对照延后5d，雌雄成虫羽化历期均为18d，比对照增加5d；50%含水量饲料饲养黑水虻自卵孵化至蛹全部羽化为成虫所需时间比对照延长10.67d，所需时间为55.67d，而对照仅需45.00d；但是50%含水量饲料饲养幼虫存活率和成虫羽化率与对照相比差异均不显著（$P>0.05$）。可以认为，含水量低于70%的人工饲料不利于黑水虻的生长发育（Yu *et al.*，2014）。也有学者对幼虫基质含水量为70%、75%、80%做了比较研究，发现湿度80%不利于从基质中分离幼虫，但另一方面减少湿度会减缓幼虫的生长速度（Cheng *et al.*，2017）。可见黑水虻幼虫对于湿度较为敏感。

湿度影响停食后阶段和蛹阶段的发育与死亡率，见表4-3、图4-1。在温度27℃、光周期12∶12（L∶D）条件下，相对湿度在25%、40%、70%时，湿度越大，发育越快，死亡率越低。相对湿度对存活的影响极为显著，在25%时，停食后阶段和蛹阶段的死亡率超过了50%，在70%时，停食后阶段和蛹阶段的存活率超过了95%。成虫的羽化率随RH升高而增加，在RH 25%时，成虫羽化率小于20%，RH 40%时，羽化率接近60%，RH 70%时，羽化率超过90%。尽管湿度显著影响成虫的寿命，但不同湿度间，成虫寿命的差值小于2d（Holmes *et al.*，2012）。

表4-3　湿度对停食后阶段和蛹阶段的发育与死亡率及成虫阶段的羽化和寿命的影响（资料来源于Holmes *et al.*，2012）

Table 4-3　RH effects on length of postfeeding and pupal development，mortality，adult emergence，and adult longevity

相对湿度（%）	发育历期（d）		死亡率（%）		成虫羽化率（%）	成虫寿命（d）
	停食后	蛹	停食后	蛹		
25	10.36±0.09A	8.92±0.15A	62.00±0.06a	65.00±5.9a	16.00±3.6A	5.17±0.14a
40	9.72±0.08B	8.57±0.06B	26.00±0.05b	23.00±4.2b	59.00±5.9B	6.68±0.10b
70	9.48±0.09C	8.41±0.06C	3.00±0.01c	2.00±0.5c	93.00±1.2C	7.94±0.09c

注：同列数值后字母不同表示差异显著，$P<0.05$（Wilcoxon/Kruskal-Wallis法）

第三节　光照对黑水虻生长发育的影响

在27℃，70% RH的条件下，人们测定了光照时长0h，8h，12h对黑水虻发育的影响，见表4-4。所有处理中幼虫都能孵化，但光照12h处理，幼虫孵化需要的累计度时（Accumulated degree hours，ADH）比0h和8h处理少5.77%和4.5%。光照0h处理，幼虫孵化需要的累计度时比8h和12h处理多39.34%和37.78%。光周期对幼期发育的影响是预蛹期影响最大，蛹期影响最小。光照0h处理，停食幼虫发育至化蛹需要的累

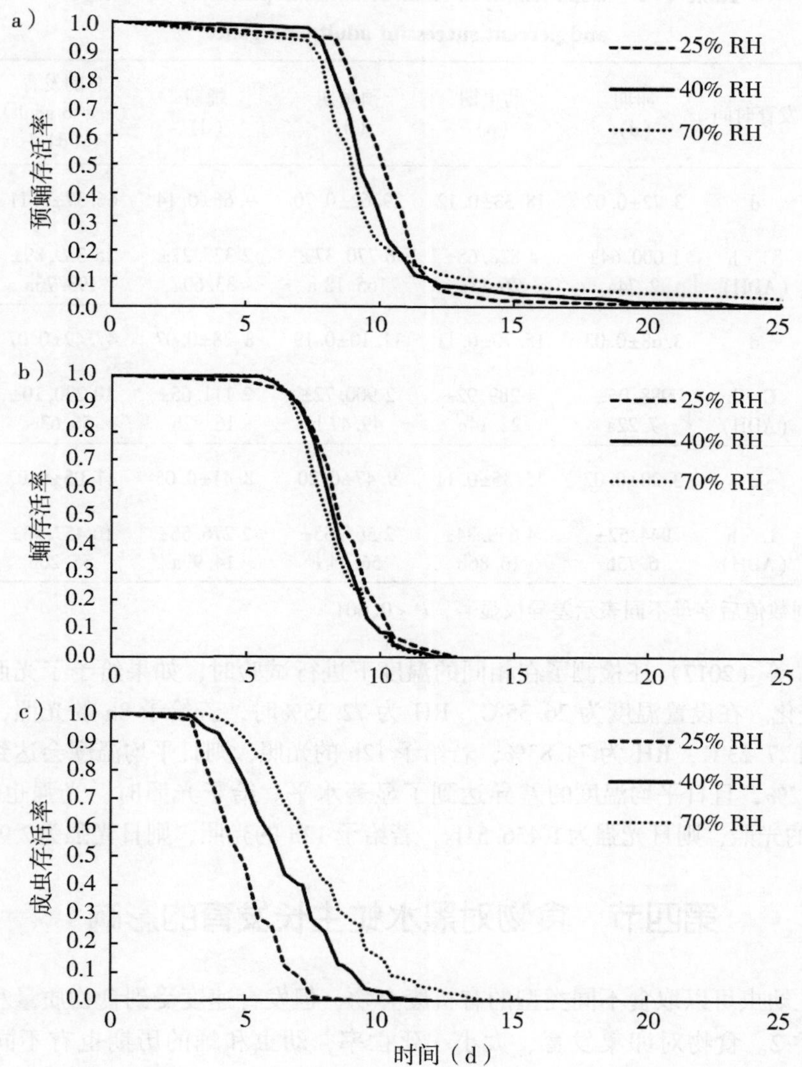

图 4-1　整个观察时期内不同发育阶段的存活率

（资料来源于 Holmes *et al.*，2012）

Fig. 4-1　Proportion of survivorship at each stage of development over time

计度时比 8h 和 12h 处理多 80.02% 和 90.08%。光照 8h 处理，蛹发育至羽化需要的累计度时比 0h 和 12h 处理少 9.63% 和 7.52%。光照时长 0h，8h，12h 处理，幼虫的存活率为 72%，96%，97%。光照 0h 处理幼虫的死亡率最高，其中 17.8%的死亡率可能是由于蜘蛛和蜚蠊的捕食（Holmes *et al.*，2017）。

表 4-4　黑水虻不同发育阶段的历期和成虫羽化成功率（资料来源于 Holmes *et al.*，2017）

Table 4-4　Mean length of *H. illucens* development by life-stage and percent successful adult emergence

光照时长（h）	发育时间	卵期（d）	幼虫期（d）	预蛹期（d）	蛹期（d）	总的发育（egg to adult）（d）	成虫羽化率（%）
0	d	3. 72±0. 02	18. 33±0. 12	29. 62±0. 70	9. 66±0. 14	66. 37±0. 11	72. 2±0. 02c
	℃·h（ADH）	1 000. 64±2. 74a	4 828. 68±26. 11a	6 770. 37±165. 18 a	2 325. 27±33. 60a	15 329. 89±193. 76a	
8	d	3. 68±0. 03	15. 70±0. 11	11. 10±0. 19	8. 38±0. 07	47. 49±0. 07	95. 8±0. 01b
	℃·h（ADH）	988. 06±7. 22a	4 289. 92±22. 14c	2 900. 72±49. 47 b	2 111. 65±16. 92b	10 290. 10±56. 63c	
12	d	3. 20±0. 02	15. 35±0. 11	9. 47±0. 20	8. 41±0. 05	41. 05±0. 07	96. 8±0. 01a
	℃·h（ADH）	944. 52±6. 75b	4 659. 84±16. 86b	2 565. 55±56. 44 c	2 276. 55±14. 99a	10 457. 43±55. 20b	

注：同列数值后字母不同表示差异极显著，$P<0.001$

Holmes 等（2017）还检测了在相同的温度下进行试验时，如果给予了光照，环境温度的细微变化。在设置温度为 26. 35℃，RH 为 72. 35%时，若给予 8h 的光照，则日平均温度会达到 27. 23℃，RH 为 74. 83%，若给予 12h 的光照，则日平均温度会达到 28. 34℃，RH 为 73. 42%，且日平均温度的差异达到了显著水平。给予光照时，光强也有所不同，若给予 8h 的光照，则日光强为1 456. 51lx，若给予 12h 的光照，则日光强为2 905. 07lx。

第四节　食物对黑水虻生长发育的影响

黑水虻幼虫可以取食不同类型的有机废弃物，但发育速度受到食物质量和数量的影响，见图 4-2。食物对卵巢发育、大小、死亡率，幼虫和蛹的历期也有不同程度的影响，只有用肉粉饲养时死亡率较高，幼虫和蛹的发育历期长。幼虫取食经历会影响到未来成虫的生理和形态发育（Gobbi *et al.*，2013）。

用肉饲养时，幼虫消耗的平均干物质重量为 167. 60±67. 80g，而用母鸡饲料饲养时，幼虫消耗的平均干物质重量为 354. 80±27. 78g，二者混合饲养幼虫时，幼虫消耗的平均干物质重量为 290. 60±34. 79g。用肉饲养时，幼虫和蛹的死亡率最高，幼虫的死亡率为 60. 00%±3. 00%，蛹的死亡率为 80. 00%±3. 00%。用母鸡饲料饲养时，幼虫和蛹的死亡率最低，分别为 7. 00%±3. 00%和 1. 00%±0. 60%。这几组饲料处理养出的雌虫偏多，但 3 种饲料间没有显著差异（Gobbi *et al.*，2013）。

用肉、母鸡饲料或二者混合物饲养黑水虻幼虫时，不同饲料处理组间的幼虫历期和蛹历期均有显著性差异，见图 4-3。取食母鸡饲料时，幼虫历期为 15. 00±0. 55d，取食

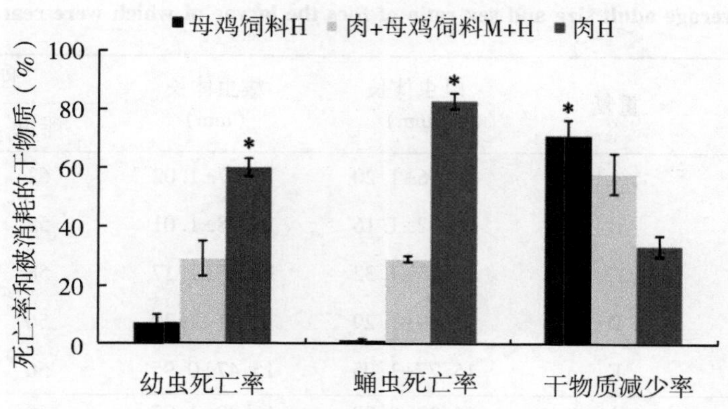

图 4-2　幼虫和蛹的死亡百分率及总干重减少率

（资料来源于 Gobbi *et al.*，2013）

Fig. 4-2　Percentage larval and pupal mortality and total dry weight reduction of *H. illucens*

注：＊P <0.05

二者混合物时幼虫历期为 19.00±1.00d，取食母鸡饲料时比取食肉时的幼虫历期短约 15d；取食肉时，幼虫历期为 33.00±1.09d。蛹的历期差异没有幼虫历期差异那么大，但也有差异。取食母鸡饲料时，蛹历期为 16±0d，取食二者混合物时蛹历期为 16.00±0.45d，取食肉时，蛹历期最长，为 19.00±0.55d，与前两种饲料间的差异达到了显著水平。很显然，取食母鸡饲料和母鸡饲料与肉的混合物时，完成发育需要的时间更少。仅仅取食肉时，发育时间几乎翻了一番。比较不同处理获得的成虫体长（测量翅的大小），见表 4-5，可以看出，所有处理中都是雌性大于雄性，取食肉的和取食母鸡饲料的处理间成虫大小差异显著。

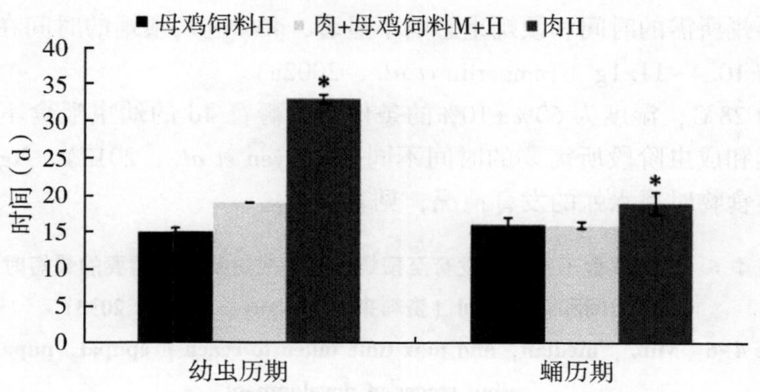

图 4-3　黑水虻幼虫和蛹的历期（资料来源于 Gobbi *et al.*，2013）

Fig. 4-3　Durations of the larval and pupal stages of *H. illucens*

注：＊P <0.05

表 4-5　幼虫取食不同的饲料时发育形成的成虫的大小和性比（资料来源于 Gobbi *et al.*，2013）

Table 4-5　Average adult size and sex ratio of flies the larvae of which were reared on the diets

饲料	重复	雌虫体长（mm）	雄虫体长（mm）	性比（%）	
				雌虫	雄虫
母鸡饲料	A	15. 66±1. 20	15. 57±1. 02	62	38
	B	16. 22±1. 16	16. 08±1. 01	55	45
	C	15. 95±1. 32	15. 78±1. 17	58	42
	D	15. 89±1. 29	15. 61±1. 20	56	44
	E	15. 77±1. 05	15. 47±0. 95	56	44
肉+母鸡饲料	A	16. 27±0. 88	15. 89±1. 03	55	45
	B	16. 83±0. 75	15. 64±1. 19	55	45
	C	16. 10±1. 31	16. 02±1. 08	60	40
	D	16. 08±0. 90	15. 97±1. 11	58	42
	E	16. 46±1. 20	16. 01±1. 08	54	46
肉	A	9. 45±0. 63	8. 06±0. 87	58	42
	B	9. 26±0. 74	8. 34±0. 86	54	46
	C	9. 19±0. 77	8. 51±0. 86	53	47
	D	9. 79±1. 96	8. 32±0. 92	63	38
	E	9. 38±0. 69	8. 24±0. 86	58	42

黑水虻食性广，禽畜粪便、餐厨垃圾、腐烂的蔬菜水果、渔业废弃物等有机废弃物都可以用来作黑水虻的饲料。但不同饲料对黑水虻的生长发育也存在影响。27℃，60%~70% RH 条件下，比较 Gainesville 家蝇饲料（Hogsette，1992）、CSMA、蛋鸡饲料（蛋白质含量 15%）3 种饲料对黑水虻幼虫生长发育的影响，发现该 3 种饲料对黑水虻从卵发育到预蛹所需的时间和预蛹重影响不显著，40%进入预蛹的时间在 22. 5~24. 1d，百头预蛹重约 10. 4~11. 1g（Tomberlin *et al.*，2002a）。

在温度为 28℃，湿度为 60%±10%的条件下，孵育 4d 的幼虫喂食不同饲料时，发育至预蛹、蛹和成虫阶段所需要的时间不同（Nguyen *et al.*，2013）。Nguyen 等比较了幼虫取食 6 类食物时黑水虻的发育情况，见表 4-6。

表 4-6　幼虫取食不同饲料发育至预蛹、蛹和成虫阶段所需要的最短时间、平均时间和最长时间（资料来源于 Nguyen *et al.*，2013）

Table 4-6　Min.，median，and max time taken to reach prepupal，pupal，and adult stages of development

饲料	最短时间		
	预蛹	蛹	成虫
饲料（CK）	20. 17±0. 477C	31. 67±1. 174B	38. 83±1. 276D

（续表）

饲料	最短时间		
	预蛹	蛹	成虫
猪肝脏	19.17±0.601C	31.83±1.195B	40.17±1.447CD
猪粪	25±0.516A	38.17±1.493A	45±1.211B
厨房垃圾	20.17±0.543C	32.83±1.078B	40±1.155CD
果蔬	21.67±0.333B	33.83±0.477B	42.67±1.054BC
鱼内脏	19.83±0.543C	42.60±2.891A	55±0A
统计结果	N=36 $F_{5,30}=17.4$ $P<0.001$	N=36 $F_{5,29}=7.614$ $P<0.001$	N=32 $F_{5,26}=9.582$； $P<0.001$

饲料	平均时间		
	预蛹	蛹	成虫
饲料（CK）	23±0.632BC	35.17±1.276C	43.17±1.302C
猪肝脏	22.50±0.719C	34.17±2.072C	42.17±1.887C
猪粪	34±1.390A	48.67±2.472A	55.33±2.140A
厨房垃圾	23.83±0.401BC	35.33±1.282C	43.33±1.256C
果蔬	28.67±0.760AB	42.17±1.621B	49.33±1.256B
鱼内脏	26.50±0.992ABC	43.40±2.857AB	55±0AB
统计结果	N=36 $X^2=27.709$ $P<0.001$	N=35 $F_{5,29}=8.969$ $P<0.001$	N=32 $F_{5,26}=11.502$ $P<0.001$

饲料	最长时间		
	预蛹	蛹	成虫
饲料（CK）	30±0.856D	53.83±3.591B	63±4.082BC
猪肝脏	32.17±2.167CD	39.33±1.476C	49±2.066D
猪粪	45.67±1.358A	64.50±4.169A	73.50±3.128A
厨房垃圾	32.50±1.875CD	45.50±3.528BC	57.17±4.722D
果蔬	40.33±1.542AB	54.67±3.095B	68.50±3.294AB
鱼内脏	36±2.745BC	46.60±3.614BC	60±5.00CD
统计结果	N=36 $F_{5,30}=10.150$ $P<0.001$	N=35 $F_{5,29}=7.088$ $P<0.001$	N=32 $F_{5,26}=5.859$ $P<0.001$

注：每部分同列数值后字母不同表示差异显著，$P<0.05$

6类食物分别为家禽饲料（对照）、猪肝脏、猪粪、厨余垃圾、水果蔬菜以及鱼内脏，黑水虻幼虫发育至预蛹的时长从多到少依次为猪粪、水果蔬菜和其他 4 种食物；发育至蛹的时长从多到少依次为猪粪、鱼、水果蔬菜和其他食物；发育至成虫的时长从多到少依次为猪粪、鱼和其他食物。取食猪粪的幼虫最小、最轻、发育历期最长。取食厨房垃圾的幼虫最大、最重。取食鱼屠宰剩余物的幼虫几乎全部死亡。通过比较发现幼虫取食猪粪进入预蛹所需的时间最长，至少需要 25d，并且预蛹较小，较轻（Nguyen *et al.*，2013）。

营养分析表明，厨余、肝、鱼的营养含量普遍高于对照饲料（表 4-7）。厨余含有最高的能量、碳水化合物和热量，与其他处理组相比，还含有较高的脂肪和蛋白质。肝脏蛋白质含量最高，能量、热量、脂肪和碳水化合物含量也相对较高。鱼类含有最高的脂肪含量和相对较高的能量、蛋白质和卡路里含量。鱼内脏中的碳水化合物含量无法检测到。猪粪、果蔬废弃物的营养含量低于对照饲料。水果和蔬菜的能量、蛋白质、卡路里和脂肪含量最低，碳水化合物含量也相当低。猪粪也有低能量、碳水化合物、蛋白质、卡路里和脂肪含量。

表 4-7　六种不同类型的废弃物的营养组成分析（资料来源于 Nguyen *et al.*，2013）

Table 4-7　Nutritional analysis of six different types of waste treatment diets

每百克中的含量	饲料	肝	猪粪	厨房垃圾	果蔬	鱼
热量（KJ）	322	468	129	583	68.5	380
灰分（g）	6.3	1.4	3	0.9	0.4	3.6
卡路里（J）	322.31	468.82	129.76	581.83	69.07	380.91
蛋白（g）	4.47	19.41	2.38	5.86	0.9	9.05
脂肪（g）	0.626	3.25	0.148	5.62	0.065	6.55
碳水化合物（g）	13.3	1.2	5	16.3	3.05	NA
水分（g）	75.2	74.7	89.5	71.3	95.6	81.9
单不饱和脂肪酸（g）	0.217	0.608	0.013	2.33	0.0085	2.95
多不饱和脂肪酸（g）	0.095	1.17	0.004	1.2	0.03	1.56
反式脂肪酸（g）	0.034	0.025	0.014	0.123	<0.001	0.079
ω-3 多不饱和脂肪酸（g）	0.005	0.139	<0.001	0.099	0.014	1.02
ω-6 多不饱和脂肪酸（g）	0.09	1.03	0.003	1.1	0.016	0.544

黑水虻幼虫取食 6 种不同类型的食物时成功发育至各个阶段的数量并不相同。发育至预蛹阶段 N = 36，$F_{5,30} = 7.322$，$P < 0.001$，蛹期 N = 37，$X^2 = 27.974$，$df = 5$，$P < 0.001$)，成虫期 N=37，$X^2 = 27.5274$，$df = 5$，$X^2 = 27.524$；$P < 0.001$）。最大死亡率出现在取食鱼内脏的处理组，预蛹期为 52.77%，蛹期为 98.55%，成虫期为 99.66%。其次是取食肝脏的处理组有较高的死亡率，预蛹期为 42.77%，蛹期为 79.11%，成虫期为 84.55%。死亡率排在第三位的是取食餐厨垃圾的处理组，预蛹期为 53.33%，蛹期为 58.77%，成虫期为 61.22%（图 4-4 和图 4-5）。

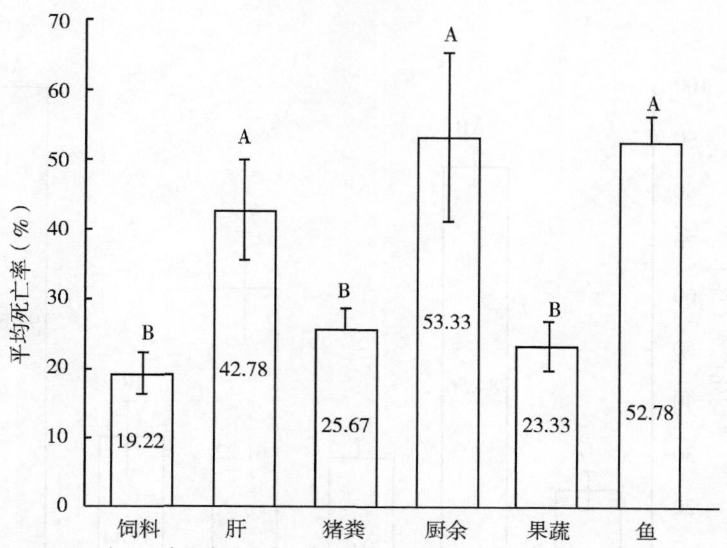

图 4-4　黑水虻幼虫取食 6 种不同类型的食物时游荡期的死亡率（资料来源于 Nguyen *et al.*，2013）

Fig. 4-4　Mean mortality for wandering stage of development for larvae fed on six different types of waste diets

注：柱上字母不同表示差异显著，$P<0.05$

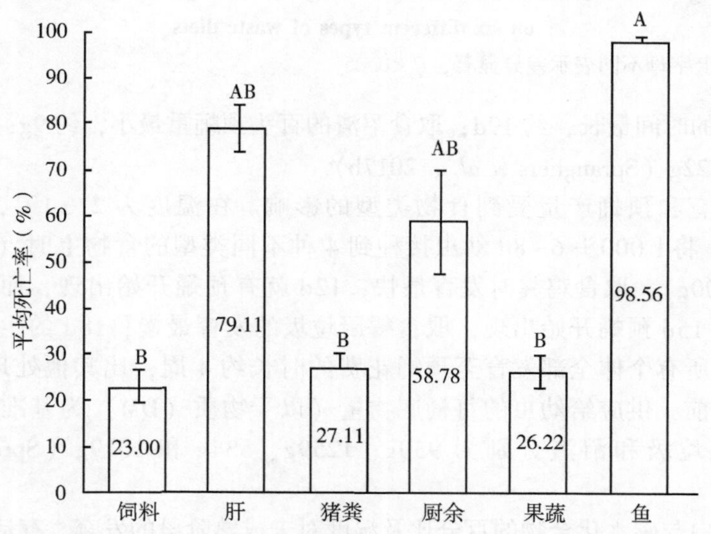

图 4-5　黑水虻幼虫取食 6 种不同类型的食物时蛹的死亡率（资料来源于 Nguyen *et al.*，2013）

Fig. 4-5　Mean mortality for pupal stage of development for larvae fed on six different types of waste diets

注：柱上字母不同表示差异显著，$P<0.05$

27±1℃，65%±5% RH 条件下比较肉鸡饲料，新鲜的废弃蔬菜，沼渣和厨余垃圾对黑水虻生长发育的影响，发现从 4d 发育到预蛹所需的时间均存在显著差异，其中取食

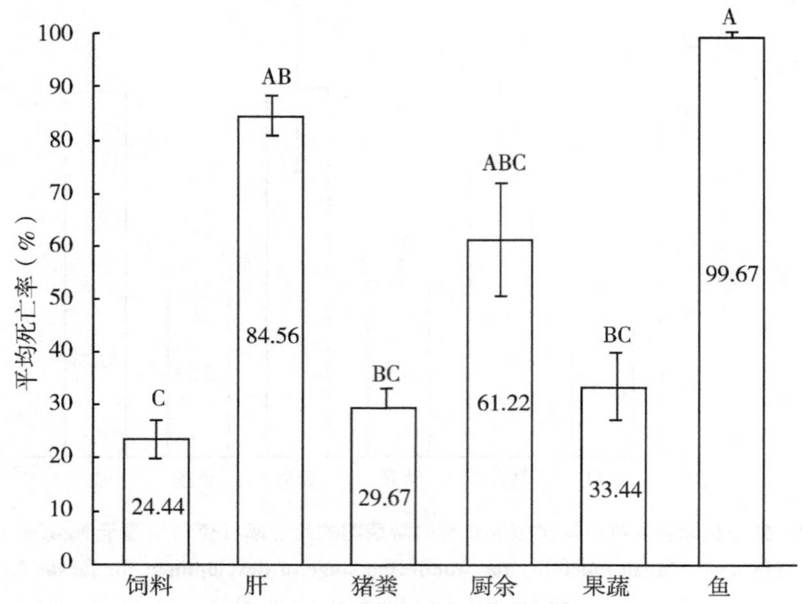

图 4-6　黑水虻幼虫取食 6 种不同类型的食物时成虫的死亡率

Fig. 4-6　Mean mortality for adult stage of development for larvae fed on six different types of waste diets

注：柱上字母不同表示差异显著，$P<0.05$

厨余垃圾所需的时间最长，约 19d；取食沼渣的百头预蛹重最小，约 9g；取食肉鸡饲料百头预蛹重约 22g（Spranghers *et al.*，2017b）。

幼虫的发育和预蛹产量受到食物类型的影响。在温度为 27±1℃，RH 为 65%±5%的条件下，将1 000头 6~8d 幼虫接种到 4 种不同类型的食物上时（5. 5L 的小桶，初始食物为 600g），取食鸡粪时发育最快，12d 就有预蛹开始出现，而取食沼渣、蔬菜垃圾的在第 15d 预蛹开始出现，取食餐厨垃圾的发育最慢，18d 的生长过程中都没有预蛹出现，所有个体全部发育至预蛹花费的时长约 4 周，比其他处理组长约 1 周。在第一次收获前，供应给幼虫的每桶底物量（以干物质（DM）为基准）鸡饲料、餐馆垃圾、蔬菜垃圾和沼渣分别为 930g、1259g、534g 和 1019g（Spranghers *et al.*，2017b）。

饲料的蛋白与碳水化合物的百分比及湿度对未成熟阶段的发育、存活有影响，进而影响成虫的寿命和产卵量，详见图 4-7、图 4-8、图 4-9 及表 4-8。

湿度对发育及生活史参数的影响更大，湿度在 40%时，幼虫不能发育。湿度为 70%时，幼虫生长最快、最大，需要的食物也更少。湿度为 70%时，若蛋白与碳水化合物的百分比均为 21%，幼虫发育最快，消耗的食物最少，存活至预蛹的比例也最高。幼虫阶段受到的影响会一直延续到影响成虫的羽化和寿命（Cammack and Tomberlin，2017）。饲料中蛋白：碳水化合物比例不同显著影响取食阶段的历期，且与饲料含水量

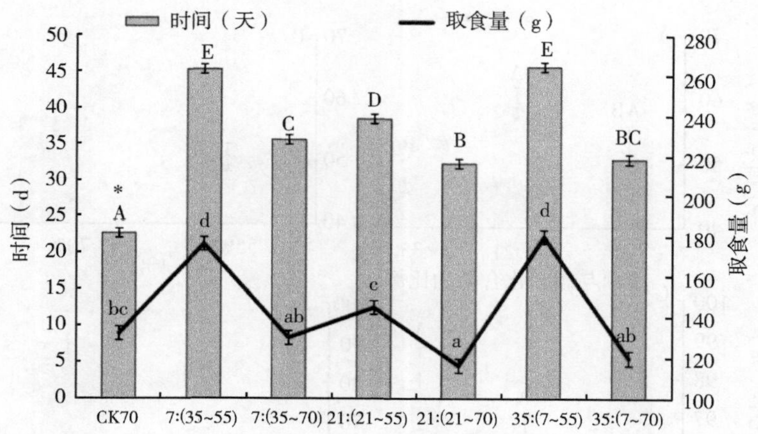

图 4-7 40%的幼虫发育至预蛹阶段需要的时间和饲料
（资料来源于 Cammack and Tomberlin，2017）

Fig. 4-7 Feeding duration and amount of feed required for 40% of the *H. illucens* larvae reaching the prepupal stage

注：柱上或曲线上字母不同表示差异显著，*P*<0. 05

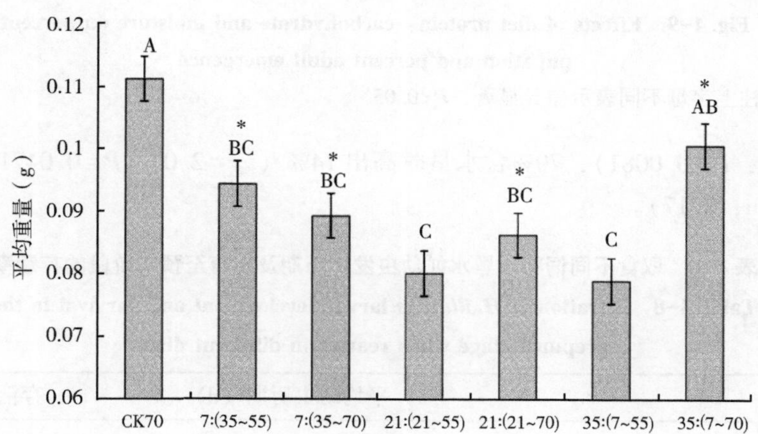

图 4-8 预蛹重量（在温度 30℃，RH 70%，光周期 14L：10D 的条件下）（资料来源于 Cammack and Tomberlin，2017）

Fig. 4-8 Mean weight of *H. illucens* prepupae produced on a diet treatment in an incubator set at 30℃，70% RH，on a 14L：10D cycle

注：柱上字母不同表示差异显著，*P*<0. 05

负相关（$F_{6,54}$ = 154. 732，P<0. 001）。含水量达到 70%时，与含水量 25%~50%的相比，幼虫发育快 6~10d。与对照相比，处理中的预蛹重 12%~22%（0. 012~0. 019g）（t_{54} = 2. 698，P = 0. 009）。若蛋白与碳水化合物的百分比均为 21%，化蛹率高出 11%~33%

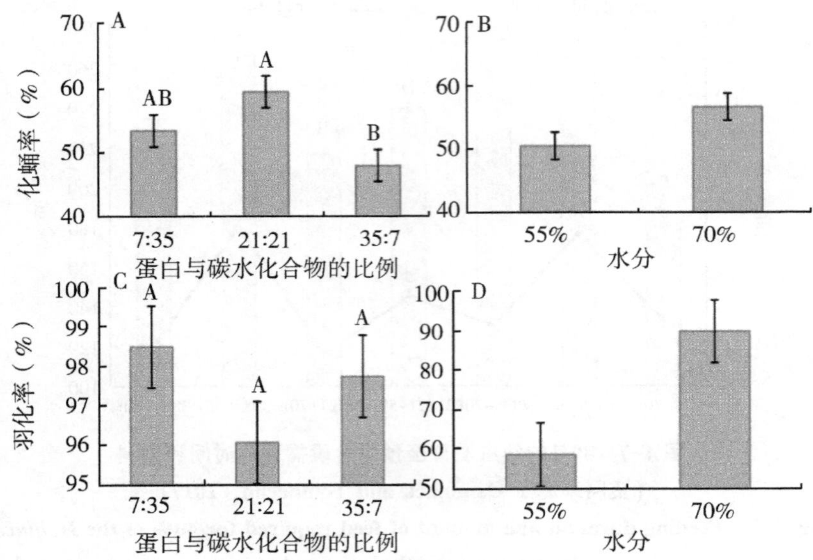

图 4-9　饲料的蛋白：碳水化合物比例及水分含量对化蛹率、羽化率的影响
（资料来源于 Cammack and Tomberlin，2017）

Fig. 4-9　Effects of diet protein：carbohydrate and moisture on percent pupation and percent adult emergence

注：柱上字母不同表示差异显著，$P<0.05$

（$F_{2,45}=5.37$，$P=0.0081$），70%含水量时高出 14%（$t_{46}=2.04$，$P=0.0471$）（Cammack and Tomberlin，2017）。

表 4-8　取食不同饲料时黑水虻幼虫发育历期及发育至预蛹阶段的存活率

Table 4-8　Duration of *H. illucens* larval development and survival to the prepupal stage when reared on different diets

饲料	平均幼虫历期（d）	存活率（%）
牛粪	30.4±0.1	77.3±4.55
禽饲料	23.0±0.6	80.8±NA
猪肝	22.5±0.7	57.2±NA
猪粪	34.0±1.4	74.3±NA
厨房垃圾	23.8±0.4	46.7±NA
果蔬	28.7±0.8	76.7±NA
鱼内脏	26.5±0.9	47.2±NA

（续表）

饲料	平均幼虫历期（d）	存活率（%）
高蛋白高脂肪	21±1.4	86±18.0
高蛋白低脂肪	33±5.4	77±19.8
低蛋白高脂肪	37±10.6	72±12.9
低蛋白低脂肪	37±5.8	74±23.5
对照	21±1.1	75±31.0
对照	23.5±0.4	87.0±3.30
蛋白：碳水化合物 7：(35~55)	45.3±0.7	48.9±3.30
蛋白：碳水化合物 7：(35~70)	35.5±0.7	57.8±3.30
蛋白：碳水化合物 21：(21~55)	38.4±0.7	56.7±3.30
蛋白：碳水化合物 21：(21~70)	32.3±0.7	68.2±1.96
蛋白：碳水化合物 35：(7~55)	45.6±0.7	46.0±3.30
蛋白：碳水化合物 35：(7~70)	32.9±0.7	52.9±3.53

第五节　食物和温度联合对黑水虻生长发育的影响

黑水虻幼虫饲养在24.9℃，27.6℃和32.2℃（55% RH），取食猪骨粉时，完成幼虫发育需要的度时比取食牛骨粉时多23.1%、比取食谷物时多139.7%。饲养在27.6℃和32.2℃时需要的度时比饲养在24.9℃时多8.7%，但幼虫重约30%。因此，可以蛹室内获得的幼虫体长和重量数据来估计野外幼虫的虫龄，但谷物类食物获得的数据并不准确（Harnden and Tomberlin，2016）。

表4-9列出了在不同处理下饲养的黑水虻完成每个发育阶段所需的最低累计积累度时（ADH）。卵孵化所需的最低ADH在不同测试的温度间无显著性差异（$F_2=3.1006$，$P<0.1189$）。预测预蛹出现前完成幼虫发育所需的最低ADH在测定温度与饲料之间的相互作用具有显著性（$F_3=16.7901$；$P<0.0001$）。总的来说，以谷物为基础的饲料喂养的幼虫在蜕皮后进入预蛹阶段所需的ADH最少，而那些以猪肉为基础的饲料喂养的幼虫完成幼虫发育所需的ADH最多。同样，完成预蛹阶段所需的最小ADH在所测温度与日粮之间的相互作用具有显著性（$F_3=4.0835$，$P=0.0281$），但没有观察到明显的趋势。完成蛹发育所需的最小ADH不受温度和饲料的互作（$F_3=1.7519$，$P=0.2024$）（Harnden and Tomberlin，2016）。

表 4-9 黑水虻完成不同阶段的发育需要的最小有效积温（ADH）
（资料来源于 Harnden and Tomberlin，2016）
Table 4-9 Minimum accumulated degree hours（ADH）required by
H. illucens to complete each stage of development （单位:℃·h）

温度（℃）	饲料	产卵至孵化	孵化至预蛹	预蛹至蛹	蛹至成虫
32.2	谷物	1 238.9±19.0A[a]	4 969.2±228.5C	2 747.2±228.5A	2 747.2±228.5A
	牛肉		12 423.0±0.0A	2 424.0±395.8A	3 393.6±685.6A
	猪肉		—	—	—
27.6	谷物	1 248.0±25.5A	5 928.0±0.0C	1 872.0±0.0AB	2 870.4±176.5A
	牛肉		10 046.4±0.0B	1 747.2±353.0AB	2 745.6±353.0A
	猪肉		12 480.0±1 310.4A[c]	1 123.2±374.4B[c]	3 369.6±0.0A[c]
24.9	谷物	1 290.0±21.1A	5 237.4±0.0C	1 032.0±145.9B	3 715.2±0.0A
	牛肉		8 952.6±252.8B	1 135.2±386.1B	2 373.6±1 437.4A
	猪肉		12 822.5±154.8A[c]	1 857.6±309.6AB[c]	3 250.8±154.8A[c]

不同处理的最终平均幼虫长度和重量如表 4-10 所示。预测最终平均幼虫长度和体重时温度与饲料之间有显著的互作（平均幼虫长度，$F_4=5.2156$，$P=0.0011$，平均幼虫体重，$F_4=6.0749$，$P=0.0004$）。总体而言，在 32.2℃ 和 27.6℃ 饲养的幼虫比在 24.9℃ 饲养的幼虫重 30%，但长度仅长 5%。从卵孵化到第一次观察到预蛹，幼虫大小变化见图 4-10。以谷物为食并在最高温度（32.2℃）下饲养的幼虫，在最少度日数（152DD）内发育成预蛹，而在相同温度下以猪肉饲养的幼虫，在最多度日数（556DD）内发育成预蛹。以牛肉饲养的幼虫发育速度始终快于以猪肉饲养的幼虫。32.2℃ 的猪肉处理组在 3 个技术重复中有 2 个在 152DD 和 394DD 时死亡。27.6℃ 的猪肉处理组在 3 个技术重复中有 1 个在 370DD 时死亡。24.8℃ 的猪肉处理组在 3 个技术重复中有 1 个在 435DD 时死亡（Harnden and Tomberlin，2016），详见图 4-10。

表 4-10 黑水虻预蛹前的最终体长和体重（资料来源于 Harnden and Tomberlin，2016）
Table 4-10 Mean final larval length（mm）and weight（mg）
of *H. illucens* prior to prepupal observations

温度（℃）	饲料	长度 Length（mm）	重量 Weight（mg）
32.2	谷物	16.53±0.49E[a]	126.5±13.8B
	牛肉	19.36±1.80AB	187.7±37.9A
	猪肉	20.28±1.49A	183.9±43.2A
27.6	谷物	18.78±1.24ABC	178.4±25.9A
	牛肉	19.35±1.75AB	182.2±34.6A
	猪肉	17.30±1.19CDE	134.5±22.7B
24.9	谷物	16.79±0.60DE	109.1±7.8B
	牛肉	18.21±1.59BC	134.7±29.6B
	猪肉	18.15±0.97BCD	138.8±18.8B

注：同列数值后字母不同表示差异显著，$P<0.05$

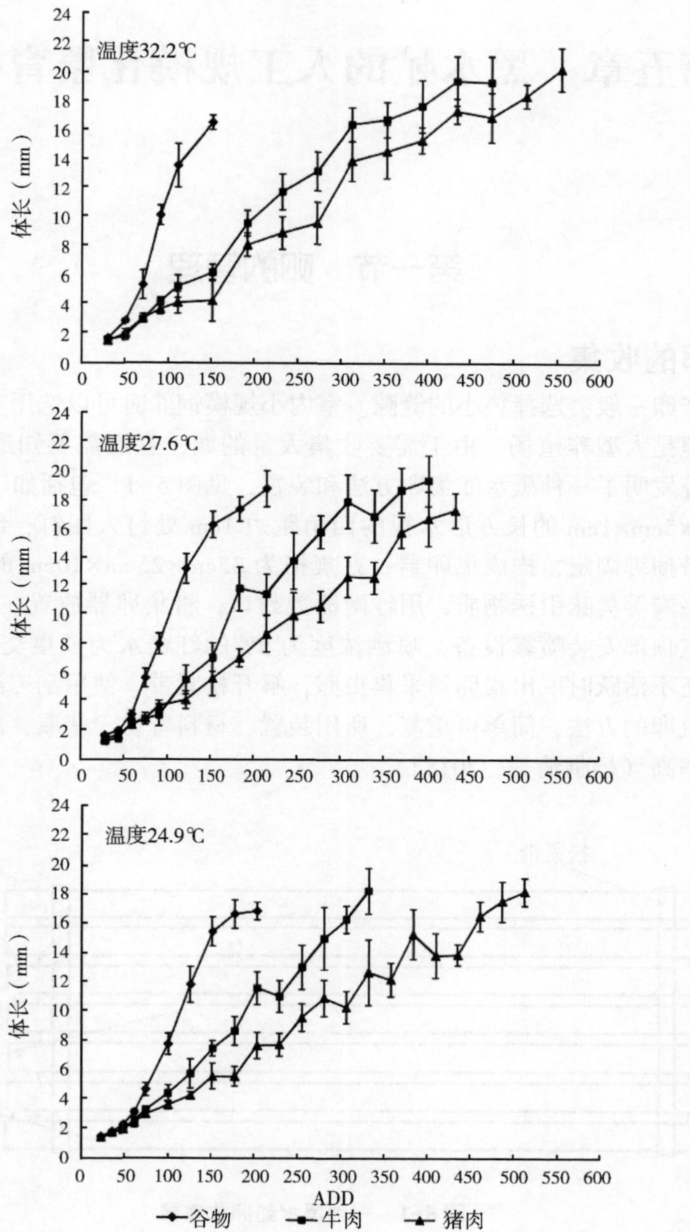

图 4-10　黑水虻取食谷物、牛肉、猪肉时，在 55%RH 3 个不同温度积累不同日度条件下的幼虫体长（资料来源于 Harnden and Tomberlin，2016）

Fig. 4-10　Larval length of *H. illucens* developing at three temperatures at 55% RH over accumulated degree days（ADD）when reared on diets of grain，beef and pork

第五章　黑水虻的人工规模化繁育技术

第一节　卵的管理

一、卵的收集

黑水虻产卵一般会选择狭小的缝隙。室内小规模饲养时可以选用有孔的瓦楞纸作为接卵耗材。但是大型养殖场，由于需要收集大量的卵，且还需要知道卵的总重量，因此，杨献清等发明了一种黑水虻集卵方法和装置，见图 5-1，包括如下步骤：选取若干规格为 20cm×5cm×1cm 的长方形木板的四角距边 1cm 处钉入图钉，统一方向后叠加 7 块，用松紧带捆绑固定，构成集卵器；在规格为 35cm×25cm×10cm 的塑料方盒内放置适量鸡粪或猪粪等臭味引诱物质，用纱网覆盖封口，将集卵器放置在塑料方盒的四角；同时在成虫室顶部安装喷雾设备，喷洒浓度为 5% 的红糖水为成虫交配产卵补充能量；在清晨成虫还不活跃时取出集卵器采集虫卵，解开松紧带，使用刮刀沿木板边缘刮取虫卵。该收集虫卵的方法，简单可重复，所用装置、材料皆易于获取，制作难度低、成本低，取卵效率高（杨献清等，2018）。

图 5-1　一种黑水虻卵收集器

Fig. 5-1　Eggs collector for *H. illucens*

为引诱黑水虻聚集产卵，娄齐年等发明的一种黑水虻集卵装置，见图 5-2，包括两种长宽分别不等但厚度相等的板材以及厚度与板材厚度相等的磁铁，其中，在两种板材上相对于中心的相同位置开设多个形状和尺寸与磁铁适配、供磁铁嵌入的孔；两种板材互相间隔逐一用磁铁吸合在一起形成长方体，在这个长方体的 4 个面形成间隔的、供黑水虻产卵的缝隙；长方体的中心位置贯穿开设有一个筒状空间，加满预先调制好的发酵臭味物质，筒状空间两端进行封闭。该发明把臭味物质放到集卵装置内部，味道从板材的狭小缝隙散发到空间中，把黑水虻极大程度地吸引到装置周围，提高产卵效率；且板材之间由磁铁吸引，取卵时掰开板材即可用毛刷将卵块扫下，可重复使用，拆卸、装配、取卵方便（娄齐年等，2018）。

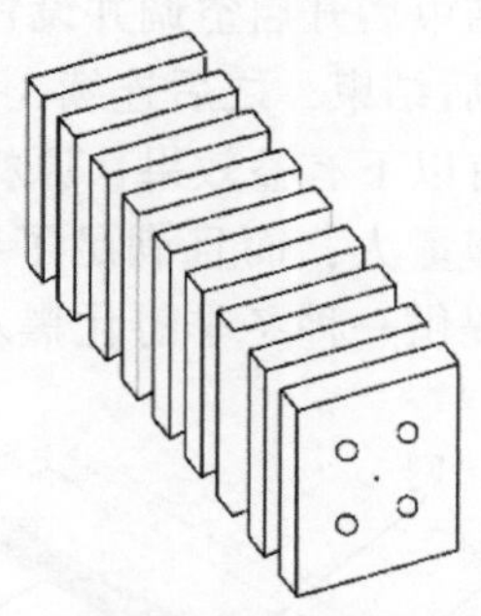

图 5-2　一种诱导黑水虻产卵的设备

Fig. 5-2　Eggs inducing collector for *H. illucens*

为了诱导黑水虻产卵，莫文艳等发明了一种诱导设备，见图 5-3，包括诱导箱、采卵器以及采卵器支架；诱导箱用于装载黑水虻成虫尸体以招引黑水虻成虫，采卵器支架

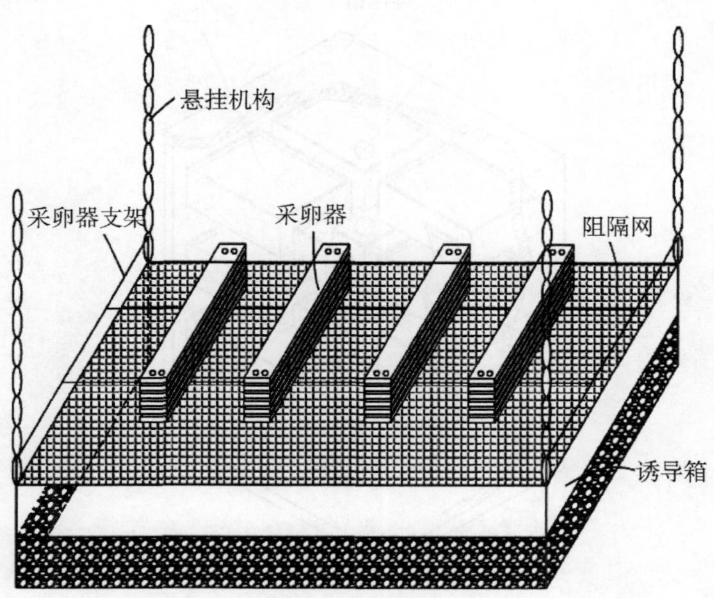

图 5-3　一种黑水虻聚集产卵装置

Fig. 5-3　Eggs aggregation collector for *H. illucens*

设置在诱导箱的开口处，采卵器放置在采卵器支架上。该发明提供的诱导黑水虻产卵的设备，可采用黑水虻成虫尸体替代麸皮、餐厨、畜禽粪便等极易腐败发臭的饵料作为黑

水虻成虫产卵的诱导信息，极大程度改善了工人的工作环境以及养殖周边环境（莫文艳等，2018b）。

冬季如何获得黑水虻卵块常是生产上的一大难题。常向前等发明了一种冬季获得黑水虻卵块的方法。包括以下步骤：用新鲜鸡粪将黑水虻幼虫养至蛹后装入玻璃培养皿饲养至成虫；在4～8m^{2}的室内，将200～500头黑水虻成虫放入纱笼内，不开空调且1 000 W碘钨灯连续光照3～6 h，光照结束后开启空调并设置为25～27℃，用加湿器使相对湿度达到为50%～70%；光照3～5d后结束，之后连续3～6d，每天用苹果核作为产卵诱集物，诱集黑水虻卵块。该发明具有以下有益效果：原料少，来源易得，成本低廉；饲养过程简单，易操作；单位获得的卵量大，而且满足了冬季收集黑水虻卵块的需要（常向前等，2018b）。石冬冬等发明提供一种冬季孵化黑水虻的专用孵化装置，见图5-4，

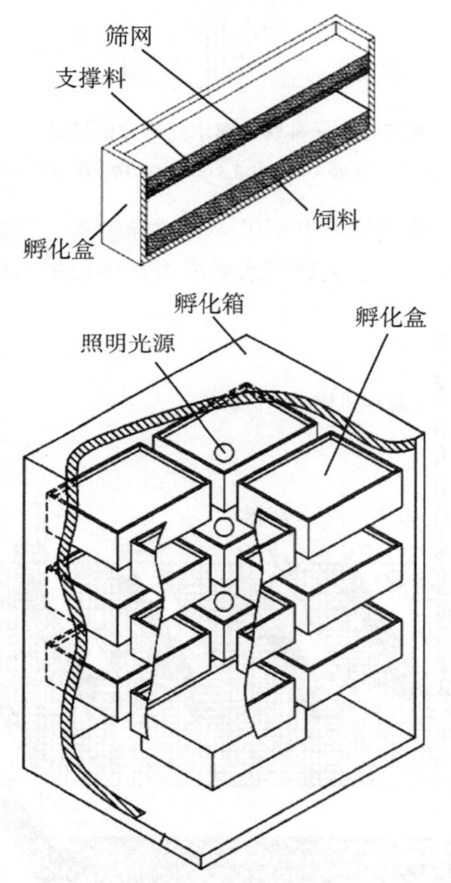

图5-4　一种冬季孵化黑水虻的专用孵化装置

Fig. 5-4　An hatching device for winter eggs of *H. illucens*

包括孵化箱和孵化盒，孵化盒置于孵化箱中，孵化盒的内部空间由筛网分割为上下两层，下层放置有供小幼虫生长的饲料，筛网上面设有支撑料。还包括温度控制器、湿度控制器、照明光源，照明光源为具有连续光谱的光源。按照该发明的方法及装置进行虫

卵孵化，可以大幅度地提高黑水虻虫卵的孵化率以及小幼虫的成活率，可达到98%以上（石冬冬等，2018）。

关于卵的储存，黄燕华和盛广成发明了一种黑水虻卵冷藏保存方法。将卵平铺于容器中，然后置于温度0~10℃、相对湿度为70%~80%下冷藏，能有效的延长黑水虻卵的保存时间，并且其孵化率保持得很好，因此可提高黑水虻养殖效率，较少用工，提高黑水虻大量饲养的总体数量，有利于实际生产（黄燕华和盛广成，2016）。

二、卵的孵育

卵的孵育也可以置于人工气候箱内孵育。人工气候箱的工作条件建议如下：温度30℃，相对湿度70%，光照12：12（L：D）。孵化时间3~4d，每天观察卵的孵化情况，开始孵化时，需做好孵化时间、重量变化等记录。刘德江和吴伟浩发明了一种黑水虻虫卵孵化器，见图5-5，能够控温、控湿、定量。具体包括恒温恒湿箱，恒温恒湿箱内设置有纱网托盘，纱网托盘下方连接有接虫漏斗，接虫漏斗下方设置有定量翻转并置于电子天平上的接虫盘，接虫盘下方设置有接收初龄幼虫的养殖盘。本装置使黑水虻虫卵能够在控温控湿条件下，在纱网托盘上孵化，孵化出来的初龄幼虫能够钻过纱网的网眼而掉落到下方的接虫盘上，接虫盘达到一定重量后，自动翻转，将孵化的黑水虻幼虫转移到养殖盘内，从而定量每一养殖盘所需要的虫量，有虫的养殖盘进行下一个工序，空的养殖盘接替原来养殖盘的位置，这样，每个养殖盘内的黑水虻幼虫可以保证龄期一致、数量相等，实现了工厂化生产的定量控制（刘德江和吴伟浩，2015）。

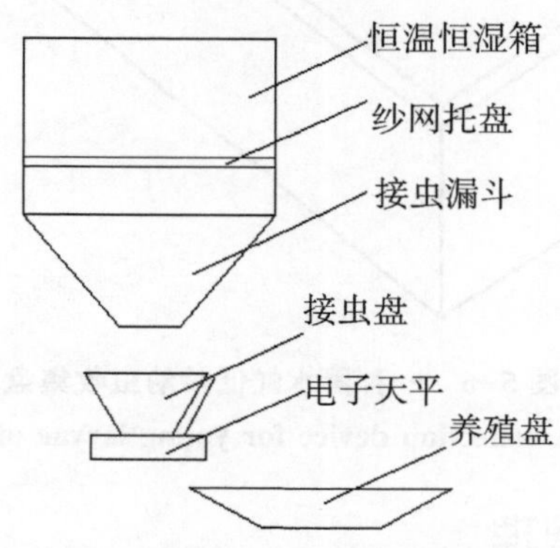

图5-5　一种黑水虻虫卵孵化器

Fig. 5-5　A device for egg hatching of *H. illucens*

第二节　幼虫的管理

一、低龄幼虫的管理

低龄幼虫取食量小，且对环境敏感常导致死亡率高，因此需要集中管理以提高存活率。一般置于麦麸中饲养（含水量50%~60%即可）。太干燥时幼虫易死亡，太潮湿时幼虫易逃离。莫文艳等发明了一种低龄幼虫收集盘，见图5-6，包括侧部和盘底，侧部设置在盘底上与盘底配合形成孵化腔，侧部环绕其内壁设置有停虫机构，停虫机构与侧部配合形成停虫槽或者停虫机构具有停虫槽，停虫槽的槽口朝上，侧部的上部边缘设置有内翻边。孵化腔中铺设湿润基质，在停虫槽铺设干燥基质。当发生幼虫逃跑情况的时候，幼虫沿着孵化盘侧部的内壁爬到停虫槽中，由于停虫槽中铺设有干燥基质，使得幼虫在停虫槽中停留；另外，侧部的上部边缘设置了内翻边，可进一步阻碍幼虫爬出孵化盘外（莫文艳等，2018a）。建议低龄幼虫饲养的环境条件如下：温度维持在25~35℃，最好是28~30℃；食物含水量：50%~85%，最好是70%左右。

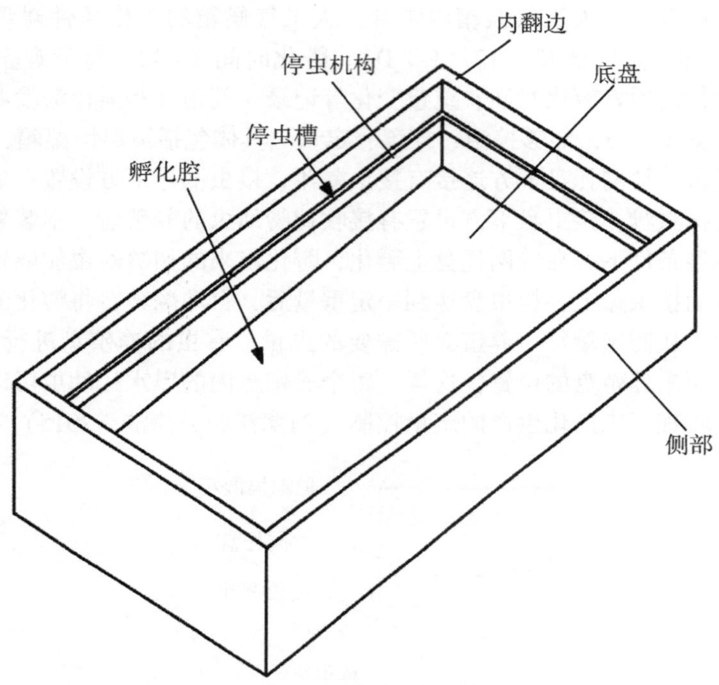

图 5-6　一种黑水虻低龄幼虫收集盘

Fig. 5-6　A collection device for young larvae of *H. illucens*

二、高龄幼虫的管理

高龄幼虫可以维持在低龄幼虫的饲养条件下饲养，但到4~5龄时幼虫的取食量暴增，需要保证食物充足。明耀衡发明了一种黑水虻幼虫量产养殖装置，见图5-7，包括箱体及通风系统，箱体设有多层托盘，通风系统包括设于每层托盘两侧的通风管，通风管侧面设有多个出风孔，通风管一端设有进风口，且置于箱体前端外侧，通风管另一端置于箱体内部，通风系统还包括抽风机构及与抽风机构连通的排气口，排气口设于箱体后端。该装置在箱体内的每层托盘两侧设置与箱体外部连通的通风管，并在箱体后端设置抽风机构及排气口，这样可以使箱体外部新鲜的空气通过通风管的进风口及出风孔流入到箱体内，产生适合黑水虻生长的气流，并通过排气口将废气排出，从而改善黑水虻的生长环境（明耀衡，2017）。

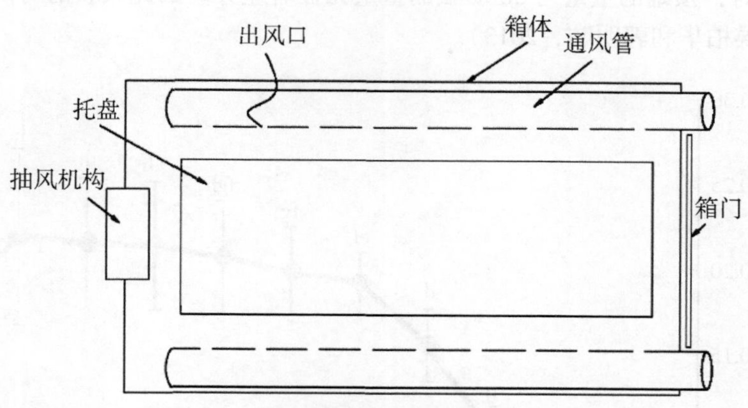

图 5-7　一种黑水虻幼虫量产养殖装置

Fig. 5-7　A device for larvae mass production of *H. illucens*

当前黑水虻养殖的方法处于初级研发阶段，没有实现自动饲喂，空间利用率偏低；由于黑水虻幼虫 1d 和 10d 的体积相差3 000倍以上，在固定的容器内饲养，前期空间浪费，后期空间不足，现有方法不能实现大批量、连续性养殖黑水虻幼虫的目的。段永改等发明了一种大批量养殖黑水虻幼虫的方法和设备，实现了机械化、自动化、连续性、智能化和集约化，大幅度的提高黑水虻幼虫的养殖效率（段永改等，2017）。该发明包括支撑架、育虫容器和喂料机构，支撑架由自上而下设有的至少一层支撑框架和底部支撑组成，支撑框架的上端设有育虫容器，育虫容器可沿着支撑框架做旋转运动，育虫容器的内部由至少两个隔板分隔，沿着一隔板方向在育虫容器的底端设有卸料孔；喂料机构是由搅拌料暂存斗和分区料管组成，搅拌料暂存斗的底端设置在底部支撑上，搅拌料暂存斗的出料管上自上而下设有分区料管，分区料管设置在育虫容器的上方，在同一育虫容器上方的分区料管沿着搅拌料暂存斗的出料管的外表面呈圆周分布，分区料管的下方均布有出料孔。该结构大量节约人工成本，提高生产效率（段永改等，2017）。

三、虫沙分离

1. 分离时间

为节省饲养黑水虻的成本并达到较佳的收益，需要找到幼虫重量和饲养时间之间的平衡点，以确定最佳的收获时期。侯柏华和郭明昉发明了一种快速评估黑水虻幼虫最佳收获时间的方法。在黑水虻幼虫发育至 4d 后，在某种培养条件下培养，逐日随机挑选若干头幼虫，用清水洗净，吸干体表水分称重，每日如此操作，直至幼虫发育至预蛹阶段，将不同发育日龄的幼虫体重与预蛹体重比较，幼虫体重达到与预蛹体重差异不明显的时候，就是在这种培养条件下的幼虫的最佳收获时间，采用该方法能缩短饲养周期，降低生产成本，提高资源利用效率，适于黑水虻人工大规模养殖的推广应用（侯柏华和郭明昉，2013）。图 5-8 中显示了鸡粪和麸皮按照 4：1 的比例混合（含水量 65%）饲养的黑水虻在 4~8d 时，体重明显增加；9d 后体重增长变缓慢；8~12d 的幼虫体重无差异显著性；尽管 13d 幼虫体重最重，但与 10~12d 幼虫的体重无差异显著性。发育至预蛹阶段时，预蛹的重量与8d幼虫的重量无显著差异。因此收获的时间可以选在8~10d进行（侯柏华和郭明昉，2013）。

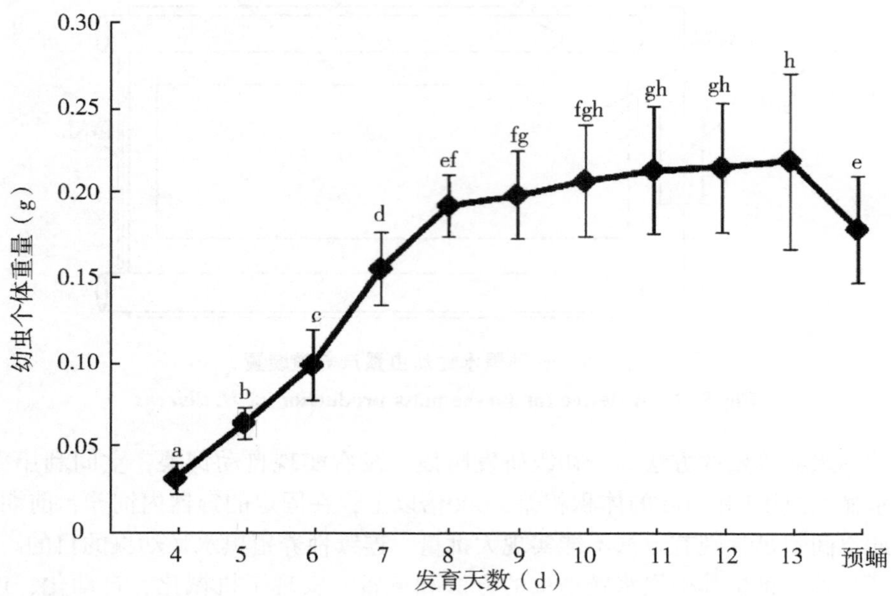

图 5-8　黑水虻不同发育时间的体重

Fig. 5-8　Larvae weight of *H. illucens* on different day

2. 分离方法及设备

分离方法的建立一般是基于幼虫的生活习性，如向下性、畏光性、畏水性、喜缝性。孙海林等发明了一种用于分离黑水虻幼虫的筛分装置，见图5-9。

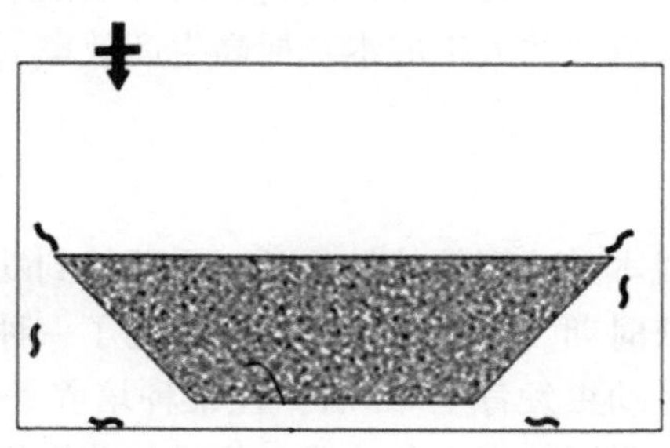

图 5-9　一种黑水虻幼虫窒息式分离方法和分离装置

Fig. 5-9　A device for larvae separation of *H. illucens*

该装置分为两层，上层为分离仓、下层为储存仓；分离仓上布满筛孔，筛孔大小为0. 6cm×0. 6cm。利用黑水虻幼虫活动的向下性及喜好钻狭小空间的生活习性，使用静置法不需要耗费能源就可以实现幼虫与基质的分离（孙海林等，2011）。当然黑水虻幼虫的存活需要一定的氧气，因此让人们发明了一种黑水虻幼虫窒息式分离方法和分离装置。分离装置包括密闭箱和置于密闭箱底部的敞口容器，敞口容器的侧壁（呈弧形倾斜状）与密闭箱的侧壁之间留有一定的黑水虻幼虫活动空间，密闭箱内部的敞口容器的底部周边区域为黑水虻幼虫的收集区，密闭箱上布置有一可与外界连通的气阀（俞波等，2018）。操作时按以下步骤进行：①将黑水虻幼虫和食料混合物（厚度不超过25cm）装入敞口容器中；②将敞口容器放入密闭环境中；③逐渐降低密闭环境中的氧气浓度，使氧气浓度为4%～12%；④在逐渐降低的氧气浓度下，黑水虻幼虫逐渐爬出敞口容器，完成黑水虻幼虫与食料的分离（俞波等，2018）。

大规模生产常对集约化程度要求较高，人们发明了一种可以用于工业化生产的黑水虻幼虫虫料分离装置，见图 5-10。包括支架，在支架上设有第一筛网，第一筛网连有振动马达，在第一筛网相对应的正下方设有第二筛网，第二筛网相对应的正下方设有斜坡状的第三筛网，第三筛网相对应的正下方设有杂质收集箱，第三筛网出口端下方设有幼虫收集箱，幼虫收集箱与杂质收集箱经一端与第三筛网出口端连接的隔板间隔开。第一筛网的孔径为 10～12mm，第二筛网的孔径为 8～10mm，第三筛网的孔径为 4～6mm。经过三级筛分，能较好地分离幼虫与食料残余（安新城等，2011）。

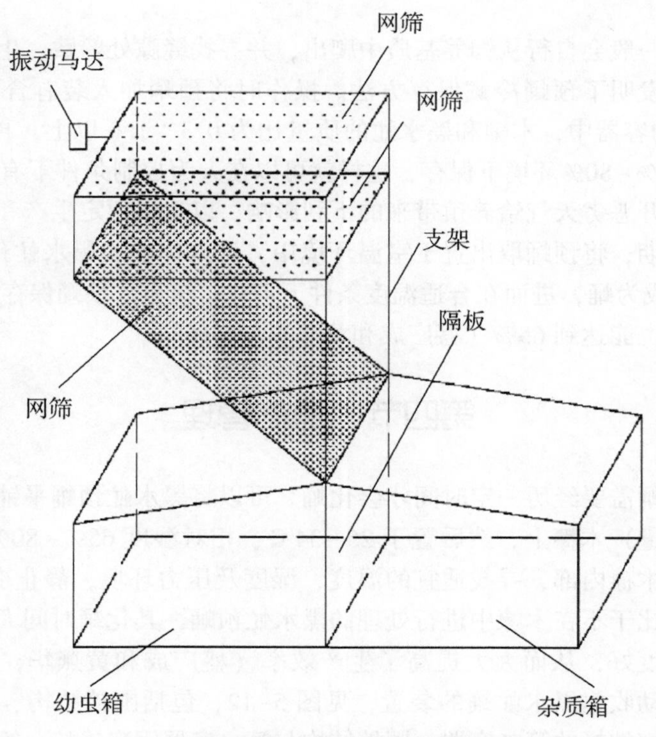

图 5-10　一种振动筛式黑水虻幼虫虫料分离装置

Fig. 5-10　A vibrating device for larvae separation of *H. illucens*

在实际生产中，黑水虻常用于转化餐厨垃圾、畜禽粪污等含水量较高的基质，因此分离时常遇到基质含水量较高、难度大等问题。人们发明了一种风干式黑水虻幼虫分离装置，见图 5-11。它包括滚筒筛、振动筛和热风机，滚筒筛的下方设有热风机，内有双向弧形的导引板，滚筒筛的出料口与振动筛的进料口相连（姬越等，2017a）。

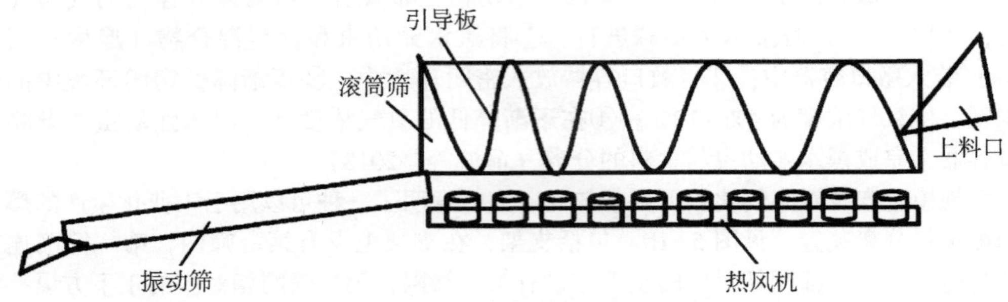

图 5-11　一种风干式黑水虻幼虫分离装置

Fig. 5-11　A hot air drying device for larvae separation of *H. illucens*

第三节　预蛹的管理

黑水虻预蛹一般会自行从饲养基质中爬出，并寻找缝隙处躲藏。生产中常需要储存预蛹，因此有人发明了预蛹冷藏保存方法。操作时将预蛹加入装有含水量质量分数为 30%~60%木糠的容器中，木糠和黑水虻的质量比为 0.3：1.0 以上，再置于温度为 0~10℃、湿度为 65%~80%环境下保存，这样就可以在人为控制条件下有效控制黑水虻预蛹化蛹速度，避开恶劣天气给养殖带来的不利影响，以达到预定生产和保种的要求。到达预定生产的时期，将预蛹取出置于室温环境中，进入休眠的黑水虻预蛹会慢慢复苏，经过 4~7d 变态成为蛹，进而在合适温度条件下羽化，该方法预蛹保存时间延长至 180d 后，预蛹复活率也能达到 65%（盛广成和黄燕华，2016b）。

第四节　蛹的管理

分离出的预蛹需要经历一定时间才会化蛹。可以将黑水虻预蛹平铺于含水量 30%~60%（质量含水量）木糠上，然后置于 25~34℃、相对湿度 65%~80%的环境下培养，黑水虻预蛹爬入木糠内部，寻找适宜的温度、湿度及压力环境，静止变态，经过 4~7d 变态成为蛹。相比于不在木糠中进行处理的黑水虻预蛹，其化蛹时间大大缩短，化蛹率提高，并且均匀度好，从而大大提高了生产效率（盛广成和黄燕华，2016a）。常向前等发明了一种自动收集黑水虻蛹的装置，见图 5-12，包括围挡结构、用于饲养幼虫的第一容器及用于容纳蛹的第二容器；围挡结构与第一容器固定连接，第一容器与第二容器活动连接。用该装置饲养黑水虻可以达到自动分离黑水虻蛹及畜禽粪便残渣的效果，替代人工用筛子分离虫沙的过程，用该装置收集蛹节省人工成本，同时收集到的蛹体干净，便于深加工（常向前等，2018a）。

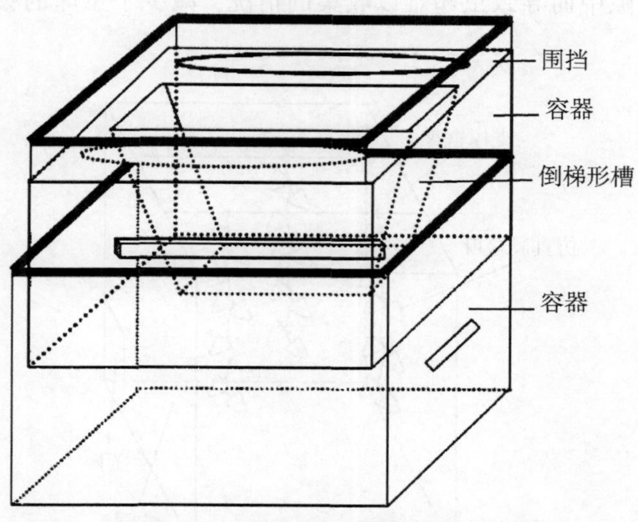

图 5-12　一种黑水虻蛹的自动收集装置

Fig. 5-12　A device for pupae collection of *H. illucens*

第五节　成虫的管理

有人发明了黑水虻蛹羽化柜，见图 5-13，柜内均匀设置有多个安装槽，整体设计有利于黑水虻虫蛹的羽化，而且设计紧凑，有利于黑水虻虫蛹高密度羽化，羽化通道高于羽化抽屉内壁，羽化网覆盖在羽化通道外能够减少光线的射入，还能引导羽化后的成虫进入成虫养殖区。具有羽化率高、占用空间小、易于管理、制作成本低廉，利于批量生产的优点（范建斌，2018）。

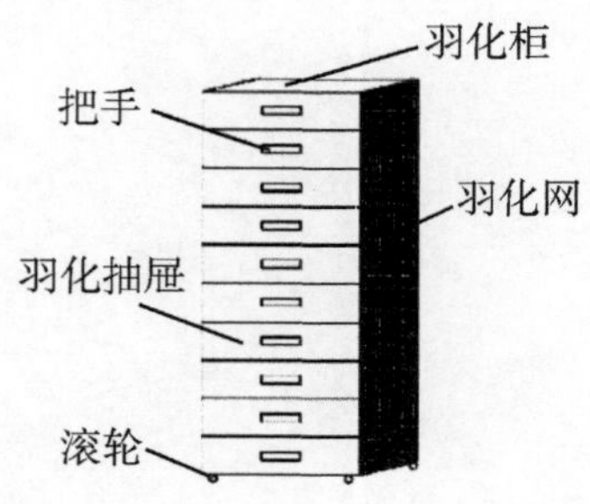

图 5-13　黑水虻蛹羽化柜

Fig. 5-13　A device for pupae eclosion of *H. illucens*

成虫养殖设备见图 5-14，一般包括支撑框架、纱网以及仿真带叶藤蔓植物；纱网设置在支撑框架上形成封闭的黑水虻成虫的活动空间，仿真带叶藤蔓植物成串悬吊于活动空间内。该设备可设置于平整地面，避免了雌成虫将虫卵产在植物根部土壤缝隙中和落叶重叠形成的缝隙中而导致虫卵难以收集的情况，减少了虫卵的丢失（黄燕华等，2018）。

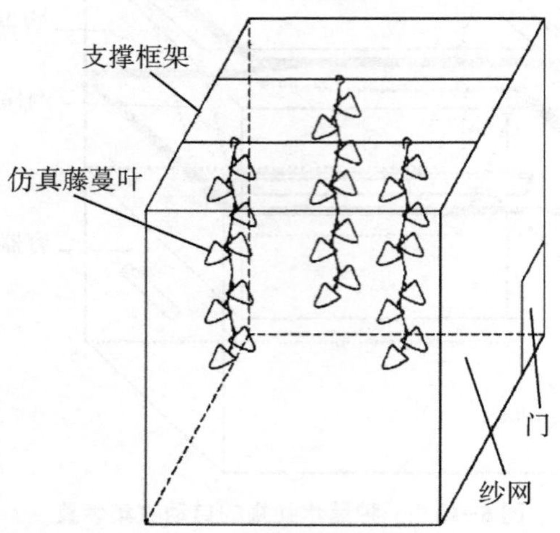

图 5-14　一种黑水虻成虫养殖设备

Fig. 5-14　A device for adults of *H. illucens*

第六章　黑水虻对有机废弃物的转化作用

第一节　对秸秆的转化作用

中国既是一个人口大国，也是一个农业大国，随着我国农业的不断发展，作物产量的日益提高，秸秆产量也与日俱增（刘耀堂等，2011）。据统计，2013 年的秸秆产量有 7 亿 t，约占世界秸秆总产量的 19%，位居世界首位（李海亮等，2017）。秸秆是农业生产的副产品，属于生物质资源的一种，它来源广泛，曾是我国农村主要的生活燃料和畜牧饲料（董清风等，2015）。秸秆作为燃料，年产热值相当于 3. 91 亿 t 煤的产热值（陈超等，2013）；秸秆含有氮、磷、钾、碳、镁、钙、硫等营养元素以及禽畜生长发育所需要的纤维素、半纤维素、木质素及蛋白质等大分子营养物质（崔玛丽，2014）。我国的秸秆具有产量大、分布广、种类多等特点，其中粮食作物秸秆是主要的秸秆类型，玉米秸秆、水稻秸秆和小麦秸秆是其中分布最广、产量最高的 3 种粮食秸秆，约占我国秸秆总产量的 2/3（靳胜英等，2008）。如何处理和利用好秸秆资源，将是一个需要我们长期研究的问题。

一、秸秆资源处理利用方式

在过去的农业生产中，秸秆常常作为一种生活燃料以及畜禽的食料，但随着社会和农业的发展，农村能源结构和禽畜饲料形式的转变，人们贪图方便，就地弃置和焚烧成为了秸秆处理的主要方式（刘飞，2016）。然而这种处理方式不仅造成了严重的资源浪费，还产生了许多负面的影响：秸秆焚烧污染了大气和水体，对农产品安全和生态环境产生威胁，进一步危害人体健康；秸秆焚烧加大了 CO_2等温室气体的排放量，加剧了温室效应的蔓延；焚烧秸秆破坏了土壤结构，降低了农业生产用地的质量；秸秆焚烧处理不当引发的火灾对人类生命和财产安全产生了巨大的危害（窦华泰，2009）。国家严厉禁止秸秆就地弃置和焚烧的行为，在此基础上提出了秸秆资源综合处理利用的几项措施，如秸秆肥料化、饲料化、能源化、原料化、基质化等利用方式（彭靖，2009）。

1. 粉碎还田

农作物秸秆含有氮、磷、钾等营养元素，还田后可以补充土壤养分，改善土壤结构，可充当有机肥的效用，是提高田地产量的重要措施，大田产量可以增加 10%以上（罗永玲，2013）。秸秆还田的方式有：秸秆粉碎后直接播撒于田间；升高温度来提高秸秆微生物活力，发酵秸秆还田；喂食牲畜，取牲畜粪便还田；接入发酵剂，经发酵处理再还田，发酵周期一般为 15~20d（曾德芳等，2013）。其中秸秆机械粉碎还田是现在主要的方式。但是秸秆还田存在着问题，比如说机械不能很好地将秸秆混合到土壤里。

而且，已经混合进土壤的农作物秸秆分解速度缓慢、分解程度低，在临近的田间活动时，未分解的秸秆会被带出土壤，停止分解。同时，硬度较大的秸秆固块会阻碍根的纵向生长，影响作物的发育。

2. 用作畜牧饲料

农作物秸秆中含有牲畜生长发育所需的营养物质，但这些物质的营养价值不高，畜禽难以将其利用，需要经过加工处理后使用。目前主要的处理方式有物理法、化学法和微生物发酵法。秸秆经过物理化学法处理后，大分子物质结构被破坏，营养价值和适口性得到提升。然而，对于消化能力较差的单胃动物来说，仍然难以利用。发酵微生物能够通过代谢产生降解酶类，将秸秆中的木质素、纤维素、半纤维素等大分子物质分解，从而提高了秸秆的营养价值，提高了畜禽对秸秆的利用率、采食率、采食速度，增强适口性，增加采食量（刘睿，2009）。

3. 开发生物质能源

生物质能源的地位愈发提高，成为了煤炭、石油、天然气之后的第四大能源，占世界能源总消耗量的14%（冯大功，2010）。生物质能源中，利用农作物秸秆转化的能源占一半，秸秆主要通过秸秆发酵气化转化为能源。此外，秸秆加压成型后，可以用来制取煤气。

4. 作为建筑和纺织原料

秸秆富含木质素，具有一定的硬度，使它成为了优良的纺织、建筑原料，秸秆可以替代砖、木材的使用，因此可以保护森林资源。以秸秆制作的建材具有良好的隔热性、耐用性，以秸秆建材替代砖石在许多发达国家中非常流行（Tabarsa *et al.*，2011）。此外，人造丝和人造棉的合成，制作纤维板等是秸秆其他的用途。

5. 用作食用菌培养基质

食用菌具有很高的营养价值，是我们日常生活中比较常见的一种食材。秸秆经过粉碎、发酵处理后可以用作食用菌的培养基质。目前，利用秸秆为基质生产的主要食用菌品种有平菇、金针菇、鸡腿菇等。秸秆用作基质还存在着技术工艺较复杂等问题，秸秆的选择、加工处理等都存在研究空间。经过研究发现，利用粉碎棉秆与棉籽壳混合的方法生产平菇具有菌丝生长旺盛、出菇性能良好、生物转化率较高、商品性状良好等优点（陈国和田泽国，2012）。

二、微生物转化秸秆

自然界中有许多能够产生木质素、纤维素、半纤维素降解酶类的微生物，这些微生物根据产酶种类和生长习性等参数进行组合，接种到秸秆上，把秸秆中的木质素、纤维素、半纤维素等有机大分子物质降解成较易利用的小分子糖类。微生物转化秸秆后，提高了秸秆的蛋白含量，提高了秸秆消化率，增加了秸秆的适口性。

1. 木质素降解菌

木质素是芳香族的生物聚合物，广泛存在于自然界中，结构较为稳定。木质素能够与其他大分子物质结合形成一个整体，增加了降解的难度。提高秸秆消化率非常关键的一个步骤是打破由木质素与纤维素形成的稳定结构，需要降解掉其中的木质素。在自然界中，木质素的降解是由微生物混合菌群完成的，在这其中，发挥主要作用的是真菌。

子囊菌和担子菌中有一种白腐霉，具有很强的木质素降解能力（Pandey and Pitman，2003）。白腐霉中的黄孢原毛平革菌研究的最为透彻（Diego *et al.*，2004）。经过研究发现，能降解木质素的细菌有链霉菌属（*Streptomyces*）、红球菌属（*Rhodococcus*）、诺卡氏菌属（*Nocardia*）、假单孢杆菌属（*Pseudomonas*）、黄杆菌属（*Flavobacterium*）、气杆菌属（*Aeromonas*）（刘国丽等，2014），但是这些菌株的木质素降解活性与黄孢原毛平革菌相差甚远（刘盼等，2016）。秸秆经白腐霉处理后，由于纤维结构的不同会有不同程度的木质素降解情况（刘海霞等，2016）。复胃动物的饲料经过白腐霉处理后，消化率显著提高（Mishra *et al.*，2011）。

2. 纤维素降解菌

秸秆通过产酶微生物降解掉木质素后，纤维素与木质素形成的稳定结构被破坏，纤维素酶就可以作用于纤维素将其降解，对于缺乏纤维素酶的单胃动物来说，仍难以消化利用。所以，秸秆中的纤维素需要进一步的降解，形成小分子的糖类、蛋白，才能更好地被利用。细菌、真菌、放线菌经过研究证明都可以产生纤维素酶（阿尔孜古丽·阿不力孜，2015），但产酶能力各有不同，放线菌和细菌纤维素酶的产量很低，无法达到生产的要求；而丝状真菌产酶量较大，可作用于保外，是最为理想的纤维素酶生产对象。已经有多种真菌被利用于工业生产，其中瑞士木霉较为著名（Zhou *et al.*，2008）。一组由 3 株细菌［弗留明拜叶林克氏菌（*Beijerinckia fluminensis*）、微杆菌（*Microbacterium* sp.）和芽孢杆菌（*Bacillus* sp.）］1 株链霉菌（*Streptomyces* sp.）和 1 株毛壳菌（*Chaetomium* sp.）构成复合菌系用来降解纤维素，复合菌系在固态发酵 20d 后对苦参残渣和稻秆的降解率分别达到 31.4%和 63.1%（王海滨等，2015）。从杏鲍菇菌渣中筛选的 4 株具有高效纤维素降解能力的细菌 FB7、CB1、BC11、BC12，在进一步研究中得到了 CB1+BC11+FB7 的复合菌系，其 FPA、CMCase、C1 酶、β-Gase 的酶活高于其他各组合，高达 31.56U/g、133.63U/g、2.31U/g、217.21U/g。将复合菌系接种到菌渣堆肥中，与对照相比，能快速提高堆体温度，且在翻堆后能更好地维持堆温（刘晓梅等，2015）。

3. 半纤维素降解菌

研究表明，放线菌、瘤胃细菌和真菌、嗜热细菌、树木致病菌和食用真菌等具有完善的半纤维素酶生产系统，可以利用半纤维素供自身生长；绿色木霉（*Trichoderma viride*）、瑞氏木霉（*T.reesei*）、康氏木霉（*T.koningii*）、拟康氏木霉（*T.pseudokoningii S*-38）和斜卧青霉（*Penicillium decumbens* JU-A10）等，既能够降解纤维素，又能产生半纤维素降解酶（陈书峰等，2004）。从酸性土壤中筛选出互利共生的 4 株高效半纤维素降解放线菌（NA9、NA10、NA12 和 NA13），半纤维素酶活分别为：217.6U/mL、229.8U/mL、221.1U/mL 和 211.8U/mL（顾文杰等，2012）。从水稻田田边腐质土壤、腐烂的竹叶、树叶、牛粪、菜园地旁腐烂草堆、腐质土壤及水稻田内腐烂稻草等样品中筛选得到 3 株半纤维素酶菌 FIII 1、FV3、BV5，通过实验得到 FV3 和细菌 BVS 为最优组合，其糖化条件为：糖化开始时间为 96h、最适糖化温度为 50℃最适糖化时间为 72h、发酵液中还原糖含量达到 1.48mg/mL，比单菌发酵提高了约 80%（张丽丽，2010）。

4. 酵母菌

酵母菌是利用较早的一种有益微生物，蛋白质含量高，富含氨基酸。此外，酵母菌中 B 族维生素、激素、胆碱含量可观，在动物的生长繁殖中发挥作用。酵母菌是生产菌体蛋白的优良载体，然而，酵母菌并不能直接利用秸秆中的木质素、纤维素、半纤维素等物质，需要与其他能降解木质素、纤维素、半纤维素的微生物组合在一起才能发挥作用。玉米秸秆添加酵母菌发酵后 CP 提高 1.93%，EE 提高 0.51%，且差异极显著（$P<0.01$）；发酵 10~15d，CP 可达到 6.49%~6.61%，EE 为 0.82%~0.95%；向玉米秸秆中加入酵母菌进行发酵，发酵时间控制为 48h，玉米秸秆的营养价值显著提高（惠文森等，2011；单立莉等，2009）。

三、黑水虻对发酵秸秆的转化作用

1. 秸秆的发酵处理

秸秆中含有糖类、维生素、蛋白等营养物质，可作为许多昆虫的食料，但其中有高含量的木质素、纤维素、半纤维素等大分子物质，昆虫很难直接利用，利用产酶微生物将秸秆中的这些物质分解并转化为可供虫体利用的糖类、蛋白、脂肪等营养物质。在赤霉素废渣和猪粪中加入稻草粉，并接入酵母菌进行发酵，以得到的发酵产物为饲料，利用蝇蛆进行转化。最终得到了蝇蛆生物质和有机肥，比较系统地利用固体服务进行转化利用（杨森，2013）。

采用五因素四水平重复性正交试验，因素水平如表 6-1。秸秆：玉米秸秆、小麦秸秆、水稻秸秆均收集自华中农业大学试验田，利用秸秆粉碎机粉碎后收集备用；发酵菌种：曲霉 X、木霉Ⅰ、芽孢杆菌 Y、木霉Ⅱ均购自淘宝网。按照表 6-1 制成不同配方的发酵底料，并搅拌均匀，置于发酵盒（36cm×20cm×11cm）每种处理 3 次重复（每种处理有 3 个重复发酵盒，共 48 个发酵盒），每 12h 搅拌一次。发酵条件为：温度 26±4℃，湿度 60%±5%，阴暗通风。按时收集发酵产物并放入 60℃ 烘箱烘干（或太阳下晒干）保存，并用于黑水虻转化实验。

表 6-1 正交试验因素选择与水平设置

Table 6-1 The factor selection and level setting of orthogonal test

水平	秸秆类型 A	发酵菌种 B	发酵时间（h） C	接种比例 D	加水比例 E
1	玉米秸秆	曲霉 X	24	1 : 4 000	1 : 2
2	水稻秸秆	木霉Ⅰ	48	1 : 2 000	1 : 1
3	小麦秸秆	芽孢杆菌 Y	72	1 : 1 000	3 : 2
4	混合秸秆	木霉Ⅱ	96	1 : 500	2 : 1

黑水虻转化的正交实验结果用单因素一般线性模型分析并由表 6-2 给出结果：5 个影响因素的显著性值均小于 0.01，说明其对因变量的影响极显著。黑水虻正交试验结果分析表明各因素的影响效应依次为秸秆类型>加水比例>接种比例>发酵时间>发酵菌种。

表 6-2　黑水虻转化的正交试验各因素主体效应检验

Table 6-2　Subject effect test of various factors in orthogonal test of the *H. illucens*

项目	III 型平方和	自由度	均方	*F*	Sig
校正模型	49.670a	15	3.311	115.177	0.000
截距	218.770	1	218.770	7 609.391	0.000
秸秆类型	41.175	3	13.725	477.394	0.000
发酵菌种	0.495	3	0.165	5.740	0.003
发酵时间	0.681	3	0.227	7.895	0.000
接种比例	1.590	3	0.530	18.434	0.000
加水比例	4.822	3	1.607	55.908	0.000
误差	0.920	32	0.029		
总计	288.576	48			
校正的总计	50.590	47			

注：因变量为幼虫的鲜重，[a]：$R^2=0.982$（调整 $R^2=0.973$）

利用“Duncan”算法对具有显著影响的因素进行两两比较检验，最佳发酵物是曲霉 X 与玉米秸秆以 1：4 000的接种比混合，加水（1：2）后发酵 24h。

通过分析正交数据得出了实验因素对发酵结果的影响力顺序，见表 6-3，并进一步分析得出了适合黑水虻转化的最佳发酵工艺参数，其秸秆类型、发酵菌种、接种比例的最适水平是一致的为玉米秸秆、曲霉 X 发酵、1：4 000接种比，而最适发酵时间、加水比存在差异，黑水虻最适为发酵 24h、加水比例 1：2。

表 6-3　黑水虻正交试验各因素水平影响系数

Table 6-3　The influence coefficient of each level of factor for *H. illucens* and *M. domestica* orthogonal test

试验因素	黑水虻各水平影响系数			
	一水平	二水平	三水平	四水平
秸秆类型	3.3858	1.7472	0.9853	2.7883
发酵菌种	2.3431	2.2236	2.2708	2.0692
发酵时间	2.4836	2.2261	2.1925	2.0044
接种比例	2.4833	2.3436	2.0169	2.0628
加水比例	2.6642	2.2919	1.9304	2.05

2. 黑水虻转化秸秆的效果

发酵秸秆经昆虫转化后，其营养物含量会发生变化，可以通过检测转化前后秸秆营养成分的变化、昆虫自身营养物质含量与对照的差异性等检验转化效果。有研究表明，玉米秸秆经酵母菌发酵后，被家蝇幼虫取食，得出玉米秸秆和小麦秸秆被家蝇幼虫取食后玉米秸秆粗蛋白、粗脂肪的含量显著下降；小麦秸秆可溶性糖、淀粉、粗蛋白和粗脂肪含量显著下降（刘颖等，2017）。白星花金龟取食玉米秸秆后，体重增加明显，玉米秸秆量明显下降，粪便呈颗粒状可作为有机肥使用（杨诚，2014）。

（1）转化前后秸秆的营养成分变化。经黑水虻转化前后秸秆营养成分的测定结果如图 6-1。结果表明，黑水虻幼虫取食后秸秆粗蛋白、粗脂肪、灰分含量下降，其中粗蛋白、粗脂肪含量下降显著（$P<0.05$），而无氮浸出物、粗纤维含量上升。

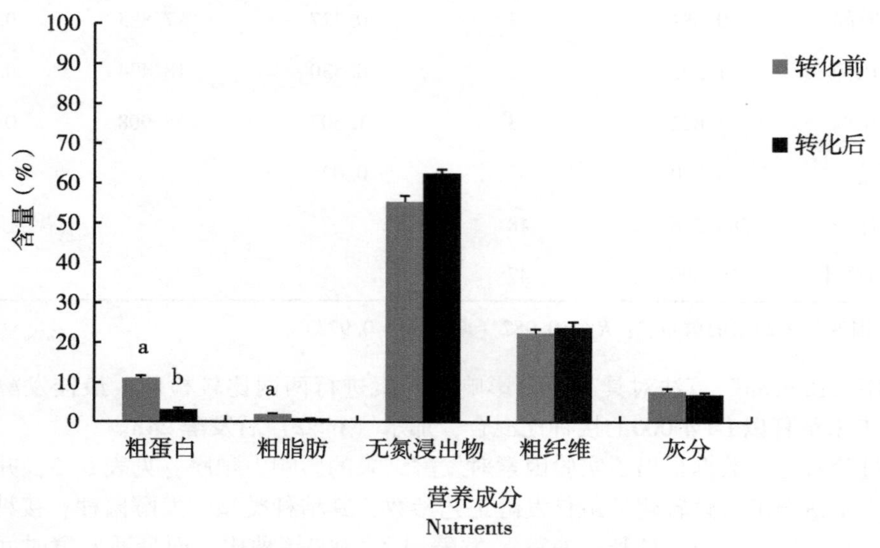

图 6-1　黑水虻转化前后秸秆营养成分比较

Fig. 6-1　Comparison of straw nutrition after *H. illucens* transformation

（2）转化产物的肥效成分。黑水虻后产物的肥效成分测定结果如表 6-4。除水分含量外，pH 值、总养分、有机质含量均达到了 NY525-2012 有机肥营养成分含量标准，水分可以通过晾晒等方式减少以达到标准。

表 6-4　黑水虻幼虫转化产物的肥力成分分析

Table 6-4　The fertilizer nutrients ofconversion products of *H. illucens*

成分名称 s	有机肥标准 NY525-201	黑水虻转化产物（mean±SE）
水分（%）	<30	38. 23±4. 64
pH 值	5. 5-8. 5	8. 03±0. 32
总氮 TN（%）	—	0. 63±0. 07
五氧化二磷 P_2O_5（%）	—	2. 54±0. 22
氧化钾 K_2O（%）	—	2. 08±0. 12

（续表）

成分名称 s	有机肥标准 NY525-201	黑水虻转化产物（mean±SE）
总养分 $TN±P_2O_5±K_2O$（%）	>5	5. 25±0. 15
有机质（%）	>45	84. 87±4. 04

（3）秸秆饲料对黑水虻幼虫重量及营养成分的影响。图 6-2 为黑水虻取食对照和秸秆时幼虫的鲜重、干重比较结果，与对照组相比，秸秆组黑水虻幼虫的鲜重干重均略降低。

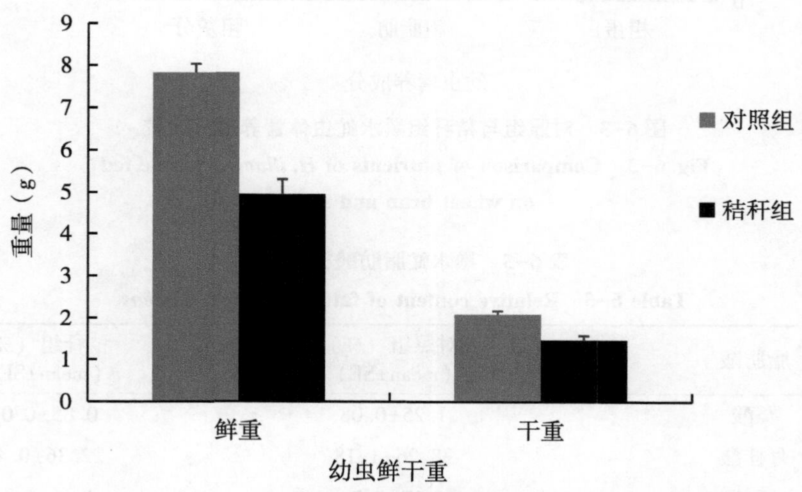

图 6-2 对照组与秸秆组黑水虻干鲜重比较

Fig. 6-2 Comparison of fresh weight and dry weight of *H. illucens* larvae fed on wheat bran and straw

秸秆组、对照组的黑水虻幼虫粗脂肪、粗蛋白、粗灰分测定结果如图 6-3，与对照组相比秸秆组黑水虻幼虫的粗蛋白、粗脂肪、灰分含量有所降低但不存在显著差异（$P>0.05$）。

秸秆组、对照组的黑水虻幼虫脂肪酸相对含量测定结果如表 6-5、图 6-4，对照组与秸秆组黑水虻幼虫虫体有癸酸、月桂酸、肉豆蔻酸、棕榈酸、棕榈一烯酸、十七烷酸、十七碳一烯酸、硬脂酸、油酸、亚油酸、亚麻酸 11 种脂肪酸被检测出。对照组的黑水虻虫体饱和脂肪酸含量为 61. 9%±2. 72%，不饱和脂肪酸含量为 34. 69%±2. 03%；秸秆组黑水虻幼虫饱和脂肪酸含量为 44. 28%±2. 12%，不饱和脂肪酸含量为 49. 83%±1. 94%，秸秆组不饱和脂肪酸含量显著高于对照组。

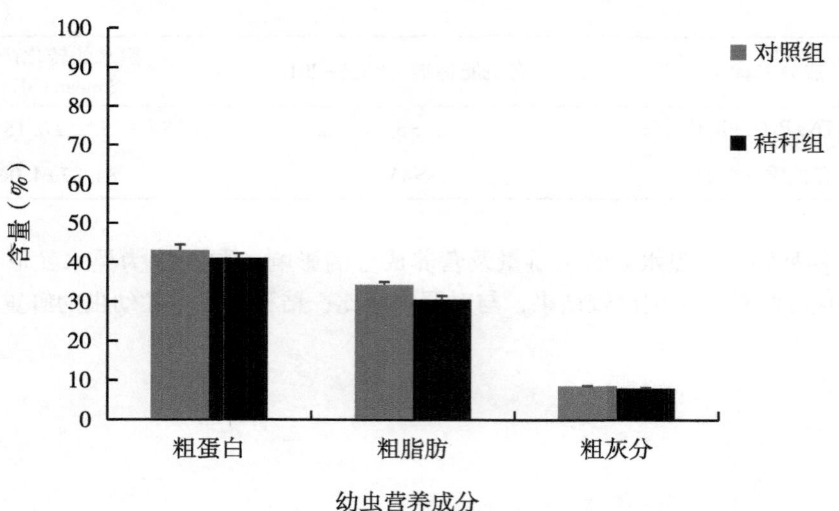

图 6-3　对照组与秸秆组黑水虻虫体营养成分比较

Fig. 6-3　Comparison of nutrients of *H. illucens* larvae fed on wheat bran and straw

表 6-5　黑水虻脂肪酸相对含量

Table 6-5　Relative content of fatty acid of *H. illucens*

脂肪酸	对照组（%）（mean±SE）	秸秆组（%）（mean±SE）
癸酸	1. 25±0. 08	0. 85±0. 04
月桂酸	38. 26±1. 18	22. 36±0. 41
肉豆蔻酸	6. 27±0. 74	4. 41±0. 18
棕榈酸	11. 84±0. 55	13. 15±0. 34
棕榈一烯酸	0. 48±0. 03	1. 23±0. 13
十七烷酸	2. 92±0. 17	2. 73±0. 07
十七碳一烯酸		0. 34±0. 04
硬脂酸	1. 72±0. 14	1. 90±0. 13
油酸	15. 83±0. 40	23. 29±0. 50
亚油酸	15. 46±0. 32	24. 01±0. 28
亚麻酸	1. 11±0. 09	1. 35±0. 05
未检出	4. 84±0. 14	4. 30±0. 17

研究表明，黑水虻幼虫对发酵玉米秸秆转化较为充分，尤其是脂肪、蛋白，转化前后含量下降显著；两种幼虫对发酵产物中的纤维类物质等难以转化，转化量较小导致转化产物中纤维类物质等含量反而有所上升。纤维类物质在发酵产物中所占比重较大，而昆虫又难以取食，因此发酵工艺存在上升空间。

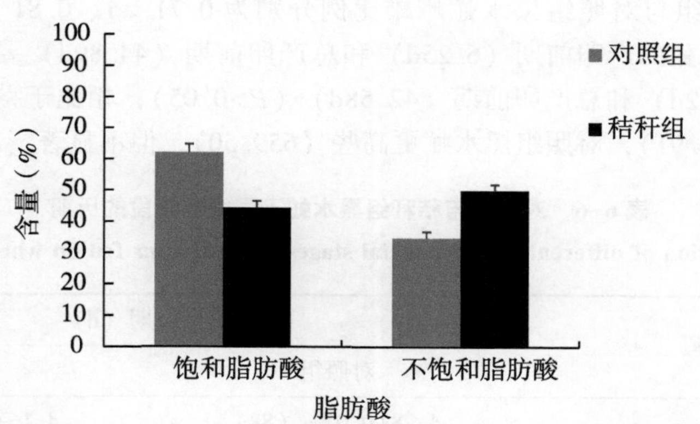

图 6-4　对照组和秸秆组黑水虻幼虫饱和脂肪酸和不饱和脂肪酸含量对比

Fig. 6-4　Comparison of saturated fatty acids and unsaturated fatty from *H. illucens* larvae fed on wheat bran and straw

经测定，黑水虻幼虫转化产物除水分以外，pH 值、总养分含量、有机质含量均符合 NY525-2012 有机肥营养成分含量标准，经过脱水处理后可以用作有机肥生产，提供一条有机肥生产途径。

转化秸秆对黑水虻幼虫产生了一定的影响，与对照组相比秸秆组黑水虻幼虫鲜重下降显著，而干重下降不明显，表明秸秆组幼虫含水量较低；对照组与秸秆组黑水虻幼虫粗脂肪、粗蛋白、粗灰分含量差异不显著，秸秆组幼虫 3 种物质含量略低，作为饲料，发酵秸秆与麦麸存在差距，发酵工艺有待改进；秸秆组黑水虻幼虫不饱和脂肪酸相对含量显著高于对照组，取食发酵秸秆的黑水虻幼虫油脂品质更高。

3. 秸秆饲料对黑水虻种群参数的影响

年龄—阶段两性生命表作为新一代的生命表研究理论，现已广泛应用到昆虫生长、发育、繁殖以及种群参数的研究当中。短翅灶蟋（*Gryllodes sigillatus*）实验种群年龄-龄期两性生命表的建立，使得人们明确了短翅灶蟋卵、幼虫发育历期，雌雄虫寿命、产卵量，以及相关种群参数（王红志，2016）；豌豆修尾蚜（*Megoura japonica* Matsumura）为猎物的大草蛉（*Chrysopa pallens*）的两性生命表的建立，得出了大草蛉以豌豆修尾蚜为猎物时，能够表现出较好的个体发育、种群增长和捕食特性，豌豆修尾蚜可作为大草蛉人工繁殖选择的猎物之一，为天敌昆虫大草蛉的人工繁殖提供了借鉴（程丽媛等，2014）。

在实验室条件下：25±2℃、光周期 13：11（L：D），按照年龄-龄期两性生命表方法，研究了以麦麸为饲料和以发酵玉米秸秆为饲料的黑水虻的生命表。明确转化发酵秸秆对黑水虻发育、存活、繁殖等的影响。

（1）转化秸秆时黑水虻的生长发育和繁殖参数。转化秸秆时黑水虻的生长发育历期结果如表 6-6。从表 6-6 可以看出，转化秸秆时幼虫阶段的发育历期略延长，黑水虻未成熟阶段的发育历期为 38. 42d，高于对照组（36d）。

秸秆组黑水虻（8. 21d、9. 43d）寿命与对照组黑水虻（9. 65d、10. 53d）相差不大

(P>0.05)。秸秆组与对照组黑水虻雌雄比例分别为0.71：1、0.81：1。生殖力见表6-7，秸秆组黑水虻的产卵前期（6.25d）和总产卵前期（44.89d）要高于对照组黑水虻产卵前期（6.12d）和总产卵前期（42.58d）（P>0.05）；相比于秸秆组黑水虻平均单雌产卵量（476.91），对照组黑水虻更高些（659.50），但不显著（P>0.05）。

表6-6　对照组与秸秆组黑水虻不同发育阶段的历期

Table 6-6　Duration of different developmental stages of *H. illucens* fed on wheat bran and straw

发育阶段	发育历期（d）	
	对照组	秸秆组
卵	4.28±0.01 a（88）	4.16±0.02 a（88）
幼虫1~4龄	10.76±0.03 a（86）	11.67±0.06 a（84）
幼虫5龄	6.93±0.03 a（85）	7.62±0.06 a（82）
预蛹	4.98±0.05 a（80）	5.58±0.04 a（78）
蛹	8.9±0.14 a（77）	9.24±0.13 a（76）
成虫前期	36.00±0.06 a（77）	38.42±0.05 a（76）

注：同行数值后字母不同表示差异显著，P<0.05

表6-7　对照组与秸秆组黑水虻成虫寿命和雌虫生殖力

Table 6-7　Adult longevity and fecundity of *H. illucens* fed on wheat bran and straw

组	成虫寿命（d）		产卵前期（d）	总产卵前期（d）	平均单雌产卵量（粒/雌）
	雄	雌	雌	雌	
对照组	10.53±0.32 a（45）	9.65±0.26 a（32）	6.12±0.32 a（26）	42.58±0.33 a（26）	659.50±19.92 a（26）
秸秆组	9.43±0.40 a（42）	8.21±0.33 a（34）	6.25±0.26 a（22）	44.89±0.30 a（22）	476.91±17.40 a（22）

注：同列数值后字母不同表示差异显著，P<0.05

（2）转化秸秆时黑水虻的存活率。对照组与秸秆组黑水虻年龄—阶段特征存活率见图6-5。可以看出，由于个体间复杂多变的生长关系，对照组与秸秆组存在阶段性的存活率数值重叠。总体来说，对照组、秸秆组差异不显著，对照组幼虫存活率为77%，秸秆组幼虫存活率为76%。

研究表明，温度、食物类型等都会影响昆虫的生命表参数。不同温度下斜纹夜蛾*Prodenia litura*的两性生命表，结果显示斜纹夜蛾各个阶段的发育历期随温度升高变短，成虫产卵前期和总产卵前期同样表现为随温度升高而变短，为田间综合防治斜纹夜蛾提供理论依据（郝强等，2016）；苹果全爪螨*Panonychus ulmi*在新疆野苹果*Malus sieversii*吉尔吉斯与栽培苹果*Malus domestica*金冠上的实验种群的两性生命表，吉尔吉斯和金冠对苹果全爪螨雌螨寿命、产卵期及总产卵量等有明显影响，有助于

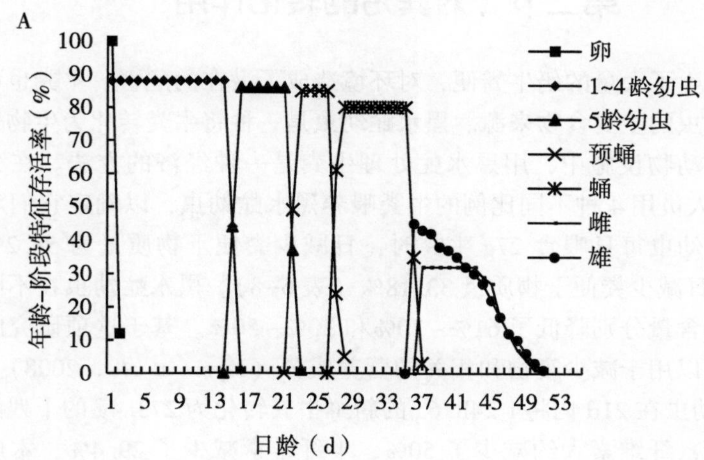

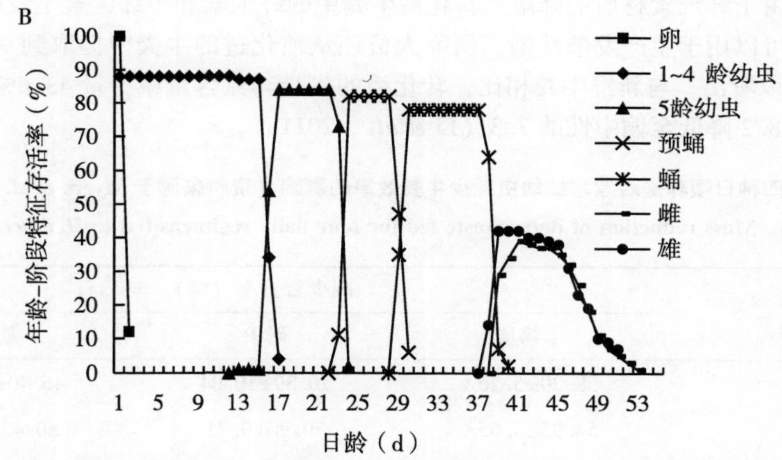

图 6-5　对照组与秸秆组黑水虻年龄-阶段特征存活率，A：对照组；B：秸秆组

Fig. 6-5　Age-stage specific survival rate of *H. illucens*.

A：control group；B：straw group

深入了解该螨在新疆野苹果与栽培苹果上种群动态，并为苹果抗螨性育种及害螨综合治理提供理论依据（殷万东等，2012）；早熟禾拟茎草螟 *Parapediasia teterrella* 在不同温度下的年龄—龄期两性生命的建立表明早熟禾拟茎草螟的发育历期、成虫寿命随温度的升高而缩短，繁殖力则随温度升高呈先增加后减小的趋势（王凤等，2016）。在该研究中，与对照组相比，秸秆组黑水虻发育速度变慢，幼虫存活率略降低，雌雄虫寿命缩短，性比无差异显著性，雌性产卵前期和总产卵前期变长，产卵变慢，且产卵量下降。但总体来说，黑水虻可以在发酵秸秆上完成正常的生活史。对于保证黑水虻生长发育营养供给来说，发酵玉米秸秆与麦麸相比存在差距，可通过进一步完善发酵条件进行优化。

第二节　对粪污的转化作用

现代奶牛场产生了大量的奶牛粪便，对环境造成了潜在的危害。牛粪也可以作为许多昆虫如黑水虻幼虫的主要食物来源。黑水虻幼虫是一种将牛粪转化为生物柴油和糖的新型生物材料。在动物设施中，用黑水虻处理牛粪是一种经济的方法。在 27℃，60% RH 条件下，研究人员用 4 种不同比例的牛粪喂养黑水虻幼虫，以确定它们对牛粪的转化效果。每 300 头幼虫每日喂食 27g 牛粪时，日减少粪便干物质量为 58. 2%，而喂食 70g 牛粪的幼虫，日减少粪便干物质量 33. 18%（表 6-8）。黑水虻幼虫在不同处理下的有效磷和有效氮的含量分别降低了 61%～70%和 30%～50%。基于这项研究的结果，在圈养牛场黑水虻可以用于减少废物和相关的营养成分（Myers *et al.*，2008）。研究人员用1 200头黑水虻幼虫在 21d 内将1 248. 6g 的新鲜牛粪转化为 273. 4g 的干残渣。经过黑水虻转化的牛粪中，纤维素大约减少了 50%、半纤维素减少了 29. 4%，木质素的相对含量增加是由于纤维素材质的降解。转化后牛粪中的纤维素和半纤维素是较好的碳水化合物来源，可以用于生产发酵性糖。研究人员还从消化过的牛粪中提取到 96. 2g 的糖。从表 6-9 可以看出，与新鲜牛粪相比，转化后的牛粪其氮含量减少量 43. 6%，pH 值也从偏碱性的 8. 2 降低至偏中性的 7. 3（Li *et al.*，2011a）。

表 6-8　四种日喂养法对黑水虻幼虫减少牛粪效率的影响（资料来源于 Myers *et al.*，2008）

Table 6-8　Mass reduction of dairy waste fed for four daily regimens fed to *H. illucens* larvae

日喂食量（g）	减少百分率（%）		
	干物质	磷 P	氮 N
27	58. 20±5. 26A	70. 39±10. 04	46. 40±13. 63
40	54. 95±5. 05A	70. 90±9. 31	50. 42±9. 04
54	50. 08±1. 67A	67. 42±6. 91	44. 30±5. 46
70	33. 18±3. 34B	61. 53±8. 10	30. 49±7. 53

表 6-9　新鲜牛粪与黑水虻转化牛粪的物质含量比较（资料来源于 Li *et al.*，2011）

Table 6-9　Variation of selected factors in the fresh and digested dairy manure

处理	新鲜牛粪	黑水虻转化牛粪
干物质（%）	46. 5±0. 2	54. 4±0. 3
纤维素（%）	38. 6±0. 3	21. 3±0. 4
半纤维素（%）	18. 3±0. 4	12. 9±0. 3
木质素（%）	23. 2±0. 09	31. 1±0. 1
总氮（%）	1. 7±0. 2	0. 96±0. 2
pH 值	8. 2±0. 1	7. 3±0. 1

由于牛粪中纤维素、半纤维素和木质素的比例较高，直接用黑水虻转化有一定的困难。因此，有人尝试先用鸡粪与牛粪混合，然后再进行后续的黑水虻转化。结果发现共消化过程显著提高了幼虫的产量、减废量、幼虫转化率、饲料转化率、养分还原和纤维利用率（表6-10）。加入鸡粪后，粪量减少百分率（干重减少率）显著增加，生物转化率及饲料转化率也显著变化。共转化系数在鸡粪的添加量为80%时最大，为53.38%±0.34%，与完全转化鸡粪时无显著差异。牛粪含量达到40%时，干物质减少也达到了52.06%±0.70%，但是牛粪的使用量达到80%后，干物质减少量就显著低于其他处理。牛粪的含量为20%和40%时，生物转化率最大，分别为7.90%±0.17%和7.86%±0.18%，而这两个处理下的饲料转化率也最佳，分别为6.76%±0.18%和6.63%±0.20%。只含有牛粪时，生物转化率仅4.19%±0.09%，饲料转化率为10.29%±0.26%，只含有鸡粪时生物转化率高达9.88%±0.11%，饲料转化率为5.57%±0.07%（Rehman *et al.*，2017a）。从营养成分的减少量看（图6-6），牛粪含量为20%时，氮减少百分率最大，为68.96%±1.13%；牛粪含量为40%、60%、80%时，氮减少百分率差异不显著，分别为56.92%±2.41%、62.05%±0.41%、58.63%±0.89%，但显著高于牛粪含量为100%时的氮减少百分率（53.53±1.58%）。牛粪含量为40%时，磷减少百分率最大，为60.06%±0.68%；碳减少百分率在牛粪含量为0、20%、40%时，都接近68%，高于牛粪含量为100%时的碳减少百分率（56.71%±0.87%）（Rehman *et al.*，2017a）。在纤维素的降解方面见图6-7、图6-8，40%牛粪的处理组比其他的处理组表现出更好的效果，纤维素的消耗量显著增加了61.19%，半纤维素的消耗量增加了53.22%，木质素的消耗量增加了42.23%。最后，利用扫描电镜研究发现黑水虻对牛粪、鸡粪的纤维结构有影响。表明，40%的牛粪与60%的鸡粪共同消化是黑水虻处理牛粪的合适比例（Rehman *et al.*，2017a）。

表6-10　黑水虻幼虫转化不同粪便时的粪便减少率、转化率及饲料转化率

（资料来源于Rehman *et al.*，2017）

Table 6-10　Manure mass reduction，bioconversion and feed conversion ratio of *H. illucens* converting dairy manure，chicken manure and co-digestion mixtures

牛粪含量（%）	幼虫干重（g）	添加饲料的（g）	残余干重（g）	消耗的干重（g）	干重减少率（%）	生物转化率（%）	饲料转化率（%）
100	10.29±0.19e	245.40±1.00	139.43±1.08	105.96±1.31	43.17±0.45c	4.19±0.09e	10.29±0.26c
80	14.25±0.44d	241.96±0.41	134.74±1.92	107.24±1.60	44.32±0.71c	5.88±0.18d	7.54±0.33b
60	16.49±0.27c	238.52±1.50	121.37±2.82	117.15±3.42	49.11±1.28b	6.92±0.11c	7.11±0.28b
40	18.47±0.44b	235.08±0.35	112.68±1.64	122.28±1.67	52.06±0.70ab	7.86±0.18b	6.63±0.20ab
20	18.32±0.39b	231.64±0.30	107.98±0.86	123.65±0.77	53.38±0.34a	7.90±0.17b	6.76±0.18b
0	22.56±0.26a	228.20±0.18	102.58±0.73	125.61±0.73	55.04±0.31a	9.88±0.11a	5.56±0.07a

研究人员还尝试了在牛粪中混入豆渣，希望能提供黑水虻对牛粪的转化效果。结果发现牛粪与豆渣按照2：3的比例混合最好。黑水虻的发育时间（21d）、存活率

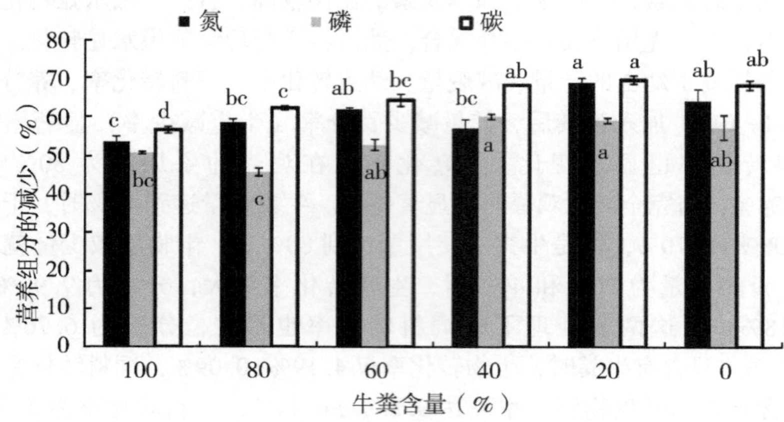

图 6-6　黑水虻幼虫转化不同粪便时对氮磷钾的减少率
（资料来源于 Rehman *et al.*，2017）

Fig. 6-6　Reduction of nitrogen，phosphorus and carbon during the digestion of pure dairy manure（DM100），chicken manure（DM0）and in-between mixing ratios by *H. illucens* larvae

注：柱上字母不同表示数值差异显著，$P<0.05$

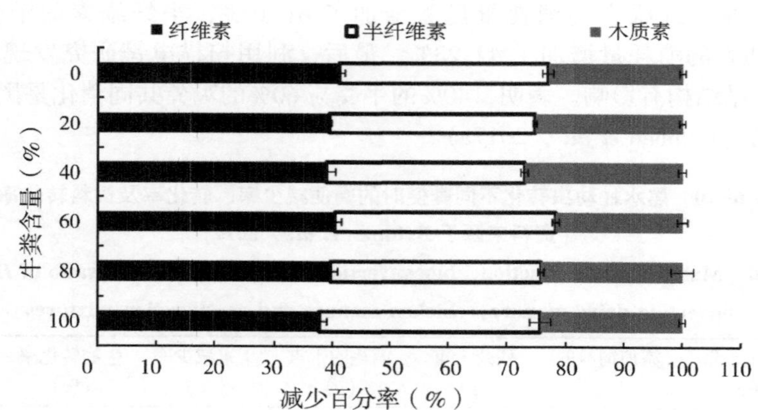

图 6-7　黑水虻幼虫转化不同粪便时的纤维利用情况比较
（资料来源于 Rehman *et al.*，2017）

Fig. 6-7　Comparison of fiber utilization during the digestion of pure dairy manure（DM100），chicken manure（DM0）and in-between mixing ratios by *H. illucens* larvae

（98.4%），基质量减少（湿重 75.4%和干重 56.6%），生物转化（湿重 11.6%和干重 14.6%）、饲料转化率（湿重 6.4 和干重 4.0）、养分利用（氮，62.1%；磷，52.9%；碳，66.4%）、纤维含量（纤维素，64.9%；半纤维素，63.7%；木质素，36.9%）都降低。通过扫描电镜分析纤维素、半纤维素和木质素的结构变化，证明牛粪与豆渣的共转化对提高黑水虻转化牛粪的效率具有重要作用（Rehman *et al.*，2017b）。

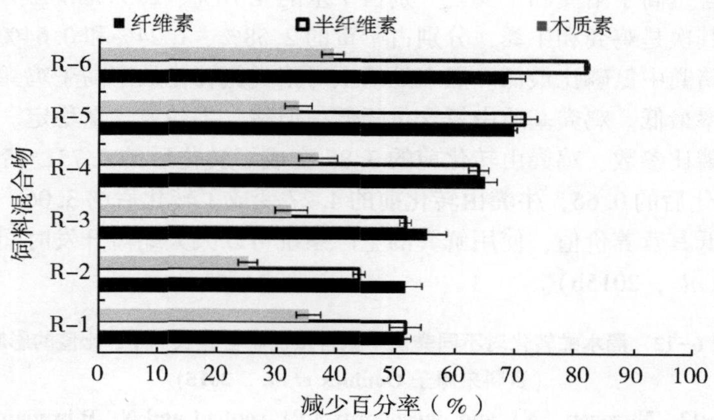

图 6-8　黑水虻转化牛粪和大豆秸秆时对纤维素、半纤维素和木质素的减少情况（资料来源于 Rehman *et al.*，2017）

Fig. 6-8　Reduction of cellulose，hemicellulose and lignin during the conversion of dairy manure and soybean curd residue mixture by *H. illucens* larvae

注：牛粪和豆渣的比例为 5：0（R-1），4：1（R-2），3：2（R-3），2：3（R-4），1：4（R-5），0：5（R-6）

不同地理种群的黑水虻可能对不同的粪污存在转化效果的差异。有研究比较了我国武汉种群、广州种群和美国得州种群对猪粪、牛粪和鸡粪的转化效果，见表 6-11。结果发现，来自武汉的地理种群减少干物质的量高于广州种群和美国得州种群。武汉种群对猪粪、牛粪和鸡粪的干物质减少率比广州种群分别高 46.0%、40.1%和 48.4%，但美国得州种群分别高 6.9%，7.2%和 7.9%。黑水虻幼虫能减少粪中的氮含量，氮含量减少率在 22%～56%。鸡粪中氮含量减少率最高，牛粪中氮含量减少率最低，这一点可能是由于鸡饲料本身比牛饲料营养更丰富（Zhou *et al.*，2013a）。

表 6-11　3 个地理种群黑水虻对不同粪便干物质及氮含量的减少情况（资料来源于 Rehman *et al.*，2017）

Table 6-11　Mass reduction and N reduction of animal manure transformed by three strains of black soldier flies

地理种群	猪粪		鸡粪		牛粪	
	干物质减少量（%）	氮减少量（%）	干物质减少量（%）	氮减少量（%）	干物质减少量（%）	氮减少量（%）
中国武汉	53.4±0.3A	47.9±0.1B	61.7±0.2A	51.8±0.4B	57.8±0.7A	50.6±0.3B
中国广州	28.8±0.2C	49.9±0.3A	31.8±0.3C	56.0±0.6A	34.6±0.3C	53.2±0.5A
美国得州	49.7±0.4B	22.1±0.5C	56.8±0.4B	24.8±0.4C	53.6±0.2B	25.8±0.2C

当然不同的粪污来源本身也可能干扰黑水虻的转化效果，见表 6-12。就粪本身而言，鸡粪的氮含量高于猪粪和牛粪，分别占干重的 4.78%、2.55%和 2.74%；而猪粪的磷含量最高，其次是鸡粪和牛粪，分别占干重的 2.58%、1.24%和 0.64%。氮磷比是鸡粪低于牛粪，猪粪中氮磷比最低。黑水虻幼虫对猪粪氮转化效率高于鸡粪和牛粪，而牛粪的磷转化效率最低。鸡粪基质中氮含量降低，但猪、牛粪氮含量稳定。各处理中磷浓度均降低。氮磷比参数，鸡粪由转化前的 3.85 变成了转化后的 0.73，猪粪由转化前的 0.99 变成了转化后的 0.66，牛粪由转化前的 4.27 变成了转化后的 3.06。另外，粪便的干燥可能会降低其营养价值，使用鲜粪的生产系统可以大大缩短开发时间，提高转化效率（Oonincx *et al.*，2015b）。

表 6-12　黑水虻转化对不同粪便中氮含量、磷含量及 N：P 比值的影响

（资料来源于 Oonincx *et al.*，2015）

Table 6-12　Nitrogen（N）and phosphorus（P）content and N：P in manure and in *H. illucens* harvested（BSF）

处理		鸡粪	猪粪	牛粪
粪	N	4.78±0.156a	2.55±0.012b	2.74±0.087b
	P	1.24±0.026a	2.58±0.062b	0.64±0.022c
	N：P	3.85±0.100a	0.99±0.027b	4.27±0.037c
残留	DM	40.0±2.15a	24.3±1.29b	20.8±0.64c
	N	1.35±0.077a	2.59±0.085b	3.03±0.178c
	P	1.86±0.074a	3.94±0.148b	0.99±0.023c
	N：P	0.73±0.014a	0.66±0.037a	3.06±0.144b
黑水虻	DM	20.6±0.98a	20.2±0.46a	20.3±0.29a
	N	6.53±0.177a	6.90±0.215b	6.87±0.107b
	P	1.65±0.124a	1.99±0.190b	1.27±0.066c
	N：P	3.97±0.336a	3.49±0.400a	5.44±0.324b

另外，也有研究人员检测了黑水虻幼虫对人粪的转化作用，见表 6-13、表 6-14。黑水虻幼虫对人粪中致病性微生物有影响（表 6-15、表 6-16、表 6-17），8d 时间人粪中沙门氏菌的含量减少了 6log10，而对照减少小于 2log10（图 6-9、图 6-10）。但没有观察到肠球菌 *Enterococcus* spp.，噬菌体 *bacteriophage* ΦX174 以及蛔虫 *Ascaris suumova* 的减少（Lalander *et al.*，2013）。通过改变喂食频率、幼虫数量和取食比例，发现黑水虻幼虫在不同喂养方式下将新鲜人粪转化为幼虫生物量的能力不同，见表 6-17、表 6-18。每两天递增一次喂食量收获的幼虫和预蛹比一次喂食收获的个体更大，但发育至预蛹需要的时间更长。废弃物减少量最高的处理是含有幼虫

数最多的处理组，不同喂养方式之间没有差异。一次投喂或者分次投喂，估算出化蛹率90%、生物转化率最高（16%～22%）和最低（2.0%～3.3%）、最高效的饲料转化率（2.0%～3.3%）的处理是含有10头、100头幼虫的处理组。研究表明，黑水虻转化人粪时预蛹重量、生物转化作用和饲料转化率均优于转化猪粪和鸡粪等的研究（Banks *et al.*，2014）。

表6-13　对幼虫处理材料及用于比较的初始材料的降解（资料来源于 Lalander *et al.*，2013）

Table 6-13　Degradation of the larval-treated material and the control compared with the start material

处理	总重（g）	固体（%）	挥发性固体（%）	总固体（g）	总挥发性固体（g）	总固体减少（%）	总挥发性固体减少（%）
初始	370	36±1.3	91±0.3	133	337		
幼虫	118±4	30±1.2	86±0.6	30	26	73	75
对照	228±2	41±1.3	86±0.4	93	196	30	34

表6-14　初始粪便、幼虫转化粪便及对照的理化参数（资料来源于 Lalander *et al.*，2013）

Table 6-14　Physico-chemical parametersof the start material（faeces），larval-treated faeces and the control

处理	pH值	硝酸根离子（mg/g）	铵态氮（mg/g）
初始	6.0±0.0	0.8±0.1	4.6±0.7
幼虫	7.5±0.0	0.8±0.1 a	20.3±0.5 b
对照	7.5±0.1	1.0±0.2 a	15.1±0.5

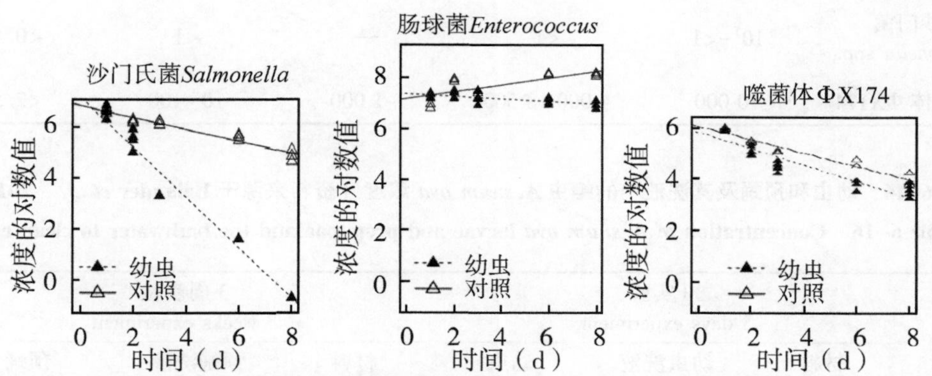

图6-9　黑水虻幼虫转化及对照中的细菌浓度的影响（资料来源于 Lalander *et al.*，2013）

Fig. 6-9　Concentration of bacteria（PFU/g）in the larvae treatment（▲）and the control（△）

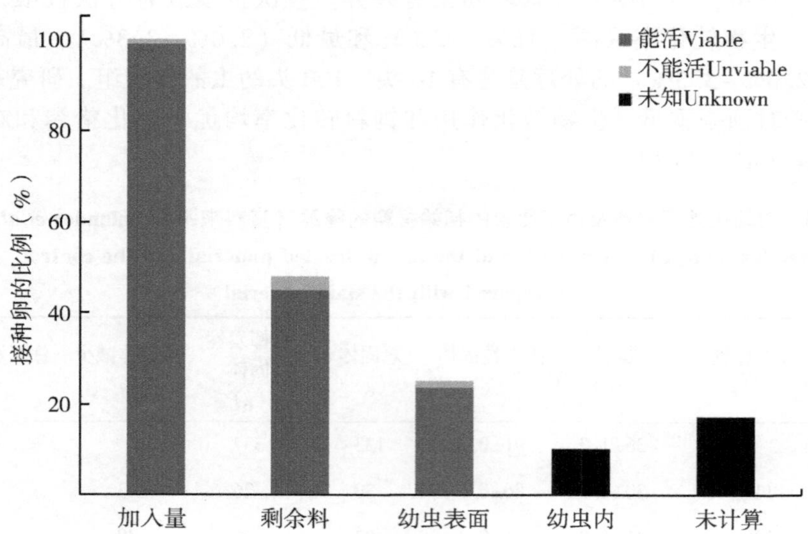

图 6-10　幼虫处理样品中蛔虫 *A. suum ova* 的命运（资料来源于 Lalander *et al.*，2013）

Fig. 6-10　Fate of *A. suum ova* in the larval-treated samples

表 6-15　幼虫和预蛹肠道及其洗液中的微生物浓度（资料来源于 Lalander *et al.*，2013）

Table 6-15　Concentrations of pathogenic organisms in larvae and prepupae and the bathwater used to clean each

微生物	材料（CFU/PFU/g）	幼虫		预蛹	
		洗液（CFU/PFU/mL）	肠道（CFU/PFU/g）	洗液（CFU/PFU/mL）	肠道（CFU/PFU/g）
肠球菌 *Enterococcus* spp.	10^8	10^7	10^6	10^6	10^5
沙门菌 *Salmonella* spp.	10^5-<1	<1	—	<1	<0. 5
噬菌体 ΦX174	70 000	4 000~8 500	~1 000	10~100	<2. 5

表 6-16　幼虫和预蛹及其洗液中的蛔虫 *A. suum ova* 浓度（资料来源于 Lalander *et al.*，2013）

Table 6-16　Concentration of *A. suum ova* larvae and prepupae and the bathwater to clean each

项目	3d 实验 3 days experiment			3 周实验 3 weeks experiment		
	材料（ova/g ww）	幼虫洗液（ova/larva）	幼虫（ova/larva）	材料（ova/g ww）	预蛹洗液 ova/prepupa）	预蛹（ova/prepupa）
数值	320	25	10	3	0. 05	2

表 6-17　饲料添加量和剩余残渣的总湿重和几何平均湿重，以及通过湿重减少废物的平均百分比（资料来源于 Banks *et al.*，2014）

Table 6-17　Total and geometric mean wet weight of feed added and residue remaining, and mean percentage waste reduction, by wet weight

组别	喂养法	饲料量（g，湿重）		残留量（g，湿重）		减量（%，湿重减少）	
		总计	平均	总计	平均	平均（%）	*P*
A	FR-1	390.3	9.8±0.23	260.2	6.5±0.20	33.4±1.44	<0.0001
	FR-2	481.5	12.0±0.04	360.3	9.0±0.10	25.2±0.80	
B	FR-1	436.5	10.9±0.08	219.8	5.5±0.12	49.7±1.03	0.0032
	FR-2	482.5	12.1±0.04	261.4	6.5±0.09	45.8±0.73	
C	FR-1	658.1	109.7±1.43	301.1	50.2±0.81	54.2±0.86	0.86
	FR-2	720.5	120.1±0.08	327.1	54.5±2.67	54.6±2.20	

表 6-18　将人类粪便转化为蛹生物量的海藻土的生物转化率和饲料转化率（FCR），实际预蛹产量和估计的 90%的产量（资料来源于 Banks *et al.*，2014）

Table 6-18　Bioconversion and feed conversion rate（FCR）of *H. illucens* converting human faeces into prepupal biomass, for actual prepupal yield, and estimated 90% yield

组别	喂养法	实际预蛹产量					估计的 90%产量				
		预蛹重（g）	饲料添加（g）	生物转化率（%）	饲料消耗（g）	饲料转化率（%）	预蛹重（g）	饲料添加（g）	生物转化率（%）	饲料消耗（g）	饲料转化率（%）
A	FR-1	8.5	390	2.2	130.1	15.2	8.3	390	2.1	130.1	15.6
	FR-2	11.3	482	2.3	121.2	10.7	11.6	482	2.4	121.2	10.4
B	FR-1	65.3	437	14.9	216.7	3.3	69.9	437	16.0	216.7	3.1
	FR-2	110.7	483	22.9	221.1	2.0	107.9	483	22.3	221.1	2.0
C	FR-1	104.8	658	15.9	357.0	3.4	107.9	658	16.4	357.0	3.3
	FR-2	11.6	721	1.6	393.4	33.9	130.7	721	18.1	393.4	3.0

第三节　对其他有机废弃物的转化作用

利用黑水虻幼虫快速降解有机固体废物是一种很有前途的废物管理方法，因为它能产生多种高附加值产品（动物饲料、幼虫堆肥、生物燃料）。在哥斯达黎加进行的一项中等规模的野外试验，评估了黑水虻幼虫消化和降解混合城市有机废弃物的可行性。在较适宜的条件下，平均预蛹产量达到了 $252g/m^2/d$（湿重），减少废弃物的幅度在 65.5%~78.9%。3 个因素强烈影响幼虫产量和减少废物的能力：①由于废料中的锌浓度升高和厌氧条件，导致幼虫死亡率高；②锌中毒导致的受精卵缺乏；③实验托盘中淤塞的液体使幼虫接触食物受限（Diener *et al.*，2011b）。为转化有机废弃物，对一个连续的黑水虻幼虫反应器进行了9周的监测。结果表明，基于总固体量的物质降解率为55.1%，生物量转化率为11.8%，处理后的残渣中氮和磷的含量高于流入物质中氮和磷的含量。另外还发现沙门氏菌和病毒的浓度较低（Lalander *et al.*，2015）。黑水虻转化有机废弃物时，每天都对有机废弃物有一定程度的降解和消耗，直到幼虫发育至预蛹阶段。幼虫阶段的净消耗在第11d下降（1.05mg），第14d时达到最大值（1.72mg）。平均降解速率为26.69mg，总降解和消耗量为1921.52mg（Samayoa and Hwang，2018）。可以看出，用黑水虻进行堆肥处理是一种有效的营养循环系统。废椰子胚乳也是一种可以利用的废弃物资源，不同发酵期废椰子胚乳对黑水虻幼虫增重和生长速度的影响见图6-11，对黑水虻幼虫的蛋白产量和蛋白消化转化效率的影响见图6-12，且发酵期对黑水虻的生物转化活性参数的影响不同，具体见图6-13。另外，研究还发现通过黑水虻转化时，可以积累58%的脂质生物量。且该脂质富含多不饱和脂肪酸（6%）和高C18：1（50%），也是一种高品质的生物柴油原料。只需要20头黑水虻幼虫就可以使总废物减少量达到0.019g/d（Mohd-Noor *et al.*，2017）。

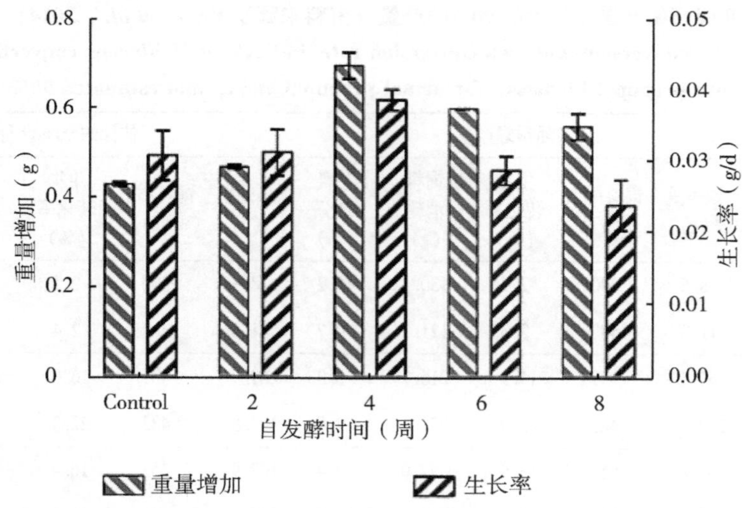

图6-11　不同自发酵期废椰子胚乳对BSFL增重和生长速度的影响

（资料来源于Mohd-Noor *et al.*，2017）

Fig. 6-11　Effect of various self-fermented periods of waste coconut endosperm on BSFL weight gained and growth rate

幼虫密度和进食率对有机固体废物生物转化的过程有影响，其中幼虫密度是影响最大的因素，见图6-14。在实验范围内确定了理想的条件：在干基上，幼虫密度为1.2头/cm^2，进食率为163mg/（头·d）（折合干重计算），可产生1.1kg/（m^2·d）的堆肥和59g/（m^2·d）的幼虫生物量。为了获得最多的生物量，该过程允许最多5头/cm^2的幼虫密度值，只要摄食率不大于95mg/（头·d）（折合干重计算），对该过程没有显

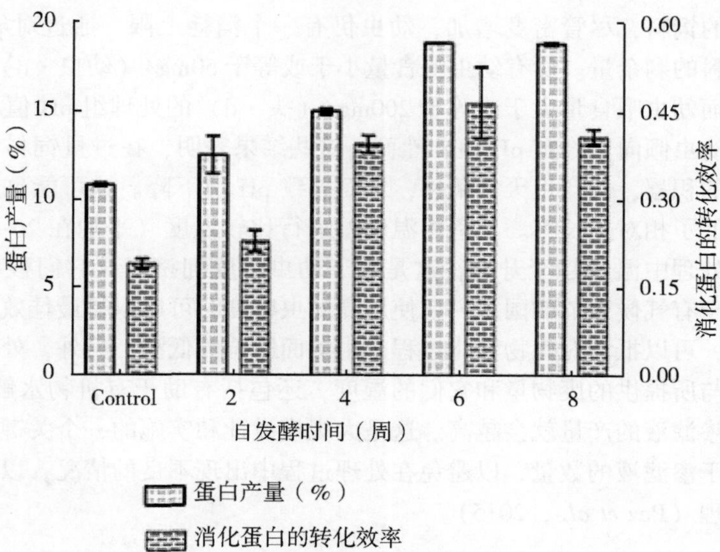

图 6-12　不同自发酵时间的废椰子胚乳对 BSFL 蛋白产量和蛋白消化转化效率的影响（资料来源于 Mohd-Noor *et al.*，2017）

Fig. 6-12　Effect of various self-fermented periods of waste coconut endosperm on BSFL protein yield and efficiency of conversion of digested protein

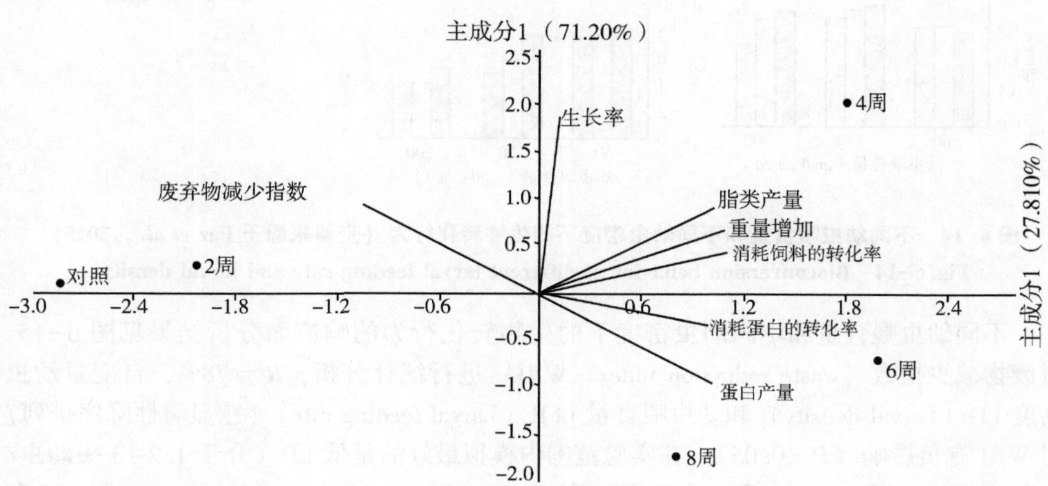

图 6-13　通过统计主成分分析确定的不同自发酵期与 BSFL 生物转化活性之间的不同关系（资料来源于 Mohd-Noor *et al.*，2017）

Fig. 6-13　Diverse relationships between various self-fermented periods and BSFL bioconversion activities determined from statistical PCA analysis

著影响（Paz *et al.*，2015）。高幼虫密度和幼虫喂食量时，废弃物减少指数趋于降低，这表明有过量的饲料，尽管密度增加，幼虫仍有一个消耗上限。通过对 pH 值的跟踪，定性观察了饲料的剩余量。所有幼虫喂食量小于或等于 60mg/（幼虫·d）的处理组 pH 值均在 7~8，而幼虫喂食量大于或等于 200mg/（头·d）的处理组 pH 值均在 4~5。众所周知，这些幼虫倾向于稳定 pH 值，然而，这些结果表明，在过量饲料的情况下，由于未消化饲料的积累，会产生厌氧条件，从而导致 pH 值下降。这可能也影响了它们的生长，因此降低了相对生长率。与室内温度差进行比较温度（平均在 26~28℃），在幼虫密度较高的处理中温度趋于升高，这是由于幼虫过度拥挤以及它们移动所产生的热量。因此，对于有气候季节的国家，在使用高幼虫密度时可以取得最佳效果，因为通过节省自生热量，可以抵消对生物转化过程产生负面影响的低温。另外，处理过程中渗滤液的产生不仅与所提供的废物量和它们的湿度，还包括有助于有机物水解的幼虫密度。这些值越高，渗滤液的产量就会越高。这是大规模设计和实施的一个关键因素，因为充分的排水取决于渗滤液的数量，以避免在处理过程中出现不良的情况，以及在处理后的最终处置或处理（Paz *et al.*，2015）。

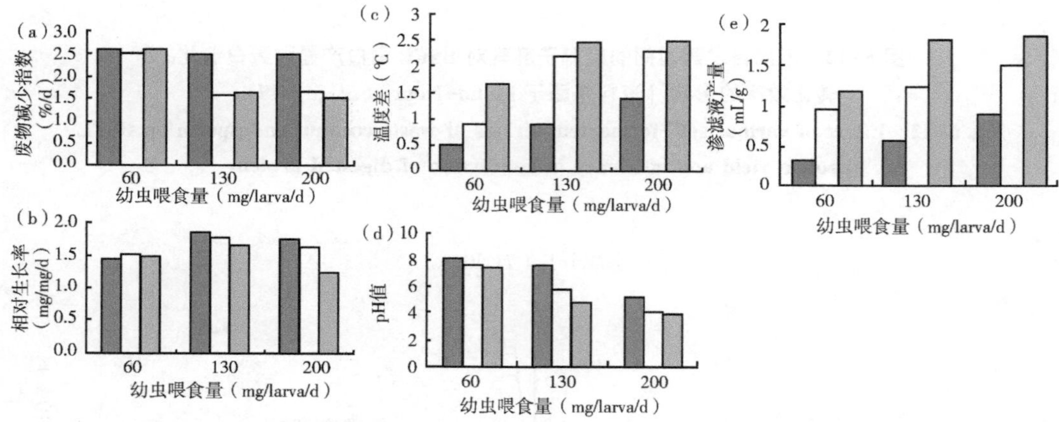

图 6-14　不同幼虫喂食量和不同幼虫密度下的生物转化行为（资料来源于 Paz *et al.*，2015）

Fig. 6-14　Bioconversion behavior at different larval feeding rate and larval density

不同幼虫喂食量和不同幼虫密度下的生物转化行为的响应面分析结果见图 6-15，对废物减少指数（waste reduction index，WRI）进行统计分析，$R^2=78\%$，自变量幼虫密度 LD（Larval density）和幼虫喂食量 LFR（Larval feeding rate）（按显著性降序排列）对 WRI 有负影响（$P<0.05$）。在实验范围内模拟最好的是低 LD（介于 1.2~3 头幼虫/cm^2）（-1.41 和-0.6，标准化数据）和高 LFR［130~230mg/（幼虫·d）］（0 和 1.4，标准化数据）或在高 LD（5~7 幼虫/cm^2）（0.6 和 1.41，规范化数据）和低 LFR［30~60mg/（幼虫·d）］（-1.41 和 1，标准化数据）。相对生长率（RGR）的统计分析表明 $R^2=86\%$，只有幼虫密度（LD）对 RGR 有负影响（$P<0.05$）。随着 LD 的增加，幼虫对食物的竞争加剧，影响了幼虫的生长体重。此外，LFR-LFR 和 LD-LD 相互作用具有显著的负影响（$P<0.05$、0.0019 和 0.0077），表明 RGR 在 LFR 和 LD 的特定

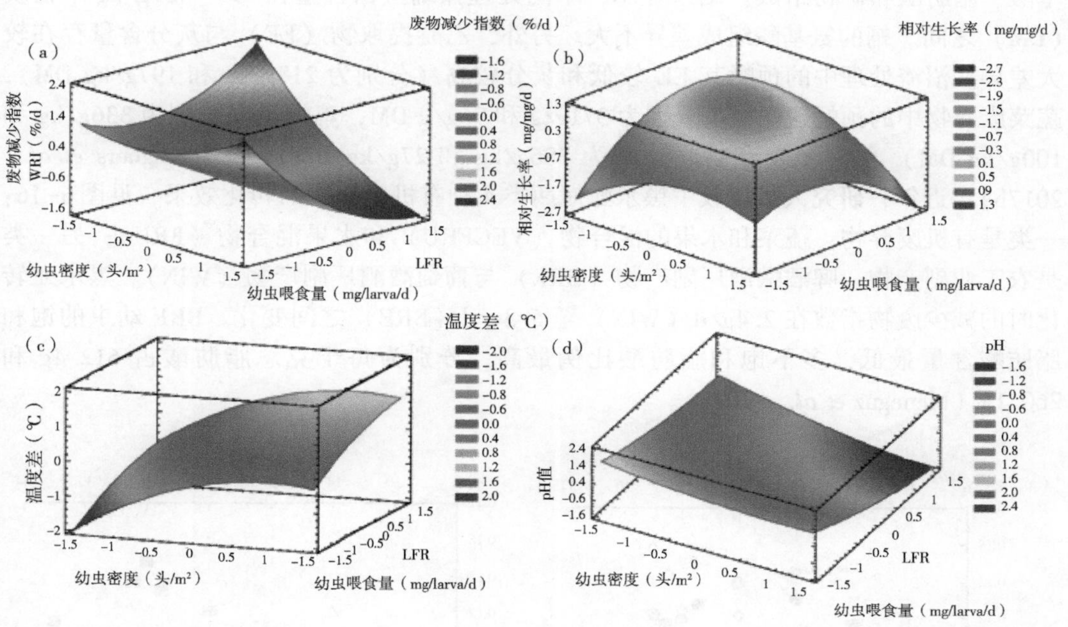

图 6-15　响应面（资料来源于 Paz *et al.*，2015）
Fig. 6-15　Response surfaces

值之外减小，这可以在这些变量的极值中发现。这意味着对于 LFR 和 LD，存在有利于 RGR 值最大化的最优点。温差统计分析（DT）表明 $R^2=93\%$，说明两个变量（LD 和 LFR）对温差均有正向影响，其中 LD 影响最大。这些值越高，系统升温将越高。考虑到这一点，合适的幼虫密度是非常重要的。pH 值的统计学分析表明 $R^2=85\%$。这两个变量（LD 和 LFR）都有一个负的影响，这使得我们说，当这些值越高，系统内的 pH 值就会越低。因此，在较低的 LD 和 LFR 下获得了最佳 pH 值。渗滤液产量统计分析（LPR）表明 $R^2=95\%$，表明两个变量（LD 和 LFR）对渗滤液的产生均有正向影响。这些值越高，就会产生越多的渗滤液（Paz *et al.*，2015）。

当然，废弃物的类型不同，黑水虻对废弃物的转化效率也会不同。人们比较了黑水虻幼虫对 5 种广泛存在的有机废弃物的消耗和转化能力。废物类型：①对照用家禽饲料；②猪肝；③猪粪；④厨房垃圾；⑤水果和蔬菜；⑥处理过的鱼。厨余垃圾平均每天减少率（黑水虻消耗）最高，产生的黑水虻数量最多、个体最重。在肝脏、粪肥、水果和蔬菜以及鱼上饲养的幼虫的长度和重量与对照组喂养的幼虫大致相同（Nguyen *et al.*，2015b）。基于污水污泥、果渣、油棕厂的棕榈醇提取残渣这 3 类有机废弃物存在量大、且处理困难，以及目前文献中用作黑水虻幼虫饲料的研究不足。比较了黑水虻转化这 3 种有机废弃物时的日生物量变化。幼虫吃水果废物和棕榈废物显示增长率分别为 0.52±0.02g/d、0.23±0.09g/d，但污水污泥处理组的幼虫没怎么长（-0.04±0.01g/d）（Leong *et al.*，2016）。也有研究人员比较了黑水虻幼虫对鸡饲料、蔬菜废弃物、沼渣和餐厅废弃物这 4 种基质的转化效果。对预蛹和基质的样品进行冻干，分析了其中的氨基酸、脂肪酸和矿物组成。结果显示，不同处理预蛹蛋白含量在399～431g/kg 干物质（DM）之间。蛹的氨基酸组成差异不大。另外，乙醚提取物（EE）与灰分含量存在较大差异。沼渣处理中的预蛹其 EE 较低和灰分较高（分别为 218g/kg 和 197g/kg DM），蔬菜废弃物中的预蛹这两项值分别为 371g/g 和 96g/g DM，鸡饲料（分别为 336g/kg 和 100g/kg DM）和餐厅废弃物（分别为 386g/kg 和 27g/kg DM）（Spranghers *et al.*，2017b）。近年，研究人员比较了黑水虻对两类 4 种有机废弃物的转化效果，见图6-16：一类是有机废弃物：蔬菜和水果的混合物（VEGFRU）和水果混合物（FRU）；另一类是农工业副产物：啤酒酿酒厂副产物（BRE）与葡萄酒酒厂副产物（WIN）。黑水虻转化时的减少废物指数在 2.4g/d（WIN）至 5.3g/d（BRE）之间变化。BRE 幼虫的饱和脂肪酸含量最低，多不饱和脂肪酸比例最高，分别为每千克总脂肪酸占 612.4g 和 260.1g（Meneguz *et al.*，2018）。

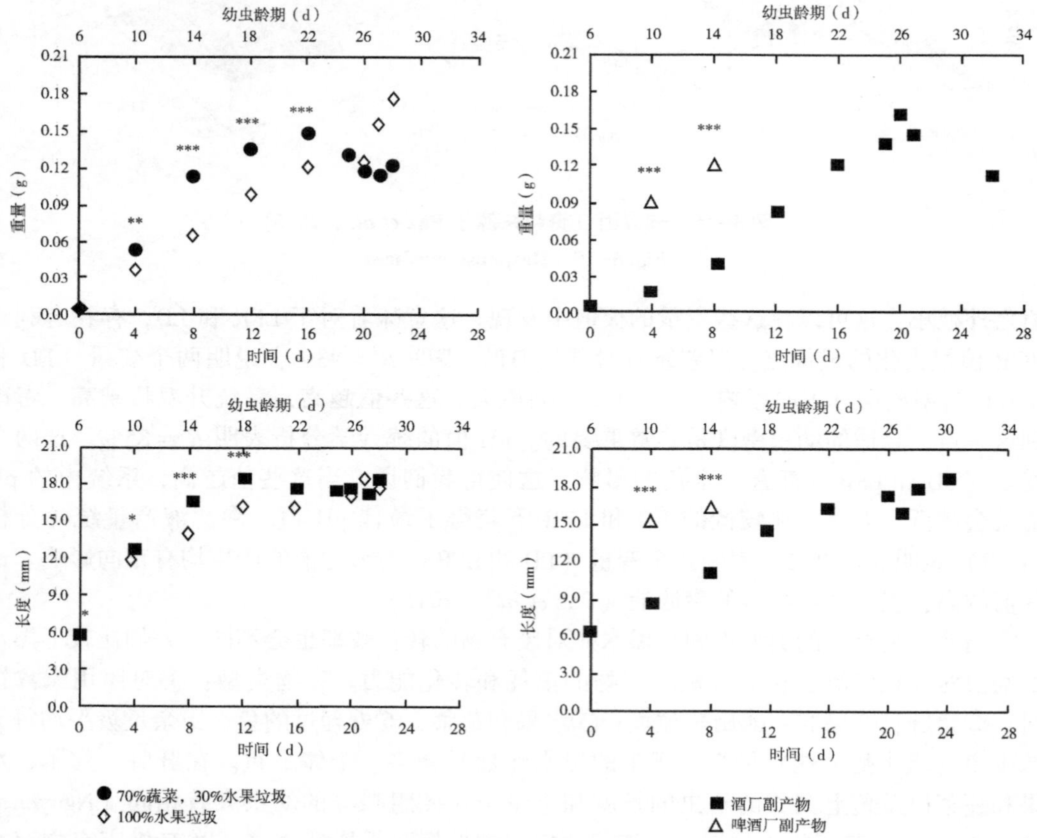

图 6-16　黑水虻取食由意大利食品部门产生的不同有机废弃物及工农业副产物时的发育（资料来源于 Meneguz *et al.*，2018）

Fig. 6-16　Development（a：weight；b：length）of *H. illucens* larvae reared on organic wastes and agro-industrial by-products generated by the Italian food sector

注：* $P<0.05$，** $P<0.01$，*** $P<0.001$

黑水虻不仅可以转化固体的有机废弃物，也可用来处理垃圾渗滤液。黑水虻的取食和生长可以降低渗滤液的化学需氧量、中和酸性、并清除它的挥发性有机酸、胺、醇。使用黑水虻幼虫处理腐烂的有机废弃物的渗滤液，可以将碳、氮和磷酸盐循环利用，使其成为可用的、具有商业价值的生物量（Popa and Green，2012）。相对于未被幼虫处理的渗滤液，其氨（NH_4^+）浓度增加了5~6倍。幼虫处理的渗滤液中NH_4^+水平高达100mM。其中大部分NH_4^+似乎来自取食渗滤液的幼虫产生的虫粪中的有机氮。在富硝酸盐溶液中，黑水虻幼虫也促进硝酸盐分解还原成氨。明显更高浓度的NH_4^+主要是从黑水虻幼虫加工过的渗滤液中恢复的，营养伴随转化成昆虫生物量，表明使用黑水虻幼虫处理腐烂有机废弃物的渗滤液，可以将营养物质转化为昆虫的生物量（昆虫虫体本身就是一种有价值的原料），也有利抵消堆肥过程中的资本和环境成本（Green and Popa，2012）。

食品废弃物是另一类比较常见且量大难于及时处理的废弃物。研究人员评估了黑水虻对从餐厅废弃物经典型油脂萃取后的固体残渣组分（solid residual fraction，SRF）的转化能力。大约1 000头幼虫在1kg的SRF上生长，产生了大约23.6g的幼虫油脂生物柴油。黑水虻幼虫饲养7d后，SRF的重量减少约61.8%（Zheng *et al.*，2012b）。为提高转化效果，人们还尝试了利用黑水虻幼虫和微生物共转化的方法，将稻草和餐厅固体废弃物转化。在1 000 g混合饲料中（稻草30%，RSW70%），10d时间完成转化。饲料中约65.5%的纤维素、56.3%的半纤维素、8.8%的木质素、91.6%的蛋白质和71.6%的脂质被消化利用，用于昆虫生物量积累（Zheng *et al.*，2012a）。用不同昆虫转化含或不含胡萝卜素的饲料时，黑水虻转化的氮转化效率较高，见表6-19。黑水虻的存活和发育历期受到饲料影响，但化学成分相似，见表6-20（Oonincx *et al.*，2015a）。当然，给料方式会影响黑水虻幼虫对食品废弃物的转化效果。研究人员测定了不同给料方式下黑水虻幼虫的减废指数、消化食物转化效率、生长率和存活率。以1g、5g、25g 3种不同给料方式进行食物废弃物试验时发现，以25g饲喂时，幼虫生物量最高达78.3%（鲜重）（Kutty *et al.*，2015）。

表6-19　不同昆虫取食含或不含胡萝卜素饲料时的存活率、发育时间、饲料转化率、摄取食物干物质转化率、氮效率（资料来源于Oonincx *et al.*，2015）

Table 6-19　Survival rate，development time，Feed Conversion Ratio，Dry matter conversion of ingested food，and nitrogen efficiency，of different insects without and with carrot

昆虫种类	饲料	存活率（%）	发育时间（d）	饲料转化率（%）	干物质转化率（%）	氮效率（%）
阿根廷蟑螂	HPHF	80±17.9^{a}	200±28.8^{c}	1.7±0.24^{c}	21±3.0^{b}	58±8.3^{b}
	HPLF	47±16.3^{b}	294±33.5^{a}	2.3±0.35^{ab}	16±2.7^{bc}	51±8.7^{b}
	LPHF	53±13.2^{ab}	266±29.3^{ab}	1.5±0.19^{c}	30±3.9^{a}	87±11.4^{a}
	LPLF	51±12.2^{ab}	237±14.9^{bc}	1.7±0.15^{bc}	18±1.9^{bc}	66±6.7^{b}
	Control	75±21.7^{ab}	211±18.7^{c}	2.7±0.47^{a}	14±2.1^{c}	52±8.1^{b}

（续表）

昆虫种类	饲料	存活率（%）	发育时间（d）	饲料转化率（%）	干物质转化率（%）	氮效率（%）
黑水虻	HPHF	86±18.0	21±1.4[c]	1.4±0.12	24±1.5	51±3.2
	HPLF	77±19.8	33±5.4[ab]	1.9±0.20	20±1.3	51±32.5
	LPHF	72±12.9	37±10.6[a]	2.3±0.56	18±4.8	55±14.6
	LPLF	74±23.5	37±5.8[a]	2.6±0.85	17±5.0	43±12.8
	Control	75±31.0	21±1.1[bc]	1.8±0.71	23±5.3	52±12.2
黄粉虫	HPHF	79±7.0[ab]	116±5.2[def]	3.8±0.63[c]	12±2.7[cdef]	29±6.7[cde]
	HPLF	67±12.3[bc]	144±13.0[cd]	4.1±0.25[c]	10±1.0[def]	22±2.3[e]
	LPHF	19±7.3[e]	191±21.9[ab]	5.3±0.81[c]	8±0.8[ef]	28±2.8[de]
	LPLF	52±9.2[cd]	227±26.9[a]	6.1±0.62[c]	7±1.0[f]	23±3.1[de]
	Control1	84±9.9[ab]	145±9.3[cd]	4.8±0.14[c]	9±0.2[def]	28±0.6[cde]
	Control2	34±15.0[de]	151±7.8[bcd]	4.1±0.49[c]	11±1.5[cdef]	31±4.2[cde]
	HPHF-C	88±5.4[ab]	88±5.1[f]	4.5±0.17[c]	19±1.6[ab]	45±4.5[b]
	HPLF-C	82±6.4[ab]	83±6.5[f]	5.8±0.48[c]	15±0.9[bc]	35±2.2[bcd]
	LPHF-C	15±7.4[e]	135±17.3[cde]	19.1±5.93[a]	13±2.7[cde]	45±9.2[ab]
	LPLF-C	80±5.6[ab]	164±32.9[bc]	10.9±0.61[b]	13±1.4[cde]	41±4.6[bc]
	Control1-C	93±9.3[a]	91±8.5[f]	5.5±0.49[c]	14±3.3[bcd]	45±2.4[b]
	Control2-C	88±3.1[ab]	95±8.0[ef]	5.0±0.48[c]	21±2.6[a]	58±7.3[a]
家蟋蟀	HPHF	27±19.0[ab]	55±7.3[c]	4.5±2.84	8±4.9	23±13.4[b]
	HPLF	6	117	10	3	
	LPHF	7±3.1[b]	167±4.4[a]	6.1±1.75	5±1.3	
	LPLF	11±1.4[b]	121±2.8[b]	3.2±0.69	9±2.2	
	Control	55±11.2[a]	48±2.3[c]	2.3±0.57	12±3.2	41±10.8[a]

注：①同列数值后字母不同表示差异显著，$P < 0.05$，Kruskal Wallis 测验

②HPHF：高蛋白高脂肪，HPLF：高蛋白低脂肪，LPHF：低蛋白高脂肪，LPLF：低蛋白低脂肪，C：胡萝卜素

表 6-20　不同昆虫取食含或不含胡萝卜素饲料时的干重、粗蛋白、磷含量及总脂肪酸含量（资料来源于 Oonincx *et al.*，2015）

Table 6-20　Dry matter，crude protein，phosphorus content，and total fatty acidsof different insects without and with carrot

昆虫种类	饲料	干重（%）	粗蛋白（%）	磷（%）	总脂肪酸（%）
阿根廷蟑螂	HPHF	32.7±2.72[bc]	60.7±1.59[b]	6.0±0.16[a]	19.6±0.59[bc]
	HPLF	33.7±1.53[ab]	72.5±1.25[a]	5.8±0.31[a]	16.1±1.81[bc]
	LPHF	38.5±5.09[a]	37.5±0.99[d]	4.7±0.28[b]	40.2±2.69[a]
	LPLF	27.6±1.71[c]	53.9±0.88[c]	5.9±0.08[a]	20.5±0.30[b]
	Control	31.6±1.36[bc]	69.8±1.91[a]	6.2±0.45[a]	15.2±1.38[c]

（续表）

昆虫种类	饲料	干重（%）	粗蛋白（%）	磷（%）	总脂肪酸（%）
黑水虻	HPHF	32.9±1.86	46.3±0.93[a]	8.5±0.28[ab]	24.7±0.38
	HPLF	35.6±2.45	43.5±3.00[ab]	8.6±0.90[ab]	25.5±3.80
	LPHF	35.1±1.97	38.8±2.56[b]	6.7±1.34[b]	28.0±7.42
	LPLF	35.3±2.36	38.3±1.41[b]	6.4±0.32[b]	33.5±3.17
	Control	33.9±2.28	43.8±0.24[ab]	9.7±1.13[a]	25.4±3.99
黄粉虫	HPHF	41.5±0.37[a]	53.6±0.45[a]	8.9±0.31[ab]	26.5±1.10[bc]
	HPLF	36.7±3.65[abc]	53.5±1.25[a]	8.8±0.15[ab]	23.0±1.31[c]
	LPHF	37.2±2.76[abc]	44.4*	8.8*	26.8±1.89[bc]
	LPLF	38.2±2.85[ab]	47.5±1.26[ab]	8.2±0.06[ab]	28.5±0.71[abc]
	Control1	39.8±0.97[ab]	52.4±0.36[a]	9.7±0.26[a]	27.0±1.02[bc]
	Control2	39.2±1.27[ab]	49.2±1.01[ab]	7.7±0.40[b]	30.9±0.37[ab]
	HPHF-C	32.3±2.90[cd]	51.3±1.09[a]	8.3±0.20[ab]	22.6±1.36[c]
	HPLF-C	35.1±0.80[bcd]	53.3±1.13[a]	8.4±0.25[ab]	23.6±1.59[c]
	LPHF-C	34.8±2.39[bcd]	44.1±4.86**[b]	7.8±1.70[ab]	27.2±0.99[bc]
	LPLF-C	30.2±1.29[d]	48.3±0.00**[ab]	7.9±0.06[ab]	24.8±2.08[bc]
	Control1-C	35.0±2.05[bcd]	50.4±1.94[a]	9.2±0.27[ab]	24.8±1.41[bc]
	Control2-C	36.0±0.96[abc]	47.8±0.22[ab]	7.9±0.24[ab]	34.5±3.27[a]
家蟋蟀	HPHF	25.7±2.67	59.2±5.57**	8.5±0.86	20.8±3.44
	HPLF	24.0*	—	—	20.8±1.50
	LPHF	25.1±5.24	—	—	—
	LPLF	24.8±0.98	—	—	—
	Control	24.1±1.52	57.8±2.78	8.9±0.26	17.4±1.61

注：①同列数值后字母不同表示差异显著，$P<0.05$，Kruskal Wallis 测验

②HPHF：高蛋白高脂肪；HPLF：高蛋白低脂肪；LPHF：低蛋白高脂肪；LPLF：低蛋白低脂肪；C：胡萝卜素

为了确定食品废弃物中最适宜的水分含量，以提高残渣的分离效果，人们评价了食品废弃物中水分含量对幼虫生长和生存的影响。研究人员将不同含水率（70%、75%和80%）的食品废弃物，在温控转鼓反应器中分别喂给黑水虻幼虫，湿度变化情况见图6-17。在70%和75%的含水率下，通过2.36mm筛子，可有效地分离出残留中的昆虫。然而，在80%的含水率下，对残渣进行筛选是不可行的（图6-18、图6-19）。另外，减少食物废弃物的水分含量会减慢幼虫的生长（图6-20）。因此，残渣的筛分效率与幼虫生长速率之间存在平衡关系。此外，幼虫存活率不受食物废弃物含水率的影响，使用

温控转鼓反应器，所有处理组的幼虫存活率均达到95%以上（Cheng *et al.*，2017）。

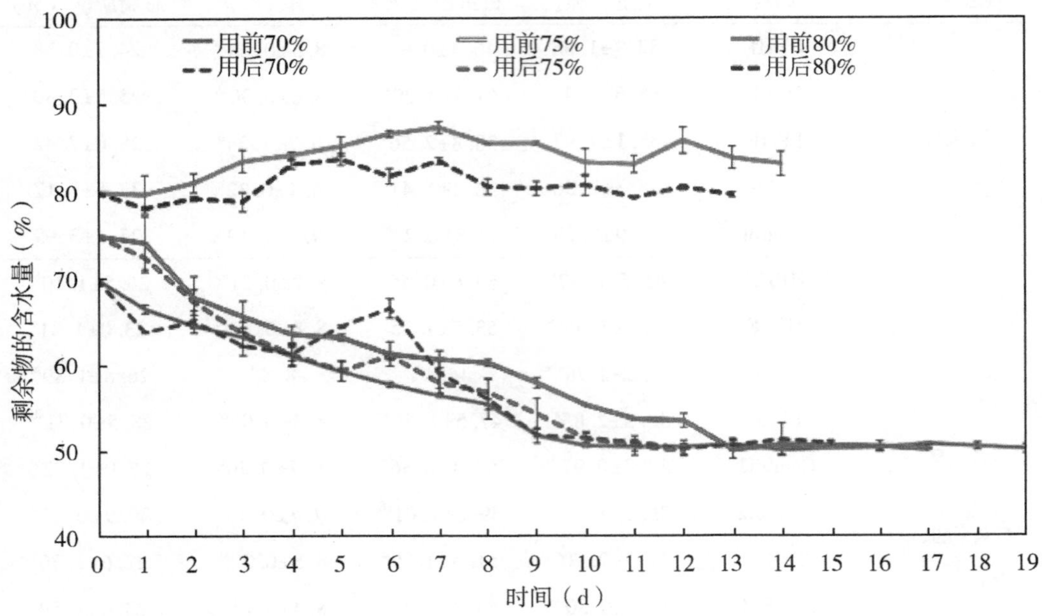

图 6-17　反应器中用前和用后废渣含水率 70%、75%和 80%，利用黑水虻生物转化时废渣含水率的变化规律（资料来源于 Cheng *et al.*，2017）

Fig. 6-17　The change in the moisture content of the residue inside the rotary drum reactor when pre-consumer and post-consumer food waste at 70%，75% and 80% moisture content was used for *H. illucens* bioconversion

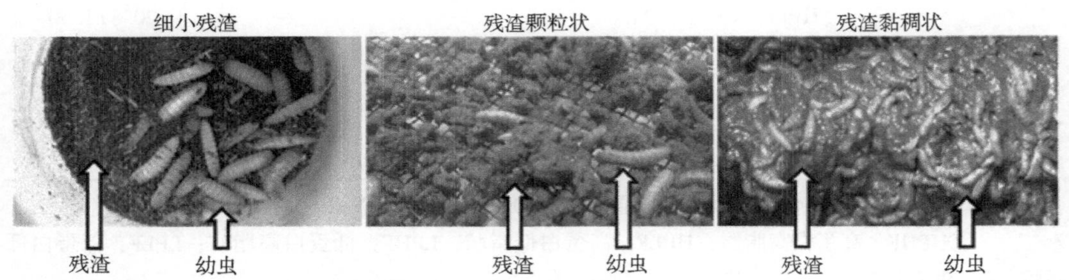

图 6-18　黑水虻幼虫和残渣的状况（资料来源于 Cheng *et al.*，2017）

Fig. 6-18　The appearance of the larvae and the residue in *H. illucens* bioconversion

在一个规模比较大的试点工厂中，用黑水虻转化处理食品垃圾。研究人员从 10t 的食物废物输入中生产出了 300kg 干幼虫和3 346kg 堆肥，主要数据参数见表 6-21。使用 3 个不同的功能单元进行分析表明，用黑水虻处理 1t 食品垃圾时，全球变暖潜力为 30. 2kg CO_2，能源利用为 215. 3 MJ，土地利用为 0. 661m^2（Salomone *et al.*，2017）。与饲料或生物柴油的替代原料来源相比，这些结果表明，昆虫生产的最显著效益与土地利

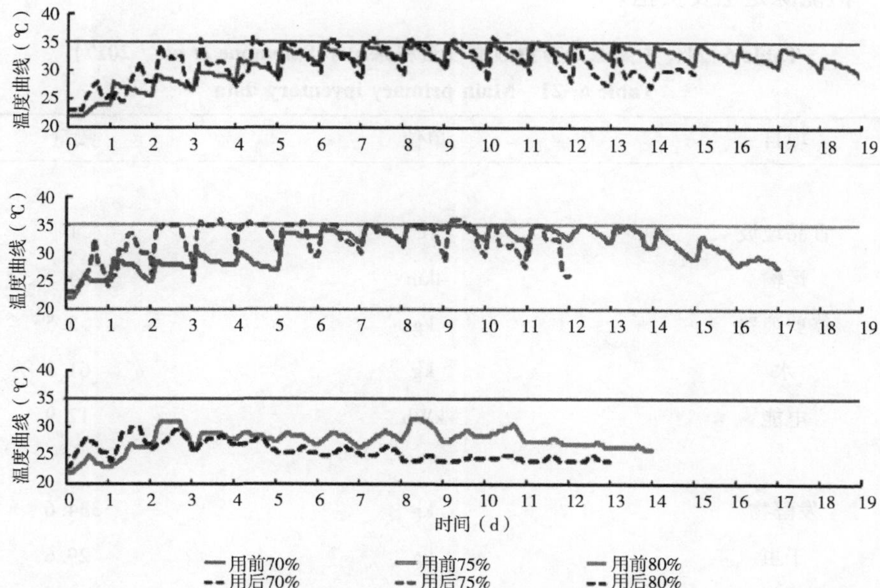

图 6-19　反应器中用前和用后废渣含水率 70%、75%和 80%，利用黑水虻生物转化时的温度变化（资料来源于 Cheng *et al.*，2017）

Fig. 6-19　The temperature profile in the larval environment inside the rotary drum reactor when pre-consumer and post-consumer food waste at 70%, 75% and 80% moisture content was used for *H. illucens* bioconversion

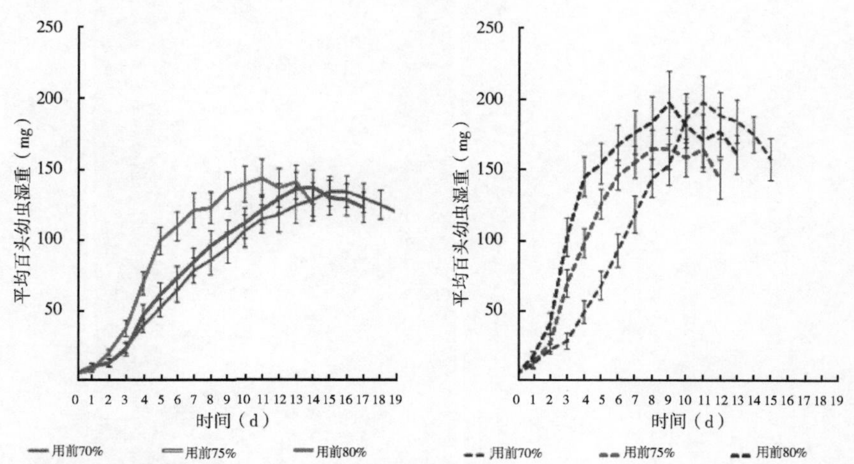

图 6-20　反应器中用前和用后废渣含水率 70%、75%和 80%，利用黑水虻生物转化时的日平均幼虫湿重（资料来源于 Cheng *et al.*，2017）

Fig. 6-20　The daily average larval wet weight of 100 samples of insect biomass collected from the rotary drum reactor when pre-consumer and post-consumer food waste at 70%, 75% and 80% moisture content was used for *H. illucens* bioconversion

用有关，但能源是主要负担。

Table 6-21 主要原始存货数据（资料来源于 Salomone *et al.*，2017）

Table 6-21 Main primary inventory data

项目	单位	数量
输入		
食品垃圾	t	1
运输	tkm	24.3
修剪浪费	kg	5.5
水	kg	61.1
电能	kWh	12.9
输出		
发酵物	kg	334.6
干虫	kg	29.6
二氧化碳	kg	16
甲烷	g	51.2

第七章　黑水虻对部分环境污染物的耐受性

第一节　对重金属的耐受性

一、重金属污染现状

黑水虻幼虫取食范围广，可取食禽畜粪便、餐饮垃圾、作物秸秆、城市生活垃圾等多种有机废弃物（Sheppard *et al.*，1994；Diener *et al.*，2009；Xin-cheng *et al.*，2010；Li *et al.*，2011b；Zheng *et al.*，2012a；Nguyen *et al.*，2015b）。研究表明，利用黑水虻幼虫处理牛粪、猪粪、人类粪便、以及城市生活垃圾等有机废弃物可使被处理废弃物干物质量分别减少 33.2%~58%、56%、73%、68%（Myers *et al.*，2008；Lalander *et al.*，2013；Diener *et al.*，2011；Cickova *et al.*，2015；Newton *et al.*，2005a）。然而，利用昆虫进行生物转化时，常报道的禽畜粪便重金属污染引起了人们的关注。

已有报道表明，禽畜粪便可检测到较高含量铜（Cu）、锌（Zn）、镉（Cd）、铅（Pb）、铬（Cr）、镍（Ni）等重金属，其中某些样品中检测到的重金属含量甚至超过中国动物饲料中重金属含量限量标准（GB13078—2001）以及欧盟动物饲料中有害物质限量标准中有关重金属限量的阈值（Xia *et al.*，2013；Wang *et al.*，2013；Moral *et al.*，2008；EC，2002）。刘荣乐（2005）等对我国北方 6 省和南方 8 省采集的 346 个有代表性的商品有机肥样品的调查研究发现，参照德国腐熟堆肥中部分重金属限量标准，对于 Zn、Cu、Cr、Cd、Ni 这五种重金属：鸡粪样品中重金属超标率为 21.3%~66.0%，以 Cd、Ni 为主；牛粪样品中重金属超标率为 2.4%~38.1%，以 Cd 为主；猪粪样品中重金属超标率为 10.3%~69.0%，以 Cu、Zn、Cd 为主；羊粪样品中重金属超标率为 6.7%~20.0%，以 Cd、Ni 为主。由此可见，重金属 Cd 污染在禽畜粪便中是普遍存在的。研究表明，粪便中的重金属主要来源于为促进禽畜生长以及提高禽畜免疫力而添加的饲料添加剂，由于禽畜对这些饲料添加剂的利用率较低，大量添加剂以禽畜粪便的形式排出体外，饲料添加剂的过量使用导致禽畜粪便中重金属含量超标（黄治平等，2008）。重金属 Cd 虽然不是动物所必需的微量元素，但其常存在于动物饲料中的矿物质补充剂中，如磷酸盐、硫酸锌、氧化锌（Li *et al.*，2010）。部分文献报道的禽畜粪便中的重金属 Cd 的污染情况如表 7-1 所示。由表可见，禽畜粪便中存在较大程度的 Cd 污染，且某些粪便中其污染浓度远高于德国商品有机肥中的 Cd 限量标准（1.5mg/kg）。与铜、锌、铬等动物所必需的微量元素不同，重金属 Cd 在较低浓度下即对动物有毒性，因而得到人们的广泛关注（杜丽娜等，2013；Saha *et al.*，2011）。

表 7-1 部分文献报道的禽畜粪便中重金属 Cd 污染情况

Table 7-1 Cd concentration in animal manure reported by literature

处理	禽粪（mg/kg）	猪粪（mg/kg）	牛粪（mg/kg）	参考文献
浓度范围	0. 3-2. 1	0. 44-42. 7	0. 05-51. 5	（刘荣乐 *et al.*，2005）
平均值	3. 2	4. 6	3. 4	
浓度范围	0. 63-63. 64	ND-129. 76	ND-35. 50	（Li *et al.*，2010）
平均值	15. 38	12. 05	3. 75	
浓度范围	ND-37. 99	ND-203. 4	ND-10. 49	（Zhang *et al.*，2012）
平均值	4. 05	46. 12	0. 73	
浓度范围	0. 1-14. 24	ND-15. 3	0. 1-5. 21	（Wang *et al.*，2013）
平均值	0. 42	1. 3	0. 86	

其实重金属可以通过食物链进入昆虫体内。大量研究表明昆虫生活环境以及食物中的重金属能够通过多种方式进入昆虫体内，并在昆虫体内积累。黑水虻食物中的 Cd、Pb、Cr 元素可通过取食进入其体内（Diener *et al.*，2015）；被 Cd、Pb 污染的土壤中的重金属元素可进入生活在其中的粪食性昆虫体内（Adeniyi *et al.*，2003）；取食含过量 Zn 的寄主食物，会导致蚜虫及其捕食者七星瓢虫体内 Zn 含量升高（Green *et al.*，2010）；生活在被 Cd 和 Se 污染的湖水中的幽灵蚊 *Chaoborus punctipennis* 其体内 Cd 和 Se 含量较生活在无重金属污染区的幽灵蚊显著升高（Rosabal *et al.*，2014）。因此，昆虫生活环境及食物中的重金属污染应当引起人们的关注，以免环境中的重金属通过食物链最终进入人体。

昆虫体内过量的重金属会导致昆虫无法进行正常的生长发育，从而影响昆虫的种群数量。研究表明过量的 Cd 可导致多种昆虫无法正常生长发育：家蝇幼虫取食含有 Cd 的饲料后其死亡率随取食饲料中 Cd 含量的升高而升高（Niu *et al.*，2000）；黑腹果蝇幼虫取食含有 500mg/kg Cd 的饲料时期化蛹率及羽化率均显著降低（Al-Momani and Massadeh，2005）；甜菜夜蛾幼虫取食 Cd 污染饲料时其死亡率升高，历期延长（Kafel *et al.*，2012）；绿纹蝗取食 100mg/kg 干饲料 Cd 污染的饲料时，其成虫死亡率达 100%（Schmidt *et al.*，1992）。

研究表明，许多外源不利因素均可导致昆虫体内活性氧（ROS）升高，这些活性氧（ROS）包括过氧化氢（H_2O_2）、超氧阴离子自由基（O_2^-）、氢氧自由基（HO）（唐维媛等，2016）。过多的活性氧可以破坏多种细胞结构，如核苷酸连、膜脂质等从而导致对昆虫多种组织的氧化胁迫（Scandalios，2005）。为了消除活性氧导致的氧化胁迫，昆虫体内存在一类抗氧化酶用于清除多余的自由基，消除和修复昆虫细胞内活性氧损伤（李周直等，1994）。昆虫的氧化酶包括超氧化物歧化酶（SOD）、过氧化物酶（POD）、过氧化氢酶（CAT）、谷胱甘肽-S-转移酶（GST）等（吴启仙等，2014）。SOD 可将昆虫体内的 O_2^-转化为 H_2O_2和 O_2，CAT 利用 GST 作为供氢体的情况下可催化 H_2O_2分解为

H_2O 和 O_2，POD 可催化 H_2O_2 和细胞膜上的过氧化脂质分解（Scandalios，2005；唐维媛等，2016）。

由此可见，昆虫的抗氧化酶在昆虫抵御不利环境的过程中扮演着重要的角色，农药、重金属、温度、天敌、饥饿、紫外光等多种不利条件均能使昆虫抗氧化酶活性发生变化（Zheng *et al.*，2011；Karthi *et al.*，2014；Ling and Zhang，2013；Jia *et al.*，2011；唐维媛等，2016；Choi *et al.*，2000）。研究表明，家蚕 *Bombyx mori* 幼虫暴露在 Cd 污染的饲料中，其抗氧化酶活性会发生改变，其 SOD、CAT、GST 活性显著降低（Yuan *et al.*，2016）；用 Cu 或者 Cd 饲喂棕尾别麻蝇初孵幼虫后幼虫体内 SOD、POD、CAT 活性均受到影响，高浓度 Cu 或 Cd 处理均可导致这 3 种酶活性降低，而低浓度处理可诱导 POD 活性升高（Hui *et al.*，2006）。因此昆虫的抗氧化酶活性在一定程度上可以作为某些不利因子的指示因子，如重金属污染程度。

金属硫蛋白是生物体内一类富含半胱氨酸的金属结合蛋白，可通过其半胱氨酸上的巯基结合 Cd、Cu、Zn、Pb、Hg 等多种重金属（汤晓燕等，2014）。金属硫蛋白在生物重金属解毒及重金属引起的氧化损伤修复中扮演着重要的角色（徐炳政等，2014）。大量研究表明，金属硫蛋白易被环境中的多种重金属诱导发生转录水平上的显著变化，且这种变化与环境中的重金属含量高低有关。例如，重金属 Cd 胁迫果蝇后果蝇体内金属硫蛋白含量及金属硫蛋白基因表达量均显著上调且表现出一定的浓度依赖性（杜移珍等，2016）；重金属 Cu、Cr、Ag 胁迫蚯蚓后，蚯蚓体内金属硫蛋白浓度显著升高，且表现出随重金属浓度的升高而升高的趋势（李超民等，2015）；重金属 Cd、Cu、Zn 急性处理中华稻蝗后，稻蝗体内 *OcMT1* 和 *OcMT2* 两种金属硫蛋白基因的表达量显著上调（刘耀明等，2015）。

因此，生物体内金属硫蛋白的含量变化可作为其生活环境中重金属污染水平的一个监测指标（陈春等，2009）。例如，泥鳅的金属硫蛋白基因可作为检测其生活的水环境中 Cd 污染程度的重要生物指示之一（李彩娟等，2014）；利用浑河中野生鲫鱼体内金属硫蛋白基因的表达作为水环境中重金属污染的敏感标志物（张艳强等，2012）；利用菲律宾花蛤金属硫蛋白作为 Cd 污染的检测指标（柯翎等，2004）。

二、黑水虻对重金属的耐受性

利用黑水虻幼虫处理有机废弃物同时收获高品质的水虻幼虫、预蛹或蛹用于动物饲料以及多种高附加值产品的生产这一方式已经成为一种具有巨大经济价值的无害化处理有机废弃物的方式。了解食物中所含重金属 Cd 对大规模饲养黑水虻的影响以及黑水虻对重金属 Cd 的耐受性及可能存在的解毒机制具有重要意义，也可为推广利用黑水虻幼虫处理禽畜粪便并生产动物蛋白的技术提供理论支持。

饲喂黑水虻的鸡饲料中添加了重金属（3 个浓度的镉、铅和锌），检查黑水虻不同发育阶段的金属积累程度和饲料中重金属浓度对黑水虻的生命周期决定因素的影响。预蛹的镉积累因子（体内金属浓度除以食物中金属浓度）在 2. 32 ~ 2. 94 之间；铅的浓度远远低于它在饲料中的初始浓度。随着饲料中锌浓度的增加，预蛹中锌的积累因子从 0. 97 下降到 0. 39。这 3 种重金属元素对生命周期决定因素（预蛹体重、发育时间、性别比）均无显著影响（Diener *et al.*，2015）。黑水虻食用的饲料中镉、铅或砷含量分别为欧盟委员会（EC）规定的完全饲料的最大允许含量（ML）的0.5倍、1倍和2倍。除黑水虻镉最大限度处理的一半的发育时间和总生存重量外，其他所有处理的发育期、存活率和鲜重相似。黑水虻幼虫对铅、镉存在生物积累（生物积累因子>1）（van der Fels-Klerx *et al.*，2016）。黑水虻幼虫对混合重金属具有抗性，在市政污水污泥（municipal sewage sludge，mss）处理方面具有应用前景。研究人员调查的7个样品都含有大量的重金属，其中铅和镍的含量超过中国排放国标。主成分分析发现，铅、镍、溴、镁可能干扰幼虫体重，而锌、铜、铬、镉和镁对幼虫存活略有影响。提取的幼虫油中没有检测到重金属。处理后，重金属含量低于中国有机肥标准，收获的幼虫可以作为工业油的来源（Cai *et al.*，2017）。研究人员给黑水虻幼虫喂食富含海藻的培养基，而海藻中含有高浓度的重金属和砷。收获的幼虫积累了镉、铅、汞和砷。当更多的海藻加入喂养培养基中时，幼虫体内这些元素的浓度会增加。镉含量最高（高达93%），砷含量最低（为22%）。当海藻含量超过20%时，就会导致饲养的幼虫的镉和砷浓度高于欧盟目前对这些元素的最高上限值。所以说，黑水虻幼虫在进食介质中可积累镉和砷（Biancarosa *et al.*，2018）。

人们研究了重金属对黑水虻幼虫生长性能和积累行为的影响。在确定的饲养条件（10d、28℃、67%的相对湿度）下，在玉米基基质中添加重金属（As、Cd、Cr、Hg、Ni、Pb）喂养新孵化的幼虫。实验结果表明，重金属基质污染对幼虫生长有明显的抑制作用，实验后幼虫质量和饲料转化率显著降低。测定出Cd和Pb富集因子为9和2，其他重金属在幼虫体内的浓度保持在初始底物浓度以下。使用BSFL作为牲畜饲料需要在基质和含有BSFL的饲料中对污染物进行监测，特别是对Cd和Pb进行监测，以确保沿着价值链的饲料和食品安全（Purschke *et al.*，2017）。尽管研究人员在饲料中添加了不同浓度的Cd和Cr，但所用的Cd和Cr浓度对幼虫存活率和羽化率没有影响，对幼虫历期和蛹化率有影响。Cd和Cr均可转移到幼虫、预蛹和蛹中。而幼虫和蛹的Cd浓度明显高于饲粮，而Cr则相反，在后期发育阶段，黑水虻的Cd和Cr浓度下降。在单个的幼虫和蛹中，Cd和Cr主要存在于除体壁外的其他构造中，而不是在体壁中。蛹壳中Cd、Cr浓度均高于蛹体。在不同的生命阶段和身体部位中Cd和Cr的分布，可能为黑水虻如何耐受和消除重金属胁迫提供了一个潜在的策略（Gao *et al.*，2017）。

三、黑水虻对镉的耐受性

1. 镉在黑水虻体内的分布

黑水虻在不同生长发育阶段体内镉含量比较见图7-1。由图7-1可知饲料中的Cd可以进入黑水虻体内，且试虫体内Cd含量随试虫的生长发育而降低。幼虫体内Cd含量为20.857±0.848mg/kg，预蛹体内Cd含量为18.892±1.210mg/kg，蛹体内Cd含量为2.283±0.037mg/kg。幼虫和预蛹体内Cd含量显著高于蛹中Cd含量，表明Cd主要在试虫幼虫和预蛹阶段积累。

幼虫和预蛹体内Cd含量显著高于饲料中添加的Cd浓度，幼虫体内Cd含量为饲料中添加浓度的4.6倍，预蛹体内Cd含量为饲料中添加浓度的4.2倍，表明黑水虻幼虫和预蛹能富集饲料中的Cd。

图7-2显示了黑水虻不同生长发育阶段平均单头试虫体内Cd的绝对含量，黑水虻

平均每头12d幼虫体内Cd含量为0.468±0.014mg/kg，平均每头预蛹体内Cd含量为0.428±0.045mg/kg，平均每头蛹体内Cd含量为0.032±0.001mg/kg，平均每头12d幼虫和预蛹体内的Cd含量显著高于蛹体内含量。

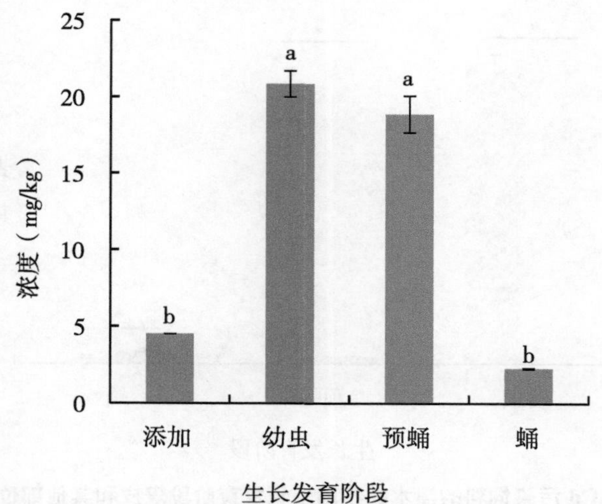

图7-1　取食Cd污染饲料的黑水虻不同生长发育阶段的Cd含量

Fig. 7-1　Cadmium contents in different life stages of *H. illucens*

注：不同字母表示显著差异，$P<0.05$

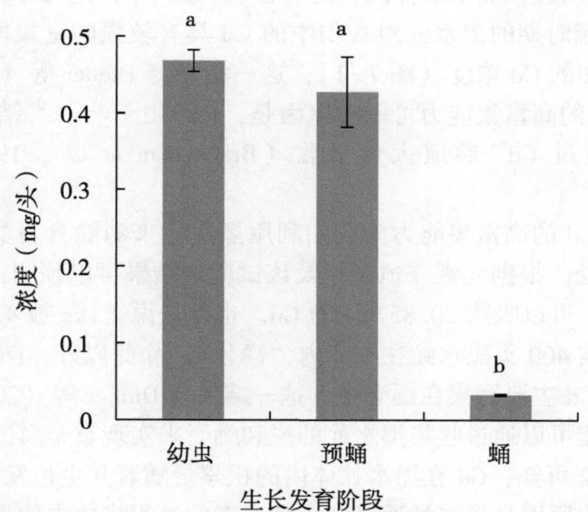

图7-2　取食Cd污染饲料的黑水虻不同生长发育阶段个体的Cd含量

Fig. 7-2　Cadmium contents in individual of different life stages of *H. illucens*

注：不同字母表示显著差异，$P<0.05$

黑水虻不同生长发育阶段不同组织部位镉含量比较见图7-3。由图7-3可知，黑水虻幼虫和预蛹阶段Cd主要富集在除皮外的其他部位，蛹阶段Cd主要富集在蛹壳中。

试虫幼虫表皮中未检测到含有 Cd，预蛹其他部位 Cd 含量为 12.492±1.357mg/kg，是表皮中 Cd 含量的 36 倍，显著高于表皮中 Cd 含量。试虫蛹表皮中 Cd 含量高于其他部位含量但无显著差异。

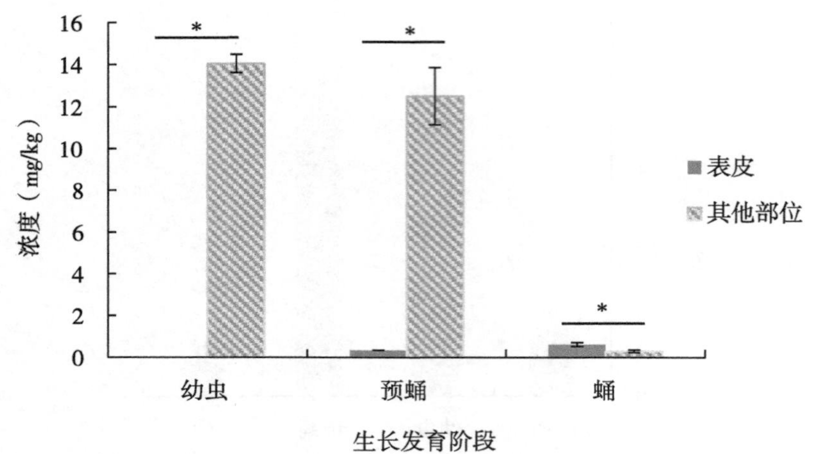

图 7-3 取食 Cd 污染饲料的黑水虻不同生长发育阶段表皮和其他部位 Cd 含量比较

Fig. 7-3 Comparison of cadmium contents in integument and other part of *H. illucens* on different life stages

注：* 差异显著水平 $P<0.05$

食物中的 Cd 可以进入黑水虻体内，且可在黑水虻不同的生长发育阶段积累（图 7-1）。其中幼虫和预蛹时期的黑水虻对食物中的 Cd 具有较强的富集能力，其体内 Cd 浓度远高于饲料中添加的 Cd 浓度（图 7-1），这一结果与 Diener 等（2015）的研究结果一致。黑水虻对 Cd 的高富集能力可能的原因是，Cd^{2+} 由于与 Ca^{2+} 结构相似而被昆虫细胞当作营养元素通过 Cd^{2+} 通道大量吸收（Braeckman *et al.*，1997；Diener *et al.*，2015）。

黑水虻幼虫对 Cd 的高富集能力为我们利用黑水虻来消除禽畜粪便中过量的 Cd 污染提供了可能的途径。根据元素守恒定律及该试验的结果可以预测，1kg 的 12d 黑水虻幼虫（约 1 666 头）可以吸附 20.857mg 的 Cd。也就是说，1kg 被 4.5mg/kg 的 Cd 污染了的禽畜粪便可以被 400 头黑水虻在 12d 内“净化”。除此以外，图 7-3 中结果表明在蛹期黑水虻体内的 Cd 主要富集在蛹壳中，这一结果与 Dinner 等（2015）报道的结果一致，因此，我们可能可以通过收集黑水虻的蜕和蛹壳来实现重金属的回收再利用。

此外，由图 7-2 可知，Cd 在黑水虻体内的积累量随着其生长发育呈现递减的趋势。这种递减趋势的可能原因是黑水虻通过蜕皮和变态的过程将体内的重金属等有毒物质排出体外。大量文献报道，昆虫的蜕皮和变态是昆虫一种重要的解毒策略。例如，麻蝇 *Sarcophaga peregrina* 可通过羽化蜕皮过程将蛹期积累的 53%的 Cd 排出体外，从而降低 Cd 对成虫及下一代的影响（Aoki *et al.*，1984）；甜菜夜蛾 *Spodoptera exigua* 取食被 Cd 污染的食物后，Cd 主要在幼虫期积累，蛹期和成虫期体内 Cd 含量降低，研究表明，其预蛹的蜕和蛹壳可以带走大量的 Cd（Su *et al.*，2014）；甜菜夜蛾 *S. exigua* 还可以通过蜕皮的方式排出体内过量的Pb（Hu *et al.*，2014）。

虽然黑水虻可随其生长发育降低其体内的 Cd 含量，但通过与中国和欧盟等一些国际标准对于动物饲料重金属 Cd 的限量标准（2mg/kg 干物质）相比较，该研究发现，在该研究所用实验浓度下，黑水虻的幼虫和预蛹中 Cd 含量均超过限量标准，但蛹中 Cd 含量在限量标准以下（EC 2002）。因此，我们建议生产中若发现黑水虻饲料中有轻度 Cd 污染时可选择在较晚的生长发育时期收获，从而保证收获的黑水虻不被污染。

2. 镉对黑水虻生长发育的影响

在实验浓度范围内黑水虻的生长发育整体上不受到显著影响，90%的试虫均能顺利发育到成虫阶段。由图 7-4、图 7-6、图 7-8 可知该实验所测浓度范围内，饲料中添加不同浓度 Cd 对黑水虻的预蛹率、化蛹率、羽化率无显著影响，各浓度处理下试虫预蛹率、化蛹率、羽化率均达到 90%以上。

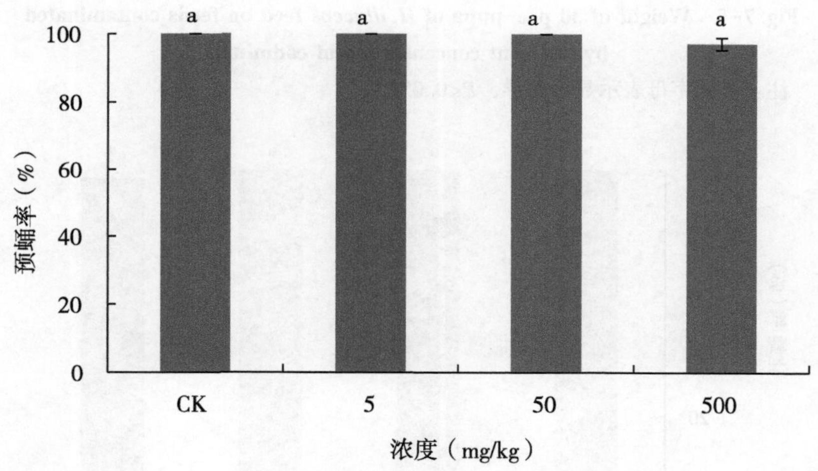

图 7-4　取食 Cd 污染饲料对黑水虻预蛹率的影响

Fig. 7-4　Pre-pupation of *H. illucens* feed on feeds contaminated by different concentration of cadmium

注：不同字母表示显著差异，$P<0.05$

由图 7-5 可知，黑水虻的预蛹重随饲料中添加的 Cd 浓度的增加而增加。在试虫饲料中添加 50mg/kg 和 500mg/kg 的 Cd 时试虫预蛹重显著增加，而在饲料中添加 5mg/kg 的 Cd 时试虫预蛹重增加但未达到显著水平。

由图 7-7 可知，在黑水虻饲料中添加 5mg/kg 的 Cd 时，试虫蛹重显著增加，随着添加 Cd 浓度的升高，试虫蛹重呈下降趋势，在试虫饲料中添加 500mg/kg 的 Cd 时，试虫蛹重与对照相比显著降低。

在上述实验浓度范围内，90%的试虫均能顺利发育到成虫阶段，与文献报道的家蝇、黑腹果蝇、甜菜夜蛾等昆虫相比，黑水虻对 Cd 具有一定的耐受性（Al-Momani and Massadeh，2005；Kafel *et al.*，2012；Niu *et al.*，2002）。因此，在该研究的浓度范围内，黑水虻可以作为处理有机废弃物的一个理想对象。黑水虻对于 Cd 的最大耐受浓

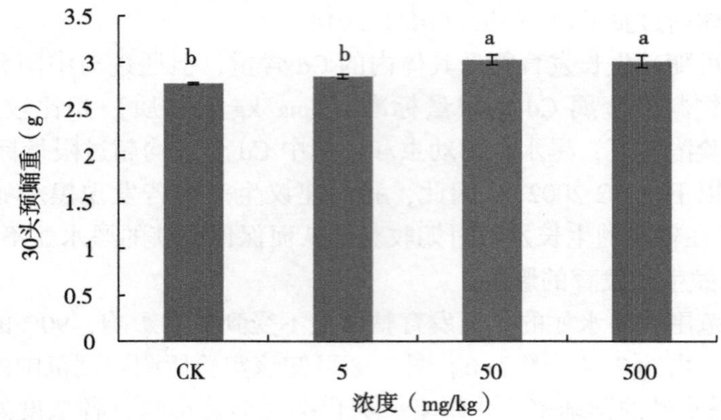

图 7-5 取食 Cd 污染饲料对黑水虻 30 头预蛹重的影响

Fig. 7-5 Weight of 30 pre-pupa of *H. illucens* feed on feeds contaminated by different concentration of cadmium

注：不同字母表示显著差异，$P<0.05$

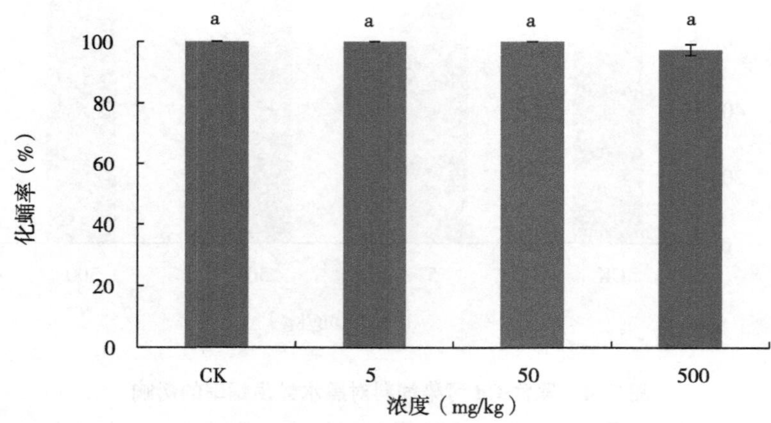

图 7-6 取食 Cd 污染饲料对黑水虻化蛹率的影响

Fig. 7-6 Pupation of *H. illucens* feed on feeds contaminated by different concentration of cadmium

注：不同字母表示显著差异，$P<0.05$

度还有待进一步研究，为利用黑水虻处理重金属污染的有机废弃物提供更多的基础资料。

此外，黑水虻的预蛹重随 Cd 处理浓度的升高而增加，可能是由于黑水虻通过加快代谢或增加体内解毒相关的蛋白、脂类的表达来抵御 Cd 带来的损伤，从而导致体重的增加（Tylko *et al.*，2005）。此外，黑水虻的蛹重随 Cd 处理浓度的增加而降低的现象可能是黑水虻的一种生存代价，用以消除 Cd 对下一代的影响。

3. 镉对黑水虻氧化酶系统的影响

研究结果显示，随着 Cd 处理浓度的升高，黑水虻的总抗氧化能力、超氧化物歧化酶活力、过氧化氢酶活力均呈先升高后降低的趋势，在 Cd 处理浓度为 5mg/kg 时均达

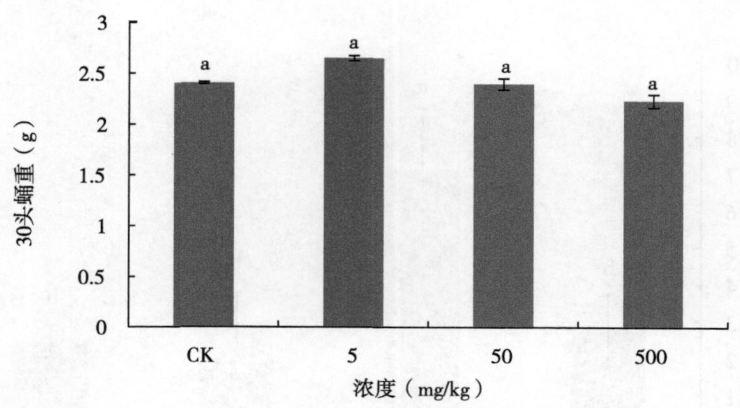

图 7-7　取食 Cd 污染饲料对黑水虻 30 头蛹重的影响

Fig. 7-7　Pupa weight of 30 individuals of *H. illucens* feed on feeds contaminated by different concentration of Cd

注：不同字母表示显著差异，$P<0.05$

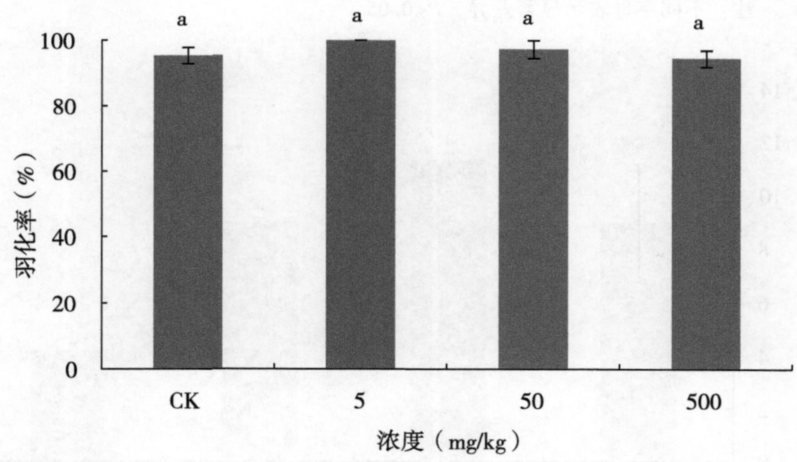

图 7-8　取食 Cd 污染饲料对黑水虻羽化率的影响

Fig. 7-8　Eclosion of *H. illucens* feed on feeds contaminated by different concentration of Cd

注：不同字母表示显著差异，$P<0.05$

最高水平，其中总抗氧化能力较对照显著升高。

由图 7-9 可知，黑水虻总抗氧化能力随 Cd 处理浓度的升高呈现先升高后降低的趋势。取食含 5mg/kg 的 Cd 饲料时其总抗氧化能力与对照相比显著升高，取食含 50mg/kg、500mg/kg 的 Cd 饲料时，试虫总抗氧化能力与对照相比略有降低但无显著差异。

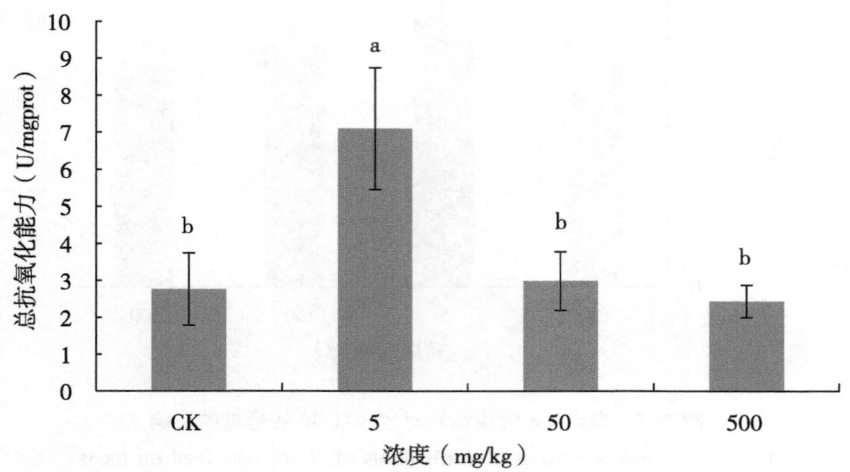

图 7-9　取食 Cd 污染饲料对黑水虻幼虫总抗氧化能力的影响

Fig. 7-9　AOC of *H. illucens* larvae fed on Cd contaminated diet

注：不同字母表示显著差异，$P<0.05$

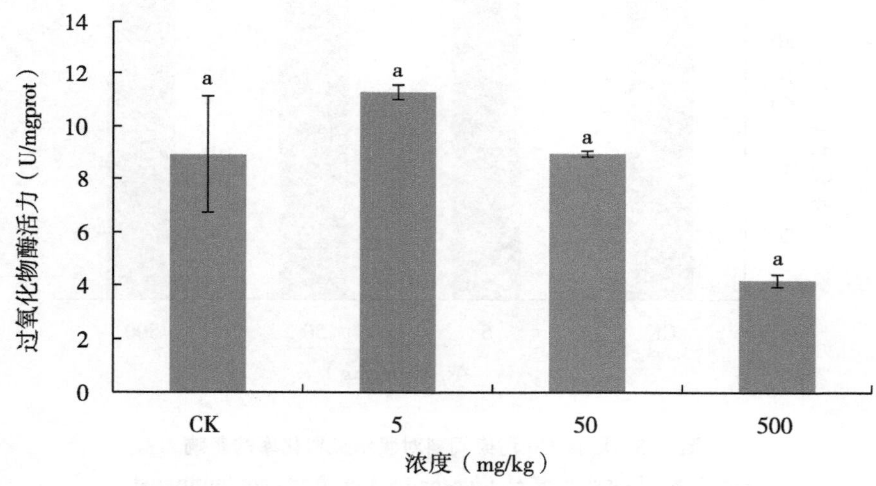

图 7-10　取食 Cd 污染饲料对黑水虻过氧化氢酶活力的影响

Fig. 7-10　POD activity of *H. illucens* larvae fed on Cd contaminated diet

注：不同字母表示显著差异，$P<0.05$

由图 7-10 可知，黑水虻取食含不同浓度 Cd 饲料后其过氧化物酶活性随 Cd 处理浓度的增加呈现下降趋势，取食含 500mg/kg 的 Cd 饲料时其过氧化物酶活性显著低于对照，取食含 5mg/kg 和 50mg/kg 的 Cd 饲料时其过氧化物酶活性与对照相比无显著变化。

由图 7-11、图 7-12 可知，黑水虻取食含不同浓度 Cd 饲料后其超氧化物歧化酶和谷胱甘肽转移酶活性随 Cd 处理浓度的增加均呈现先略有升高后降低的趋势，但这种趋势未达显著差异水平。

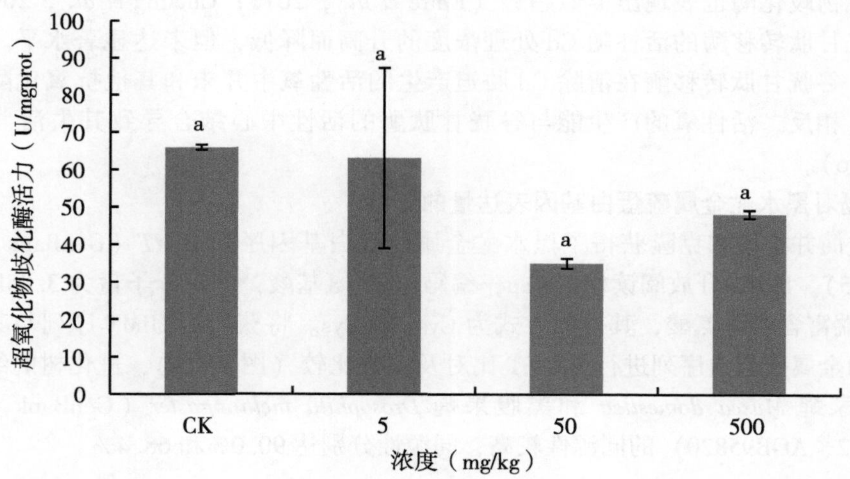

图 7-11　取食 Cd 污染饲料对黑水虻超氧化物歧化酶活力的影响

Fig. 7-11　SOD activity of *H. illucens* larvae fed on Cd contaminated diet

注：不同字母表示显著差异，$P<0.05$

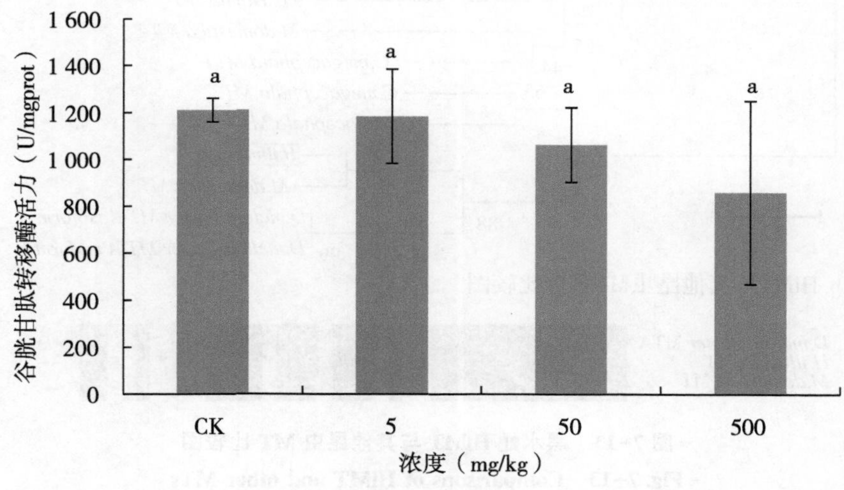

图 7-12　取食 Cd 污染饲料对黑水虻谷胱甘肽转移酶活力的影响

Fig. 7-12　GST activity of *H. illucens* larvae fed on Cd contaminated diet

注：不同字母表示显著差异，$P<0.05$

上述研究结果显示，黑水虻的抗氧化酶系统参与了 Cd 解毒过程，且在低浓度 Cd（5mg/kg）胁迫时发挥较大作用，从而有效清除 Cd 导致的氧化胁迫。但由于过氧化氢酶和超氧化物歧化酶清除 O_2^- 和 H_2O_2 的能力有限，随着 Cd 处理浓度的升高，抗氧化酶系统已无法有效清除 Cd 胁迫产生的活性氧，参与解毒的相应抗氧化酶活性降低甚至变形失活（Cheung *et al.*，2001）。研究表明，中华稻蝗幼虫应对 Cd 胁迫时其过氧超氧化物歧化酶也表现出类似趋势（Emre *et al.*，2013；Cheung *et al.*，2001）。此外，谷胱甘肽转移酶的活性随 Cd 处理浓度的升高而降低，但未达显著水平。这一结果显示，谷胱甘肽转移酶在清除 Cd 胁迫产生的活性氧中并未和其他抗氧化酶一样发挥作用。相反，活性氧的产生能与谷胱甘肽酶的活性中心结合导致其失活（Yuan *et al.*，2016）。

4. 镉对黑水虻金属硫蛋白基因表达量的影响

通过简并扩增和克隆获得了黑水虻金属硫蛋白基因序列 *HiMT*（GenBank 登录号：KY824725）。HiMT 开放阅读框 123bp，编码 40 个氨基酸，理论分子量为 3.85kDa。N-端和 C-端富含半胱氨酸，其排列方式为 Cys-X-Cys。将获得的 HiMT 序列与其他双翅目昆虫的金属硫蛋白序列进行 BLAST 比对及多重比较（图 7-13），进化树的结果显示 HiMT 与家蝇 *Musca domestica* 和黑腹果蝇 *Drosophila melanogaster*（GenBank 登录号：AAF54452、AGB95820）的同源性较高，同源性分别达 90.0%和 68.4%。

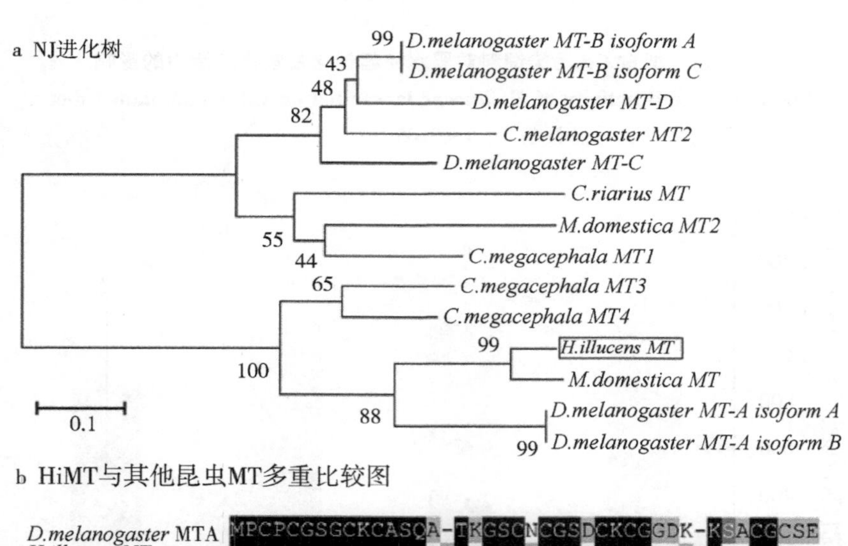

图 7-13 黑水虻 HiMT 与其他昆虫 MT 比较图

Fig. 7-13 Comparisons of HiMT and other MTs

通过荧光定量 PCR 检测不同 Cd 浓度处理黑水虻不同时间后黑水虻 *MT* 基因的表达量变化，结果显示，不同浓度的 Cd 饲喂黑水虻均能诱导 *MT* 基因的表达，但处理不同时间其表达模式与浓度的关系不同。

Cd 处理 24h 后，5mg/kg、50mg/kg、500mg/kg 处理组 *MT* 表达量均升高，其中 50mg/kg 处理组 *MT* 表达量为对照组的 7.24 倍，显著高于对照组及其他处理组，见图

7-14；Cd 处理 48h 后，5mg/kg、50mg/kg、500mg/kg 处理组 *MT* 表达量均升高，其中 50mg/kg、500mg/kg 处理组 *MT* 表达量显著高于对照组，见图 7-15；Cd 处理 72h 后，*MT* 表达量随处理浓度的升高而升高，其中 50mg/kg、500mg/kg 处理组 *MT* 表达量分别为对照组的 8. 56 倍和 9. 05 倍，显著高于对照组，见图 7-16；Cd 处理 96h 后，*MT* 表达模式与 Cd 处理 72h 后表达模式一致，见图 7-17，均随处理浓度的升高而升高，其中 500mg/kg 处理组 *MT* 表达量显著高于对照及其他浓度处理组，为对照组的 6. 17 倍。

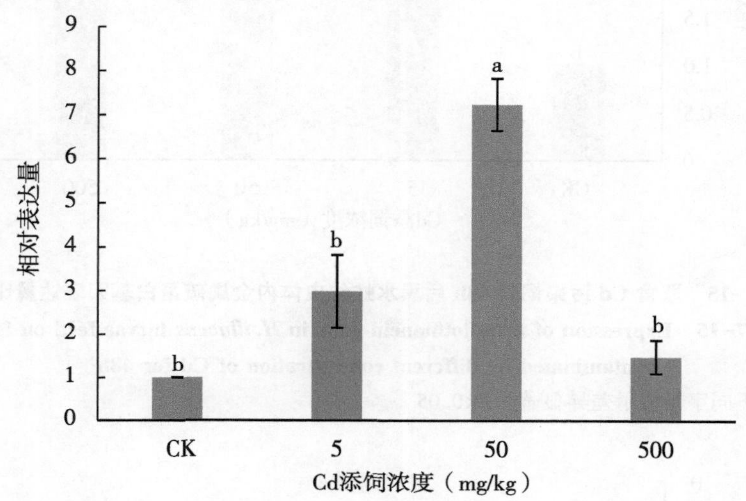

图 7-14　取食 Cd 污染饲料 24h 后黑水虻幼虫体内金属硫蛋白基因表达量比较

Fig. 7-14　Expression of metallothionein gene in *H. illucens* larvae feed on feeds contaminated by different concentration of Cd for 24h

注：不同字母表示差异显著，$P<0.05$

研究表明，生物遭受重金属胁迫时金属硫蛋白是最先参与重金属解毒的大分子物质（Amiard-Triquet *et al.*，1998）。大量研究表明，生物体内金属硫蛋白基因的表达量与生物体接触的重金属浓度呈正相关。如，随食物中 Cd 浓度的升高，跳虫 *Orchesella cincta* 体内金属硫蛋白基因表达量显著升高（Sterenborg and Roelofs，2003）；中华稻蝗 *Oxya chinensis* 体内金属硫蛋白基因的表达量随其食物中 Cd 的浓度的升高而升高（Liu *et al.*，2015）。然而，有研究人员认为生物体内金属硫蛋白基因的表达量随生物接触重金属浓度的升高呈现先增加后降低的模式，即，金属硫蛋白基因在一定重金属胁迫范围内随重金属浓度的升高而升高，当重金属浓度达到一定阈值，超过生物体的承受能力范围，生物体的细胞结构受到损伤，金属硫蛋白基因的表达量随之降低（任玉娟 *et al.*，2017；Shu *et al.*，2012）。该研究的结果表明，当黑水虻幼虫暴露在含 Cd 的饲料中 24h 时，其金属硫蛋白基因的表达量呈现随 Cd 浓度增加而升高的趋势，当 Cd 浓度达 500mg/kg 时金属硫蛋白表达量即回到对照水平。这可能与试虫的虫龄有关，即暴露在含 Cd 饲料中 24h 后，试虫为 8 日龄幼虫，对 Cd 的承受能力较弱，当 Cd 浓度过高超过试虫的承受范围，且试虫还未及时适应重金属环境，导致细胞受损，金属硫蛋白基因表达量

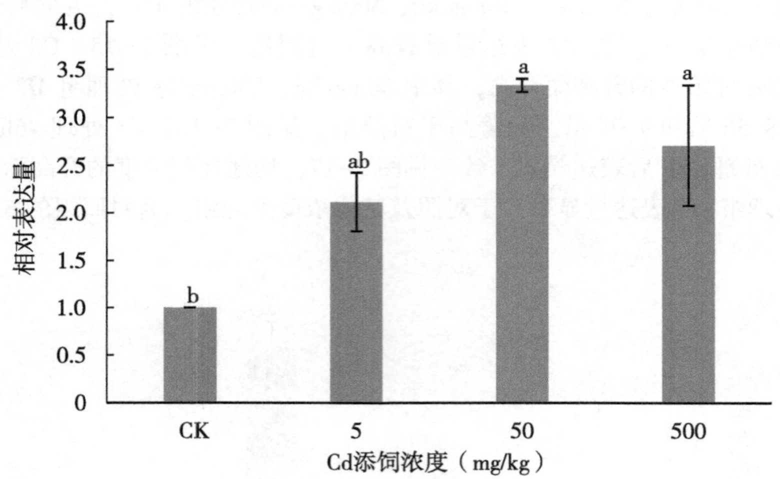

图 7-15　取食 Cd 污染饲料 48h 后黑水虻幼虫体内金属硫蛋白基因表达量比较

Fig. 7-15　Expression of metallothionein gene in *H. illucens* larvae feed on feeds contaminated by different concentration of Cd for 48h

注：不同字母表示差异显著，$P<0.05$

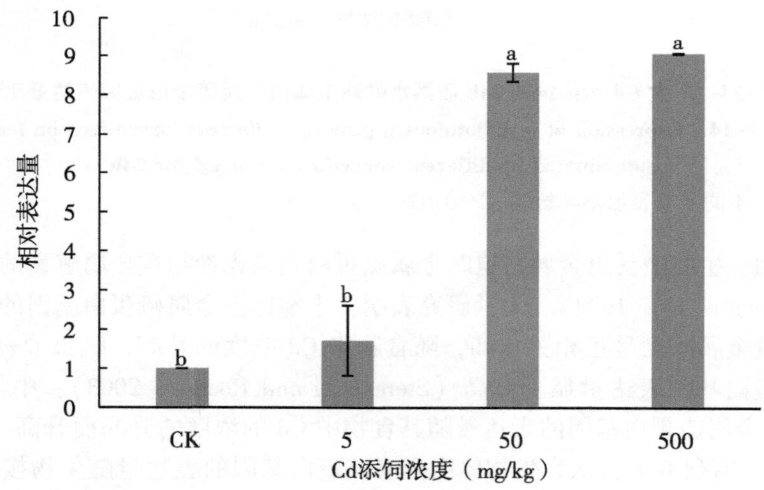

图 7-16　取食 Cd 污染饲料 72h 后黑水虻幼虫体内金属硫蛋白基因表达量比较

Fig. 7-16　Expression of metallothionein gene in *H. illucens* larvae feed on feeds contaminated by different concentration of Cd for 72h

注：不同字母表示差异显著，$P<0.05$

降低。

当黑水虻幼虫暴露在含 Cd 的饲料中超过 24h 时（48h、72h、96h），其体内金属硫蛋白的表达量呈现出相似的模式，即随接触的 Cd 浓度的升高而升高。类似的结果在蚯

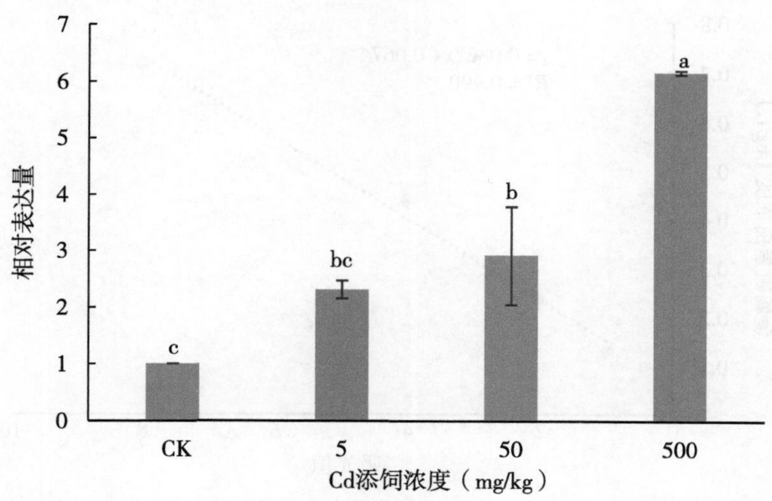

图 7-17　取食 Cd 污染饲料 96h 后黑水虻幼虫体内金属硫蛋白基因表达量比较

Fig. 7-17　Comparison of expression of metallothionein gene in *H. illucens* larvae feed on feeds contaminated by different concentration of Cd for 96h

注：不同字母表示差异显著，$P<0.05$

蚓 *Lumbricus rubellus*、长角长蛛 *Orchesella cincta* 中均有报道（Hockner *et al.*，2015；Hensbergen et al.，2000）。这表明金属硫蛋白在黑水虻幼虫 Cd 解毒过程中扮演了重要的角色。

5. 镉对黑水虻金属硫蛋白表达的影响

使用试剂盒昆虫金属硫蛋白（MT）酶联免疫检测试剂盒，根据试剂盒说明书操作，使用酶标仪（BIO-RAD）在波长 450 nm 条件下测定梯度浓度稀释的 MT 标准品的吸光度以制作标准曲线，随后在相同波长下测定各样品的吸光度。根据标准品的浓度及对应的吸光度计算出标准曲线的回归方程，再根据样品的吸光度在回归方程上计算出对应的样品浓度。

图 7-18 为金属硫蛋白浓度与吸光值的线性拟合图，由图可知线性拟合度 R^2 大于 0.99，表明金属硫蛋白浓度与吸光度之间存在可靠的线性关系，可以通过测定样品吸光值来测定样品中金属硫蛋白浓度，且测定结果可靠。

图 7-19 至图 7-22 显示了不同浓度重金属处理黑水虻幼虫不同时间后，黑水虻体内金属硫蛋白含量的变化。结果显示，黑水虻幼虫体内金属硫蛋白的含量随浓度 Cd 处理浓度的升高表现出先升高后降低的趋势，50mg/kg 浓度 Cd 处理黑水虻幼虫可使其体内金属硫蛋白含量与对照组相比显著升高，其他浓度处理对金属硫蛋白的含量影响未达显著水平，且这一情况与处理时间无关，所有处理时间下均表现出这一显著差异。

研究表明，不同浓度重金属胁迫可导致生物体内 MT 含量的变化（Asselman *et al.*，2013）。不同生物对重金属的浓度敏感度不同，一般来说生物体内的 MT 含量会随接触的重金属浓度的升高而升高。如，*Orchesella cincta* 体内的 MT 含量随食物中添加的 Cd

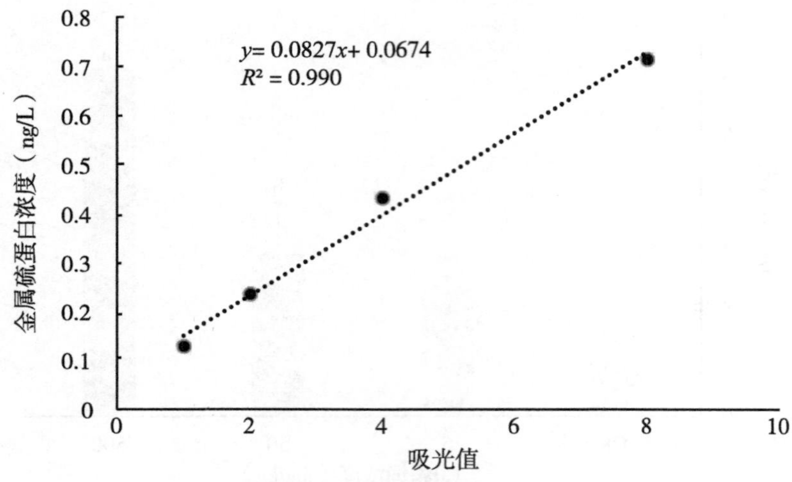

图 7-18 金属硫蛋白标准曲线

Fig. 7-18 Standard curve of metallothionein

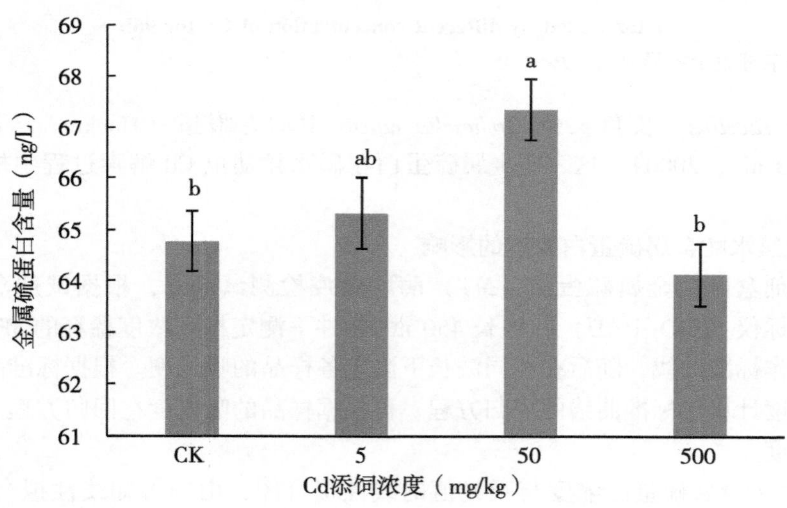

图 7-19 取食 Cd 污染饲料 24h 后黑水虻幼虫体内金属硫蛋白含量比较

Fig. 7-19 Comparison of content of metallothionein in *H. illucens* larvae feed on feeds contaminated by different concentration of Cd for 24h

注：不同字母表示差异显著，$P<0.05$

浓度的升高而升高（Sterenborg and Roelofs，2003）；斜纹夜蛾 *Spodoptera litura* 体内的 MT 含量随食物中添加的 Zn 浓度的升高而升高（Shu *et al.*，2012）。该研究的结果表明，在 Cd 处理浓度为 0~50mg/kg 范围时黑水虻体内 MT 含量随 Cd 浓度的升高而升高，当处理浓度达 500mg/kg 时 MT 含量下降。这可能与黑水虻对重金属 Cd 的耐受能力有关，当 Cd 处理浓度过高时，黑水虻自身的解毒机制无法抵御高浓度 Cd 的毒性，从而

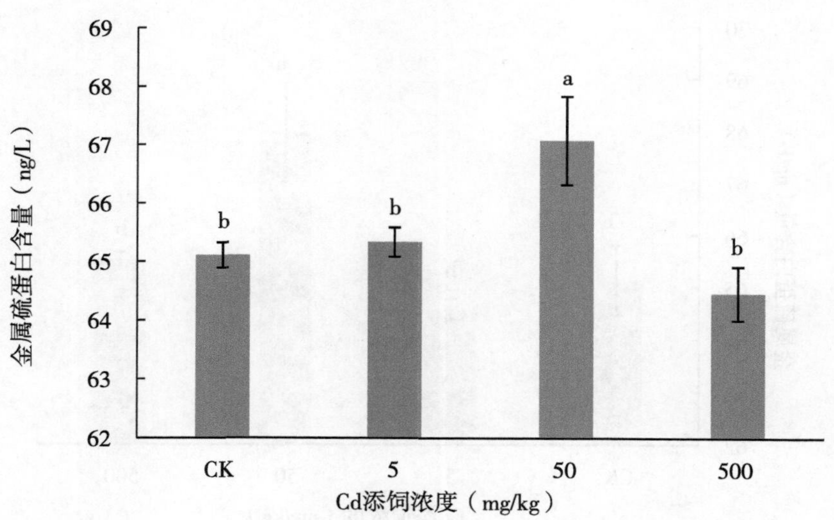

图 7-20 取食 Cd 污染饲料 48h 后黑水虻幼虫体内金属硫蛋白含量比较

Fig. 7-20 Comparison of content of metallothionein in *H. illucens* larvae feed on feeds contaminated by different concentration of Cd for 48h

注：不同字母表示差异显著，$P<0.05$

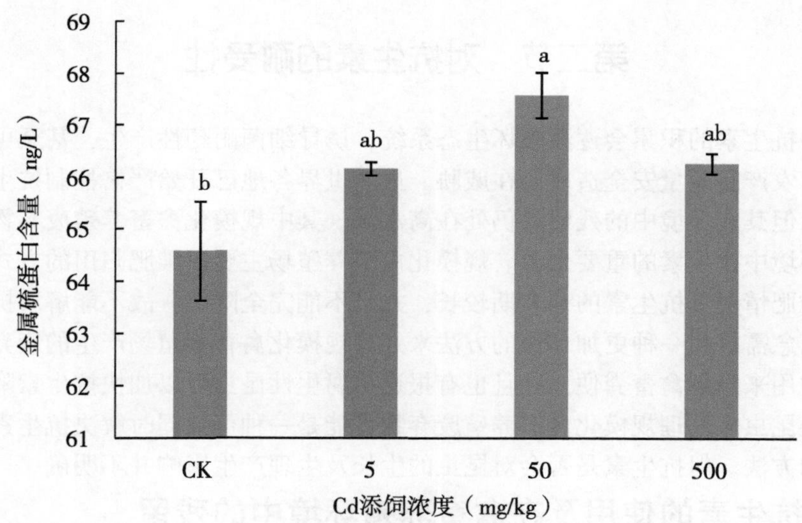

图 7-21 取食 Cd 污染饲料 72h 后黑水虻幼虫体内金属硫蛋白含量比较

Fig. 7-21 Comparison of content of metallothionein in *H. illucens* larvae feed on feeds contaminated by different concentration of Cd for 72h

注：不同字母表示差异显著，$P<0.05$

导致细胞结构的损伤，MT 的合成和表达受阻。

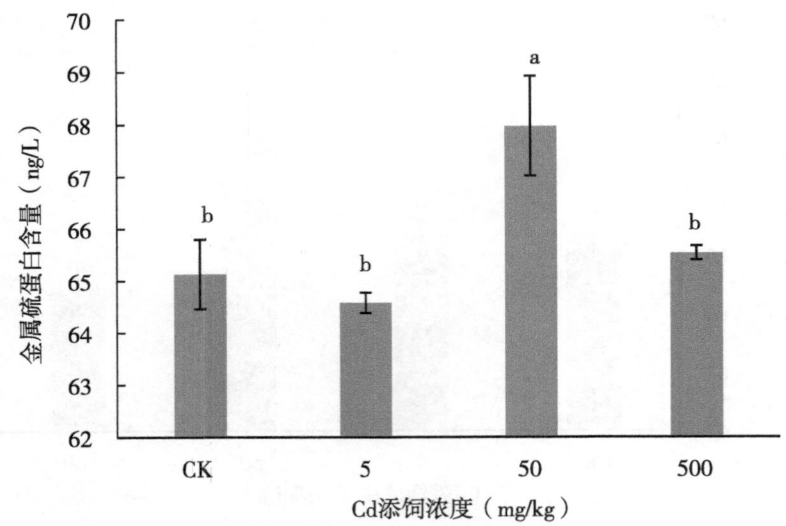

图 7-22　取食 Cd 污染饲料 96h 后黑水虻幼虫体内金属硫蛋白含量比较

Fig. 7-22　Comparison of content of metallothionein in *H. illucens* larvae feed on feeds contaminated by different concentration of Cd for 96h

注：不同字母表示差异显著，$P<0.05$

第二节　对抗生素的耐受性

环境中抗生素的积累会逐渐破坏生态系统，诱导细菌耐药性产生，甚至可以通过食物链传递对农产品质量安全造成潜在威胁。虽然世界各地已开始严格控制抗生素在人畜上的使用，但其在环境中的残留量仍处在高水平。其中规模化禽畜养殖废弃物中的兽用抗生素是环境中抗生素的重要来源。规模化禽畜养殖场主要以堆肥归田的方式处理废弃物，而在堆肥情况下抗生素的半衰期较长，并且不能完全降解，故不能解决抗生素残留问题，所以急需寻找一种更加环保的方法来处理规模化禽畜养殖场产生的废弃物。腐生性昆虫也被用来降解禽畜粪便，并且也有报道称腐生性昆虫可以加快抗生素降解，所以使用腐生性昆虫来处理规模化禽畜养殖废弃物可能是一种可以同时解决抗生素残留和养殖废弃物的方法。但抗生素是否会对昆虫的生长及生理产生影响并不明确。

一、抗生素的使用及在禽畜养殖环境中的残留

1. 抗生素的使用

1928 年，弗莱明教授发现青霉素可以杀死葡萄球菌，这标志着抗生素开始作为一种杀菌剂被人们使用。现在抗生素不仅作为医疗用药被使用，还以生长促进剂的形式被添加到禽畜饲料中。不管是作为医疗用药还是生长促进剂，抗生素的使用量都非常巨大。2013 年，我国所有抗生素生产总量约为 248 000t，进口和出口分别为 600t 和 88 000t，国内使用约 162 000t，其中 84 240t 为动物消耗，而兽用抗生素中有 62%为猪

用，23.6%为鸡用（Zhang *et al.*，2015）。中国是世界上在畜牧业使用抗生素最多的国家（Jørgensen *et al.*，2016）。虽然美国使用抗生素的总量不及中国，但他们用于禽畜养殖的抗生素占使用抗生素总量的80%以上（Zhang *et al.*，2015）。随着禁止抗生素在人体滥用政策的颁布，用于畜牧业的抗生素占抗生素总使用量的比例还会继续上涨。

2. 抗生素在畜禽养殖环境中的残留

抗生素在进入动物体内后，只有极小部分停留在动物体内，大部分以抗生素原形或活性代谢物形式排出（Sarmah *et al.*，2006；Lamshöft *et al.*，2007），最终通过禽畜养殖废水及禽畜粪便等形式进入环境（Kummerer，2009）。现今抗生素在环境中残留问题逐渐被人们重视，而规模化禽畜养殖废弃物中的兽用抗生素是环境中抗生素的重要来源。据排放量统计，每头猪日排放抗生素 18.2mg，如若按照这个数字进行推算，我国养猪场每年将向环境排放3 080t 抗生素（Zhou *et al.*，2013c）。

从养猪场粪便、冲刷废水及受纳环境中共检出28种抗生素（Zhou *et al.*，2013c）。其中磺胺类抗生素是禽畜养殖环境中最为常见的抗生素之一，其含量也最高。磺胺类抗生素种类繁多，根据药物作用时间长短可分为短效、中效和长效类药物。短效类药物如磺胺二甲嘧啶、磺胺异恶唑；中效类药物如磺胺嘧啶、磺胺二甲嘧啶；长效类药物如磺胺甲氧嘧啶、磺胺二甲氧嘧啶。磺胺类药物对许多革兰氏阳性菌和一些革兰氏阴性菌、诺卡氏菌属、衣原体属和某些原虫（如疟原虫和阿米巴原虫）均有抑制作用。磺胺类抗生素在禽畜养殖环境中暴露浓度如表7-2所示。

由表7-2可以看到单种磺胺类抗生素在禽畜粪便中的残留平均浓度集中在0~10 000μg/kg，而残留总数接近1 000μg/kg。该研究将设置0μg/kg，100μg/kg，1 000μg/kg，10 000μg/kg 4个浓度来测试黑水虻对磺胺类抗生素的耐受性及其对磺胺类抗生素产生的应对反应。由于禽畜粪便在环境中出现的磺胺类抗生素不单一，所以使用单一磺胺类抗生素来测试黑水虻对其的耐受性可能不能反映现实情况。该研究将几种常见的磺胺类抗生素（磺胺嘧啶，磺胺间甲氧嘧啶，磺胺二甲嘧啶，磺胺甲噁唑）按0μg/kg，100μg/kg，1 000μg/kg，10 000μg/kg 浓度等比例混合，来探究食料中磺胺对黑水虻生长发育及生理的影响。

表7-2　磺胺类抗生素在禽畜养殖环境中的平均暴露浓度

Table 7-2　The mean concentration of SAs in livestock farming environment

抗生素种类	浓度（μg/kg）	参考文献
磺胺类（SAs）	5 850~33 370	（Ji *et al.*，2012）
磺胺甲二唑（SMT）	700	（Pan *et al.*，2011）
磺胺二甲嘧啶（SM2）	2.37~109	（Zhou *et al.*，2013c）
磺胺二甲嘧啶（SM2）	300	（Pan *et al.*，2011）
磺胺二甲嘧啶（SM2）	10~1 000	（Chen *et al.*，2012）
磺胺二甲嘧啶（SM2）	15.1	（Huang *et al.*，2013）
磺胺甲噁唑（SMZ）	300	（Pan *et al.*，2011）

（续表）

抗生素种类	浓度（μg/kg）	参考文献
磺胺甲噁唑（SMZ）	10	（Chen *et al.*，2012）
磺胺甲噁唑（SMZ）	12	（Huang *et al.*，2013）
磺胺甲噁唑（SMZ）	36.4	（Zhou *et al.*，2013b）
磺胺嘧啶（SD）	21～2 980	（Van den Meersche *et al.*，2016）
磺胺嘧啶（SD）	212.6	（Huang *et al.*，2013）
磺胺嘧啶（SD）	100～10 000	（Chen *et al.*，2012）
磺胺嘧啶（SD）	400	（Zhang *et al.*，2014）

3. 抗生素的降解

抗生素的降解方式有多种，如光降解、水解、氧化降解、微生物降解、植物降解、昆虫降解和吸附作用等。抗生素的水解主要受 pH 值和温度的影响，其中属磺胺类、大环内酯类和 β-内酰胺类易发生水解（李伟明等，2012）。抗生素的氧化降解主要应用于工业污水处理，氧化降解由各种氧化剂起作用，如臭氧、高铁酸钾等，20mg/L 的四环素经过 5min 臭氧处理就可以完全降解（Wu *et al.*，2010）。抗生素的微生物降解是指利用微生物将抗生素残留物转变为 H_2O 和 CO_2 的过程，酵母等微生物都可以降解抗生素，而耐药细菌起的作用最重要（刘元望等，2016）。昆虫降解是指在富含抗生素的固体环境中加入昆虫帮助抗生素降解，蚯蚓（Mougin *et al.*，2013）、家蝇幼虫（Zhang *et al.*，2014）、黑水虻均促进抗生素的降解。

抗生素在自然条件下也可以发生降解，但在经过长时间堆肥处理后仍有一定的浓度水平。抗生素在禽畜粪便、土壤中的降解方式主要是光降解（吴银宝等，2006；王丽平等，2009）。而光照只能停留在禽畜粪便和土壤的表层，无法对处于更深层的抗生素产生作用，所以仅靠光照来降解禽畜粪便中的抗生素是不可行的。所以急需寻找一种方法来降解禽畜粪便中的残留抗生素。

二、抗生素对生物及抗性基因的影响

1. 抗生素对生物生长发育的影响

抗生素虽然是作为一种治疗用药存在，但不可否认的是它对生物的毒性作用。不同抗生素对不同生物产生的毒性作用有所不同，并且这种生物毒性会随着生物营养等级的提高而降低（Wollenberger *et al.*，2000）。磺胺甲噁唑对羊角月牙藻 *Pseudokirchneriella subcapitata* 72h 的半抑制浓度（IC_{50}）为 0.5mg/L（Isidori *et al.*，2005），对大型蚤 *Daphnia magna* 48h 的半最效应浓度（EC_{50}）为 289.2mg/L（Kim *et al.*，2007），对印度斑马鱼 *Danio rerio* 69 h 的半致死浓度（LD_{50}）大于1 000mg/L（Isidori *et al.*，2005）。根据经济合作与发展组织（Organization for Economic Cooperation and Development，OECD）1998 年对致毒量的分级，磺胺甲噁唑对羊角月牙藻具有中等毒性，对大型蚤和印度斑马鱼有低毒性。

根据表 7-2 可知，环境中残留的抗生素浓度不会对大型藻和印度斑马鱼产生急性毒性。抗生素对鱼类虽然没有急性毒性，但会在机体内累积（Delepee *et al.*，2004），影响鱼的繁殖能力（Vos *et al.*，2000；Wollenberger *et al.*，2000）。磺胺噻唑钠会影响家蚕的体重、茧层率（孙承铣，1964）。

2. 抗生素对肠道的影响

抗生素进入生物体内后会改变肠道结构（Dibner and Richards，2005），包括小肠绒毛变长、肠壁变薄、肠道缩短等，肠道结构改变在鸡（李金敏等，2013）、猪（卢建军等，2007）等家禽中均有报道。抗生素也会影响昆虫肠道微生物群落（Wang *et al.*，2017c）。昆虫肠道内微生物可以分为食源性微生物与非食源性微生物。食源性微生物群落组成取决于不同的食物来源（Parmentier *et al.*，2016），饲喂人工饲料的云杉蚜虫与野生的云杉蚜虫肠道表现出不同的肠道微生物群落（Landry *et al.*，2015）。非食源性微生物则在同种昆虫中表现出特异性，黑水虻肠道内的细菌菌株种类与其他昆虫的肠道菌群不同（Jeon *et al.*，2011）。抗生素还会影响肠道 pH 值（邹杨等，2010）。肠道 pH 值对微生物定殖和昆虫活动（Shi *et al.*，2014）有显著的影响。在酸性区域中 pH 值较高的昆虫表现出对假单胞菌的高敏感性，并增加了肠道菌群（醋酸杆菌和乳酸菌）关键成员的数量（Overend *et al.*，2016）。

3. 抗生素对抗氧化酶系的影响

抗氧化酶系是机体用来清除体内氧自由基的酶系统。氧自由基的产生与机体内的生化反应有关，一般认为机体内氧自由基产生与消除处在动态平衡中。当机体接受外界环境刺激并且无法承受时，会发生氧化应激反应，产生大量氧自由基，并且打破氧自由基产生与消除的动态平衡。此时机体会对此做出免疫反应，清除体内氧自由基，其中抗氧化酶系是机体清除体内氧自由基的主要方式之一。抗生素作为一种环境刺激，不同生物对它表现出不同的氧化应激反应。锦鲤在接触抗生素后，体内 SOD 等抗氧化酶的活力上升，随着暴露时间的增加，锦鲤体内的抗氧化酶系被破坏（沈洪艳等，2015））。磺胺二甲嘧啶会抑制中国对虾的抗氧化酶活性（孙铭等，2016）。机体在接触到抗生素后发生的氧化应激反应可以降解抗生素，一种白腐菌产生的天然木质素过氧化物酶可以在体外降解四环素和土霉素（Wen *et al.*，2009），谷胱甘肽硫转移酶（Glutathione S-transferases，GSTs）在体外可以将 60%~70%的抗生素转变为对微生物没有毒性的成分（Park and Choung，2007）。

4. 抗生素对抗性基因的影响

不管是暴露在环境中的抗生素还是在机体内的抗生素，都会影响抗性基因的产生。海河中磺胺类抗生素的残留会使河水中的磺胺抗性基因 *sul* Ⅰ和 *sul* Ⅱ发生富集（Luo *et al.*，2010）。猪粪中的抗生素残留会对含有抗性基因的大肠杆菌进行选择，并使得相应的抗性基因富集（Qin *et al.*，2011）。另外研究发现，给猪喂食含有抗生素的饲料，猪粪中会发生抗性基因的富集（Zhu *et al.*，2013）。但也有研究报道，往土壤中施用含抗生素的猪粪，土壤中对应的抗性基因含量并不会发生显著变化（Zhou *et al.*，2010）。猪粪和养猪场周围的土壤中的抗性基因含量与其相对应的抗生素含量并没有显著相关性（Ji *et al.*，2012）。富含抗性基因的猪粪在用家蝇幼虫处理后，在基因转座子上的抗性基因发生富集，而不在基因转座子上的抗性基因则发生了衰减（Wang *et al.*，2017c）。

耐药基因数据库（Antibiotic Resistance Genes Database，ARDB）收入了目前公开的

可获得的耐药基因及其相关信息，具体见 http：//ardb. cbcb. umd. edu/index. html。数据库中收入了 180 个磺胺抗性基因，3 种磺胺抗性基因类型，112 个与磺胺抗性基因相关的微生物种群。3 种磺胺抗性基因类型分别为 *sul* Ⅰ、*sul* Ⅱ、*sul* Ⅲ，其中 *sul* Ⅰ、*sul* Ⅱ更为常见。另外甲氧苄氨嘧啶的抗菌范围与磺胺的类似，并且是磺胺类抗生素的增效剂，有研究将甲氧苄氨嘧啶的抗性基因视作磺胺抗性基因（Wang *et al.*，2017c）。数据库收入了 22 种甲氧苄氨嘧啶抗性基因类型，其中 *dfrA*1 最为常见。

5. 黑水虻在降解禽畜粪便上的应用

我国养殖业发展迅速，每年会产生大量的禽畜粪便，禽畜粪便堆积会对周围环境造成污染。现今禽畜粪便作为一种优良的腐殖质被用于堆肥归田或沼气发酵，这样既可以缓解禽畜粪便堆积的压力，同时也可以减少化肥使用缓解能源压力。但堆肥归田或沼气发酵受季节和地点的影响（靳红梅等，2016），并不能随时解决禽畜粪便堆积问题。使用昆虫来分解禽畜粪便不受时间限制，需要的空间小，老熟幼虫还可以转化为蛋白资源。蚯蚓（Li *et al.*，2009）、家蝇（Boushy，1991）、黑水虻等腐生性昆虫均可被用于禽畜粪便的分解。黑水虻相比于蚯蚓和家蝇具有取食量大、食性广（Kim *et al.*，2011）、不扰民等优点。目前黑水虻已被广泛应用于禽畜粪便的降解，并且应用前景广泛（Diener *et al.*，2009；Leong *et al.*，2016）。黑水虻老熟幼虫可以用于提取生物柴油，使用牛粪、猪粪、鸡粪来饲养 1 000头黑水虻分别可以提炼出 35. 5g、57. 8g 和 91. 4g 的生物柴油（Li *et al.*，2011b）。另外黑水虻预蛹的蛋白含量与氨基酸成分决定了它可能代替鱼粉成为新型蛋白饲料（陈杰等，2014）。

人们将绿色荧光蛋白标记的大肠杆菌 *Escherichia coli* O157：H7 和沙门氏菌 *Salmonella enterica serovar Enteritidis* 以浓度 10^7CFU/g 接种到牛、猪或鸡粪中。在粪便中加入 10d 或 11d 大的黑水虻幼虫（7~10g），在 23℃、27℃或 32℃下饲养 3~6d。黑水虻加速了鸡粪中大肠杆菌 O157：H7 的失活，但对牛粪没有影响，提高了在猪粪中的存活率。猪粪和鸡粪的初始 pH 值分别为 6. 0~6. 2 和 7. 4~8. 2，推测这些条件影响了幼虫抗菌系统的稳定性。鸡粪中大肠杆菌 O157：H7 的减少还受温度影响，3d27℃或 32℃比 23℃减少更多。时间延长至 6d，鸡粪中在前 4d 减少更多，但幼虫受到病菌的污染。喂养被污染粪便 2d 后，幼虫的沙门氏菌数量平均为 3. 3log CFU/g，6d 后降至 1. 9log CFU/g，幼虫后期没有进食也可能有影响。将受污染的幼虫转移到新鲜鸡粪中，恢复了取食活动，但导致新鲜鸡粪交叉污染（Erickson *et al.*，2004）。按照同样的方法将绿色荧光蛋白标记的大肠杆菌再接种到无菌奶牛粪便中，浓度为 7. 0log CFU/g。将大约 125 只黑水虻幼虫放在接种了大肠杆菌的粪肥中。以接种大肠杆菌但不接种黑水虻幼虫的粪便为对照。在第一个实验中，在 50g、75g、100g 或 125g 灭菌奶牛粪便中加入大肠杆菌，在 27℃下储存 72h，所有处理中大肠杆菌的数量均显著减少了。然而，提供不同粪量明显影响黑水虻幼虫的体重增加和他们降低大肠杆菌的能力。在第二个试验中，将幼虫放入接种了大肠杆菌的 50g 粪肥中，在 23℃、27℃、31℃或 35℃的温度下保存 72h。在剩余温度下黑水虻幼虫明显减少了粪便中的大肠杆菌数量。因此，温度对黑水虻幼虫发育和减少大肠杆菌数量的能力有显著影响，在 27℃时大肠杆菌数量受到的抑制最大（Liu *et al.*，2008）。

三、黑水虻对磺胺的耐受性

1. 磺胺对黑水虻生长发育的影响

(1) 对幼虫、蛹历期的影响。每日统计黑水虻幼虫化蛹数量，结果发现10 000μg/kg浓度的磺胺会延长黑水虻的幼虫历期，而100μg/kg、1 000μg/kg浓度的磺胺不会影响黑水虻的幼虫历期（图7-23）。对照、100μg/kg、1 000μg/kg浓度处理组的幼虫历期为25d，而10 000 μg/kg 浓度处理组的幼虫历期有28d，显著长于对照、100μg/kg、1 000μg/kg浓度处理组的25d。

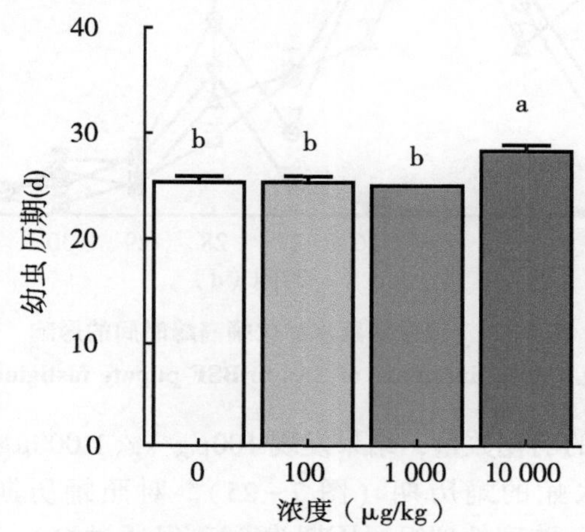

图7-23　磺胺对黑水虻幼虫历期的影响

Fig. 7-23　Influence of SAs to BSF larval stage duration

注：柱上不同字母表示显著差异，$P<0.05$

从图7-24可以看出，对照在21d时开始出现蛹，22d与23d时的幼虫化蛹数与21d的相差无几，从23d到25d幼虫化蛹数量急剧上升，到25d时化蛹数达到最多，有21头，从25d到27d幼虫化蛹数呈现抛物线式的下降，而到28d幼虫化蛹数又出现一个小高峰，达到了12头，此时化蛹数量与24d与26d的化蛹数接近，从29d到化蛹结束，幼虫化蛹数维持在1头左右，这段时间是幼虫化蛹期的结束阶段。对照的化蛹时间持续13d。100μg/kg浓度处理组在21d时开始出现蛹，从21d到23d幼虫化蛹数上升趋势较为平缓，从23d到25d幼虫化蛹数量急剧上升，到25d时幼虫化蛹数达到最多，有20头，从25d到29d幼虫化蛹数呈现倒抛物线式的下降，从29d到化蛹结束，幼虫化蛹数维持在1头左右，这段时间是幼虫化蛹期的结束阶段。100μg/kg浓度处理组的化蛹时间持续13d。1 000μg/kg浓度处理组在21d时开始出现蛹，从21d到23d幼虫化蛹数快速上升，到23d时出现一个小高峰，到24d幼虫化蛹数量略微下降，到25d幼虫化蛹数又上升，并且达到高峰，此时化蛹数为20头，从25d到29d幼虫化蛹数呈现阶梯式下降，拐点分别为26d与28d，从29d到化蛹结束，幼虫化蛹数维持在1头左右，这段时间是幼虫化蛹期的结束阶段。1 000μg/kg浓度处理组的化蛹时间持续13d。10 000μg/kg浓度处理组26d时开始出现蛹，28d时化蛹数达到高峰值，为9头，从29d以后化蛹数逐渐减少，并且进入到化蛹结束期，直到 34d 结束化蛹，化蛹时间持续 9d（图 7-24）。

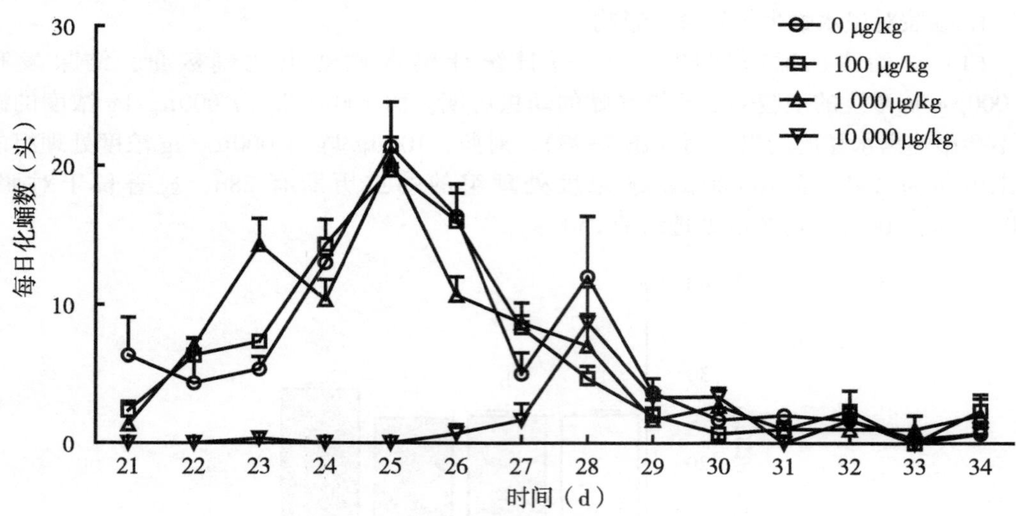

图 7-24　磺胺对黑水虻化蛹高峰时间的影响

Fig. 7-24　Influence of SAs to BSF pupate fastigium

每日统计黑水虻蛹的羽化数量，结果发现 100μg/kg、1 000μg/kg、10 000μg/kg 浓度的磺胺均不会延长黑水虻的蛹历期（图 7-25）。对照蛹历期为 9d，而 100μg/kg、1 000μg/kg、10 000μg/kg 浓度处理组蛹历期为 8d，但通过 One-Way ANOVA 分析得知它们相互之间差异不显著（图 7-25）。

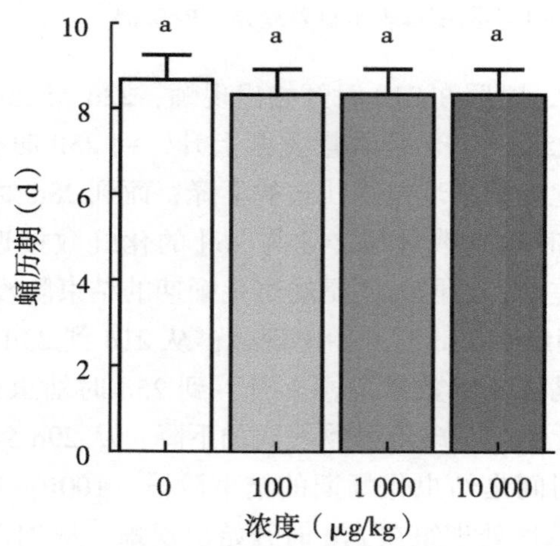

图 7-25　磺胺对黑水虻蛹历期的影响

Fig. 7-25　Influence of SAs to BSF pupae stage duration

注：不同字母表示显著差异，$P<0.05$

从图 7-26 可以看出，对照组中的蛹在 30d 时开始羽化，从 30d 到 33d 羽化数呈现直线上升趋势，从33d到34d羽化数急剧上升，并且出现羽化高峰期，羽化数为21头，从34d到35d羽化数呈现急剧下降，从35d到37d羽化数下降较为平缓，从37d到以后，羽化数维持在1头左右，直至44d羽化结束，羽化期共维持13d。100μg/kg浓度处理组蛹在30d时开始羽化，从30d到34d羽化数持续上升，从31d到33d的上升趋势较为平缓，而从30d到31d的上升趋势与33d到34d的较为陡峭，到34d时达到峰值16头，从34d开始羽化数开始下降，从34d到35d羽化数下降较为平缓，而从35d到36d羽化数急剧下降，从36d到37d羽化数下降并再次恢复平缓，从37d到以后，羽化数维持在1头左右，直至43d羽化结束，羽化期共维持12d。1 000μg/kg浓度处理组蛹在30d时开始羽化，从30d到35d羽化数变化规律类似于抛物线，抛物线顶点为33d的14头。1 000μg/kg浓度处理组的羽化高峰期为32d到34d。35d以后羽化数继续下降，到37d下降都较为平缓。从37d到以后，羽化数维持在1头左右，直至42d羽化结束，羽化期共维持11d。10 000μg/kg浓度处理组35d时开始羽化，36d时就达到羽化高峰值4头，之后羽化数逐渐减少，37d开始羽化数均在1头左右，持续到42d羽化结束，羽化持续7d（图7-26）。

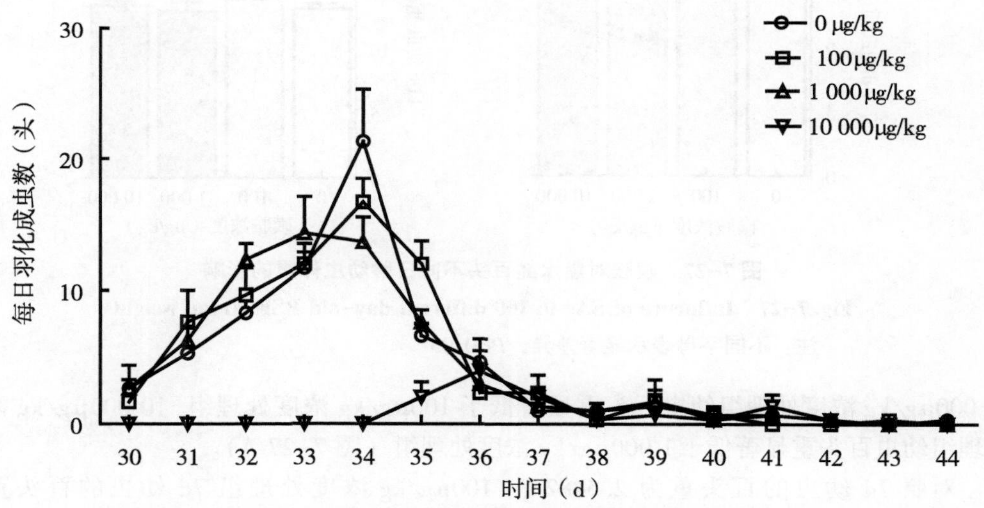

图7-26　磺胺对黑水虻羽化时间的影响

Fig. 7-26　Influence of SAs to BSF emergence fastigium

（2）对不同日龄幼虫、预蛹及蛹重的影响。使用万分之一天平称取黑水虻不同日龄的5~30头幼虫体重，并计算幼虫的百头重，结果发现磺胺会使低龄幼虫的体重降低，对高龄幼虫的体重没有影响（图7-27）。

对照5d幼虫的百头重为0. 124 9g，100μg/kg浓度处理组5幼虫的百头重为0. 103 7g，1 000μg/kg浓度处理组5d幼虫的百头重为0. 092 3g，10 000μg/kg浓度处理组5d幼虫的百头重为0. 0747g。随着磺胺浓度的增加，5d幼虫的百头重体重表现出阶梯式的下降。对5d幼虫百头重进行One－Way ANOVA分析，结果发现100μg/kg、1 000μg/kg、10 000μg/kg浓度处理组幼虫百头重均显著低于对照，另外1 000μg/kg、

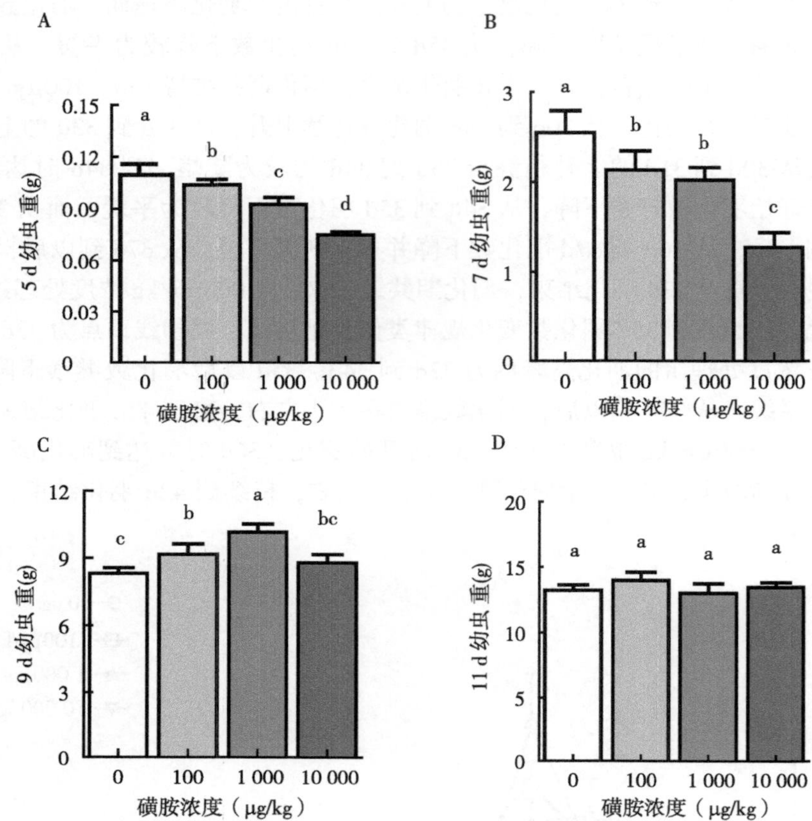

图 7-27　磺胺对黑水虻百头不同日龄幼虫体重的影响

Fig. 7-27　Influence of SAs to 100 different day-old BSF larvae weight

注：不同字母表示显著差异，$P<0.05$

10 000μg/kg 浓度处理组幼虫百头重显著低于 100μg/kg 浓度处理组，10 000μg/kg 浓度处理组幼虫百头重显著低于1 000μg/kg 浓度处理组（图 7-27 A）。

对照 7d 幼虫的百头重为 2.5482 g，100μg/kg 浓度处理组 7d 幼虫的百头重为 2.131g、1 000μg/kg 浓度处理组 7d 幼虫的百头重为 2.021 6g，10 000μg/kg 浓度处理组 7d 幼虫的百头重为 1.2740 g，大约是对照幼虫百头重的 1/2。随着磺胺浓度的增加，7d 幼虫的百头重体重表现出阶梯式的下降，变化趋势与 5d 幼虫百头重类似。对 7d 幼虫百头重进行 One-Way ANOVA 分析，结果发现 100μg/kg、1 000μg/kg、10 000μg/kg 浓度处理组幼虫百头重均显著低于对照，另外 10 000μg/kg 浓度处理组幼虫百头重显著低于 100μg/kg、1 000μg/kg 浓度处理组，1 000μg/kg 与 10 000μg/kg 浓度处理组幼虫百头重差异不显著（图 7-27 B）。

对照 9d 幼虫的百头重为 8.039 3g，100μg/kg 浓度处理组 9d 幼虫的百头重为 9.167 7g，1 000μg/kg 浓度处理组 9d 幼虫的百头重为 10.140 0g，10 000μg/kg 浓度处理组 9d 幼虫的百头重为 8.7950g。随着磺胺浓度的增加，幼虫百头重先增加后下降，

1 000μg/kg浓度处理组的幼虫百头重最高。对 9d 幼虫百头重进行 One-Way ANOVA 分析，结果发现 100μg/kg、1 000μg/kg 浓度处理组幼虫百头重均显著高于对照，10 000μg/kg 浓度处理组的幼虫百头重与对照相比差异不显著，1 000μg/kg 浓度处理组幼虫百头重显著高于 100μg/kg 浓度处理组，10 000μg/kg 浓度处理组幼虫百头重与 100μg/kg 浓度处理组相比差异不显著，10 000μg/kg 浓度处理组幼虫百头重显著低于 1 000μg/kg 浓度处理组（图 7-27 C)。

对照 11d 幼虫的百头重为 13.2024g，100μg/kg 浓度处理组 11d 幼虫的百头重为 13.969 6g，1 000μg/kg 浓度处理组 11d 幼虫的百头重为 13.008 8g，10 000μg/kg 浓度处理组 11d 幼虫的百头重为 13.458 4g。对 11d 幼虫百头重进行 One-Way ANOVA 分析，结果发现对照、100μg/kg、1 000μg/kg、10 000μg/kg 浓度处理组幼虫百头重相比差异均不显著（图 7-27 D)。

使用万分之一天平称取 5~30 头黑水虻预蛹与蛹重，并计算预蛹与蛹的百头重，结果发现高浓度磺胺会使黑水虻预蛹重和蛹重上升，而低浓度、中浓度磺胺对高龄幼虫的体重没有影响（图 7-28，图 7-29)。

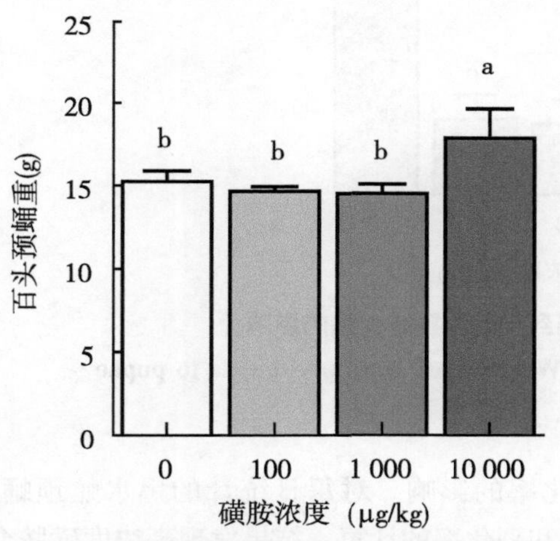

图 7-28　磺胺对黑水虻百头预蛹重的影响

Fig. 7-28　Influence of SAs to 100 BSF pre-pupae weight

注：不同字母表示显著差异，$P<0.05$

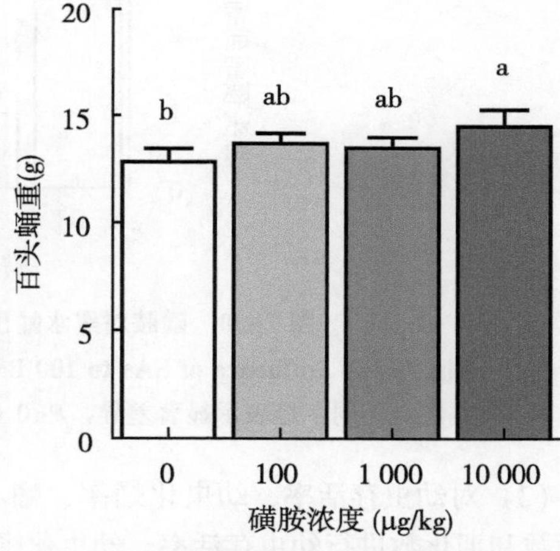

图 7-29　磺胺对黑水虻百头蛹重的影响

Fig. 7-29　Influence of SAs to 100 BSF pupae weight

注：不同字母表示显著差异，$P<0.05$

对照百头预蛹重为 15.269 7g，100μg/kg 浓度处理组百头预蛹重为 14.6540g，1 000μg/kg浓度处理组百头预蛹重为 14.516 8g，10 000μg/kg 浓度处理组百头预蛹重为 17.933 0g。对百头预蛹重进行 One-Way ANOVA 分析，结果发现10 000μg/kg 浓度处理组的百头预蛹重显著高于对照、100μg/kg 和1 000μg/kg 浓度处理组，而 100μg/kg 和 1 000μg/kg 浓度处理组与对照相比差异不显著（图 7-28)。对照百头蛹重为 12.839 1g，100μg/kg 浓度处理组百头蛹重为 13.719 9g，1 000μg/kg 浓度处理组百头蛹重为 13.527 0g，10 000μg/kg 浓度处理组百头预蛹重为 14.538 2g。对百头蛹重进行

One-Way ANOVA 分析，结果发现10 000μg/kg 浓度处理组的百头蛹重显著高于对照，而 100μg/kg、1 000μg/kg 浓度处理组与对照相比差异不显著，100μg/kg、1 000μg/kg 与 10 000μg/kg 3 个浓度处理组相比差异不显著（图 7-29）。由图 7-28 和图 7-29 可知黑水虻从预蛹到蛹有体重的减少。对照百头预蛹化蛹体重减少 2. 430 5g，100μg/kg 浓度处理组百头预蛹化蛹体重减少 0. 934 0g，1 000μg/kg 浓度处理组百头预蛹化蛹体重减少 0. 979 8g，10 000μg/kg 处理组百头预蛹化蛹蛹体重减少量最大，为 3. 394 8g。对百头预蛹化蛹体重减少量进行 One-Way ANOVA 分析，结果发现 100μg/kg，1 000μg/kg 和 10 000μg/kg 浓度处理组与对照相比差异均不显著，100μg/kg 浓度处理组与 1 000μg/kg 浓度处理组相比差异也不显著，而 10 000μg/kg 浓度处理组百头预蛹化蛹蛹体重减少量显著大于 100μg/kg 与 1 000μg/kg 浓度处理组（图 7-30）。

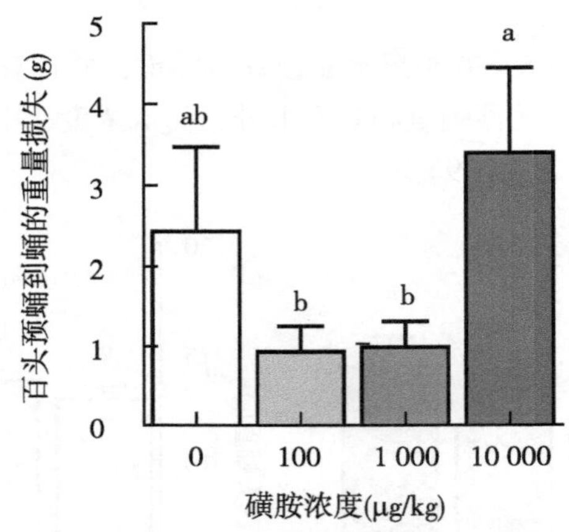

图 7-30　磺胺对黑水虻预蛹到蛹的体重减少量的影响

Fig. 7-30　Influence of SAs to 100 BSF Weight Loss from pre-pupae to pupae

注：不同字母表示显著差异，$P<0.05$

（3）对幼虫存活率、幼虫化蛹率、蛹羽化率的影响。对每日统计的黑水虻预蛹数、化蛹数和羽化数进行幼虫存活率、幼虫化蛹率和羽化率的计算，结果发现高浓度磺胺会降低黑水虻的幼虫存活率与幼虫化蛹率，不会影响羽化率，低浓度与中浓度磺胺均不会影响黑水虻的幼虫存活率、幼虫化蛹率与蛹羽化率（图 7-31，图 7-32，图 7-33）。

对照幼虫存活率为 95. 00%，其中黑虫 17. 90%，白虫 77. 10%，黑虫大约是白虫的 1/5。100μg/kg 浓度处理组幼虫存活率 91. 00%，其中黑虫 16. 97%，白虫 74. 03%，黑虫大约是白虫的 1/5。1 000μg/kg 浓度处理组的幼虫存活率 91%，其中黑虫 15. 03%，白虫 75. 97%，黑虫大约是白虫的 1/5。10 000μg/kg 浓度处理组的幼虫存活率为 31. 00%，其中黑虫 5. 45%，白虫 25. 55%，黑虫大约是白虫的 1/5。统计幼虫存活率时所有处理的黑虫占白虫的比例均接近 1/5，说明此时幼虫的生长状态是一致的。对幼虫存活率进行 One-Way ANOVA 分析，结果发现 100μg/kg、1 000μg/kg 浓度处理组与对照两两相比差异均不显著，10 000 μg/kg 浓度处理组幼虫存活率显著低于对照、100μg/kg、1 000μg/kg浓度处理组（图 7-31）。对照幼虫化蛹率为 93. 67%，100μg/kg 浓度处理组

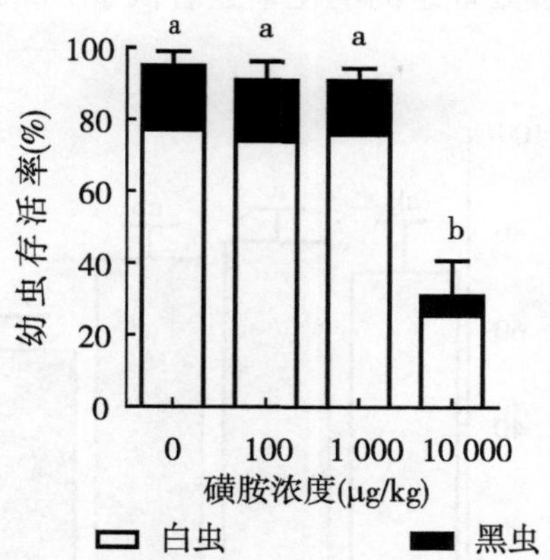

图 7-31　磺胺对黑水虻幼虫存活率的影响

Fig. 7-31　Influence of SAs to BSF larvae survival

注：不同字母表示显著差异，$P<0.05$

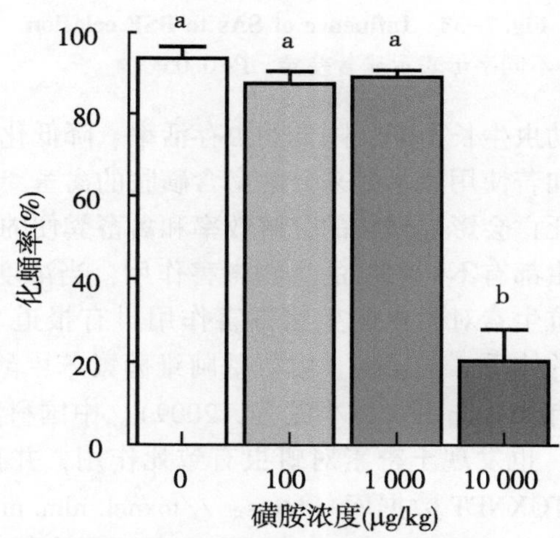

图 7-32　磺胺对黑水虻幼虫化蛹率的影响

Fig. 7-32　Influence of SAs to BSF pupation

注：不同字母表示显著差异，$P<0.05$

的幼虫化蛹率为 87.33%，1 000μg/kg 浓度处理组的幼虫化蛹率为 89%，10 000μg/kg 浓度处理组幼虫化蛹率为 20.33%。对幼虫化蛹率进行 One-Way ANOVA 分析，结果发现 100μg/kg、1 000μg/kg 浓度处理组与对照两两相比差异均不显著，10 000μg/kg 浓度处理组幼虫化蛹率显著低于对照、100μg/kg、1 000μg/kg 浓度处理组（图 7-32）。对照羽化率为 70.77%，100μg/kg 浓度处理组的羽化率为 76.98%，1 000μg/kg 浓度处理组的羽化率为 73.27%，10 000μg/kg 浓度处理组羽化率为 54.74%。对羽化率进行 One-Way ANOVA 分析，结果发现 100μg/kg、1 000μg/kg、10 000μg/kg 浓度处理组与对照相比差异均不显著，1 000μg/kg 浓度处理组与 100μg/kg、10 000μg/kg 浓度处理组相比差异也不显著，而10 000μg/kg 浓度处理组的羽化率显著低于1 000μg/kg 浓度处理组（图 7-33）。

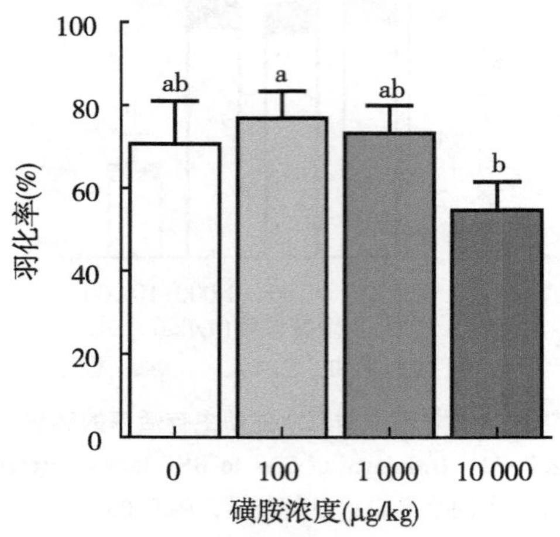

图 7-33 磺胺对黑水虻羽化率的影响

Fig. 7-33 Influence of SAs to BSF eclosion

注：不同字母表示显著差异，$P<0.05$

高浓度磺胺会延长幼虫生长历期、降低幼虫存活率、降低化蛹率，但对蛹历期和羽化率没有明显的影响。如若使用黑水虻来分解富含磺胺的禽畜粪便，要注意磺胺浓度不能过高，不然大量幼虫死亡会影响磺胺的分解效率和禽畜粪便的降解效率。

不同浓度磺胺对幼虫都有不同程度的生物毒害作用，当浓度为10 000μg/kg 时，磺胺对幼虫有致死作用。抗生素对昆虫的生物毒害作用早有报道。孙承铣（1964）发现磺胺噻唑钠会降低家蚕的体重、茧层率。甲氨基阿维菌素苯甲酸盐对小菜蛾、二化螟、甜菜夜蛾、斜纹夜蛾均有致死作用（许小龙等，2009）。中国科学院动物研究所昆虫生理研究室代谢组（1977）也发现土霉素对蚜虫有致死作用，并且不同抗生素对不同昆虫的生理毒性不同。从 TOXNET 数据库（https：//toxnet. nlm. nih. gov/）也可以查到小鼠口服不同种类抗生素的 LD_{50}表现出较大的差异。对于混合抗生素的毒性，不同种类的抗生素混合后产生的毒性可能高于所有单种抗生素毒性，可能低于所有单种抗生素毒性，也可能介于这几种抗生素毒性之间（González-Pleiter *et al.*，2013）。虽然磺胺是作为一种医疗用药或是禽畜生长调节剂存在，但是它对昆虫的毒害作用是毋庸置疑的。

磺胺对黑水虻的毒害作用表现在高浓度磺胺对幼虫生长历期延长、幼虫存活率降低和化蛹率降低，但对蛹历期和羽化率却没有明显的影响。这可能与不同发育阶段的幼虫对环境的耐受性不同。黑水虻预蛹的抗逆性要高于幼虫（沈媛等，2012）。中国科学院动物研究所昆虫生理研究室代谢组（1977）也发现，相比于高龄幼虫，抗生素对黏虫低龄幼虫的生理毒性作用更大。600mg/kg 浓度以上 Cu^{2+}会延长黑水虻幼虫历期，而1 200mg/kg 浓度以上 Cu^{2+}才会延长蛹期（夏嫱等，2014）。由此可以推断磺胺对黑水虻幼虫的生理毒害作用比蛹的大。

相比于高浓度磺胺，低浓度、中浓度磺胺并不会影响幼虫生长历期、幼虫存活率和化蛹率。这种低浓度不影响，高浓度抑制生长的现象也出现在其他胁迫条件和其他昆虫上。低浓度 Cu^{2+} 对黑水虻的幼虫历期没有影响，而 Cu^{2+} 浓度达到 600mg/kg 后，幼虫历期延长（夏嫱等，2014）。当 Cu^{2+} 浓度大于 50mg/kg 时，亚洲玉米螟表现出幼虫历期延长（王玉宏等，2014）。磺胺浓度越高对黑水虻的生理毒害作用越强。

磺胺对低龄幼虫体重的抑制作用随浓度的升高而增加，但到高龄幼虫阶段这种抑制作用会消失，这可能是黑水虻幼虫在初遇磺胺时产生了拒食行为，胁迫时间变长后，拒食行为减弱。拒食行为普遍发生在昆虫上（Isman，1993；Gonzálezcoloma *et al.*，2002）。中国科学院动物研究所昆虫生理研究室代谢组（1977）发现蜡螟对抗生素具有拒食作用。高浓度磺胺处理组的预蛹重和蛹重相比对照与低浓度磺胺处理组反而增加，这可能与一定浓度的抗生素对动物生长有促进作用有关。氟苯尼考（Reda *et al.*，2013）和氧四环素（Elsayed *et al.*，2014）都可以显著增加罗非鱼的体重。也有可能是因为黑水虻幼虫在高浓度磺胺下大量死亡，而存活的那些幼虫相对较强壮。

鉴于磺胺对黑水虻的毒害作用，如若使用黑水虻来分解富含磺胺的禽畜粪便，要注意磺胺浓度不能过高，不然大量幼虫死亡会影响磺胺的分解效率和禽畜粪便的降解效率。

2. 磺胺对黑水虻幼虫抗氧化酶系的影响

（1）对总抗氧化能力（T-AOC）的影响。取 7d、9d、11d 黑水虻幼虫测定总抗氧化能力，结果如图 7-34 所示。10 000μg/kg 浓度处理组 7d 幼虫 T-AOC 活力约是对照的 1/3、100μg/kg 浓度处理组的 2/7、1 000μg/kg 浓度处理组的 5/8，并且显著低于对照和 100μg/kg 浓度处理组，而与 1 000μg/kg 浓度处理组相比差异不显著。1 000μg/kg 浓度处理组 7d 幼虫 T-AOC 活力约是对照的 1/2、100μg/kg 浓度处理组的 4/9，与对照和 100μg/kg 浓度处理组相比差异均不显著。100μg/kg 浓度处理组 7d 幼虫 T-AOC 活力与

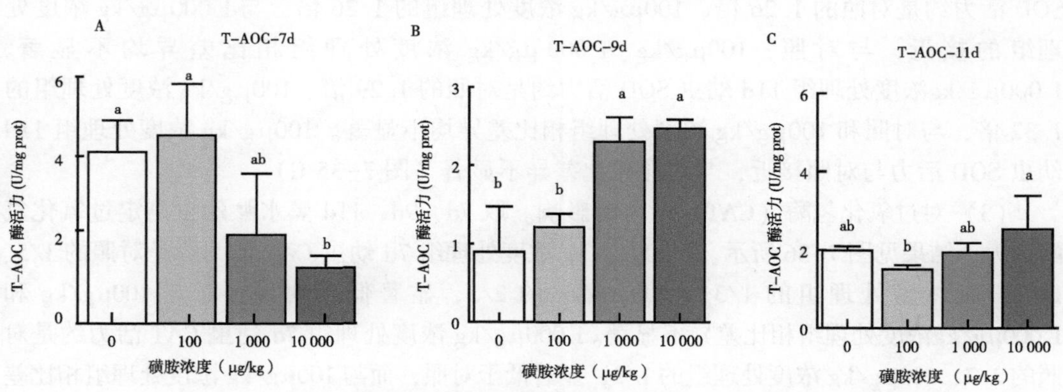

图 7-34　磺胺对黑水虻幼虫 T-AOC 活力的影响

Fig. 7-34　Influence of SAs to BSF larvae activity of T-AOC

注：不同字母表示显著差异，$P<0.05$

对照接近，与对照相比差异不显著（图 7-34 A）。10 000μg/kg 浓度处理组 9d 幼虫 T-AOC 活力大约是对照的 2.76 倍、100μg/kg 浓度处理组的 2.04 倍，与 1 000μg/kg 浓度

处理组的接近，显著高于对照和100μg/kg浓度处理组，而与1 000μg/kg浓度处理组相比差异不显著。1 000μg/kg浓度处理组9d幼虫T-AOC活力大约是对照的2.57倍、100μg/kg浓度处理组的1.90倍，显著高于对照和100μg/kg浓度处理组。100μg/kg浓度处理组的T-AOC活力大约是对照的1.35倍，与对照相比差异不显著（图7-34 B）。10 000μg/kg浓度处理组11d幼虫T-AOC活力约是对照的1.27倍、100μg/kg浓度处理组的1.68倍、1 000μg/kg浓度处理组的1.29倍，显著高于对照和1 000μg/kg浓度处理组，与100μg/kg浓度处理组相比差异不显著。1 000μg/kg浓度处理组11d幼虫T-AOC活力与对照相似，大约是100μg/kg浓度处理组的1.30倍，与对照和100μg/kg浓度相比差异均不显著。100μg/kg浓度处理组的T-AOC活力大约是对照的3/4，与对照相比差异不显著（图7-34 C）。

（2）对超氧化物歧化酶活力（SOD）的影响。取7d、9d、11d黑水虻幼虫测定超氧化物歧化酶活力，结果见图7-35所示。10 000μg/kg浓度处理组7d幼虫SOD活力约是对照的2/5、100μg/kg浓度处理组的5/8、1 000μg/kg的6/7，并且显著低于对照和100μg/kg浓度处理组，而与1 000μg/kg浓度处理组相比差异不显著。1 000μg/kg浓度处理组7d幼虫SOD活力约是对照的1/2、100μg/kg浓度处理组的3/4，显著低于对照，而与100μg/kg浓度处理组相比差异不显著。100μg/kg浓度处理组7d幼虫SOD活力约是对照的2/3，并且显著低于对照（图7-35 A）。10 000μg/kg浓度处理组9d幼虫SOD活力与对照和1 000μg/kg浓度处理组的接近，约是100μg/kg浓度处理组的1.23倍，与对照、100μg/kg、1 000μg/kg浓度处理组相比差异均不显著。1 000μg/kg浓度处理组9d幼虫SOD活力与对照接近，约是100μg/kg浓度处理组的1.27倍，与对照和100μg/kg浓度处理组相比差异均不显著。100μg/kg浓度处理组9d幼虫SOD活力约是对照的5/6，与对照相比差异不显著（图7-35 B）。10 000μg/kg浓度处理组11d幼虫SOD活力约是对照的1.26倍、100μg/kg浓度处理组的1.26倍，与1 000μg/kg浓度处理组的接近，与对照、100μg/kg、1 000 μg/kg浓度处理组相比差异均不显著。1 000μg/kg浓度处理组11d幼虫SOD活力约是对照的1.29倍、100μg/kg浓度处理组的1.32倍，与对照和100μg/kg浓度处理组相比差异均不显著。100μg/kg浓度处理组11d幼虫SOD活力与对照接近，与对照相比差异不显著（图7-35 C）。

（3）对过氧化氢酶（CAT）活力的影响。取7d、9d、11d黑水虻幼虫测定过氧化氢酶活力，结果见图7-36所示。10 000μg/kg浓度处理组7d幼虫CAT活力约是对照的1/5、100μg/kg浓度处理组的1/3、1 000μg/kg的2/3，显著低于对照，而与100μg/kg和1 000μg/kg浓度处理组相比差异不显著。1 000μg/kg浓度处理组7d幼虫CAT活力约是对照的2/7、100μg/kg浓度处理组的1/2，显著低于对照，而与100μg/kg浓度处理组相比差异不显著。100μg/kg浓度处理组7d幼虫CAT活力约是对照的5/9，与对照相比差异不显著（图7-36 A）。10 000μg/kg浓度处理组9d幼虫CAT活力约是对照的5/7、100μg/kg浓度处理组的4/5、1 000μg/kg浓度处理组的2/3，与对照、100μg/kg、1 000μg/kg浓度处理组相比差异不显著。1 000μg/kg浓度处理组9d幼虫CAT活力约是对照的1.09倍、100μg/kg浓度处理组的1.21倍，与对照、100μg/kg浓度处理组相比差异不显著。100μg/kg浓度处理组9d幼虫CAT活力约是对照的8/9，与对照相比差异不显著（图7-36

B)。10 000μg/kg 浓度处理组 11d 幼虫 CAT 活力约是对照的 4/7、100μg/kg 浓度处理组的 5/7、1 000μg/kg 浓度处理组的 2/3，与对照、100μg/kg、1 000μg/kg浓度处理组相比差异均不显著。1 000μg/kg 浓度处理组 11d 幼虫 CAT 活力约是对照的 8/9、100μg/kg 浓度处理组的 1. 12 倍，与对照、100μg/kg 浓度处理组相比差异不显著。100μg/kg 浓度处理组 11d 幼虫 CAT 活力约是对照的 5/6，与对照相比差异不显著（图 7-36 C）。

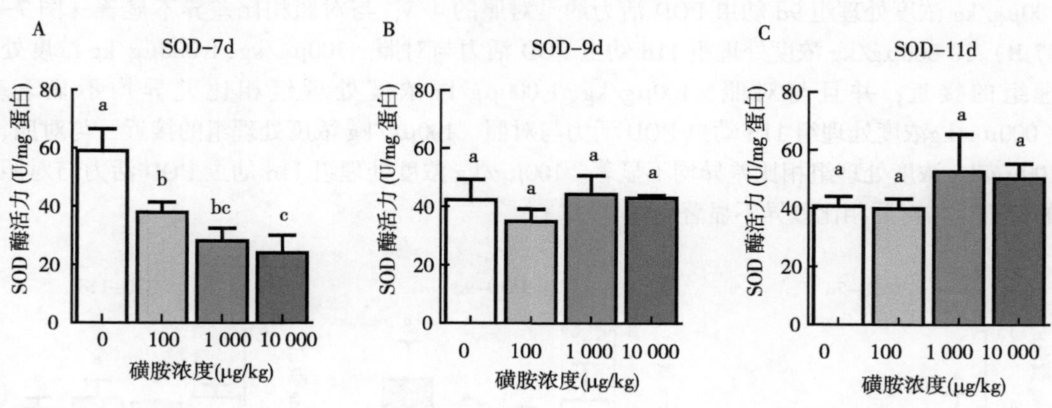

图 7-35　磺胺对黑水虻 SOD 活力的影响

Fig. 7-35　Influence of SAs to BSF larvae activity of SOD

注：不同字母表示显著差异，$P<0.05$

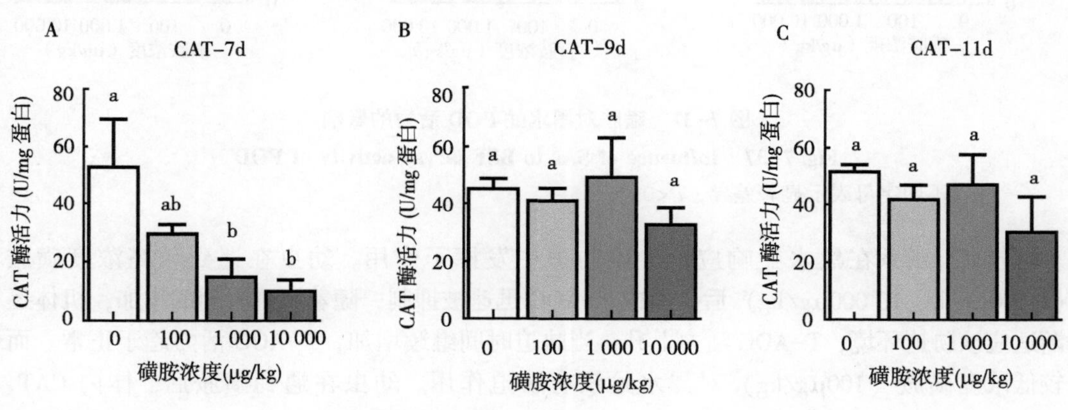

图 7-36　磺胺对黑水虻 CAT 活力的影响

Fig. 7-36　Influence of SAs to BSF larvae activity of CAT

注：不同字母表示显著差异，$P<0.05$

（4）对过氧化物酶（POD）活力的影响。取 7d、9d、11d 黑水虻幼虫测定过氧化氢酶活力，结果如图 7-37 所示。10 000μg/kg 浓度处理组 7d 幼虫 POD 活力约是对照的 2/9、100μg/kg 浓度处理组的 2/5、1 000μg/kg 的 4/7，显著低于对照与 100μg/kg 浓度处理组，而与 1 000μg/kg 浓度处理组相比差异不显著。1 000μg/kg 浓度处理组 7d 幼虫 POD 活力约是对照的 2/5、100μg/kg 浓度处理组的 5/7，显著低于对照，而与 100μg/kg浓度处理组相比差异不显著。100μg/kg 浓度处理组 7d 幼虫 POD 活力约是对照的 4/7，与对照相比差异不显著（图 7-37 A）。10 000μg/kg 浓度处理组 9d 幼虫 POD 活力约是对照的 1.13 倍、100μg/kg 浓度处理组的 1.40 倍、1 000μg/kg 浓度处理组的 1.44 倍，与对照、100μg/kg、1 000μg/kg 浓度处理组相比差异不显著。1 000μg/kg 浓度处理组 9d 幼虫 POD 活力约是对照的 7/9，与 100μg/kg 浓度处理组接近，与对照、100μg/kg 浓度处理组相比差异不显著。100μg/kg 浓度处理组 9d 幼虫 POD 活力约是对照的 4/5，与对照相比差异不显著（图 7-37 B）。10 000μg/kg 浓度处理组 11d 幼虫 POD 活力与对照、100μg/kg、1 000μg/kg 浓度处理组的接近，并且与对照、100μg/kg、1 000μg/kg 浓度处理组相比差异均不显著。1 000μg/kg 浓度处理组 11d 幼虫 POD 活力与对照、100μg/kg 浓度处理组的接近，与对照、100μg/kg 浓度处理组相比差异均不显著。100μg/kg 浓度处理组 11d 幼虫 POD 活力与对照的接近，与对照相比差异不显著（图 7-37 C）。

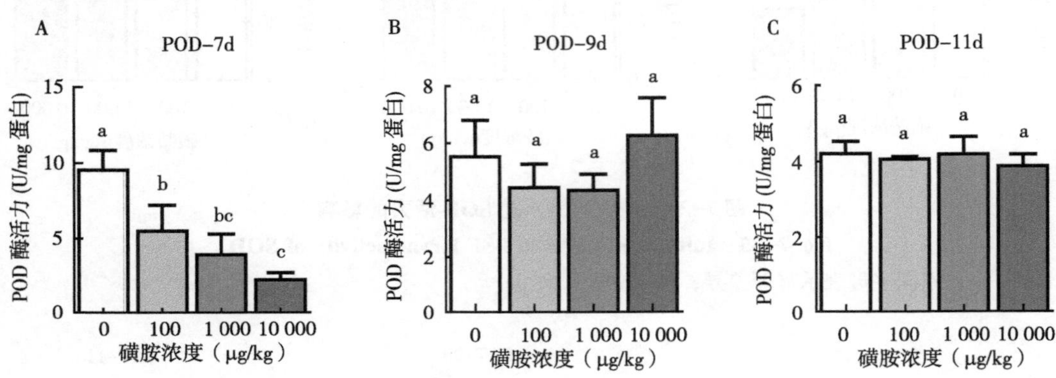

图 7-37　磺胺对黑水虻 POD 活力的影响

Fig. 7-37　Influence of SAs to BSF larvae activity of POD

注：不同字母表示显著差异，$P<0.05$

抗氧化酶系在黑水虻响应抗生素胁迫中发挥了作用。幼虫在遇到较高浓度磺胺（1 000μg/kg、10 000μg/kg）后，体内 T-AOC 迅速被抑制，随着胁迫时间的增加，机体逐渐适应该胁迫环境，T-AOC 活力上升，当胁迫时间继续增加，T-AOC 活力趋于正常。而较低浓度磺胺（100μg/kg）对黑水虻没有胁迫作用。幼虫在遇到磺胺后，体内 CAT、POD、SOD 迅速被抑制，并且磺胺浓度越高，抑制作用越强，随着胁迫时间的增加，CAT、POD、SOD 活力趋于正常。不同生物对抗生素的氧化应激反应不同。磺胺甲恶唑、磺胺甲基嘧啶、磺胺噻唑对油菜叶片抗氧化酶活力都有极显著诱导效应（李亚宁等，2017）。磺胺混合物抑制秀丽线虫 *Caenorhabditis elegans* POD 基因表达（梁爽等，2015）。给鸡饲喂抗生素后，它的总抗氧化能力先被抑制，然后显著上升，最后恢复正常（谢全喜等，2012）。由此推测抗生素对生物的氧化胁迫作用与生物自身特征有关。

黑水虻幼虫抗氧化酶活力的变化与体重变化相关。幼虫在遇到磺胺胁迫时，体内抗氧化酶系迅速被抑制，并且此时幼虫生长也被抑制，表现为幼虫体重较轻。到 9d 以后，CAT、POD、SOD 活力恢复正常，而 9d 幼虫体重也趋于正常。由此推断幼虫 9d 时受磺胺的影响已经减弱。可能是因为幼虫发生了蜕皮，蜕皮对昆虫来说是一种解毒、重新定殖肠道微生物的过程（Engel and Moran，2013），可以看作是昆虫的再生。由表 3-1 可知黑水虻幼虫在 8d 时发生蜕皮，9d 时已经正常取食，而黑水虻幼虫对磺胺的适应正是发生在此次蜕皮后。此结果也印证了高龄幼虫的耐受力要高于低龄幼虫。

黑水虻从 4d 开始受到磺胺的胁迫，到 8d 后适应富含磺胺的环境只用了 4 天，这也说明了黑水虻的环境适应能力强。但黑水虻在预蛹期延长，并且预蛹期死亡率较高，磺胺对他的影响持续到了预蛹期，当然也有可能是磺胺在黑水虻低龄幼虫期就影响了预蛹进入蛹期的机制，从而导致预蛹期延长和预蛹死亡率高。

3. 磺胺对幼虫肠道磺胺类抗性基因的影响

（1）磺胺抗性基因的检测。磺胺类抗性基因（*dfrA*1，*sul* Ⅰ，*sul* Ⅱ）及内参基因（16s rRNA）的检测结果如图 7-38 所示。4 个基因条带均单一且在目标位置。

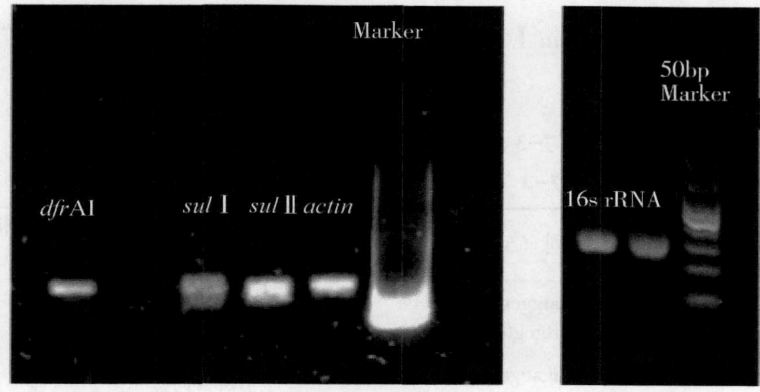

图 7-38　抗性基因目的片段

Fig. 7-38　Target fragment of the resistance gene

（2）抗性基因标准曲线的制作。抗性基因标准曲线的制作是以 T_1 克隆构建的质粒载体为模板。菌落 PCR 阳性克隆鉴定结果见图 7-39 所示。*dfrA*1 基因的 1、2、4、5、6、8 号细菌连接上质粒，*sul* Ⅰ基因的 1、2、3、4、5、7、8 号细菌连接上质粒，*sul* Ⅱ基因的 1、2、8 号细菌连接上质粒。质粒目的片段检测结果见图 7-40 所示。*dfrA*1，*sul* Ⅰ，*sul* Ⅱ和 16s rRNA 质粒上均有目的片段。

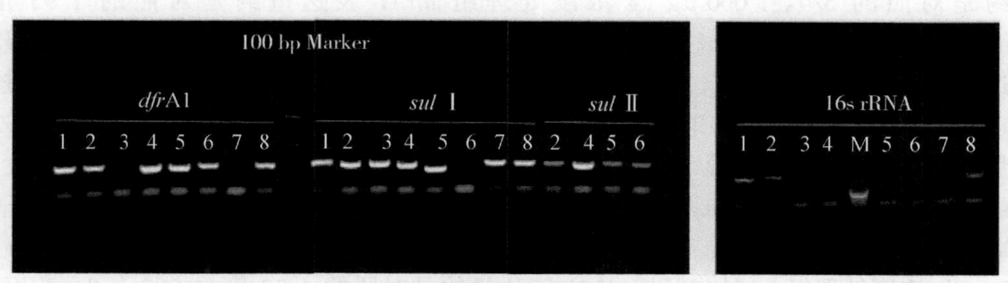

图 7-39　抗性基因菌落 PCR 阳性鉴定

Fig. 7-39　Positive identification of resistance gene colony PCR

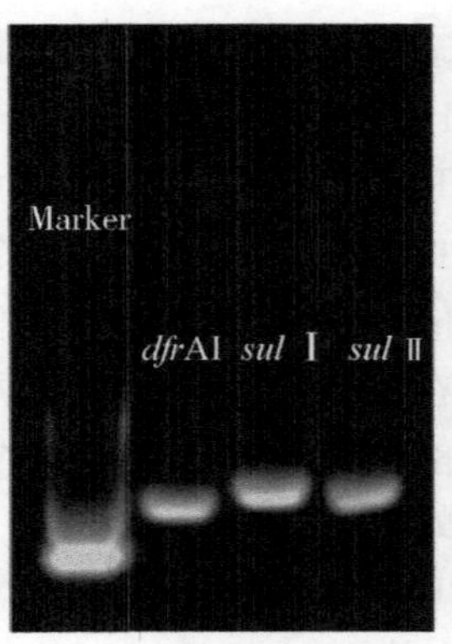

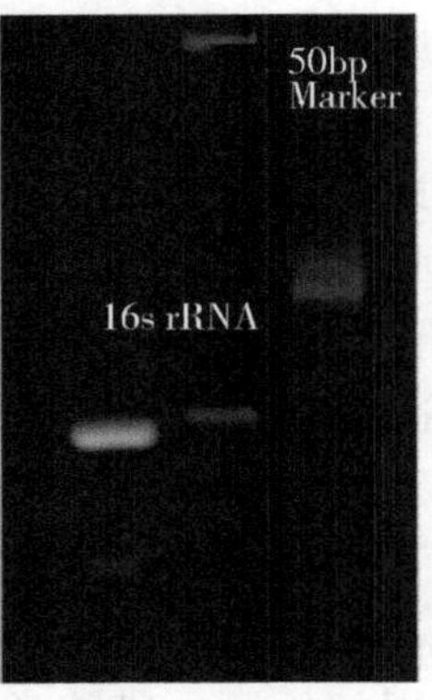

图 7-40　质粒目的片段检测

Fig. 7-40　Fragment detection of plasmid

磺胺类抗性基因（*dfrA*1，*sul* Ⅰ，*sul* Ⅱ）及内参基因（16s rRNA）的扩增效率及相关系数信息如表 7-3 所示。

表 7-3　磺胺类抗性基因标准曲线

Table 7-3　Standard curves of SAs AGRs

基因	序列（5′→3′）	扩增效率（%）	相关系数 R^2
*dfrA*1	F：ggaatggccctgatattcca R：agtcttgcgtccaaccaacag	100. 298%	0. 999
sul Ⅰ	F：atcagacgtcgtggatgtcg R：gatcggacagggcgtctaag	108. 512%	0. 996
sul Ⅱ	F：tcatctgccaaactcgtcgtta R：gtcaaagaacgccgcaatgt	97. 295%	0. 999
16s rRNA	F：cggtgaatacgttcycgg R：gwtaccttgttacgactt	103. 926%	1. 000

（3）磺胺对幼虫肠道 *dfrA*1 基因的影响。取 7d、9d、11d 黑水虻幼虫提取 DNA 组，测定 *dfrA*1 表达量，结果如图 7-41 所示。100μg/kg 浓度处理组 7d 幼虫肠道 *dfrA*1 表达量约是对照的 5/7，1 000 μg/kg 浓度处理组 *dfrA*1 表达量约是对照的 1. 93 倍，10 000μg/kg浓度处理组 *dfrA*1 表达量约是对照的 2. 32 倍。随着磺胺浓度的增加，*dfrA*1 表达量先下调，当浓度大于 100μg/kg 后，*dfrA*1 表达量上调。对 *dfrA*1 表达量结果进行 One-Way ANOVA 分析，结果发现 100μg/kg、1 000μg/kg、10 000μg/kg 浓度处理组 *dfrA*1 含量与对照相比差异均不显著，10 000μg/kg 浓度处理组 *dfrA*1 含量与 100μg/kg 浓度处理组相比显著上调，10 000μg/kg 浓度处理组与 1 000μg/kg 浓度处理组相比差异不显著，1 000μg/kg 浓度处理组与 100μg/kg 浓度处理组相比差异不显著（图 7-41 A）。100μg/kg浓度处理组 9d 幼虫肠道 *dfrA*1 表达量约是对照的 4. 32 倍，1 000μg/kg 浓度处理组 *dfrA*1 表达量约是对照的 5/8，10 000μg/kg 浓度处理组 *dfrA*1 表达量约是对照的 1. 33 倍。随着磺胺浓度的增加，*dfrA*1 表达量先上调，当浓度大于 100μg/kg 后，*dfrA*1

表达量下调。对 *dfrA*1 表达量结果进行 One－Way ANOVA 分析，结果发现对照、100μg/kg、1 000μg/kg、10 000μg/kg 浓度处理组两两相比差异均不显著（图 7－41 B）。100μg/kg 浓度处理组 11d 幼虫肠道 *dfrA*1 表达量约是对照的 5/7，1 000μg/kg 浓度处理组 *dfrA*1 表达量约是对照的 1/9，10 000μg/kg 浓度处理组 *dfrA*1 表达量约是对照的 1/9。对 *dfrA*1 表达量结果进行 One-Way ANOVA 分析，结果发现 100μg/kg 浓度处理组 *dfrA*1 含量与对照相比差异不显著，而 1 000μg/kg、10 000μg/kg 浓度处理组 *dfrA*1 含量与对照相比显著下调，1 000μg/kg、10 000μg/kg 浓度处理组 *dfrA*1 含量与 100μg/kg 相比也显著下调，1 000μg/kg 浓度处理组 *dfrA*1 含量与 10 000μg/kg 相比差异不显著（图 7-41 C）。

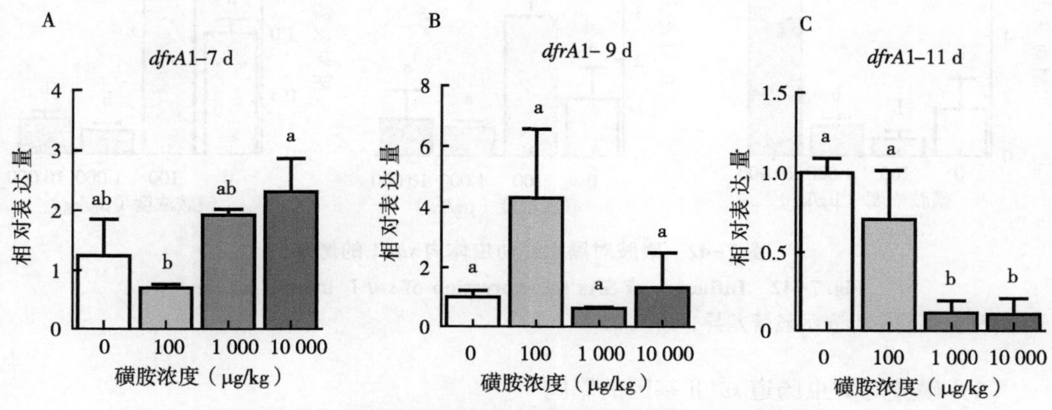

图 7-41　磺胺对黑水虻幼虫体内 *dfrA*1 基因表达的影响

Fig. 7-41　Influence of SAs on expression of *dfrA*1 in BSF larvae

注：不同字母表示显著差异，$P<0.05$

（4）磺胺对幼虫肠道 *sul* Ⅰ基因的影响。取 7d、9d、11d 黑水虻幼虫提取 DNA 组，测定 *sul* Ⅰ表达量，结果如图 7-42 所示。100μg/kg 浓度处理组 7d 幼虫肠道 *sul* Ⅰ表达量约是对照的 1.59 倍，1 000μg/kg 浓度处理组 *sul* Ⅰ表达量约是对照的 5/9，10 000μg/kg 浓度处理组 *sul* Ⅰ表达量约是对照的 5.53 倍。随着磺胺浓度的增加，*sul* Ⅰ表达量先下调，当浓度大于 100μg/kg 后，*sul* Ⅰ表达量上调。对 *sul* Ⅰ表达量结果进行 One－Way ANOVA 分析，结果发现 100μg/kg、1 000μg/kg 浓度处理组 *sul* Ⅰ含量与对照相比差异均不显著，10 000μg/kg 浓度处理组 *sul* Ⅰ含量与对照相比显著上调，10 000μg/kg 浓度处理组 *sul* Ⅰ含量与 100μg/kg、1 000μg/kg 浓度处理组相比显著上调，1 000μg/kg 浓度处理组与 100μg/kg 浓度处理组相比差异不显著（图 7-42 A）。100μg/kg 浓度处理组 9d 幼虫肠道 *sul* Ⅰ表达量约是对照的 2.89 倍，1 000μg/kg 浓度处理组 *sul* Ⅰ表达量约是对照的 4/7，10 000μg/kg 浓度处理组 *sul* Ⅰ表达量约是对照的 3/4。随着磺胺浓度的增加，*sul* Ⅰ表达量先上调，当浓度大于 100μg/kg 后，*sul* Ⅰ表达量下调。对 *sul* Ⅰ表达量结果进行 One-Way ANOVA 分析，结果发现对照、100μg/kg、1 000μg/kg、10 000μg/kg 浓度处理组两两相比差异均不显著（图 7-42 B）。100μg/kg 浓度处理组 11d 幼虫肠道 *sul* Ⅰ表达量约是对照的 1.34 倍，1 000μg/kg 浓度处理组 *sul* Ⅰ表达量约是对照的 1/5，10 000μg/kg 浓度处理组 *sul* Ⅰ表达量约是对照的 2/7。对 *sul* Ⅰ表达量结果进行 One-Way ANOVA 分析，结果发现100μg/kg浓度处理组 *sul* Ⅰ含量与对照相比差异不显著，而1 000μg/kg、10 000μg/kg浓度处理组 *sul* Ⅰ含量与对照相比显著下调，1 000μg/kg、10 000μg/kg浓度处理组 *sul* Ⅰ含量与100μg/kg相比也显著下调，1 000μg/kg浓度处理组 *sul* Ⅰ含量与10 000μg/kg相比差异不显著（图7-42 C）。

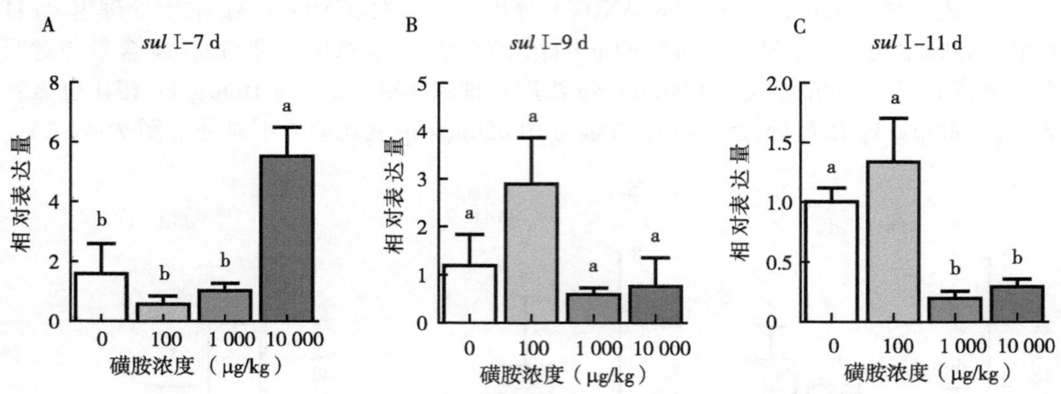

图7-42　磺胺对黑水虻幼虫体内 *sul* Ⅰ的影响

Fig. 7-42　Influence of SAs on expression of *sul* Ⅰ in BSF larvae

注：不同字母表示显著差异，$P<0.05$

（5）磺胺对幼虫肠道 *sul* Ⅱ基因的影响

取7d、9d、11d黑水虻幼虫提取DNA组，测定 *sul* Ⅱ表达量，结果如图7-43所示。100μg/kg浓度处理组7d幼虫肠道 *sul* Ⅱ表达量约是对照的3/7，1 000μg/kg浓度处理组 *sul* Ⅱ表达量约是对照的2/5，10 000μg/kg浓度处理组 *sul* Ⅱ表达量约是对照的1.99倍。随着磺胺浓度的增加，*sul* Ⅱ表达量先下调，当浓度大于1 000μg/kg后，*sul* Ⅱ表达量上调。对 *sul* Ⅱ表达量结果进行One-Way ANOVA分析，结果发现100μg/kg、1 000μg/kg浓度处理组 *sul* Ⅱ含量与对照相比差异均不显著，10 000μg/kg浓度处理组 *sul* Ⅱ含量与对照相比显著上调，10 000μg/kg浓度处理组 *sul* Ⅱ含量与100μg/kg、1 000μg/kg浓度处理组相比显著上调，1 000μg/kg浓度处理组与100μg/kg浓度处理组相比差异不显著（图7-43 A）。100μg/kg浓度处理组9d幼虫肠道 *sul* Ⅱ表达量约是对照的5.02倍，1 000μg/kg浓度处理组 *sul* Ⅱ表达量约是对照的5/7，10 000μg/kg浓度处理组 *sul* Ⅱ表达量约是对照的1.27倍。随着磺胺浓度的增加，*sul* Ⅱ表达量先上调，当浓度大于100μg/kg后，*sul* Ⅱ表达量下调。对 *sul* Ⅱ表达量结果进行One-Way ANOVA分析，结果发现对照、100μg/kg、1 000μg/kg、10 000μg/kg浓度处理组两两相比差异均不显著（图7-43 B）。100μg/kg浓度处理组11d幼虫肠道 *sul* Ⅱ表达量约是对照的1/2，1 000μg/kg浓度处理组 *sul* Ⅱ表达量约是对照的1/8，10 000μg/kg浓度处理组 *sul* Ⅱ表达量约是对照的2/9。对 *sul* Ⅱ表达量结果进行One-Way ANOVA分析，结果发现100μg/kg、1 000μg/kg、10 000μg/kg浓度处理组 *sul* Ⅰ含量与对照相比均显著下调，1 000μg/kg浓度处理组 *sul* Ⅱ含量与100μg/kg相比也显著下调，而10 000μg/kg浓度处理组 *sul* Ⅱ含量与100μg/kg、1 000μg/kg相比差异均不显著（图7-43 C）。

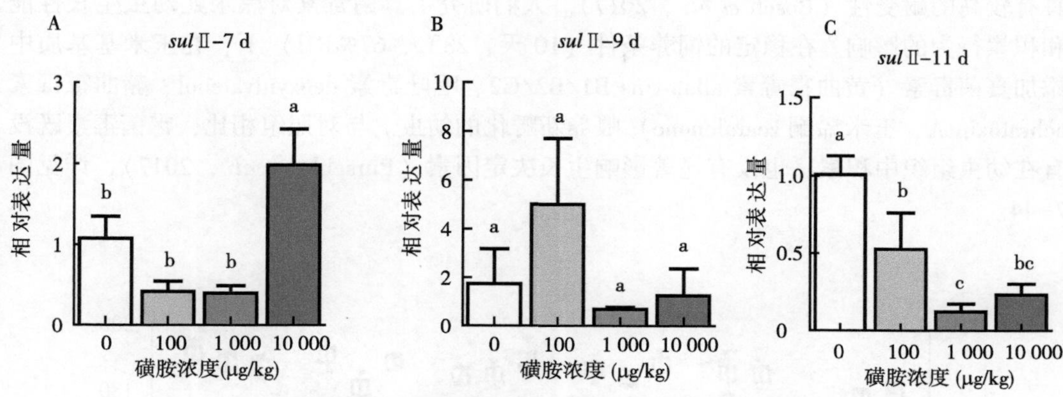

图 7-43　磺胺对黑水虻幼虫体内 *sul* Ⅱ的影响

Fig. 7-43　Influence of SAs on expression of *sul* Ⅱ in BSF larvae

注：不同字母表示显著差异，$P<0.05$

在磺胺胁迫下，黑水虻肠道内磺胺类抗性基因先富集，后发生降解。这对利用黑水虻降解环境中抗性基因污染有重要的指导意义。黑水虻在经历 11d 高浓度磺胺处理后，肠道内 *dfrA*1 基因水平发生降解，*sul* Ⅰ与 *sul* Ⅱ基因在 11d 高浓度磺胺处理后也发生降解，但在处理 5d 后 *sul* Ⅰ与 *sul* Ⅱ基因发生富集。动物饲喂抗生素后，肠道内抗性基因富集的现象普遍存在。使用抗生素对猪进行药物治疗后，猪体内抗性基因的数量和丰度均有增加（Looft *et al.*，2012）。猪体内抗性基因富集与抗生素的剂量、使用时间、猪的年龄和取样肠道位置都有关（Holman and Chénier，2015）。而关于抗性基因降解的报道并不多，主要集中在昆虫上。家蝇处理富含抗性基因的猪粪，有 94 种抗性基因发生降解（Wang *et al.*，2017c）。所以利用黑水虻来降解富含抗生素的禽畜粪便，或许不会加重抗性基因的污染，这对禽畜粪便无害化处理有重大意义。

另外抗生素抗性基因也可以在昆虫肠道中通过质粒完成细菌间的传导（Petridis *et al.*，2006），这可能也是抗性基因含量变化的原因。随着磺胺胁迫时间的增加，黑水虻从幼龄长到末龄，机体对抗环境伤害的能力增强，这可能是 *sul* Ⅰ、*sul* Ⅱ含量先上升后下降的原因。从 ARDB 数据库可以查到 *dfrA*1 与 *sul* Ⅰ、*sul* Ⅱ分别是甲氧苄氨嘧啶和磺胺的抗性基因。虽然甲氧苄氨嘧啶与磺胺的抗菌范围类似，但两种抗生素的抗性基因并没有相互交叉，磺胺诱导了 *sul* Ⅰ、*sul* Ⅱ的富集，并没有对 *dfrA*1 产生富集作用。

第三节　对真菌毒素的耐受性

黑水虻幼虫以禽饲料喂养，在干饲料中分别添加 0.01mg/kg、0.025mg/kg、0.05mg/kg、0.10mg/kg、0.25mg/kg 和 0.5mg/kg 黄曲霉毒素 B1（AFB1），对照中不添加，仅添加 AFB1 溶剂。饲料中的 AFB1 对黑水虻幼虫的存活率和体重均无影响（$P>0.10$），表明黑水虻幼虫对黄曲霉毒素 B1 有较高的耐受性。此外，在黑水虻幼虫中，AFB1 和黄曲霉毒素 M1（AFM1）低于检测限（0.10mg/kg）。说明黑水虻幼虫对 AFB1

具有较高的耐受性（Bosch *et al.*，2017）。人们研究了真菌毒素对黑水虻幼虫生长性能和积累行为的影响。在稳定的饲养条件（10 天、28℃、67%RH）下，在玉米基基质中添加真菌毒素（黄曲霉毒素 aflatoxins B1/B2/G2、呕吐毒素 deoxynivalenol、赭曲霉毒素 ochratoxin A、玉米烯酮 zearalenone）喂养新孵化的幼虫。与对照组相比，霉菌毒素既没有在幼虫组织中积累，也没有显著影响生长决定因素（Purschke *et al.*，2017），详见图 7-44。

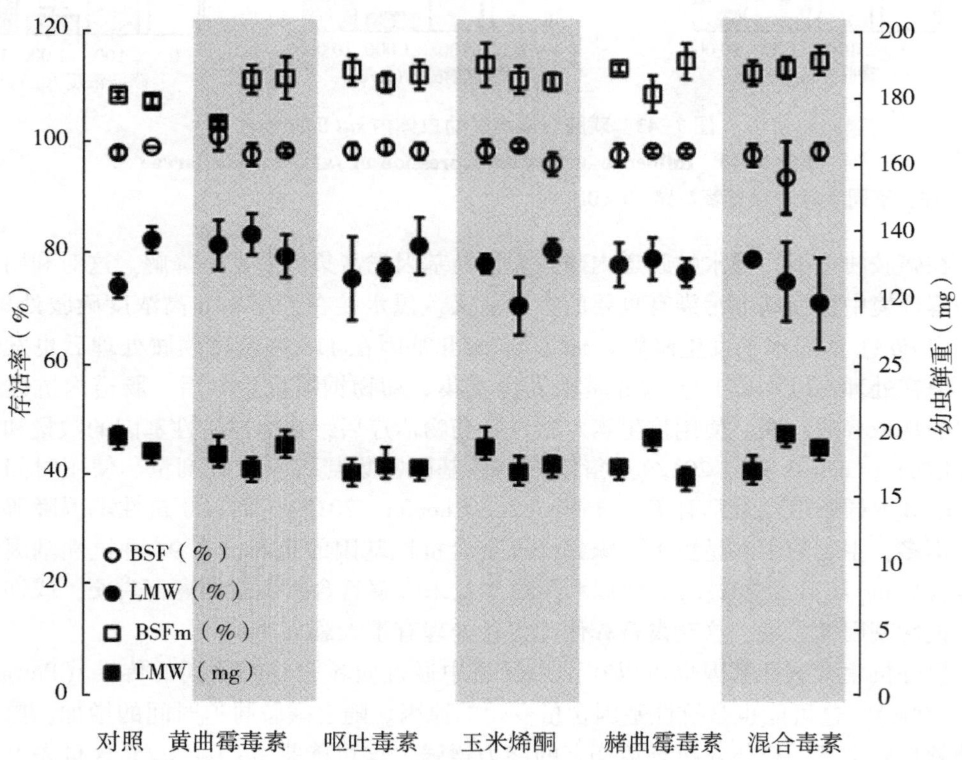

图 7-44　饲料中含真菌毒素时对黑水虻和黑粉甲幼虫平均存活百分率和幼虫鲜重的影响（资料来源于 Camenzuli *et al.*，2018）

Fig. 7-44　Mean percentage survival of the *H. illucens*（BSF）（○）and the lesser mealworm（LMW）（●），and the mean larvae live weight of the BSF（□）and the LMW（■）reared on mycotoxins

对真菌毒素在黑水虻幼虫体内的潜在积累也有相关的报道。在饲料中加入标准的黄曲霉毒素 B1、呕吐毒素（DON）、赭曲霉毒素 A、玉米赤霉烯酮毒素及这些毒素的混合物。浓度为欧盟限定的最高值的 1 倍、10 倍、25 倍。欧盟对黄曲霉毒素 B（1）的最高限定值是 0. 02mg/kg、对呕吐毒素 DON 的最高限定值是 5mg/kg、对玉米赤霉烯酮毒素的最高限定值是 0. 5mg/kg、对赭曲霉毒素 A 的最高限定值是 0. 1mg/kg（图 7-45）。关注了幼虫和虫沙中的以下物质：黄曲霉醇、黄曲霉毒素 P（1）、黄曲霉毒素 Q（1）、黄曲霉毒素 M（1）、3-乙酰-呕吐毒素、15-乙酰-呕吐毒素和酮-3-糖苷、α，β-玉米烯酮。幼虫体内没有积累上述真菌毒素，只在黑水虻幼虫中检测到比饲料中浓度低几个数量级的极微含量。因此，可以看出黑水虻幼虫能对 4 种真菌毒素进行不同程度的代谢。如果幼虫中的真菌毒素浓度更高，则需要进行更多的分析和毒理学研究，以充分了解黑水虻食料中真菌毒素的安全限度，从而了解黑水虻的安全（Camenzuli *et al.*，2018），详见图 7-46 和表 7-4。

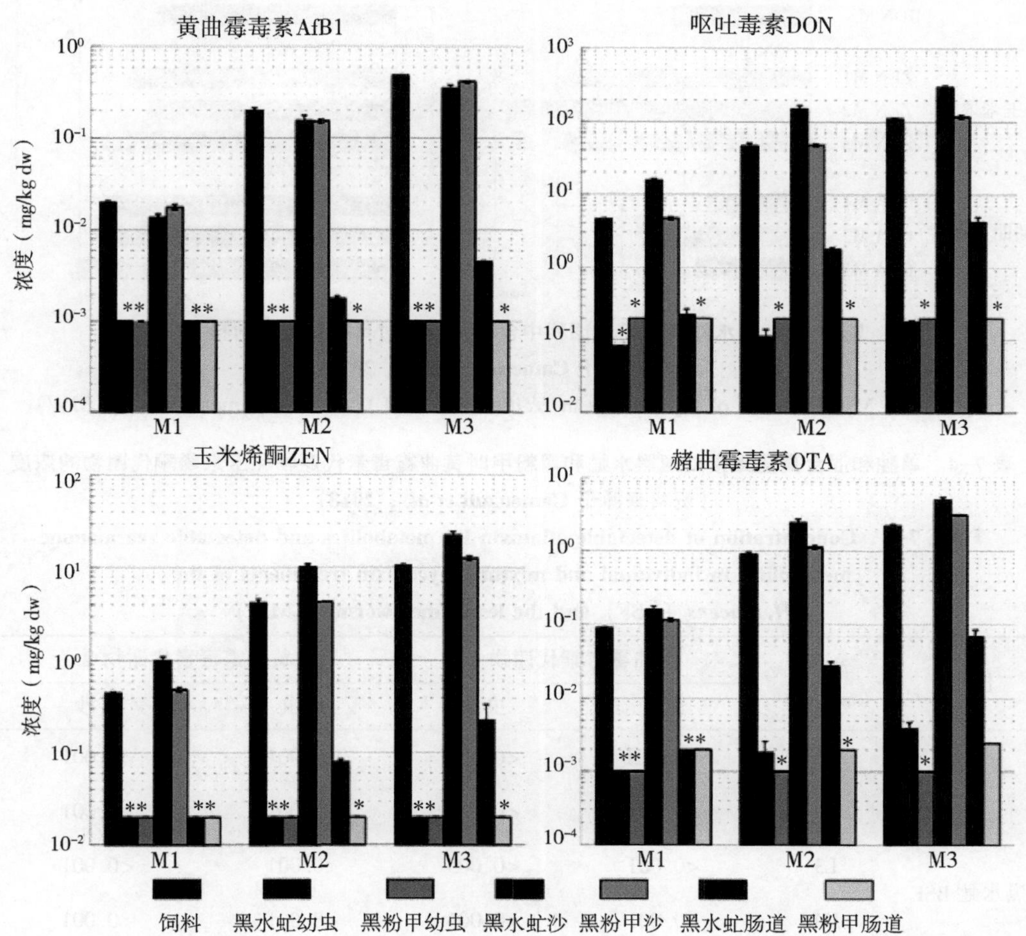

图 7-45　黑水虻和黑粉甲饲料中含真菌毒素时真菌毒素的浓度及分布

（资料来源于 Camenzuli *et al.*，2018）

Fig. 7-45　Concentrations of mycotoxins in feed，larvae，residual material，and gut clean in *H. illucens*（BSF）and lesser mealworm（LMW）exposed to three mycotoxin levels（M1~M3）

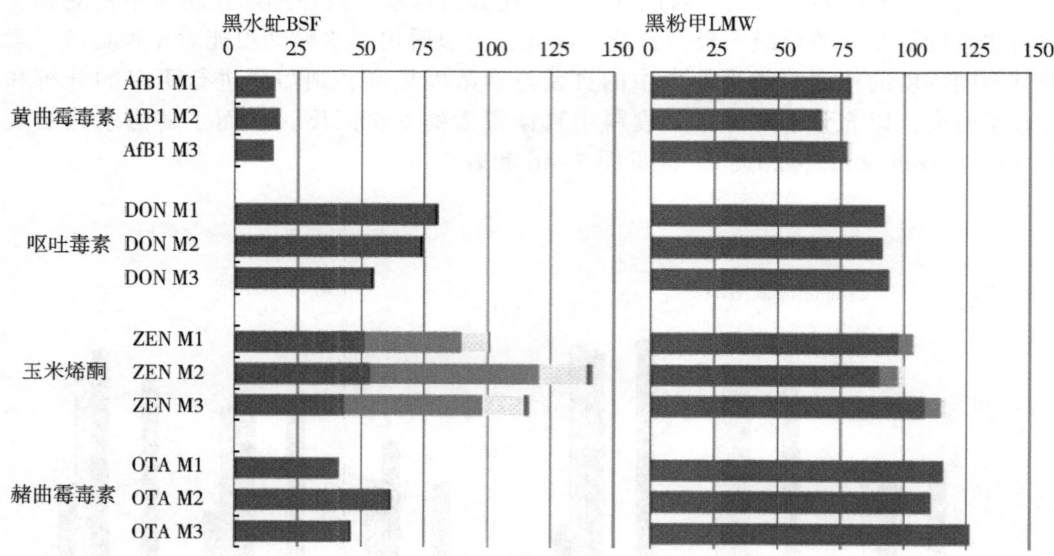

图 7-46　黑水虻和小粉虱饲料中含真菌毒素时真菌毒素的物料平衡
（资料来源于 Camenzuli *et al.*，2018）

Fig. 7-46　Mass balance of mycotoxins in *H. illucens*（BSF） and lesser mealworm（LMW）

表 7-4　单独和混合真菌毒素处理黑水虻和黑粉甲时黄曲霉毒素代谢物和玉米烯酮代谢物的浓度
（资料来源于 Camenzuli *et al.*，2018）

Table 7-4　Concentration of detectable aflatoxin B1 metabolites and detectable zearalenone metabolites in individual and mixture mycotoxin treatments of the *H. illucens*（BSF） and the lesser mealworm（LMW）

昆虫	浓度（mg/kg）	黄曲霉毒素代谢物 1		黄曲霉毒素代谢物 2	
		幼虫	虫沙	幼虫	虫沙
黑水虻 BSF	L1	<0. 001b	<0. 005	<0. 001	<0. 001
	L2	<0. 001	<0. 005	<0. 001	<0. 001
	L3	<0. 001	<0. 005	<0. 001	<0. 001
	M1	<0. 001	<0. 005	<0. 001	<0. 001
	M2	<0. 001	<0. 005	<0. 001	<0. 001
	M3	<0. 001	0. 067±0. 002	<0. 001	<0. 001

（续表）

昆虫	浓度（mg/kg）	黄曲霉毒素代谢物 1		黄曲霉毒素代谢物 2	
		幼虫	虫沙	幼虫	虫沙
黑粉甲 LMW	L1	<0.001	<0.001	<0.001	<0.001
	L2	<0.001	<0.001	<0.001	0.0020±0.0002
	L3	<0.001	0.0015±0	<0.001	0.011±0.0001
	M1	<0.001	<0.001	<0.001	<0.001
	M2	<0.001	<0.001	<0.001	0.0055±0.001
	M3	<0.001	0.0013±0.0002	<0.001	0.011±0.001

昆虫	浓度（mg/kg）	α-玉米烯酮		β-玉米烯酮	
		幼虫	虫沙	幼虫	虫沙
黑水虻 BSF	L1	<0.005	0.64±0.026	<0.005	0.18±0.010
	L2	0.005±0.002	7.2±0.31	<0.005	2.3±0.12
	L3	0.025±0.004	37.3±8.1	0.007±0.001	11.2±1.32
	M1	<0.005	0.74±0.11	<0.005	0.20±0.026
	M2	0.011±0.004	12.7±2.9	<0.005	3.6±0.85
	M3	0.029±0.005	28.3±1.5	0.0067±0.001	8.6±1.02
黑粉甲 LMW	L1	<0.005	0.023±0.002	<0.005	<0.01
	L2	<0.005	0.203±0.012	<0.005	0.102±0.007
	L3	<0.005	0.82±0.071	<0.005	0.32±0.026
	M1	<0.005	0.030±0.002	<0.005	0.011±0.001
	M2	<0.005	0.35±0.040	<0.005	0.14±0.012
	M3	<0.005	0.74±0.012	<0.005	0.27±0.015

第四节　对农药的耐受性

人们早期常用黑水虻转化畜禽粪便，但畜禽养殖过程中常使用农药环丙氨嗪（灭蝇胺）或吡丙醚以毒杀苍蝇等。研究人员就黑水虻取食环丙氨嗪（灭蝇胺）或吡丙醚的剂量—死亡率的回归进行了分析（表 7-5 和图 7-47、图 7-48）。成为预蛹前，灭蝇胺的 LC_{50} 在 0.13~0.19mg/kg，斜率在 5.79~12.04。羽化前，灭蝇胺的 LC_{50} 在 0.25~0.28mg/kg，斜率在 3.94~7.69。由于吡丙醚使得黑水虻幼虫未能发育至预蛹阶段的死亡率较低（最高浓度 1 857mg/kg时的死亡率仍小于 32%），未能做出剂量—死亡率回归曲线。未能发育成成虫的 LC_{50} 在 0.10~0.12mg/kg，斜率在 1.67~2.32。检测了野外黑水虻成虫和家蝇对 λ-高效氯氟氰菊酯和百灭灵对黑水虻的剂量-死亡率回归。家蝇对这些除虫菊酯类农药有很高的抗性。黑水虻暴露于 λ-高效氯氟氰菊酯处理时，回归线的斜率比家蝇处理陡峭 2 倍，黑水虻和敏感家蝇的 LC_{50} 比野外家蝇低 10～30 倍（Tomberlin *et al.*，2002b）。在恒定的饲养条件（10 天、28℃、67%RH）下，在玉米基质中添加杀虫剂（毒死蜱、甲基-毒死蜱、甲基-嘧啶）喂养新孵化的幼虫。与对照组相比，杀虫剂既没有在幼虫组织中积累，也没有显著影响生长决定因素（Purschke *et al.*，2017）。

表 7-5 环丙氨嗪和吡丙醚处理家蝇幼虫培养基后饲喂黑水虻对其产生的毒性（资料来源于 Tomberlin *et al.*，2002）

Table 7-5 Toxicity of cyromazine and pyriproxifen following treatment of CSMA diet fed to *H. illucens* larvae

杀虫剂	阶段	处理	斜率	LC_{50}（95% CI）	*n*	X^2
环丙氨嗪	蛹	1	12.04（1.44）	0.26（0.24-0.27）	27	9.48
		2	8.14（0.73）	0.25（0.24-0.26）	27	9.48
		3	5.79（1.11）	0.28（0.23-0.35）	27	12.44
	成虫	1	7.69（1.89）	0.19（0.16-0.23）	27	9.48
		2	3.94（0.74）	0.13（0.09-0.16）	27	9.48
		3	4.17（1.00）	0.18（0.14-0.21）	27	9.48
吡丙醚	蛹	1	0.53（0.84）	—	42	9.48
		2	-1.37（1.70）	—	42	9.48
		3	0.63（0.77）	—	42	9.48
	成虫	1	2.32（1.00）	0.12（0.06-0.17）	42	11.07
		2	1.73（0.50）	0.12（0.05-0.47）	42	7.81
		3	1.67（0.21）	0.10（0.07-0.13）	42	9.49

注：CSMA 指商用的家蝇幼虫培养基

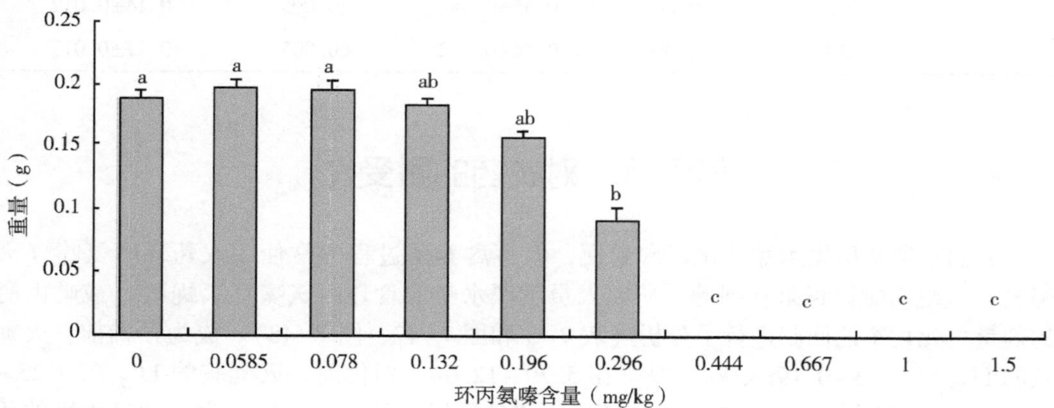

图 7-47 食入不同浓度环丙氨嗪处理饲料的黑水虻预蛹重（资料来源于 Tomberlin *et al.*，2002）

Fig. 7-47 Mean prepupal weight for *H. illucens* feeding on diet treated with differing cyromazine concentrations

注：字母不同表示差异显著，$P<0.05$，LSD

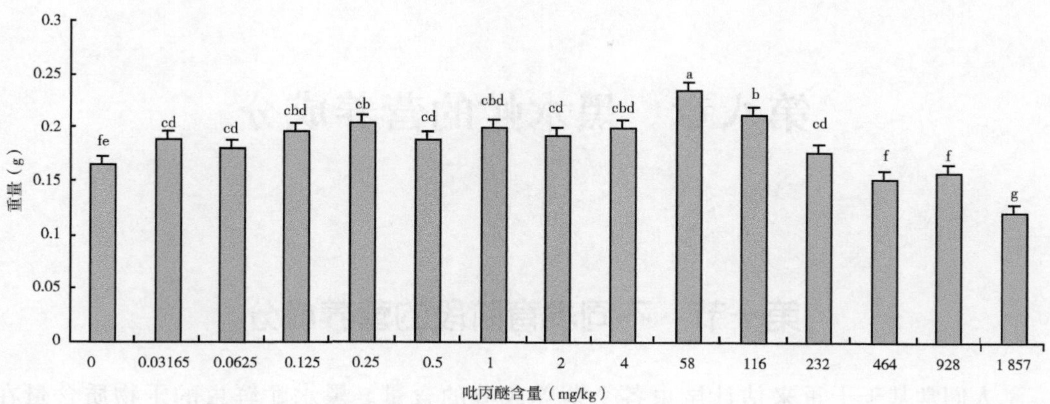

图 7-48　食入不同浓度吡丙醚处理饲料的黑水虻预蛹重（资料来源于 Tomberlin *et al.*，2002）

Fig. 7-48　Mean prepupal weight for *H. illucens* feeding on diet treated with differing pyriproxifen concentrations

注：字母不同表示差异显著，*P*<0.05，LSD

第八章　黑水虻的营养成分

第一节　不同发育阶段的营养成分

人们常基于干重来估计昆虫各个营养成分的含量。黑水虻鲜虫的干物质含量在20%~44%（Diener *et al.*，2009；Finke，2013；Nguyen *et al.*，2015b；Oonincx *et al.*，2015a）。高龄幼虫的干重大于低龄幼虫的干重，干物质含量的变化与幼虫取食的饲料和幼虫的发育阶段相关（Barragan-Fonseca *et al.*，2017）。黑水虻幼虫的蛋白质和脂肪含量都较高，并含有其他对动物饲料重要的宏观和微量营养素（Barragan-Fonseca *et al.*，2017）。其营养成分主要包括粗蛋白 40%，粗脂肪 33%，灰分 15%，粗纤维 12%，锰 0.56%，钠 3.07%，铁 0.57%，钾 2.27%，硫胺素含量为 0.24mg/ 100g，核黄素含量为 2.2mg/ 100g，维生素 E 含量为 1.3mg/ 100g（Nyakeri *et al.*，2017）。有学者指出蛋白质含量通常是根据氮转化因子（nitro-to-protein conversion factor，Kp）6.25 计算得出的总氮。由于昆虫体内含有非蛋白氮，这一因素高估了蛋白质含量。使用氨基酸分析，计算出特定的 Kp 因子 4.76±0.09，适合于昆虫粗蛋白含量的估计；Kp 因子 5.60±0.39 适用于提取和纯化后昆虫蛋白质含量的估计。这两个 Kp 因子都在对黄粉虫 *Tenebrio molitor*，黑菌虫 *Alphitobius diaperinus* 和黑水虻 *H. illucens* 的研究中得到验证，因此建议采用这些 Kp 值来测定其他昆虫的蛋白质，以免过高估计蛋白质含量（Janssen *et al.*，2017）。

黑水虻营养组成随发育阶段而变化，见表 8-1。在 26℃条件下，用鸡饲料喂养时，在 4~14d 的时间内，幼虫干物质中粗脂肪含量迅速增加，最高水平达到了干重的 28.4%，粗蛋白含量变化趋势相反，呈现出持续下降的趋势，12d 时为最低，只有干重的 38%；随后的发育阶段内粗蛋白含量的峰值水平出现在早期蛹阶段，为 46.2%。从预蛹早期到蛹的晚期，粗脂肪含量急剧降低（分别为 24.2%和 8.2%）。死亡成虫的粗蛋白含量最高，为 57.6%，此时粗脂肪含量为 21.6%（Liu *et al.*，2017）。从卵期到成虫期每个阶段都有各种各样的必需氨基酸（表 8-2），且发育的中早期氨基酸含量更高，发育的晚期，如预蛹和蛹期氨基酸含量变化不大。成虫期的氨基酸含量也较高，这一点可能有利于繁殖（Liu *et al.*，2017）。

表 8-1　黑水虻不同生活史阶段的粗蛋白、粗脂肪和灰分含量（资料来源于 Liu *et al.*，2017）

Table 8-1　Crude protein, crude fat and ash content of BSF in diverse life cycle steps

阶段	粗蛋白（%）	粗脂肪（%）	灰分（%）
卵	45. 0±0. 12e	15. 8±0. 06f	4. 0±0. 15gh
1d 幼虫	56. 2±0. 06b	4. 8±0. 08j	5. 0±0. 17g
4d 幼虫	54. 8±0. 28c	5. 8±0. 26j	10. 5±0. 40a
6d 幼虫	54. 2±0. 15c	9. 6±0. 06h	10. 0±0. 06abc
7d 幼虫	46. 0±0. 21d	13. 4±0. 17g	9. 2±0. 25bcde
9d 幼虫	42. 0±0. 10g	22. 2±0. 28e	8. 4±0. 23def
12d 幼虫	38. 0±0. 35j	22. 6±0. 15e	7. 8±0. 41f
14d 幼虫	39. 2±0. 06i	28. 4±0. 06c	8. 3±0. 26ef
预蛹早期	40. 2±0. 15h	28. 0±0. 25c	8. 8±0. 21cdef
预蛹晚期	40. 4±0. 21h	24. 2±0. 28d	9. 6±0. 06abcd
蛹早期	46. 2±0. 12d	8. 2±0. 12i	9. 6±0. 15abcd
蛹晚期	43. 8±0. 21f	7. 2±0. 03i	10. 2±0. 32ab
雌成虫（2d）	43. 8±0. 06f	30. 6±0. 26b	2. 8±0. 06h
雄成虫（2d）	44. 0±0. 10f	32. 2±0. 42a	3. 0±0. 06h
成虫死尸	57. 6±0. 26a	21. 6±0. 36e	3. 6±0. 23h

注：同列数值后字母不同表示差异显著，$P<0.05$

表 8-2 黑水虻不同生活史阶段的氨基酸组成（资料来源于 Liu *et al.*，2017）

Table 8-2 Amino acid compositions of BSF in different life history traits

氨基酸	卵	1d 幼虫	4d 幼虫	6d 幼虫	7d 幼虫	9d 幼虫	12d 幼虫	14d 幼虫
Asp	41. 6±0. 75b	39. 2±0. 15ef	40. 9±0. 24bc	34. 8±0. 04	33. 2±0. 15h	29. 6±0. 24i	32. 4±0. 20h	36. 3±0. 12g
Thr	20. 0±0. 13bcd	22. 8±0. 18b	23. 2±2. 88a	21. 7±0. 16bc	20. 0±0. 09bcd	17. 8±0. 10cd	17. 1±0. 15e	18. 4±0. 11cd
Ser	21. 5±0. 08b	23. 1±0. 07a	21. 6±0. 08b	20. 2±0. 04d	17. 4±0. 12e	14. 4±0. 09j	15. 8±0. 13i	16. 0±0. 15hi
Glu	55. 8±0. 20e	65. 4±0. 95b	69. 4±0. 19a	64. 4±0. 15c	59. 0±0. 11d	49. 1±0. 20f	43. 7±0. 08h	45. 2±0. 07g
Pro	21. 8±0. 08gh	29. 1±0. 06b	30. 6±0. 14a	29. 4±0. 52b	27. 6±0. 12c	23. 6±0. 24e	22. 8±0. 09ef	21. 9±0. 16fgh
Gly	17. 0±0. 17fg	26. 6±0. 24a	24. 4±0. 05b	24. 8±0. 18b	22. 1±0. 14d	19. 2±0. 18e	17. 6±0. 04f	17. 8±0. 18f
Ala	22. 0±0. 24j	34. 2±0. 09b	34. 0±0. 04b	43. 6±0. 12b	33. 2±0. 18c	30. 2±0. 08d	25. 1±0. 04f	23. 3±0. 13h
Val	19. 0±0. 08de	24. 3±0. 13a	24. 7±0. 11a	24. 2±0. 09a	21. 2±0. 16b	19. 2±0. 19cde	18. 2±0. 14d	18. 7±0. 21d
Met	8. 4±0. 06h	23. 8±0. 16e	19. 4±0. 14g	22. 1±0. 17f	22. 6±0. 12f	18. 8±0. 15g	22. 4±0. 13f	22. 4±0. 16f
Iso	16. 8±0. 08ef	21. 4±0. 19a	20. 0±0. 23b	20. 4±0. 17b	17. 7±0. 21cd	16. 4±0. 13efg	14. 8±0. 15h	15. 6±0. 18gh
Leu	30. 8±0. 22d	36. 8±0. 13a	34. 0±0. 09c	35. 0±0. 11b	29. 8±0. 16e	28. 2±0. 08g	25. 4±0. 09i	27. 1±0. 14h
Tyr	20. 2±0. 32hi	23. 4±0. 14e	25. 7±0. 13cd	19. 4±0. 11i	21. 0±0. 11gh	20. 2±0. 18hi	22. 4±0. 21f	25. 5±0. 19d
Phe	17. 0±0. 08g	18. 2±0. 16ef	21. 0±0. 42b	18. 7±0. 12cde	17. 3±0. 05fg	17. 3±0. 09fg	17. 0±0. 12g	18. 6±0. 12de
Lys	23. 8±0. 14f	29. 0±0. 54bc	29. 8±0. 28b	28. 4±0. 14c	24. 1±0. 17f	21. 4±0. 19g	21. 0±0. 14g	23. 2±0. 22f
His	38. 5±0. 56f	53. 2±0. 39b	49. 2±0. 19c	55. 0±0. 48a	46. 9±0. 26d	41. 0±0. 12e	34. 6±0. 19jk	31. 6±0. 25l
Arg	26. 0±0. 12c	30. 3±0. 21a	28. 5±0. 13b	20. 4±0. 14ef	19. 5±0. 13fg	17. 0±0. 33j	18. 0±0. 08ij	20. 5±0. 14ef

（续表）

氨基酸	预蛹早期	预蛹晚期	蛹早期	蛹晚期	雌成虫	雄成虫	成虫死尸
Asp	35. 8±0. 15g	35. 1±0. 11g	35. 8±0. 10g	32. 5±0. 15h	39. 8±0. 13cd	32. 8±0. 05h	48. 8±0. 71a
Thr	18. 5±0. 15cd	18. 1±0. 05cd	18. 6±0. 09cd	17. 2±0. 06e	20. 7±0. 10bcd	18. 4±0. 08cd	23. 8±0. 06b
Ser	16. 2±0. 10ghi	16. 5±0. 10fg	16. 9±0. 05f	16. 4±0. 08gh	15. 8±0. 06i	16. 2±0. 05ghi	20. 8±0. 08c
Glu	42. 0±0. 11i	38. 4±0. 07j	38. 2±0. 05j	34. 2±0. 20k	46. 6±0. 18g	49. 3±0. 15f	59. 0±0. 07d
Pro	21. 8±0. 16gh	21. 6±0. 09h	22. 0±0. 11fgh	21. 8±0. 21gh	22. 6±0. 14fg	21. 6±0. 15h	26. 4±0. 08d
Gly	20. 0±0. 21e	21. 8±0. 14d	23. 2±0. 22c	24. 3±0. 13b	17. 2±0. 19fg	16. 6±0. 11h	22. 2±0. 16d
Ala	22. 5±0. 18ij	22. 8±0. 23hi	23. 0±0. 16hi	23. 2±0. 08hi	24. 3±0. 07g	27. 4±0. 18e	36. 0±0. 13a
Val	20. 4±0. 75bc	19. 2±0. 12cde	20. 2±0. 14bcd	20. 0±0. 27bcd	20. 3±0. 09bc	18. 8±0. 18a	24. 3±0. 12a
Met	26. 8±0. 14d	31. 4±0. 18c	33. 6±0. 54b	40. 6±0. 13a	18. 4±0. 17g	21. 6±0. 19f	33. 4±0. 11b
Iso	16. 6±0. 10ef	16. 0±0. 14fg	16. 9±0. 16de	16. 0±0. 08fg	18. 3±0. 11c	17. 2±0. 13de	21. 8±0. 33a
Leu	28. 0±0. 13g	28. 0±0. 09g	29. 2±0. 18ef	28. 0±0. 08g	31. 4±0. 31d	29. 0±0. 08f	37. 4±0. 13a
Tyr	28. 4±0. 17a	26. 8±0. 15b	26. 6±0. 11bc	25. 8±0. 08cd	22. 6±0. 17ef	21. 7±0. 23fg	26. 2±0. 17bcd
Phe	19. 0±0. 08cde	19. 3±0. 13cd	19. 6±0. 17c	17. 4±0. 21fg	21. 0±0. 12b	17. 2±0. 18g	22. 0±0. 21a
Lys	23. 1±0. 15f	21. 4±0. 12g	21. 6±0. 19g	19. 0±0. 09h	27. 2±0. 17d	25. 7±0. 14e	31. 6±0. 16a
His	34. 9±0. 14ijk	36. 6±0. 11gh	33. 4±0. 23k	36. 4±0. 17ghi	37. 6±0. 19fg	35. 3±0. 28hij	52. 9±0. 58b
Arg	21. 2±0. 53e	20. 4±0. 18ef	21. 2±0. 17e	19. 0±0. 16gh	26. 0±0. 14c	23. 7±0. 11d	30. 0±0. 44a

第二节　幼虫食物对营养组成的影响

黑水虻幼虫的食物来源对幼虫的营养组成影响非常大。如利用畜禽粪便饲养的黑水虻幼虫干重达到42%～43%。干物质中粗蛋白含量占42%～44%，脂肪含量占31%～35%，灰分占11%～15%，钙质占4.8%～5.1%，磷占0.60%～0.63%（Yu *et al.*，2009）。从已有的研究可以看出，黑水虻幼虫的蛋白质含量和脂肪含量均较高，还有丰富的矿质元素，但含量受不同研究人员所用的不同幼虫食物的影响。Tinder给黑水虻幼虫喂食了6种不同的食物，发现蛋白质含量较高的饲料可以转化为较高的预蛹蛋白含量。蛋白质含量较低的饲料导致了预蛹期总能量含量的增加。然而，在不同的饲料中饲养出的幼虫中除了蛋白质，脂质、维生素和矿物质也有所不同（Tinder *et al.*，2017）。以混合水果和蔬菜为食的幼虫中，n-6脂肪酸含量高于只以蔬菜或水果为食的幼虫，且该处理中的幼虫蛋白质含量最高，钙含量较高，铁、锌含量中等。以蔬菜和水果为食的黑水虻表现出了不同的营养状况（Jucker *et al.*，2017）。根据表8-3可以看出，蛋白质含量变化较大，占干重的38.5%～62.7%，脂肪含量的变化更大，占干重6.63%～39.2%，矿质元素、脂肪酸的组成和含量差异也较大，见表8-4、表8-5，主要原因是受到幼虫食物的数量和质量的影响（Barragan-Fonseca *et al.*，2017）。

表8-3　黑水虻取食不同基质时幼虫的粗蛋白和粗脂肪含量

（资料来源于Barragan-Fonseca *et al.*，2017）

Table 8-3　Content of crude protein and crude fat of *H. illucens* larvae reared on different substrates

基质	粗蛋白（%）	粗脂肪（%）
牛粪	42.1	34.8；29.9
鸡粪	40.1±2.5	27.9±8.3
猪粪	43.6；43.2	26.4±7.6
	42.1；45.8	27.5
餐厅废弃物	—	39.2
鸡肉	47.9±7.1	14.6±4.4
副产物	41.7±3.8	—
肝	62.7	25.1
水果和蔬菜	38.5	6.63
鱼	57.9	34.6

表 8-4　黑水虻取食不同基质时幼虫的矿质元素含量（占干重的百分比）
（资料来源于 Barragan-Fonseca *et al.*，2017）

Table 8-4　Mineral content of *H. illucens* larvae feed different substrates（%DM）

矿质元素	鸡粪	猪粪	鸡饲料	未知
钙	5；7.8	5.36	3.14	2.41
磷	0.7；1.5	0.88	1.28	0.91
镁	0.37；0.39	0.44	0.79	0.45
钠	0.15	0.13	0.27	0.23
钾	0.6；0.7	1.16	1.96	1.17
铁	0.01；0.14	0.08	0.04	0.02
锌	0.01；0.013	0.03	0.02	0.01
铜	0.001	0.003	0.002	0.001
锰	0.02；0.06	0.03	0.04	0.02

表 8-5　黑水虻取食不同基质时幼虫的脂肪酸组成及含量（占干重的百分比）
（资料来源于 Barragan-Fonseca *et al.*，2017）

Table 8-5　Fatty acid content of *H. illucens* larvae feed different substrates（%DM）

脂肪酸	牛粪	鸡饲料	牛粪+鱼内脏	高脂肪含量的副产物	低脂肪含量的副产物	猪粪	餐厅废弃物
癸酸	3.1	0.9	—	0.7；0.8	0.3；1.2	—	1.8
月桂酸	26.7±7.8	47.0；46.6	34.1；37.1	28.9；38.4	48.4；50.7	49.3	23.4
肉豆蔻酸	3.9±1.6	6.5；9.2	6.3；6.5	7.4；7.8	9.9；9.5	6.8	—
棕榈酸	16.9±2.6	15.0；12.7	14.3；17.3	14.4；17.0	11.6；11.8	10.5	18.2
棕榈油酸	5.1±1.8	3.4	7.6	2.9；3.4	4.7；6.6	3.5	9.4
硬脂酸	5.3±1.5	2.2；2.1	2.0；2.4	2.4；2.8	1.8；2.0	2.8	5.1
油酸	26.1±5.2	10.2；14.0	16.5；18.8	15.9；18.1	10.3；10.8	11.8	27.1
亚麻酸	4.5±2.4	9.4	3.9；5.9	8.3；17.1	3.6；6.0	3.7	7.5
α-亚麻酸	0.2	0.6；0.8	0.5；0.7	0.8；1.5	0.6；1.0	0.1	—
亚麻油酸	—	—	0.5	—	—	—	—
花生四烯酸	0.04	0.1	0.2	0.1；0.2	0.1；0.6	—	—
二十碳五烯酸	0.07±0.1	—	1.8；3.5	—	—	—	—
二十二碳五烯酸	0.01	0.1	0.1；0.4	—	—	—	—
二十六碳六稀酸	0.06	0.1	0.4；1.7	—	—	—	—

黑水虻幼虫脂类含量很高，在生长发育过程中可以吸收多种有机废弃物进行脂类积

累，是一种很有利用前景的高脂类原料昆虫。很多研究表明黑水虻幼虫的营养组成具有很高的可塑性，尤其是脂类组成，见表 8-6。在以下食物：水果（苹果、梨、橘子）；蔬菜（生菜、青豆、甘蓝）；混合水果和蔬菜上饲养黑水虻幼虫时，以水果为食的幼虫脂肪含量最高，主要是饱和脂肪酸；以蔬菜为食的幼虫必需的 n-3 脂肪酸含量最高；以混合水果和蔬菜为食的幼虫中，n-6 脂肪酸含量最高（Jucker *et al.*，2017）。

表 8-6　黑水虻取食不同基质时幼虫的脂肪酸含量（资料来源于 Jucker *et al.*，2017）

Table 8-6　Fatty acid content of *H. illucens* reared different substrates

脂肪酸　　%	水果	蔬菜	水果和蔬菜混合物（1：1）
10：0	1. 1±0. 1	1. 5±0. 1	1±0. 1
12：0	68±0. 1	25±0. 1	41. 5±0. 6
14：0	7. 6±0. 1	5. 4±0. 1	7. 4±0. 1
16：0	8. 3±0. 1	15. 4±0. 1	12. 8±0. 3
16：1 n-7	3. 8±0. 1	10±0. 1	1. 4±0. 1
18：0	0. 9±0. 1	4. 9±0. 1	1. 7±0. 1
18：1 n-9	7. 1±0. 1	11. 8±0. 1	8. 7±0. 2
18：2 n-6	2. 3±0. 1	7. 5±0. 1	21. 2±0. 4
18：3 n-3	0. 5±0. 1	5. 8±0. 1	2. 6±0. 1
Total n-3	0. 5±0. 1	6. 8±0. 1	2. 8±0. 2
Total n-6	2. 3±0. 1	8. 3±0. 1	20. 4±0. 6
n-6 /n-3	4. 6	1. 2	7. 3
饱和脂肪酸 SFA	86±0. 1	56. 5±0. 1	65±0. 6
单不饱和脂肪酸 MUFA	11. 2±0. 1	27. 2±0. 1	11±0. 1
多不饱和脂肪酸 PUFA	2. 8±0. 1	16. 2±0. 1	24. 1±0. 3
多不饱和脂肪酸/饱和脂肪酸 PUFA /SFA	0. 03	0. 29	0. 37

即便是相同的饲料，但饲喂的持续时间不同，也会改变黑水虻幼虫的脂肪酸组成，见图 8-1、表 8-7。添加富含 n-3 脂肪酸的食物不同时间后，幼虫体内 n-3 脂肪酸的含量是对照组的 3 倍，且脂肪酸 n-6：n-3 的比例低于对照组。因此黑水虻幼虫的 n-3 脂肪酸含量通过膳食操作就可以改变且只需要较短的时间（Barroso *et al.*，2017）。

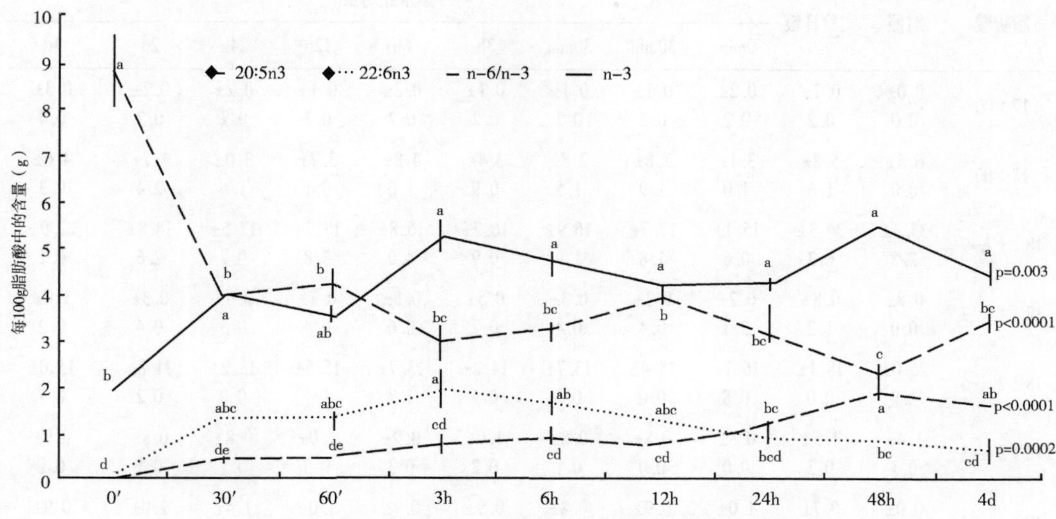

图 8-1 黑水虻幼虫取食富含多不饱和脂肪酸饲料时幼虫的脂肪酸组成变化（资料来源于 Barroso *et al.*，2017）

Fig. 8-1 Changes in fatty acids composition of *H. illucens* larvae consuming the experimental diet（enriched with PUFA）

注：同一曲线上字母不同表示差异显著，$P<0.05$，Tukey-Kramer 检验结果

表 8-7 对照、实验日粮和黑水虻幼虫的脂肪酸含量（资料来源于 Barroso *et al.*，2017）

Table 8-7 Fatty acid content of control and experimental diets and *H. illucens* larvae

脂肪酸	对照	实验日粮	黑水虻幼虫								
			0min	30min	30min	3h	6h	12h	24h	2d	4d
8 : 00	1.1±0.7	0.3±0.5	0.0±0.0	0.0±0.0	0.0±0.0	0.0±0.0	0.0±0.0	0.0±0.0	0.0±0.0	0.0±0.0	0.1±0.2
10 : 00	0.6±0.4	0.2±0.3	0.6±0.8	0.4±0.6	0.5±0.7	0.4±0.5	0.8±1.1	0.7±1.0	0.4±0.6	0.3±0.5	0.9±0.1
12 : 00	0.4±0.1	0.6±0.0	39.0±6.1	31.0±0.2	33.8±1.4	33.6±6.5	33.1±6.8	32.9±3.7	33.0±0.8	32.9±1.3	22.6±0.5
14 : 00	0.7±0.1	2.1±0.3	8.0±1.1	8.1±0.7	7.8±0.2	7.8±0.5	7.2±0.2	7.1±0.0	7.8±0.8	6.8±0.0	5.3±0.2
15 : 00	1.6±2.2	0.5±0.7	0.0±0.0	0.0±0.0	0.0±0.0	0.0±0.0	0.0±0.0	0.0±0.0	0.0±0.0	0.0±0.0	0.0±0.0
16 : 00	19.6±1.5	17.7±2.4	12.7±2.1	14.6±1.5	14.3±1.3	13.5±3.7	13.2±2.1	11.1±4.6	15.0±0.7	15.0±0.9	17.9±1.0
16 : 1 n-7	0.7±0.4	2.3±0.6	1.3±1.9	4.0±1.6	3.9±1.6	1.5±2.2	2.7±0.1	4.8±3.1	4.0±1.4	4.6±1.3	1.9±1.3

（续表）

脂肪酸	对照	实验日粮	黑水虻幼虫								
			0min	30min	30min	3h	6h	12h	24h	2d	4d
17：00	0.0±0.0	0.2±0.2	0.2±0.2	0.1±0.2	0.1±0.2	0.1±0.2	0.2±0.2	0.1±0.1	0.2±0.2	0.2±0.2	0.3±0.4
18：00	6.5±0.0	5.2±1.6	3.1±1.0	2.8±1.9	2.8±1.5	3.4±0.9	4.8±1.6	3.7±0.1	3.0±1.6	1.7±2.4	4.6±0.3
18：1 n-9	35.3±2.3	34.3±6.3	15.1±0.6	17.7±1.8	16.9±1.9	16.7±0.9	16.8±4.0	17.7±3.8	17.5±0.7	18.8±2.6	22.9±0.1
18：1 n-7	0.8±0.0	0.8±1.2	0.2±0.3	0.3±0.4	0.3±0.4	0.5±0.7	0.5±0.6	0.3±0.4	0.4±0.5	0.3±0.4	1.0±0.2
18：2 n-6	26.0±2.9	18.1±0.0	16.1±0.8	15.4±0.0	13.7±0.5	14.2±0.5	13.7±1.7	15.5±1.1	13.2±0.0	11.8±0.2	15.0±0.7
18：3 n-3	1.4±0.1	1.5±0.3	0.8±0.0	0.8±0.0	0.8±0.1	1.0±0.2	0.9±0.3	1.0±0.3	0.8±0.1	0.8±0.1	0.9±0.1
18：4 n-3	0.0±0.0	0.7±0.4	1.0±0.2	0.9±0.1	0.8±0.0	0.9±0.0	0.9±0.2	1.0±0.1	1.4±0.1	2.0±0.0	0.9±0.0
20：00	0.8±0.0	0.2±0.4	0.0±0.0	0.1±0.2	0.0±0.0	0.1±0.2	0.0±0.0	0.1±0.1	0.1±0.1	0.1±0.1	0.0±0.0
20：1 n-9	0.3±0.4	0.9±0.5	0.0±0.1	0.3±0.1	0.6±0.3	0.6±0.2	0.7±0.3	0.4±0.0	0.3±0.0	0.5±0.4	0.4±0.1
20：4 n-6	0.3±0.4	0.9±0.3	0.1±0.0	0.2±0.2	0.4±0.5	0.2±0.3	0.4±0.5	0.3±0.4	0.1±0.1	0.3±0.1	0.2±0.1
20：4 n-3	0.0±0.0	0.3±0.0	0.0±0.0	0.1±0.1	0.0±0.0	0.0±0.0	0.1±0.1	0.0±0.0	0.0±0.0	0.0±0.0	0.0±0.0
20：5 n-3	0.0±0.0	2.8±0.7	0.0±0.1	0.5±0.1	0.5±0.1	0.8±0.1	0.9±0.1	0.8±0.1	1.1±0.1	1.8±0.2	1.6±0.1
22：00	1.1±0.2	0.3±0.5	0.0±0.0	0.0±0.0	0.0±0.0	0.0±0.0	0.0±0.0	0.0±0.0	0.0±0.0	0.0±0.0	0.0±0.0
22：1 n-11	0.0±0.0	0.6±0.2	0.1±0.1	0.2±0.0	0.2±0.1	0.1±0.2	0.3±0.4	0.2±0.2	0.0±0.0	0.0±0.0	0.0±0.0
22：4 n-6	0.0±0.0	0.3±0.2	0.3±0.4	0.2±0.3	0.3±0.4	0.0±0.0	0.3±0.4	0.4±0.5	0.2±0.3	0.1±0.1	0.0±0.0
22：5 n-6	0.0±0.0	0.2±0.3	0.1±0.1	0.0±0.0	0.4±0.5	0.6±0.8	0.7±1.0	0.4±0.6	0.1±0.1	0.2±0.3	0.0±0.0
22：5 n-3	0.6±0.1	1.1±0.1	0.0±0.0	0.5±0.4	0.1±0.1	0.6±0.4	0.2±0.0	0.2±0.1	0.1±0.1	0.1±0.1	0.5±0.4
22：6 n-3	0.0±0.0	6.4±0.7	0.1±0.0	1.3±0.0	1.3±0.2	1.9±0.4	1.6±0.3	1.3±0.1	0.8±0.2	0.8±0.1	0.7±0.2
Others	2.6±1.7	1.5±1.3	1.3±0.9	0.6±0.1	0.5±0.5	1.4±1.3	0.3±0.0	0.3±0.3	0.5±0.1	0.9±1.3	2.1±1.0

（续表）

脂肪酸	对照	实验日粮	黑水虻幼虫								
			0min	30min	30min	3h	6h	12h	24h	2d	4d
饱和脂肪酸 SFA	32.5±4.7	27.4±6.2	63.6±3.0	57.1±3.7	59.4±4.9	58.9±1.6	59.2±8.8	55.7±9.5	59.6±1.6	57.0±2.9	51.7±0.3
单不饱和脂肪酸 MFA	37.1±3.1	39.0±5.1	16.7±1.6	22.5±2.9	21.9±3.4	19.5±1.9	20.8±4.2	23.3±6.8	22.2±1.6	24.2±3.8	26.2±1.0
多不饱和脂肪酸 PUFA	28.2±2.7	32.2±2.3	18.4±0.6	19.9±0.8	18.2±2.0	20.2±1.7	19.6±4.6	20.7±3.0	17.8±0.2	17.8±0.4	19.7±0.8

黑水虻幼虫取食不同食物时，预蛹的氨基酸成分（表 8-8）、脂肪酸组成（表 8-9）和矿物质含量（表 8-10）存在差异。最丰富的必需氨基酸是赖氨酸、缬氨酸和精氨酸，含量在 20~30g/kg DM。尽管食物的氨基酸组成不同，但预蛹的氨基酸促成差异比较小。赖氨酸水平在 23. 4~25. 7g/kg DM，所有预蛹的苏氨酸含量在 15. 4~16. 8g/kg DM。异亮氨酸和缬氨酸的含量分别为 17. 2~19. 1g/kg DM 和 24. 1~28. 2g/kg DM。其他（半）必需氨基酸的含量，如蛋氨酸为 7. 1~8. 6g/kg DM，色氨酸含量为 5. 4~6. 7g/kg DM，精氨酸含量为 19. 9~20. 3g/kg DM。预蛹的脂肪酸组成主要由饱和脂肪酸组成［648~828g/kg 脂肪酸甲酯（FAME）］，而饲喂沼渣的预蛹只含有 648g/kg FAME 饱和脂肪酸，而饲喂其他底物的预蛹含有 774~828g/kg FAME。与其他预蛹相比，前者的 EE 也富含单不饱和脂肪酸（191g/kg vs 95~120g/kg FAME）。预蛹中 n-6 多不饱和脂肪酸（PUFA）含量在 46~120g/kg FAME，而 n-3 PUFA 含量较低，在 9~23g/kg FAME。其脂肪酸组成以 C12：0 含量高为特征。以鸡饲料、蔬菜垃圾和餐馆垃圾饲养的预蛹的 EE 含量至少为 573g/kg，而饲喂沼渣的预蛹的 EE 含量仅为 437g/kg，但含有大量的支链脂肪酸。钙的含量在 66g/kg DM 之间变化很大。以沼渣饲养的预蛹和以餐馆垃圾喂养的预蛹的含量分别为 1g/kg DM 和 1g/kg DM。然而，预蛹的钙含量并不总是与其各自底物的钙含量相关（R^2=0. 179；P=0. 581）。例如，预蛹喂养的鸡饲料的钙含量与蔬菜垃圾喂养的预蛹的钙含量相同（29g/kg DM），而不同基质的钙含量显著不同（分别为 29g/kg DM 和 7g/kg DM）。其他矿物含量均在小范围内。磷含量在 4. 0~5. 0g/kg DM，钾含量在 5. 9~6. 8g/kg DM（P=0. 285）。

表 8-8　黑水虻取食不同基质时预蛹及所取食基质的氨基酸组成与含量变化（资料来源于 Spranghers *et al.*，2017）

Table 8-8　Amino acid profile of the tested substrates and *H. illucens* prepupae

氨基酸	鸡饲料		沼渣		蔬菜废弃物		餐厅废弃物	
	基质	预蛹	基质	预蛹	基质	预蛹	基质	预蛹
丙氨酸	8.6	25.2	12.5	24.3	3.7	24.2	6.6	27.8
精氨酸	10.6	20.3	9.6	20.0	5.0	20.0	7.3	19.9
天冬氨酸	14.4	37.8	21.7	33.6	15.6	35.9	14.5	36.9

（续表）

氨基酸	鸡饲料		沼渣		蔬菜废弃物		餐厅废弃物	
	基质	预蛹	基质	预蛹	基质	预蛹	基质	预蛹
半胱氨酸	2.8	2.5	2.2	2.4	0.6	2.1	2.0	2.2
谷氨酸	33.0	41.9	27.0	39.8	7.8	41.3	33.2	45.8
甘氨酸	7.7	22.6	10.6	22.6	3.0	22.2	6.0	25.2
组氨酸	4.1	13.6	3.6	13.5	1.4	12.4	3.6	13.8
异亮氨酸	6.5	17.2	9.8	18.4	2.8	17.3	6.0	19.1
亮氨酸	13.8	28.6	15.5	29.5	4.6	28.0	11.1	30.6
赖氨酸	7.1	23.4	10.3	25.7	3.8	22.6	6.9	23.0
甲硫氨酸	3.1	7.6	4.1	8.7	1.0	7.6	2.8	7.1
苯丙氨酸	8.2	17.0	9.7	18.7	2.9	16.3	6.8	16.4
脯氨酸	10.4	22.5	8.3	22.1	2.9	21.4	10.9	25.1
丝氨酸	7.7	16.6	8.0	15.5	2.8	15.0	6.9	15.9
苏氨酸	6.4	16.4	9.5	16.8	2.8	15.4	5.0	16.2
酪氨酸	1.5	6.7	1.6	6.2	0.9	5.8	1.8	5.4
缬氨酸	7.9	24.1	11.7	24.9	3.4	24.8	7.3	28.2

表 8-9　黑水虻取食不同基质时预蛹及所取食基质的脂肪酸组成与含量变化

（资料来源于 Spranghers *et al.*，2017）

Table 8-9　Fatty acid composition of the tested substrates and *H. illucens* prepupae

脂肪酸	鸡饲料		沼渣		蔬菜废弃物		餐厅废弃物	
	基质	预蛹	基质	预蛹	基质	预蛹	基质	预蛹
C10：0	1.4	14.3	8.5	11.7	2.3	16.3	13.3	20.3
C12：0	14.5	573.5	97.5	436.5	21.3	608.9	154.9	575.6
C14：0	3.3	73.4	43.1	68.7	12.8	94.8	59.0	71.4
C16：0	160.0	96.5	236.3	101.2	305.2	87.0	231.2	102.9
C18：0	25.1	13.6	38.5	17.5	31.8	11.1	67.5	9.8
饱和脂肪酸	214.6	774.4	483.2	648.2	406.8	828.0	540.5	782.9
异式/反异式	0.5	1.0	80.3	64.6	4.6	7.1	6.0	2.9
C16：1	2.0	19.7	8.8	75.8	15.3	29.3	17.2	33.4
c9C18：1	239.6	75.4	119.3	79.3	66.0	56.6	251.3	79.7
c11C18：1	8.4	2.3	35.7	23.2	28.3	3.3	99.0	1.2

（续表）

脂肪酸	鸡饲料		沼渣		蔬菜废弃物		餐厅废弃物	
	基质	预蛹	基质	预蛹	基质	预蛹	基质	预蛹
单不饱和脂肪酸 MUFA	255.3	100.1	189.8	190.8	119.6	95.4	289.4	119.9
C18：2 n-6	499.9	115.5	163.5	79.0	312.2	45.2	138.3	78.3
n-6 系多不饱和脂肪酸	501.0	115.9	175.6	80.4	319.3	46.2	142.4	80.0
C18：3 n-3	24.3	7.0	17.3	8.3	116.4	13.7	16.3	11.0
C18：4 n-3	0.5	0.7	0.8	6.5	4.4	8.7	2.1	0.5
C20：5 n-3	0.2	0.6	1.3	1.1	1.3	0.1	0.7	2.3
C22：6 n-3	3.2	0.1	35.0	0.2	15.0	0.1	1.4	0.1
n-3 系多不饱和脂肪酸	28.5	8.6	71.1	16.0	149.7	23.3	21.8	14.3

表 8-10　黑水虻取食不同基质时预蛹及所取食基质的矿质元素组成与含量变化（资料来源于 Spranghers *et al.*，2017）

Table 8-10　Mineral composition of the tested substrates and *H. illucens* prepupae

元素	鸡饲料		沼渣		蔬菜废弃物		餐厅废弃物	
	基质	预蛹	基质	预蛹	基质	预蛹	基质	预蛹
Ca	29.49	28.70	15.55	66.15	6.83	28.72	1.41	1.23
Cu	0.03	0.01	0.02	0.01	0.01	0.01	0.00	0.01
Fe	0.29	0.35	23.59	0.43	1.06	0.11	0.42	0.11
K	7.31	6.16	11.3	6.75	10.65	5.94	8.04	5.98
Mg	2.57	2.65	4.98	3.13	1.49	2.46	0.53	2.11
Mn	0.09	0.22	0.19	0.38	0.05	0.24	0.01	0.02
Na	1.62	0.67	6.32	0.89	8.39	0.60	8.12	0.68
P	5.56	4.99	15.35	4.44	2.39	4.04	2.37	4.08
S	0.73	0.20	4.54	0.31	1.11	0.18	0.51	0.11
Zn	0.12	0.16	0.10	0.05	0.07	0.07	0.02	0.07

Nguyen 等选择了多种来源广泛的废弃物，对黑水虻幼虫的转化能力和营养组成进行了评价，见表 8-11。具体包括：控制家禽饲料、猪肝、猪粪、厨房废弃物、水果和蔬菜、鱼。厨房废弃物每天的平均减少率（黑水虻的消耗）最大，产生的黑水虻最长、最重。以肝脏、粪肥、水果、蔬菜和鱼饲养的幼虫的长度和体重与以对照饲料喂养的幼虫大致相同（Nguyen *et al.*，2015b）。

表 8-11　黑水虻预蛹及所取食的 5 种基质的营养组成（资料来源于 Nguyen *et al.*，2015）

Table 8-11　Nutrient content of five different waste streams and *H. illucens* prepupae produced from each resource

项目	每 100g 中的含量	鸡饲料	猪肝	猪粪	餐厅废弃物	水果蔬菜	鱼剩余物
废弃物	热量（kJ）	13	1.85	1.24	2.03	1.57	2.1
	蛋白（g）	18.02	76.71	22.66	20.41	20.07	50.00
	脂肪（g）	2.52	12.84	1.40	19.58	1.55	36.18
	碳水化合物	53.62	4.74	47.61	56.79	68.95	0.55
	蛋白：碳水化合物	1：2.97	16.18：1	1：2.1	1：2.78	1：3.44	90.9：1
收获的黑水虻预蛹	热量（kJ）	0.54	0.9	—	—	0.44	0.98
	蛋白（g）	14.7	21.0	—	21.2	12.9	19.4
	脂肪（g）	4.02	8.39	—	—	2.22	11.6
	碳水化合物（g）	8.75	13.7	—	—	8.38	12.7

4 种不同类型的食物中，有 3 种食物的干物质含量相当，其值在 243~262g/kg。只有蔬菜垃圾的水分含量明显较高，DM 值为 127g/kg。然而，蛋白质、灰分和纤维的含量在底物中存在很大的差异。食物中的乙醚提取物 EE 含量较低（21~62g/kg DM），餐厨垃圾除外（139g/kg DM）。鸡饲料、蔬菜垃圾和餐馆垃圾中含有大量的非纤维碳水化合物（分别为 425g/kg、449g/kg 和 618g/kg DM），而沼渣中几乎完全没有非纤维碳水化合物。取食不同类型的食物时收获的预蛹的生物量 DM 含量基本相同，变化范围为 381~410g/kg。蛋白质含量亦是如此（399~431g/kg DM）。从表 8-12 可以看出，EE 和灰分含量受饲养食物类型的影响显著。与未发酵的蔬菜垃圾（371g/kg DM EE 和 96g/kg DM ash）相比，在沼渣中饲养的预蛹在 EE（218g/kg DM）和灰分（197g/kg DM ash）中含量较低（218g/kg DM），而在灰分（197g/kg DM ash）中含量较高。食物中几丁质含量在 56~67g/kg DM，与预蛹的几丁质含量相当，其中几丁质提取物的含量在 60~62g/kg，与标准的商业几丁质含量相当，但低于纯几丁质含量。校正后的蛋白值在 377~407g/kg DM（Spranghers *et al.*，2017b）。

表 8-12　黑水虻取食不同基质时发育至预蛹的时间及预蛹的营养组成（资料来源于 Spranghers *et al.*，2017）

Table 8-12　Development time，yield and proximate composition of *H. illucens* prepupae reared on different substrates

项目	鸡饲料	沼渣	蔬菜废弃物	餐厅废弃物
发育时间（d）	12.3±0.5a	15.0±0.0b	15.5±1.0b	19.0±0.8c
产量（g/kg）	219.8±7.8a	90.8±3.6c	140.3±4.4b	154.1±5.1b
水分（g/kg）	613±8a	614±29a	590±10a	619±9a

(续表)

项目	鸡饲料	沼渣	蔬菜废弃物	餐厅废弃物
粗蛋白 (g/kg)	412 (0.6)	422 (1.4)	399 (0.2)	431 (0.6)
几丁质 (g/kg)	62 (2.8)	56 (1.5)	57 (1.8)	67 (1.3)
几丁质校订的蛋白 (g/kg)	388	401	377	407
乙醚提取物 (g/kg)	336 (0.4)	218 (0.5)	371 (1.1)	386 (2.3)
粗灰分 (g/kg)	100 (1.0)	197 (0.3)	96 (0.7)	27 (0.3)

注：同行数值后字母不同表示差异显著，$P<0.05$

当黑水虻幼虫的饲料中含有较多的海藻 *Ascophyllum nodosum* 时，Ω-3 脂肪酸、二十碳五烯酸（20：5n-3）、碘和维生素 E 浓度在幼虫中增加。当藻含量超过 50%时，与纯植物喂养培养基相比，幼虫的生长发育较差，营养保留较低，脂质水平较低。该结果证实了黑水虻幼虫营养组成的可塑性，使其能够积累脂类和水溶性化合物（Liland *et al.*，2017）。

在植物材料和海藻中，用氮含量×6.25 来估计粗蛋白的含量有可能比实际的蛋白含量高。应呈现真正的蛋白质含量即无水氨基酸的总合。在饲养培养基中，约 30%~40%的氮是非蛋白源的，而在废弃物中非蛋白氮含量为 30%~56%。真正的蛋白质含量从 BA0 培养基的 10.8%下降至 BA100 培养基的 4.5%（表 8-13）。更多的海藻喂养基质也导致一些较小氨基酸组成的变化，丙氨酸、天冬氨酸、谷氨酸增加，而组氨酸、亮氨酸、缬氨酸、精氨酸、甘氨酸、脯氨酸、丝氨酸、酪氨酸下降。对照饲料（BA0）每千克含总脂肪酸 48.1g（干重），随海藻的增加，总脂肪酸浓度降低到每千克 19.7g（干重）（BA100）。BA0 培养基中主要脂肪酸为（下降百分比顺序）：18：2n-6（占总脂肪酸的 56%）>16：0（23%）>18：1n-9（11%）。BA100 培养基中主要脂肪酸为（下降百分比顺序）：18：1n-9（31%）>20：4n-6（12%）>16：0（11%）>14：0（10%）。因此，在饲料培养基中加入海藻，降低了 16：0 和 18：2n-6 的比例，而增加了 14：0 和 18：1n-9 的比例。此外，通过向饲养培养基中添加海藻，将 20：4n-6、20：5n-3 等多不饱和长链脂肪酸引入饲养培养基中（图 8-2）。不含海藻（BA0）的培养基中矿物质含量是本实验所用所有培养基中最低的（表 8-14）。随着海藻的增加，被分析的大多数矿物质在培养基中浓度增加，尤其是钙、钠和镁。碘在 BA0 培养基中低于定量限制，但在 BA100 培养基中达到浓度为 700mg/kg。磷、锰和铜的浓度随着海藻的增加而降低，而锌和硒的浓度基本保持不变。BA100 饲料培养基中含有高浓度的海藻甾醇，这是许多海藻的典型甾醇，而 BA0 饲料培养基中只含有少量的海藻甾醇。用这些做饲料时也会影响黑水虻幼虫的维生素组成（表 8-15）（Liland *et al.*，2017）。

表 8-13 用于培养黑水虻幼虫生长的饲料的氨基酸和脂肪酸组成（资料来源于 Liland *et al.*，2017）

Table 8-13　Proximate-，amino acid-and fatty acid composition of feeding media used for the *H. illucens* larvae growth trial

项目	BA0	BA10	BA20	BA30	BA40	BA50	BA60	BA70	BA80	BA90	BA100
营养组成（%）											
干物质	31.1	31.0	30.9	30.8	30.5	30.0	30.3	29.4	32.8	28.4	28.2
蛋白质	10.8	9.8	9.6	8.6	8.5	7.4	6.7	6.5	5.1	5.3	4.5
氨基酸组成（占总氨基酸的百分比，%）											
必需氨基酸											
组氨酸	2.7	2.6	2.6	2.5	2.5	2.3	2.2	2.2	1.8	1.5	1.1
异亮氨酸	4.0	4.0	4.0	3.9	4.0	3.9	4.0	4.0	3.8	3.8	3.8
亮氨酸	7.7	7.6	7.5	7.5	7.4	7.3	7.2	7.2	6.9	6.8	6.7
赖氨酸	5.6	5.8	5.5	5.6	5.3	5.4	5.5	5.4	5.4	5.2	5.1
甲硫氨酸	1.7	1.6	1.7	1.6	1.7	1.7	1.7	1.7	1.7	1.8	1.9
苯丙氨酸	4.6	4.4	4.5	4.3	4.7	4.4	4.4	4.6	4.0	4.2	4.2
苏氨酸	4.3	4.4	4.4	4.5	4.6	4.6	4.7	4.7	4.8	4.8	4.8
缬氨酸	5.9	5.9	5.8	5.7	5.7	5.6	5.7	5.7	5.3	5.2	5.1
非必需氨基酸											
丙氨酸	6.3	6.5	6.3	6.5	6.4	6.6	6.6	6.7	7.0	7.2	7.3
精氨酸	6.0	5.7	5.8	5.5	5.5	5.2	5.4	5.4	4.8	4.5	4.4
天冬氨酸	8.7	9.2	9.1	9.7	9.7	10.3	11.0	11.1	11.9	12.8	13.6
谷氨酸	19.1	20.2	20.3	20.8	20.6	21.5	20.9	20.9	23.6	24.9	25.9
甘氨酸	6.4	6.1	6.3	6.1	6.3	6.1	6.1	6.0	5.7	5.5	5.3
脯氨酸	7.6	7.2	7.0	6.8	6.6	6.3	5.9	5.8	5.1	4.4	3.7
丝氨酸	5.5	5.4	5.5	5.5	5.5	5.5	5.2	5.0	5.3	4.8	4.6
酪氨酸	3.9	3.4	3.7	3.4	3.6	3.2	3.6	3.5	2.9	2.7	2.5
脂肪酸组成（%）											
12∶0	0.6	0.7	0.5	0.4	0.3	0.2	0.3	0.2	0.1	<LOQ	<LOQ
14∶0	0.2	0.8	1.5	1.9	2.6	3.5	5.7	5.2	6.5	8.3	10.4
16∶0	22.6	22.6	21.2	20.8	19.7	18.7	16.4	16.5	14.5	12.8	11.0
18∶0	1.4	1.5	1.3	1.4	1.3	1.2	0.9	1.0	0.8	0.7	0.5
总饱和脂肪酸	25.6	26.8	25.7	25.7	25.1	24.5	24.0	23.8	22.9	22.7	22.7
16∶1n-7	<LOQ	<LOQ	<LOQ	<LOQ	<LOQ	<LOQ	0.9	0.9	1.1	1.5	1.8

（续表）

项目	BA0	BA10	BA20	BA30	BA40	BA50	BA60	BA70	BA80	BA90	BA100
18：1n-9	10.7	12.6	13.4	15.9	17.8	19.8	19.5	23.7	26.9	29.4	31.3
总单不饱和脂肪酸	12.8	14.7	15.5	18.3	20.1	22.3	21.9	26.2	29.6	32.2	34.4
亚油酸 18：2n-6 LA	55.9	52.5	49.8	44.8	40.9	37.0	33.4	29.1	22.2	15.7	8.2
18：3n-3 α-亚油酸 ALA	5.3	5.0	4.9	4.2	4.1	3.9	4.6	3.7	3.3	3.2	3.2
18：4n-3	<LOQ	0.1	0.3	0.4	0.6	0.9	1.5	1.3	1.6	2.0	2.6
20：2n-6	<LOQ	0.2	0.3	0.4	0.6	0.8	0.7	1.0	1.2	1.4	1.5
花生四烯酸 20：4n-6 ARA	<LOQ	1.0	1.5	2.4	3.4	4.7	6.2	6.9	8.6	10.5	12.4
二十碳五烯酸 20：5n-3 EPA	<LOQ	0.4	0.8	1.1	1.7	2.2	3.5	3.4	4.2	5.2	6.6
Total n-3	5.3	5.7	6.2	6.2	6.9	7.7	10.3	9.4	10.5	12.0	14.1
Total n-6	56.0	53.6	51.8	47.9	45.3	42.9	41.1	37.8	33.1	28.8	23.6
总多不饱和脂肪酸	61.3	59.2	58.0	54.1	52.3	50.7	51.5	47.2	43.7	40.8	37.8
n-3/n-6	0.09	0.10	0.12	0.13	0.15	0.18	0.25	0.25	0.32	0.42	0.60
总脂肪酸（%），dm	4.81	4.76	4.22	3.26	3.25	3.95	2.79	2.12	2.36	1.97	

注：LOQ：数量限制（脂肪酸：0.01g/kg 湿重）

表 8-14　用于培养黑水虻幼虫生长的饲料的矿质元素组成（资料来源于 Liland *et al.*，2017）

Table 8-14　Mineral composition of feeding media used for the *H. illucens* larvae growth trial

矿质元素	BA0	BA10	BA20	BA30	BA40	BA50	BA60	BA70	BA80	BA90	BA100
Ca（g/kg）	2.4	4.0	5.2	6.6	7.6	9.1	9.2	10	13	14	15
K（g/kg）	10.0	12	11	12	13	14	15	17	17	18	19
Mg（g/kg）	1.8	2.5	2.9	3.4	4.0	4.5	5.0	6.1	6.5	7.0	7.7
Na（g/kg）	4.8	6.9	10	13	16	19	22	27	29	33	36
P（g/kg）	4.6	4.5	4.2	3.8	3.4	3.1	2.7	2.3	1.9	1.4	1.1
I（mg/kg）	<LOQ	61	120	190	260	330	410	470	530	610	700
Cu（mg/kg）	6.3	6.2	6.0	5.7	5.5	5.3	5.0	4.7	4.4	4.1	4.1
Fe（mg/kg）	230	265	265	285	290	295	310	250	320	300	430

（续表）

矿质元素	BA0	BA10	BA20	BA30	BA40	BA50	BA60	BA70	BA80	BA90	BA100
Mn（mg/kg）	48	45	42	39	35	32	28	25	21	17	16
Se（mg/kg）	0.07	0.07	0.08	0.08	0.08	0.09	0.09	0.08	0.1	0.1	0.1
Zn（mg/kg）	42	43	43	43	45	44	45	46	46	46	46

注：LOQ：含量限制（碘：2mg/kg；脱硫：11.3mg/kg；豆甾醇；7.4mg/kg）

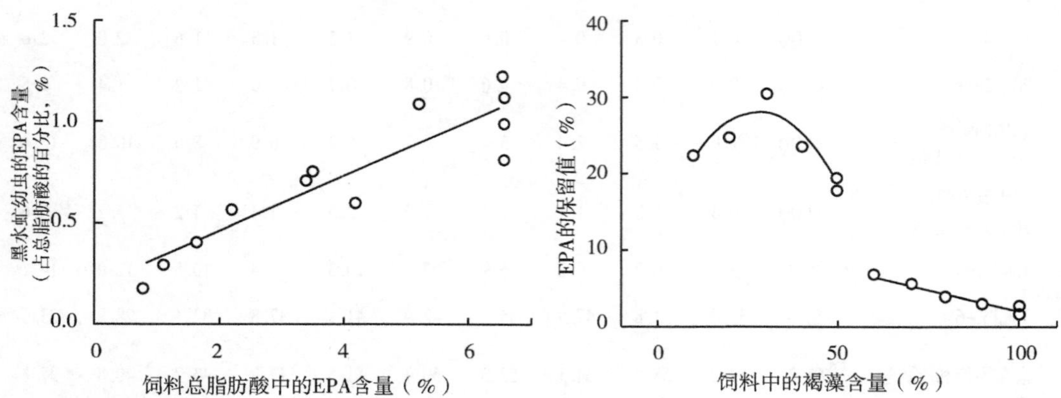

图 8-2 二十碳五烯酸的浓度与保留值（资料来源于 Liland *et al.*，2017）

Fig. 8-2 EPA concentration and retention

表 8-15 黑水虻幼虫的维生素 E 组成（资料来源于 Liland *et al.*，2017）

Table 8-15 Vitamin E composition of *H. illucens* larvae

维生素 E 组成	BA0	BA50	BA100	P	回归方程	R^2
α-生育酚 α-tocopherol	27.1±1	96.1	102.6±11.8	<0.0001	$y=27.1+2.0x-0.01x^2$	0.96
β-生育酚 β-tocopherol	7.8±0.5	10.1	10.4±0.4	<0.0001	$y=7.8+0.06x+0.00004x^2$	0.90
γ-生育酚 γ-tocopherol	1.2±0.1	20.2	32.3±2.7	<0.0001	$y=1.2+0.4x+0.001x^2$	0.99
δ-生育酚 δ-tocopherol	0.3±0	43.4	94.2±6.1	<0.0001	$y=-0.4+0.9x$	0.99
A-生育三烯酚 α-tocotrienol	0.5±0	0.9	0.2±0	<0.0001	$y=0.5+0.02x+0.0002x^2$	0.99
β-生育三烯酚 β-tocotrienol	7.2±0.8	11.7	4.2±0.3	<0.0001	$y=7.2+0.2x+0.002x^2$	0.96
生育三烯酚 γ-tocotrienol	9.1±3.4	4.4	4.9±1	0.042	$y=8.6+0.04x$	0.35

（续表）

维生素 E 组成	BA0	BA50	BA100	P	回归方程	R^2
α-生育酚 α-tocopherol	未检测到	未检测到	未检测到	—	$y=53.3+3.4x-0.01x^2$	—
β-生育酚 β-tocopherol	53.3±3.9	186.7	248.8±19.8	<0.0001	$y=27.1+2.0x-0.01x^2$	0.98

饲料中含有鱼内脏时，黑水虻预蛹含有 α-亚麻酸（ALA）、二十碳五烯酸（EPA）和二十二碳六烯酸（DHA），见图 8-3。在 21d 的实验中，幼虫被喂食三种不同比例的鱼内脏和牛粪。另外一组幼虫在孵化后 24h 内以 22%的鱼内脏为食（表 8-16）。喂鱼内脏的幼虫平均有 30%的脂质，比只喂牛粪的对照组高出 43%，其中约 3%的脂质是Ω-3 脂肪酸（EPA、DHA 和 ALA）。此外，这种 Ω-3 脂肪酸的浓度是在喂鱼内脏 24h 内达到的（表 8-17）。这些增强 Ω-3 脂肪酸的预蛹可能是一种合适的鱼粉和鱼油代替食肉鱼和其他动物的饮食。此外，它们还可提供一种减少和循环利用加工厂鱼类内脏的方法（St-Hilaire *et al.*，2007）。

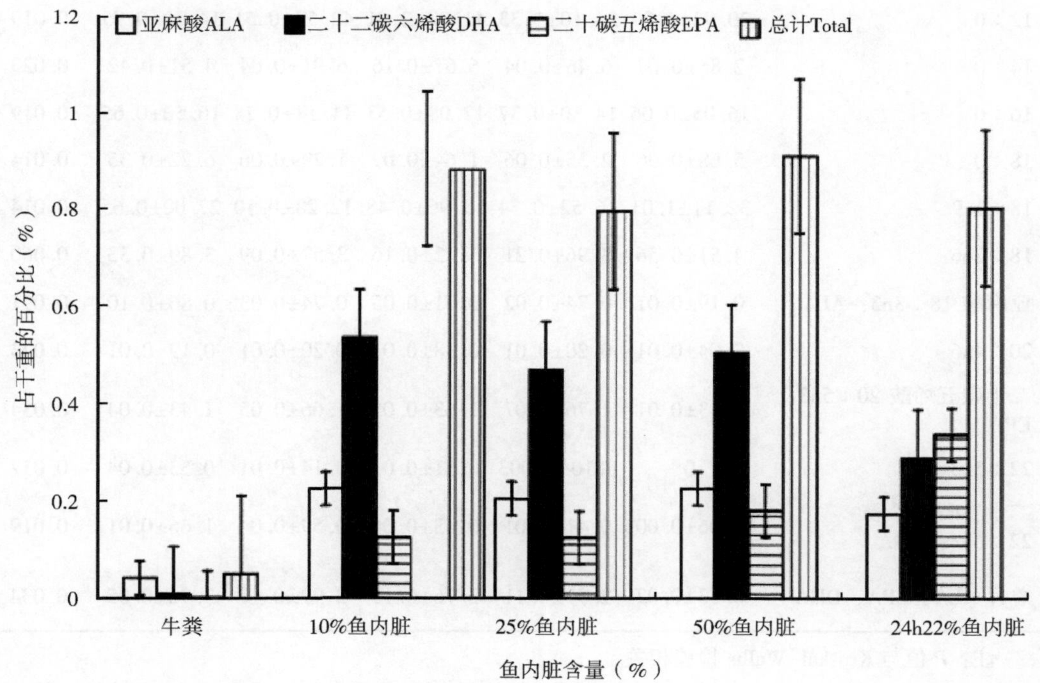

图 8-3　取食不同含量鱼内脏的黑水虻预蛹中 a-亚麻酸、二十碳五烯酸和二十二碳六烯酸的百分比（资料来源于 St-Hilaire *et al.*，2007）

Fig. 8-3　Percent a-linolenic acid（ALA），eicosapentaenoic acid（EPA），and docosahexaenoic acid（DHA）on a total dry matter basis for prepupae fed diets containing different proportions of fish offal

表 8-16　黑水虻幼虫和预蛹重（资料来源于 St-Hilaire *et al.*，2007）

Table 8-16　Average weight of *H. illucens*, larvae and prepupae

饲料组成	幼虫初始重量（g）	幼虫最终重量（g）
只有牛粪	0.09（0.003）	0.10（0.008）a
10%鱼内脏	0.10（0.005）	0.14（0.003）b
25%鱼内脏	0.09（0.008）	0.16（0.004）b
50%内脏	0.10（0.006）	0.15（0.010）b
P	0.772	0.002

注：同列数值后字母不同表示差异显著，$P<0.05$

表 8-17　黑水虻的脂肪酸组成（资料来源于 St-Hilaire *et al.*，2007）

Table 8-17　Fatty acid of *H. illucens*, *H. illucens*

脂肪酸	牛粪	10%鱼内脏	25%鱼内脏	50%鱼内脏	24h 22%鱼内脏	*P*
总脂（%）	21.42±0.17	30.38±0.62	28.82±1.46	30.44±1.17	20.28±2.95	0.055
12：0	20.92±1.27	34.10±1.33	41.00±2.01	42.57±0.51	14.72±0.75	0.019
14：0	2.85±0.07	6.46±0.04	6.67±0.16	6.91±0.04	4.51±0.42	0.023
16：0	16.05±0.06	14.30±0.37	12.08±0.53	11.14±0.24	16.50±0.65	0.019
18：0	5.68±0.06	2.35±0.06	1.64±0.09	1.29±0.06	6.22±0.35	0.014
18：1c9	32.11±1.01	16.52±0.34	13.96±0.48	12.28±0.10	27.00±0.65	0.014
18：2n6	4.51±0.56	3.96±0.21	3.22±0.16	3.57±0.09	3.89±0.33	0.060
亚麻酸 18：3n3；ALA	0.19±0.01	0.74±0.02	0.71±0.05	0.74±0.03	0.86±0.10	0.091
20：4n6	0.04±0.01	0.20±0.01	0.18±0.01	0.20±0.01	0.19±0.01	0.073
二十碳五烯酸 20：5n3；EPA	0.03±0.01	1.76±0.07	1.63±0.05	1.66±0.05	1.43±0.04	0.034
22：5n3	0	0.10±0.003	0.11±0.01	0.14±0.01	0.53±0.04	0.017
二十二碳六烯酸 22：6n3；DHA	0.006±0.003	0.41±0.01	0.43±0.06	0.59±0.04	1.66±0.01	0.019
总计 ALA，EPA，DHA	0.23±0.02	2.91±0.11	2.76±0.13	2.99±0.11	3.96±0.05	0.034

注：*P* 值与 Kruskal-Wallis 检验相关

将小麦籽粒磨碎后喂养黑水虻，收集幼虫进行质谱分析（图 8-4），检测羧酸含量（表 8-18）、甘油酯组成（表 8-19）和其他成分（表 8-20）的含量，发现脂质部分含有月桂酸（38.43%，湿重）及其酯类、壬二酸和癸二酸、壬二酸二丁酯。鉴定的甘油酯组中占优的组分是月桂酸单甘油酯为主的化合物（0.70%，湿重）。甘油酯以月桂酸甘油三酯和甘油三酯为代表。甾醇主要以植物甾醇（75%以上）为主，其中主要是 α-

甾醇（45%）。所鉴定的脂质复合物的组成显然是由黑水虻的生物学特性决定的，并确保了在环境温度变化时幼虫的抗菌防御和脂质的稳定性（Ushakova *et al.*，2016）。因此，更广泛地了解喂养食物的组成对幼虫营养组成的影响，有助于将黑水虻幼虫调整为更适合特定饲料或食物用途的幼虫。

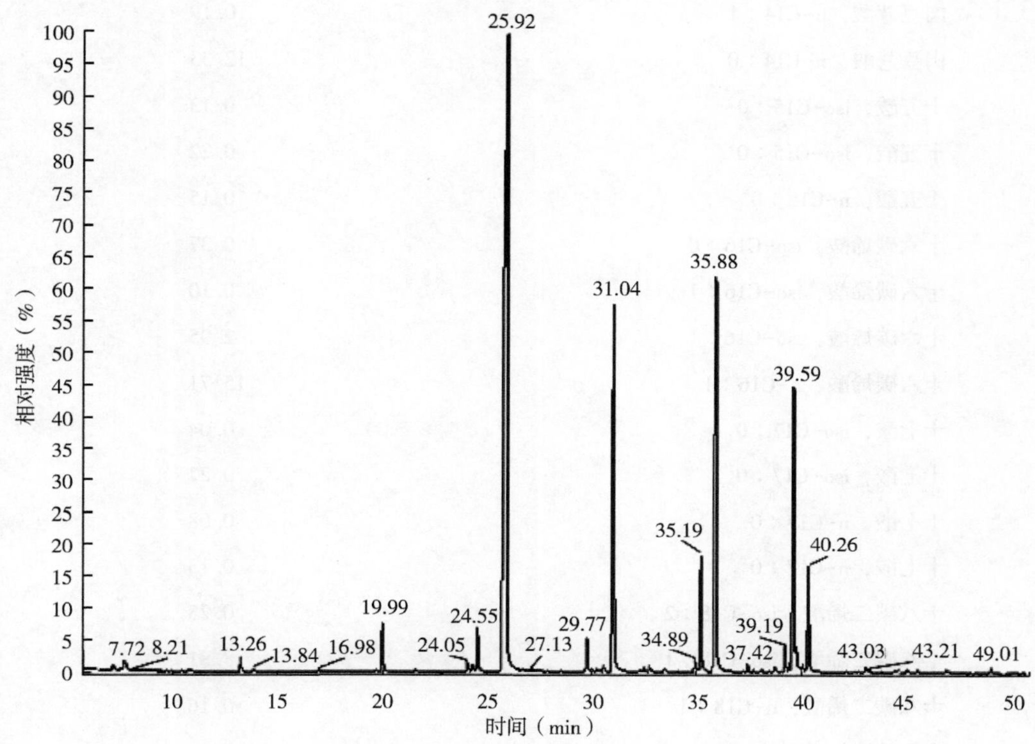

图 8-4　硅胶化二氯甲烷提取物黑水虻幼虫的质谱分析结果（资料来源于 Ushakova *et al.*，2016）

Fig. 8-4　Mass chromatogram silylated dichloromethane extract larvae *H. illucens*

表 8-18　黑水虻幼虫提取物中羧酸的含量（资料来源于 Ushakova *et al.*，2016）

Table 8-18　The content of carboxylic acids in the extract of *H. illucens* larvae

羧酸	含量（%）
乳酸	0. 22
己酸	0. 56
甘油酸	0. 36
辛酸	0. 16
羟基庚酸	0. 07
壬酸	0. 13
癸酸	1. 22

（续表）

羧酸	含量（%）
月桂酸，n-C12：0	38.43
月桂酸，iso-C14：0	0.11
肉豆蔻酸，n-C14：1	0.19
肉豆蔻酸，n-C14：0	12.33
十五酸，iso-C15：0	0.13
十五酸，iso-C15：0	0.22
十五酸，n-C15：0	0.15
十六碳烯酸，iso-C16：0	0.37
十六碳烯酸，iso-C16：1	0.10
十六碳烯酸，iso-C16：1	2.95
十六碳烯酸，n-C16：1	15.71
十七酸，iso-C17：0	0.04
十七酸，iso-C17：0	0.22
十七酸，n-C17：0	0.08
十七酸，n-C17：0	0.13
十八碳二烯酸，iso-C18：2	0.23
十八碳二烯酸，iso-C18：1	8.81
十八碳二烯酸，n-C18：1	0.16
十八碳二烯酸，n-C18：0	2.95
二十酸，C20：0	0.09
十八碳烯二酸	0.11
壬烷二甲酸	0.83
癸烷二羧酸	0.09
对苯二甲酸	0.08

表 8-19　黑水虻幼虫提取物中甘油酯的组成（资料来源于 Ushakova *et al.*，2016）

Table 8-19　The composition of glycerides in the extract of *H. illucens* larvae

化合物	含量（%）
月桂酸 2-单甘油酯	0.15
月桂酸 1-单甘油酯	0.70
十四酸 1-单甘油酯	0.11

（续表）

化合物	含量（%）
十四酸 2-单甘油酯	0.08
十六碳烯酸 1-单甘油酯	0.04
十六烷酸 1-单甘油酯	0.07
十六烯酸 2-单甘油酯	0.04
棕榈酸 2-单甘油酯	0.01
十九碳烯酸 1-单甘油酯	0.01
9，12，15-十八烷三酸 1-单糖酰脲	0.01
硬脂酸 1-单甘油酯	0.01
十八碳烯酸 1-单甘油酯	0.02
十四烷酸和十二烷酸 1，2-丁二酸	0.09
十二烷酸和十四烯酸 1，3-丁二酸	0.004
月桂酸 1，3-甘油二酯	0.05
十二烷酸和十六烷酸 1，3-丁二酸	0.02
月桂酸甘油三酸酯	0.04
C12：0 C12：0 C14：0 甘油三酯	0.02

表 8-20　黑水虻幼虫提取物中的其他成分（资料来源于 Ushakova *et al.*，2016）

Table 8-20　Other components of the extract of *H. illucens* larvae

化合物	含量（%）
乙胺	0.02
壬醛	0.01
1-仲辛醇	0.16
2-壬烯醛	0.01
甘油	0.07
壬二甲酸二丁酯	0.27
十二酸乙酯	0.48
9-十六烯酸乙酯	0.04
油酸乙酯	0.25
3，11-Diacetoxypregnan-20-ol	0.01
胆固醇	0.01
未鉴定出的甾醇	0.04

（续表）

化合物	含量（%）
豆甾醇	0.02
α-谷甾醇	0.08
未鉴定出的甾醇	0.01
乙酸异丁酯	0.01
未鉴定出的甾醇	0.01
未鉴定出的甾醇	0.01

第三节　预蛹蛋白的提取及羟基自由基清除活性

黑水虻能够以禽畜粪便为饲料，大量生产幼虫和预蛹。其幼虫和预蛹营养价值很高。而且黑水虻同时具备良好的环境和经济效益，因此在全球范围内都备受关注，在未来昆虫产业的发展中将拥有不可替代的优势。近年来，昆虫作为一种潜在的脂质来源受到了广泛的关注，黑水虻脂肪含量尤其高，特别是在幼虫阶段，没有脱脂的黑水虻幼虫的脂质含量为26%~35%（Senlin *et al.*，2016）。在水产养殖产业中，黑水虻虫粉也被用来部分代替鱼粉，有非常广阔的市场和较大的产业需求（Park *et al.*，2013；Henry *et al.*，2015；Tomberlin *et al.*，2015；Barragan-Fonseca *et al.*，2017）。作为食品和动物饲料来说，黑水虻含有高质量的蛋白质和其他营养元素，稳定性和安全性非常高（Huis 2013；Rumpold and Schluter 2013）。Spranghers 等（2017）用大豆制品和黑水虻预蛹来饲喂猪，实验表明，黑水虻可以取代目前常用的大豆制品作为饲料，而不会对猪的生理生化指标产生不良影响。黑水虻幼虫干物质中的粗蛋白达到42%~44%，粗脂肪31%~35%，磷0.60%~0.63%，灰分11%~15%，钙质4.8%~5.1%（Newton *et al.*，1977）。黑水虻预蛹干物质中的粗蛋白含量约为42.1%，脂肪含量约为34.8%，粗纤维为7.0%，水和灰分约占16.1%（安新城等，2007）。黑水虻预蛹多种氨基酸含量都高于幼虫中氨基酸的含量（Sheppard，2002）。预蛹和幼虫主要营养成分对比见表8-21（喻国辉，2009；杨树义，2016）。

表8-21　黑水虻幼虫和预蛹营养成分含量对比

Table 8-21　Comparison of nutrient content of *H. illucens* larva and prepupae

营养成分含量	幼虫（%）	预蛹（%）
粗蛋白 CP	42.00	42.00
粗脂肪 CF	35.00	35.00
谷氨酸 Glu	3.99	3.78
缬氨酸 Val	2.23	2.79

（续表）

营养成分含量	幼虫（%）	预蛹（%）
赖氨酸 Lys	2.21	2.62
亮氨酸 Leu	2.61	3.1
酪氨酸 Tyr	2.38	3.08
丙氨酸 Ala	2.55	3.02
脯氨酸 Pro	2.12	2.39
天门冬氨酸 Asp	3.04	3.72

注：根据喻国辉（2009）及杨树义（2016）的研究总结

昆虫蛋白质的提取方法有很多，目前常用的主要有水提法、碱提法、盐提法、酶提法、Tris-HCl 缓冲液提取法（潘怡欧 2005；仲义等，2009；许彦腾 2015）。潘怡欧（2005）以黄粉虫和黄褐油葫芦作为试验材料，用碱提法、盐提法、酶提法、Tris-HCl 缓冲液提取法 4 种方法提取蛋白质，此实验中 Tris-HCl 提蛋白法初次用于昆虫蛋白的提取。结果表明，胰蛋白酶提取法的得率最高，其次为碱提法和 Tris-HCl 缓冲液提取法，盐提法得率最低，而且以鲜虫作为样品提取的蛋白得率比干虫更高。初众等（2007）以洋虫成虫作为试验材料，用碱提法、盐提法、Tris-HCl 缓冲液提取法 3 种方法提取蛋白质。结果表明：碱提法提取蛋白得率最高，Tris-HCl 缓冲液提取法的得率次之，盐提法得率最低。仲义等（2009）用碱提法、盐提法、酶提法、Tris-HCl 缓冲液提取法 4 种方法对黄粉虫进行了蛋白提取，结果表明提取率最高方法为胰蛋白酶提蛋白法，但是蛋白质纯度较低；其次是碱提法和 Tris-HCl 提取法；盐提法的提取率最低，但是纯度最高。王燕（2012）用四川鱼蛉作为试验材料，用碱提、盐提与酶提 3 种方法提取蛋白质。结果表明，碱提法的提取率最高，最优条件为：浓度 1%，温度 45℃，料液比 1∶40，时间 2.5h。许彦腾（2015）用碱提法、盐提法、酶提法、Tris-HCl 缓冲液提取法 4 种方法对黑水虻幼虫粗蛋白质进行了提取，结果证明碱提法得率最高，最优条件为 NaOH 浓度 2.44g/100mL，温度 53℃，料液比 22mL/g，时间 2h。

一、预蛹蛋白粉的制备

1. 全脂预蛹蛋白粉的制备

将预蛹置于温度-57℃，真空度 14Pa 下冷冻干燥至恒重，用粉碎机粉碎。以料液比 1∶15 分别加入超纯水、5% NaCl、0.2% NaOH、10mmol/L PBS（pH 值 7.2~7.4），浸提 15min，每隔 5min 振荡一次。4 000r/min，4℃离心 3min，取上清液冷冻干燥，收集干燥后的样品备用。

2. 脱脂预蛹蛋白粉的制备

采用上述方法获得的预蛹粉用石油醚浸提脱脂。脱脂后的样品以料液比 1∶15 分别加入超纯水、5% NaCl、0.2% NaOH、10mmol/L PBS（pH 值 7.2~7.4），浸提 15min，NaCl、0.2% NaOH、PBS（pH 值 7.2~7.4），浸提 15min，每隔 5min 振荡一次。4 000r/min，4℃离心 3min，取上清液冷冻干燥，收集干燥后的样品备用。

二、粗蛋白的提取及各组分蛋白的分离

温度选择-5℃、0℃、5℃、15℃、25℃、35℃、45℃、55℃、65℃，提取液选择H_2O、5% NaCl、0.2% NaOH、10mmol/L PBS（pH 值 7.2~7.4）。分别在上述温度下用 4 种提取液浸提全脂和脱脂预蛹粉 15min（-5℃、0℃、5℃浸提时，使用低温水循环系统，并在水中加入乙醇调节温度，为防止低温下提取液结冰，浸提过程均为每隔 5min 振荡混匀一次）。4 000r/min，4℃离心 3min，上清液冷冻干燥，加 1mL 蒸馏水溶解样品。Bradford 法测定蛋白含量。

1. 样品的前处理方法影响样品的蛋白浓度和清除羟基自由基的活性

研究分别提取了全脂预蛹粉、脱脂预蛹粉、预蛹匀浆液、除杂过的预蛹匀浆液这 4 种样品中的粗蛋白，并测定了粗蛋白的含量和清除羟基自由基的活性。

不同试剂提取的 1g 样品中粗蛋白含量比较结果见表 8-22，从表中可以看出：以超纯水、稀 NaCl、稀 NaOH 和磷酸缓冲液（PBS）作为提取剂对 4 个样品（全脂预蛹粉、脱脂预蛹粉、预蛹匀浆液及乙醇除杂的预蛹匀浆液）进行蛋白提取时，均是稀 NaOH 提取物的蛋白含量显著高于其他溶液提取物的蛋白含量，超纯水提取物的蛋白含量最低。在全脂预蛹粉中，稀 NaOH 提取物的蛋白含量达到其他溶液提取物的 3~5 倍。脱脂预蛹粉的稀 NaOH 提取物的蛋白含量是其他溶液提取物蛋白含量的 3~4 倍。提取匀浆液中的蛋白时，稀 NaCl 和 PBS 提取物的蛋白含量差异并不显著。

表 8-22 不同样品和提取剂对粗蛋白含量的影响（mg/g）

Table 8-22 Effects of different samples and extracts on crude protein content（mg/g）

样品	提取剂			
	H_2O	5% NaCl	0.2% NaOH	PBS
全脂预蛹粉	30.71±3.13c	53.31±6.26b	151.62±3.68a	43.65±4.82bc
脱脂预蛹粉	54.86±4.12c	81.67±2.82b	228.87±13.46a	76.94±2.48b
预蛹匀浆液	27.77±1.89a	40.82±2.33b	72.58±5.40a	42.71±1.51b
除杂预蛹匀浆液	9.07±0.14c	16.07±0.58b	82.59±0.76a	16.11±0.38b

注：表中数据是平均值±标准误。对数据进行单因素方差分析，不同字母表示显著性差异（$P<0.05$）

由于前处理不同，水、稀 NaOH、PBS 这 3 种试剂提取等量的全脂预蛹粉分别和脱脂预蛹粉、除杂匀浆液对比，提取的粗蛋白含量都差异极显著，P 值均为 0。稀 NaCl 提取全脂预蛹粉分别和脱脂预蛹粉、除杂匀浆液对比，提取的粗蛋白含量都差异极显著，P 值分别为 0.002 和 0。水、稀 NaCl、PBS 作提取剂，等量的全脂预蛹粉和匀浆液中蛋白含量差异不显著，P 值分别为 0.434、0.090、0.857；稀 NaOH 作提取剂，等量的全脂预蛹粉和匀浆液中蛋白含量差异极显著，$P=0$。

不同试剂提取的粗蛋白清除羟基自由基的活性比较结果见表 8-23，从表 8-23 可以看出：全脂预蛹粉粗蛋白、脱脂预蛹粉粗蛋白、预蛹匀浆液粗蛋白及乙醇除杂的预蛹匀浆液粗蛋白 4 种样品中，均是水提取物中的蛋白对羟基自由基的清除率显著高于其他溶

液提取物中的蛋白，稀 NaOH 提取物中的蛋白对羟基自由基的清除率最低。当蛋白浓度为 10μg/mL 时，在全脂预蛹粉蛋白中，水提取物的蛋白对羟基自由基的清除率可达 40.8%，是其他溶液提取物蛋白的 1.3～7 倍；在脱脂预蛹粉的水提取物中蛋白对羟基自由基的清除率为 23.4%，是其他溶液提取物蛋白的 1.7～7.5 倍。匀浆液中用稀 NaCl 和 PBS 提取的蛋白清除羟基自由基的活性无显著差异。

表 8-23　不同样品和提取剂对粗蛋白清除羟基自由基的影响（%）

Table 8-23　Effects of different samples and extracts on removal of hydroxyl radicals from crude protein（%）

样品	提取剂			
	H_2O	5% NaCl	0.2% NaOH	PBS（pH 值 7.2～7.4）
全脂预蛹粉粗蛋白	40.83±3.74a	17.06±1.72c	5.82±0.13d	31.55±3.49b
脱脂预蛹粉粗蛋白	23.36±1.75a	13.91±0.52b	3.12±0.55c	12.96±0.80b
预蛹匀浆液粗蛋白	4.20±0.27a	2.77±0.17b	0.50±0.04c	2.69±0.15b
除杂预蛹匀浆液粗蛋白	14.76±0.25a	8.41±0.31b	0.89±0.02c	8.20±0.22b

注：蛋白浓度为 10μg/mL。表中数据是平均值±标准误。对数据进行单因素方差分析，不同字母表示显著性差异（$P<0.05$）

由于前处理不同，水、稀 NaOH、PBS 3 种试剂提取时，等量的全脂预蛹粉与脱脂预蛹粉对比，提取出的粗蛋白清除羟基自由基的活性都差异极显著，P 值均为 0.001。这 3 种试剂提取等量的全脂预蛹粉分别与预蛹匀浆液、除杂的匀浆液对比，提取出的粗蛋白清除羟基自由基的活性都差异极显著，P 值均为 0。稀 NaCl 作试剂，提取等量的全脂预蛹粉和脱脂预蛹粉中粗蛋白清除羟基自由基的活性差异不显著，$P=0.113$；全脂预蛹粉分别和预蛹匀浆液、除杂的匀浆液对比，提取的粗蛋白清除羟基自由基的活性差异都极显著，P 值分别为 0、0.001。

2. 提取温度影响提取样品的蛋白浓度

该研究在 9 个不同温度下用 4 种不同的试剂提取了黑水虻预蛹的粗蛋白，分别测定并比较了粗蛋白的含量。

-5℃下粗蛋白的提取量见图 8-5，从图 8-5 中可以看出：稀 NaCl 和稀 NaOH 作提取剂时，脱脂预蛹粉中的粗蛋白含量显著高于全脂预蛹粉中提取的。稀 NaOH 提取物的粗蛋白含量最高。在脱脂预蛹粉中稀 NaOH 对蛋白的提取率为 21.3%，是其他条件下的 1.3~3.9 倍。超纯水在全脂预蛹粉中的粗蛋白提取率最低，仅为 5.4%。

在 0℃下粗蛋白的提取量见图 8-6，从图 8-6 中可以看出：脱脂预蛹粉中粗蛋白含量都显著高于全脂预蛹粉中粗蛋白含量。稀 NaOH 提取物的粗蛋白含量最高。在脱脂预蛹粉中稀 NaOH 对蛋白的提取率为 25.1%，是其他条件下的 1～5 倍。全脂预蛹粉中的粗蛋白提取量都显著低于脱脂预蛹粉。在脱脂预蛹粉中 PBS 对蛋白的提取率也相对较高，提取率为 13.3%。

5℃下粗蛋白的提取量见图 8-7，从图 8-7 中可以看出：脱脂预蛹粉中的粗蛋白提

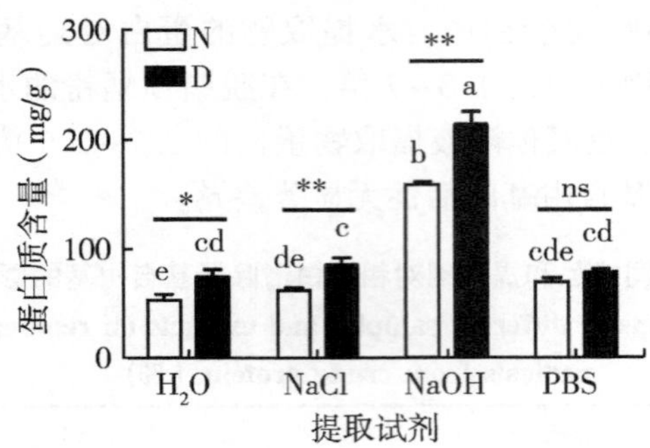

图 8-5 -5℃下全脂和脱脂粉中粗蛋白含量比较

Fig. 8-5 Comparison of crude protein content in full fat and defatted powder at-5℃

注：N：全脂预蛹粉；D：脱脂预蛹粉。对数据进行单因素方差分析和 *t* 测验，不同字母表示差异显著性水平（*P*<0. 05）；ns：无显著差异，*：差异显著，**：差异极显著

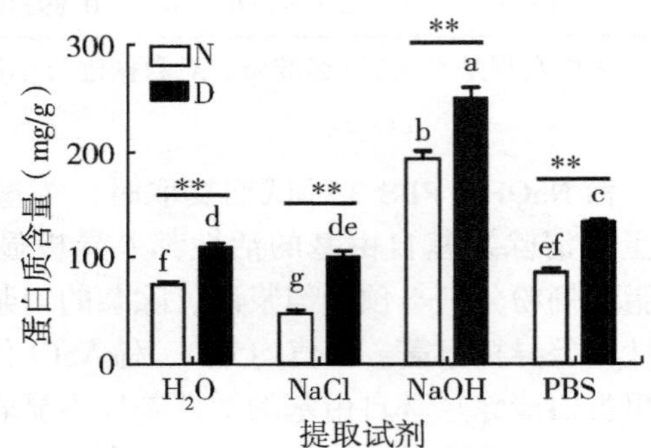

图 8-6 0℃下全脂和脱脂粉中粗蛋白含量比较

Fig. 8-6 Comparison of crude protein content in full fat and defatted powder at 0℃

注：N：全脂预蛹粉；D：脱脂预蛹粉。对数据进行单因素方差分析和 *t* 测验，不同字母表示差异显著性水平（*P*<0. 05）；ns：无显著差异，*：差异显著，**：差异极显著

取量都显著高于全脂预蛹粉。稀 NaOH 提取物的粗蛋白含量最高。在脱脂预蛹粉中稀 NaOH 对蛋白的提取率可达 31. 7%。在脱脂预蛹粉中 PBS 对蛋白的提取率也相对较高，提取率为 15. 2%。脱脂预蛹粉中超纯水、稀 NaCl、PBS 对蛋白的提取量无显著差异，提取率为 8. 8%～10. 2%。

15℃下粗蛋白的提取量见图 8-8，从图 8-8 中可以看出：稀 NaOH 提取物的粗蛋白含量最高。脱脂预蛹粉中的粗蛋白提取量都显著高于全脂预蛹粉。在脱脂预蛹粉中稀 NaOH 对蛋白的提取率为 22. 6%，是其他条件下的 1. 3～4 倍。全脂预蛹粉中稀 NaOH 对蛋白的提取率为 17. 6%。在脱脂预蛹粉中超纯水对蛋白的提取率也相对较高，提取率为 12. 9%。全脂预蛹粉中超纯水、稀 NaCl、PBS 对蛋白的提取量无显著差异。

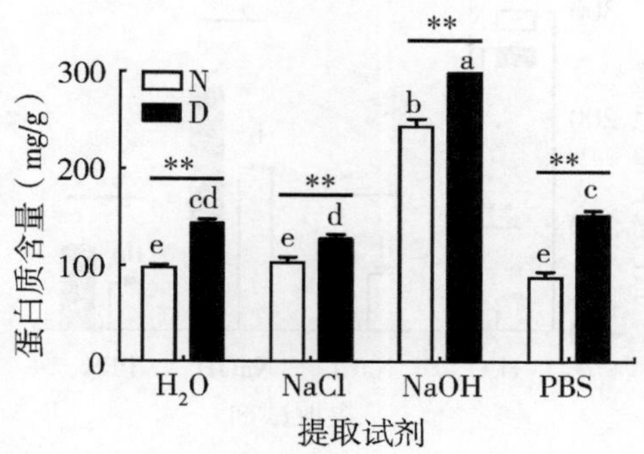

图 8-7　5℃下全脂和脱脂粉中粗蛋白含量比较

Fig. 8-7　Comparison of crude protein content in full fat and defatted powder at 5℃

注：N：全脂预蛹粉；D：脱脂预蛹粉。对数据进行单因素方差分析和 t 测验，不同字母表示差异显著性水平（$P<0.05$）；ns：无显著差异，*：差异显著，**：差异极显著

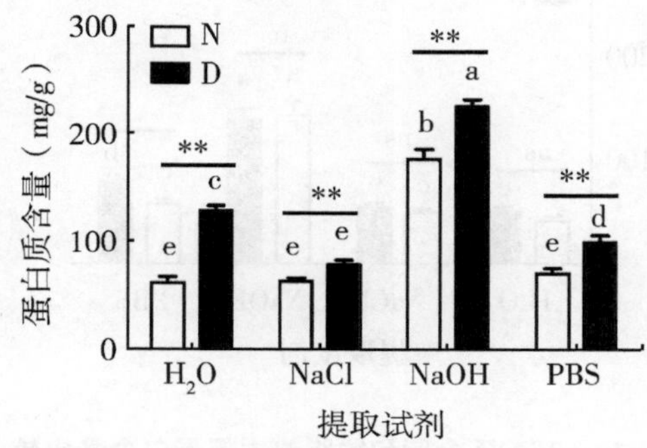

图 8-8　15℃下全脂和脱脂粉中粗蛋白含量比较

Fig. 8-8　Comparison of crude protein content in full fat and defatted powder at 15℃

注：N：全脂预蛹粉；D：脱脂预蛹粉。对数据进行单因素方差分析和 t 测验，不同字母表示差异显著性水平（$P<0.05$）；ns：无显著差异，*：差异显著，**：差异极显著

25℃下粗蛋白的提取量见图 8-9，从图 8-9 中可以看出：脱脂预蛹粉中的粗蛋白提取量都显著高于全脂预蛹粉。稀 NaOH 提取物的粗蛋白含量最高。在脱脂预蛹粉中稀 NaOH 对蛋白的提取率为 22.9%，是其他条件下的 1.5~7 倍。在脱脂预蛹粉中稀 NaCl 和 PBS 的蛋白提取量无显著差异，在脱脂预蛹粉中超纯水的蛋白质提取量和在全脂预蛹粉中稀 NaCl 的蛋白提取量无显著差异。全脂预蛹粉中超纯水的蛋白提取量最低，提取率仅为 3.1%。

35℃下粗蛋白的提取量见图 8-10，从图 8-10 中可以看出：PBS 作提取剂时，脱脂预蛹粉中的粗蛋白含量显著高于全脂预蛹粉中提取的，其他 3 种试剂在全脂和脱脂粉中提取的粗蛋白含量无显著差异。稀 NaOH 提取物的粗蛋白含量最高。稀 NaOH 对蛋白的

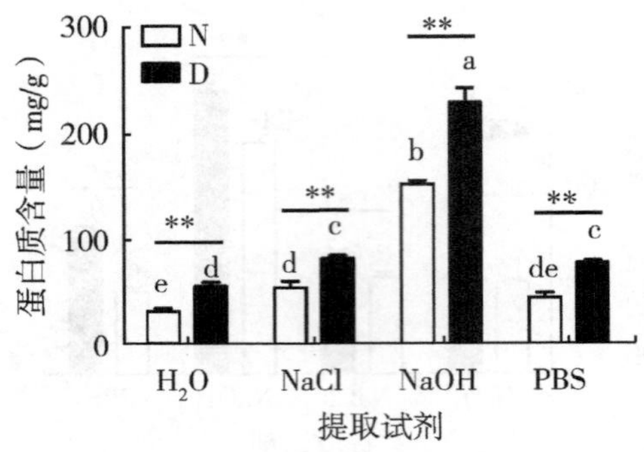

图 8-9　25℃下全脂和脱脂粉中粗蛋白含量比较

Fig. 8-9　Comparison of crude protein content in full fat and defatted powder at 25℃

注：N：全脂预蛹粉；D：脱脂预蛹粉。对数据进行单因素方差分析和 t 测验，不同字母表示差异显著性水平（$P<0.05$）；ns：无显著差异，*：差异显著，**：差异极显著

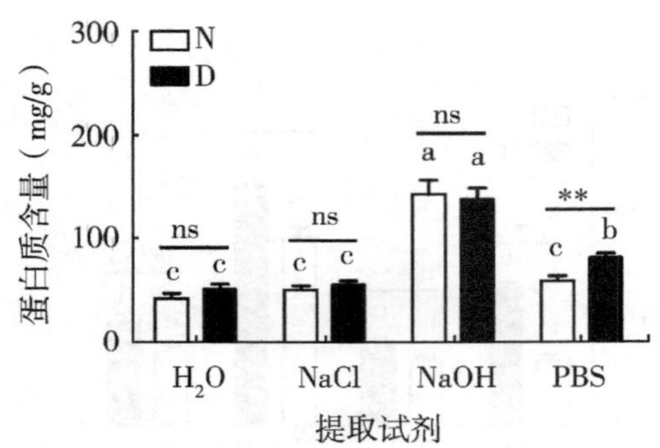

图 8-10　35℃下全脂和脱脂粉中粗蛋白含量比较

Fig. 8-10　Comparison of crude protein content in full fat and defatted powder at 35℃

注：N：全脂预蛹粉；D：脱脂预蛹粉。对数据进行单因素方差分析和 t 测验，不同字母表示差异显著性水平（$P<0.05$）；ns：无显著差异，*：差异显著，**：差异极显著

提取率为 14%，是其他条件下的 1.8~9 倍。超纯水、稀 NaCl 提取物蛋白的含量无显著差异。

45℃下粗蛋白的提取量见图 8-11，从图 8-11 中可以看出：用超纯水、稀 NaOH、PBS 提取的脱脂预蛹粉中的粗蛋白含量显著高于全脂预蛹粉中提取的。稀 NaOH 提取物的粗蛋白含量最高。在脱脂预蛹粉中稀 NaOH 对蛋白的提取率为 23.8%，是其他条件下的 1.5~6.8 倍。全脂预蛹粉中超纯水、稀 NaCl、PBS 的蛋白提取量最低。

55℃下粗蛋白的提取量见图 8-12，从图 8-12 中可以看出：用稀 NaOH 提取的脱脂预蛹粉中的粗蛋白含量显著高于全脂预蛹粉中提取的，在脱脂预蛹粉中稀 NaOH 对蛋白的提取率为 19.2%，是其他条件下的 1.3~7.7 倍。超纯水、稀 NaCl 从全脂和脱脂预蛹粉中的提取物蛋白含量无显著差异。稀 NaCl 的蛋白提取量最低，提取率为2.5%~3.0%。

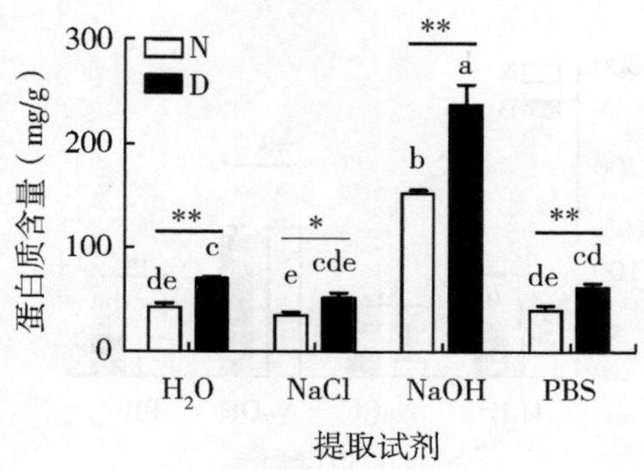

图 8-11 45℃下全脂和脱脂粉中粗蛋白含量比较

Fig. 8-11 Comparison of crude protein content in full fat and defatted powder at 45℃

注：N：全脂预蛹粉；D：脱脂预蛹粉。对数据进行单因素方差分析和 t 测验，不同字母表示差异显著性水平（$P<0.05$）；ns：无显著差异，*：差异显著，**：差异极显著

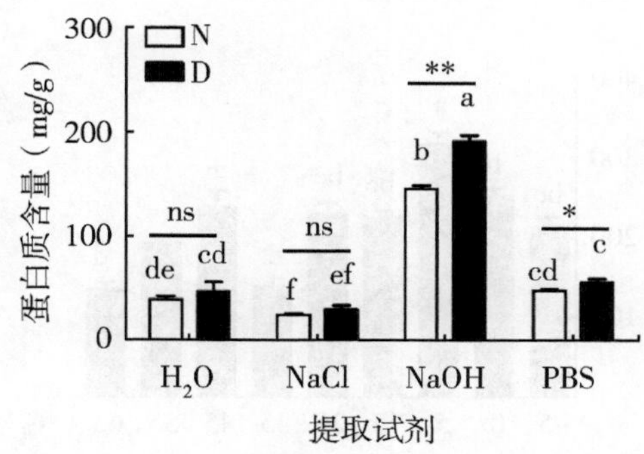

图 8-12 55℃下全脂和脱脂粉中粗蛋白含量比较

Fig. 8-12 Comparison of crude protein content in full fat and defatted powder at 55℃

注：N：全脂预蛹粉；D：脱脂预蛹粉。对数据进行单因素方差分析和 t 测验，不同字母表示差异显著性水平（$P<0.05$）；ns：无显著差异，*：差异显著，**：差异极显著

65℃下粗蛋白的提取量见图 8-13，从图 8-13 中可以看出：超纯水、PBS、稀 NaOH 3 种溶剂分别从全脂和脱脂预蛹粉中的提取物蛋白含量均无显著差异，稀 NaCl 作提取剂，全脂和脱脂粉中提取的粗蛋白含量差异极显著。稀 NaOH 提取物的粗蛋白含量最高。提取率为 14%，是其他条件下的 3~9 倍。

用稀 NaOH 提取的脱脂预蛹粉粗蛋白含量见图 8-14，从图 8-14 中可以看出：在 5℃下提取蛋白含量显著高于在其他温度下提取的，提取率为 31.7%，是其他温度下的 1.3~2.4 倍。在-5℃、0℃、15℃、25℃、45℃ 下提取的蛋白含量均无显著差异。35℃和 65℃下提取含量最低，提取率为 14%~15%。

该研究分别测定并比较了 9 个不同温度下用 4 种不同的试剂提取的黑水虻粗蛋白的

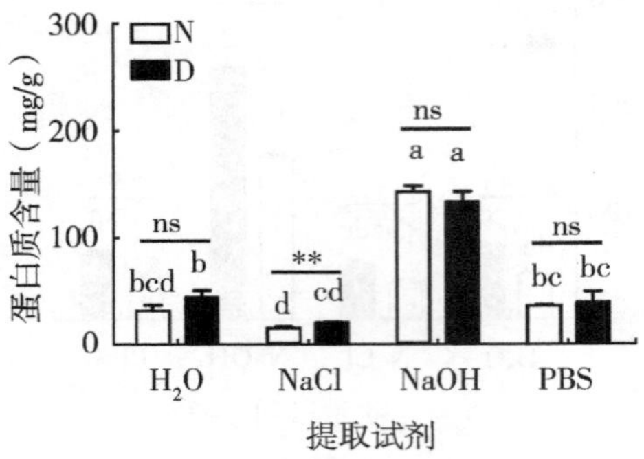

图 8-13　65℃下全脂和脱脂粉中粗蛋白含量比较

Fig. 8-13　Comparison of crude protein content in full fat and defatted powder at 65℃

注：N：全脂预蛹粉；D：脱脂预蛹粉。对数据进行单因素方差分析和 t 测验，不同字母表示差异显著性水平（$P<0.05$）；ns：无显著差异，*：差异显著，**：差异极显著

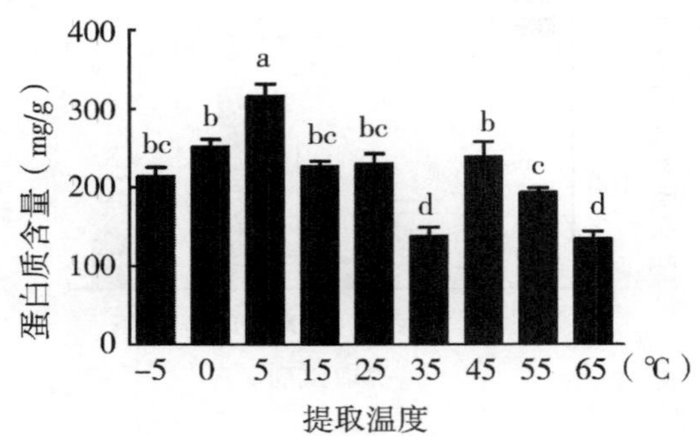

图 8-14　NaOH 提取脱脂粉中粗蛋白含量比较

Fig. 8-14　Comparison of crude protein content in NaOH extract defatted powder

注：对数据进行单因素方差分析，不同字母表示差异显著性水平（$P<0.05$）

羟基自由基清除活性。

超纯水提取的粗蛋白清除羟基自由基活性比较见表 8-24，从表 8-24 中可以看出：全脂预蛹粉和脱脂预蛹粉中提取的粗蛋白对羟基自由基清除率均是在提取温度 25℃时显著高于其他温度下提取的，此时全脂预蛹粉中提取的蛋白对羟基自由基清除率显著高于脱脂预蛹粉，蛋白清除率是其他温度的 1.5~10 倍。在-5℃、0℃、5℃、15℃提取的粗蛋白对羟基自由基的清除率最低。因此，用超纯水作提取剂时，在 25℃下提取的全脂预蛹粉中的粗蛋白清除羟基自由基的活性显著高于其他条件下提取的，蛋白浓度为 10μg/mL 时，清除率可达 41%。

表 8-24　H_2O 在不同温度下提取的粗蛋白清除羟基自由基活性比较

Table 8-24　Comparison of hydroxyl radical activity of crude protein extracted by H_2O at different temperatures

温度	全脂预蛹粉（%）	脱脂预蛹粉（%）	*t* 值
-5℃	10±0.67c	8±1.00c	0.295
0℃	9±0.31c	6±0.22c	0
5℃	4±0.18c	3±0.17c	0.049
15℃	5±0.30c	4±0.22c	0.002
25℃	41±3.74a	23±1.75a	0
35℃	15±3.20bc	14±3.37b	0.030
45℃	17±2.65bc	6±1.22c	0
55℃	18±3.12bc	6±4.86c	0.038
65℃	26±13.16b	10±1.44bc	0.236

注：蛋白浓度为 10μg/mL。同列数值后字母不同表示差异显著，$P<0.05$

稀 NaCl 提取的粗蛋白清除羟基自由基活性比较见表 8-25，从表 8-25 中可以看出：全脂预蛹粉在 25℃提取的蛋白清除率显著高于其他温度下提取的，此时清除率是其他温度的 1.7~6 倍。脱脂预蛹粉在 55℃、65℃提取的蛋白清除率显著高于其他温度下提取的，此时清除率是其他温度的 2.5~8 倍。在 55℃、65℃时脱脂预蛹粉中提取的粗蛋白对羟基自由基清除率显著高于全脂预蛹粉。在 55℃和 65℃时提取的脱脂预蛹粉粗蛋白是 25℃时提取的全脂预蛹粉粗蛋白对羟基自由基清除率的 1.5~2 倍。因此，稀 NaCl 在 55℃、65℃下提取的脱脂预蛹粉中的粗蛋白清除羟基自由基的活性显著高于其他条件下提取的，蛋白浓度为 10μg/mL 时，清除率可达 25%~34%。

表 8-25　5% NaCl 在不同温度下提取的粗蛋白清除羟基自由基活性比较

Table 8-25　Comparison of hydroxyl radical activity of crude protein extracted by 5% NaCl at different temperatures

温度	全脂预蛹粉（%）	脱脂预蛹粉（%）	*t* 值
-5℃	3±2.18c	7±0.51c	0.362
0℃	13±1.66b	6±0.44c	0.007
5℃	5±0.21c	4±0.09c	0.008
15℃	8±0.72c	7±0.24c	0.301
25℃	17±1.72a	14±0.52b	0.053
35℃	10±0.62b	7±1.46c	0.200
45℃	13±1.44b	7±1.81c	0.069
55℃	13±1.70b	25±4.53a	0.002
65℃	4±2.18b	34±1.86a	0

注：蛋白浓度为 10μg/mL。同列数值后字母不同表示差异显著，$P<0.05$

稀 NaOH 提取的粗蛋白清除羟基自由基活性比较见表 8-26，从表 8-26 中可以看出：全脂预蛹粉在 25℃提取的蛋白清除率显著高于其他温度下提取的，此时清除率是其他温度的 2~6 倍。脱脂预蛹粉在 35℃提取的蛋白清除率显著高于其他温度下提取的。在 25℃时全脂预蛹粉中提取的蛋白对羟基自由基清除率显著高于脱脂预蛹粉，在 35℃时则完全相反。25℃时提取的全脂粉粗蛋白是 35℃时提取的脱脂粉粗蛋白对羟基自由基的清除率的两倍。因此，稀 NaOH 在 25℃下提取的全脂预蛹粉中的粗蛋白清除羟基自由基的活性显著高于其他条件下提取的，蛋白浓度为 10μg/mL 时，清除率为 6%。相较于其他提取液，稀 NaOH 的粗蛋白清除羟基自由基的活性最低。

表 8-26 0.2% NaOH 在不同温度下提取的粗蛋白清除羟基自由基活性比较

Table 8-26 Comparison of hydroxyl radical activity of crude protein extracted by 0.2% NaOH at different temperatures

温度	全脂预蛹粉（%）	脱脂预蛹粉（%）	t 值
-5℃	3±0.09b	2±0.10abc	0
0℃	3±0.22b	2±0.09abcd	0.040
5℃	1±0.19cd	1±0.05d	0.517
15℃	2±0.16b	3±0.09bcd	0.007
25℃	6±0.13a	3±0.55ab	0.001
35℃	1±0.23d	3±0.28a	0.000
45℃	2±0.10c	2±0.27cd	0.968
55℃	2±0.28cd	2±0.17bcd	0.117
65℃	3±0.59b	0±0.74e	0.029

注：蛋白浓度为 10μg/mL。同列数值后字母不同表示差异显著，$P<0.05$

PBS 提取的粗蛋白清除羟基自由基活性比较见表 8-27，从表 8-27 中可以看出：在 25℃提取的全脂预蛹粉蛋白对羟基自由基的清除率是其他温度下的 1.7~5 倍。在 65℃提取的脱脂预蛹粉粗蛋白对羟基自由基的清除率是其他温度的 2~8 倍。在 25℃时提取的全脂预蛹粉粗蛋白对羟基自由基的清除率显著高于脱脂预蛹粉蛋白，在 65℃时则完全相反。25℃时提取的全脂粉粗蛋白对羟基自由基的清除率是 65℃时提取的脱脂粉粗蛋白的 1.28 倍。-5℃、0℃、5℃、35℃提取的粗蛋白对羟基自由基的清除率最低。因此，PBS 在 25℃下提取的全脂预蛹粉中的粗蛋白清除羟基自由基的活性显著高于其他条件下提取的，蛋白浓度为 10μg/mL 时，对羟基自由基的清除率为 32%。

表 8-27 PBS 在不同温度下提取的粗蛋白清除羟基自由基活性比较

Table 8-27 Comparison of hydroxyl radical activity of crude protein extracted by PBS at different temperatures

温度	全脂预蛹粉（%）	脱脂预蛹粉（%）	t 值
-5℃	6±0.56d	6±0.18cde	0.377
0℃	7±0.23d	5±0.10e	0

（续表）

温度	全脂预蛹粉（%）	脱脂预蛹粉（%）	t 值
5℃	6±0.90d	3±0.14e	0.032
15℃	12±0.60cd	5±0.13e	0.004
25℃	32±3.49a	13±0.80b	0.001
35℃	7±4.67d	6±1.14de	0.811
45℃	19±3.64b	10±1.28bcd	0.040
55℃	15±1.00bc	11±1.42bc	0.057
65℃	12±2.29bcd	25±3.79a	0.041

注：蛋白浓度为 10μg/mL。同列数值后字母不同表示差异显著，$P<0.05$

研究表明，提取试剂和温度不同会影响蛋白质的提取率。潘怡欧（2005）以黄粉虫和黄褐油葫芦作为实验材料，初众等（2007）以洋虫成虫作为实验材料，仲义等（2009）以黄粉虫作为实验材料，王燕（2012）以四川鱼蛉作为实验材料，许彦腾（2015）以黑水虻幼虫作为实验材料，分别用碱、盐、酶、Tris-HCl 缓冲液提取了蛋白，提取黄粉虫和黄褐油葫芦的蛋白质时，用酶作为提取剂时提取率最高。提取其他昆虫蛋白质时，用碱作为提取剂时提取率最高。该研究结果显示，在 5℃下用 NaOH 提取脱脂预蛹粉，得到的粗蛋白含量最高，1g 脱脂预蛹粉中可以提取出 317mg 粗蛋白，提取率可达 31.7%。在 25℃时用水提取全脂预蛹粉，此时得到的粗蛋白清除羟基自由基的活性最高，在蛋白样品浓度为 10μg/mL 时，清除率可达到 41%。不同试剂提取不同的昆虫蛋白，提取率高低不同，不同昆虫样品应采用与之相称的提取方法。

该研究在不同温度下用不同的提取剂对黑水虻预蛹粗蛋白进行提取，并测定其含量和抗氧化活性，来确定最优提取条件。结果表明，相较于预蛹鲜虫匀浆液，用冷冻干燥后的预蛹粉来提取的粗蛋白的含量更高，抗氧化活性更好。在 5℃下，用 0.2% NaOH 浸提预蛹脱脂粉，此时得到的粗蛋白含量最高，1g 脱脂预蛹粉中可以提取出 317mg 粗蛋白，提取率可达 31.7%。许彦腾（2015）实验结果中用碱提取粗蛋白的提取率最高，这一点与该研究结果是一致的。但是，该研究结果表明 5℃下黑水虻预蛹粗蛋白的提取率最高，这一点与其最佳提取温度 53℃存在分歧。分析存在差异的原因：第一，有可能是该研究的浸提时间相对较短，蛋白质未能完全浸提出来；第二，许彦腾提取蛋白质的实验中，提取温度为 20℃、30℃、40℃、50℃、60℃、70℃、80℃，并没有在更低的温度下进行提取；第三，其实验材料是黑水虻幼虫，该研究采用的是预蛹。

研究表明，黑水虻幼虫蛋白质有良好的体外抗氧化活性（许彦腾，2015），可以应用于相关功能食品的开发。但什么条件下提取的蛋白质抗氧化活性最好还未有研究证实，该研究通过在 9 个不同温度下用 4 种试剂浸提黑水虻预蛹粉粗蛋白，结果表明，在 25℃下用超纯水浸提全脂预蛹粉，此时得到的粗蛋白抗氧化活性最高，蛋白样品浓度为 10μg/mL 时，对羟基自由基的清除率可达到 41%。可以推断出，超纯水作为提取试剂能够更好的保留预蛹粗蛋白的抗氧化活性，并且高温和低温都会降低蛋白质的抗氧化活性。

根据这个结果，可以应用在以后的工业生产中。当预蛹作不同用途时，用不同的提取条件来提取粗蛋白。当用作蛋白粉的制备时，在5℃下用0.2% NaOH浸提脱脂预蛹粉。当用作抗氧化活性材料制备时，在25℃用超纯水浸提全脂预蛹粉。

三、组分蛋白的提取及清除羟基自由基活性

选用全脂和脱脂预蛹粉，加入蒸馏水浸提15min，4 000r/min，4℃离心3min，取上清，在上清中加入1mL无水乙醇，4℃静置1 h，离心得沉淀。冷冻干燥后加1mL蒸馏水溶解样品，用Bradford法测定清蛋白含量。将经过乙醇提取，静置离心后所得的上清液冷冻干燥后加1mL蒸馏水溶解并储存备用，该样品即为提取的小分子肽样品。在蒸馏水提取后剩下的残渣中加入5% NaCl溶液浸提，浸提方法同上，该样品即为提取的球蛋白样品。在经过盐提取后的残渣中加入70%乙醇浸提，浸提方法同上，该样品即为提取的醇溶蛋白样品。在经过醇提取后的残渣中加入0.2% NaOH溶液浸提，浸提方法同上，该样品即为提取的碱溶蛋白样品。

1. 样品的蛋白浓度

研究了在9个不同温度下提取黑水虻预蛹的清蛋白、小分子肽、球蛋白、醇溶蛋白、碱溶蛋白5种组分蛋白，分别测定并比较了5种组分蛋白的含量。

-5℃下组分蛋白的提取量见图8-15，从图8-15可以看出：碱溶蛋白含量显著高于其他组分蛋白含量，且全脂预蛹粉中提取的碱溶蛋白含量显著高于脱脂预蛹粉中提取的，提取率为22.3%，是其他条件下提取的1.3~11倍。全脂和脱脂预蛹粉相比，提取的清蛋白、小分子肽、球蛋白、醇溶蛋白含量均差异显著。醇溶蛋白的提取量最低，提取率仅为2.0%~2.2%。

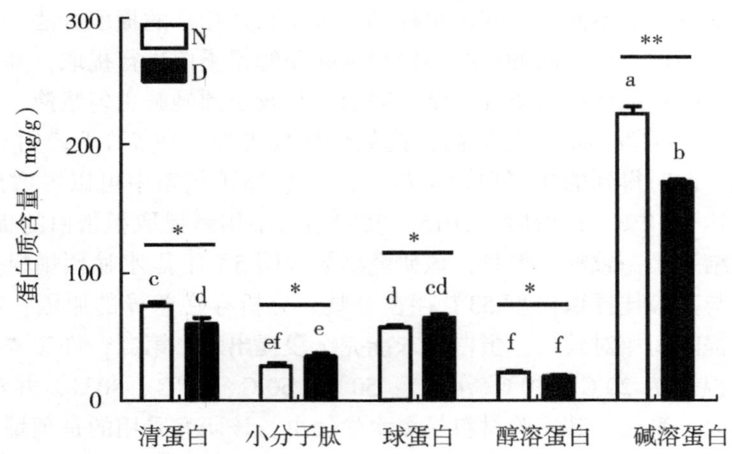

图8-15 -5℃下全脂和脱脂预蛹粉中各组分蛋白含量比较

Fig. 8-15 Comparison of protein content of each component of full fat and defatted powder at-5℃

注：N：全脂预蛹粉；D：脱脂预蛹粉。对数据进行单因素方差分析和t测验，不同字母表示差异显著性水平（$P<0.05$）；ns：无显著差异，*：差异显著，**：差异极显著

0℃组分蛋白的提取量见图8-16，从图8-16可以看出：全脂预蛹粉中提取的碱溶

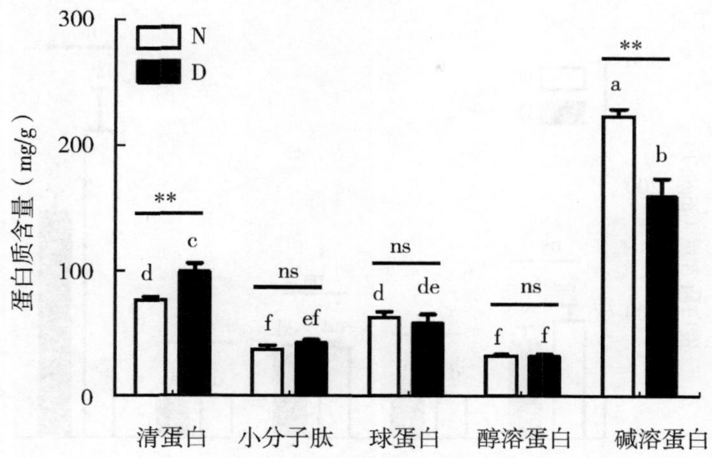

图 8-16　0℃下全脂和脱脂粉中各组分蛋白含量比较

Fig. 8-16　Comparison of protein content of each component of full fat and defatted powder at 0℃

注：N：全脂预蛹粉；D：脱脂预蛹粉。对数据进行单因素方差分析和 t 测验，不同字母表示差异显著性水平（P<0.05）；ns：无显著差异，*：差异显著，**：差异极显著

蛋白含量最高，提取率为 23.5%，是其他条件下提取的 1.9~7 倍。全脂和脱脂预蛹粉相比，提取的小分子肽、球蛋白、醇溶蛋白含量均无显著差异。脱脂预蛹粉中提取的清蛋白含量显著高于全脂预蛹粉中的。小分子肽和醇溶蛋白的提取量无显著差异。

5℃组分蛋白的提取量见图 8-17，从图 8-17 可以看出：全脂预蛹粉中提取的碱溶蛋白含量最高，提取率为 24.3%，是其他条件下提取的 1.4~8 倍。全脂和脱脂预蛹粉相比，提取的清蛋白、小分子肽、球蛋白、醇溶蛋白、碱溶蛋白含量均无显著差异。清蛋白和球蛋白的提取量无显著差异，且高于小分子肽和醇溶蛋白的提取量。

15℃组分蛋白的提取量见图 8-18，从图 8-18 可以看出：全脂预蛹粉中提取的碱溶蛋白含量最高，提取率为 23.5%，是其他条件下提取的 1.1~9.4 倍。全脂和脱脂预蛹粉相比，提取的清蛋白、醇溶蛋白含量差异极显著，提取的球蛋白含量差异显著。小分子肽和醇溶蛋白的提取量最低，提取率仅为 2.5%~3.2%。

25℃组分蛋白的提取量见图 8-19，从图 8-19 可以看出：碱溶蛋白含量显著高于其他组分蛋白含量，且全脂预蛹粉中提取的碱溶蛋白含量显著高于脱脂预蛹粉中提取的，提取率为 24.5%，是其他条件下提取的 1.1~8 倍。脱脂预蛹粉中提取的清蛋白、醇溶蛋白含量显著高于全脂预蛹粉中提取的。全脂和脱脂预蛹粉相比，提取的小分子肽、球蛋白含量均无显著差异。醇溶蛋白的提取量最低。

35℃组分蛋白的提取量见图 8-20，从图 8-20 可以看出：全脂预蛹粉中提取的碱溶蛋白提取率为 26.2%，是其他条件下提取的 1.1~22 倍。脱脂预蛹粉中提取的清蛋白和球蛋白含量显著高于全脂预蛹粉中提取的。全脂和脱脂预蛹粉相比，提取的小分子肽含量无显著差异。小分子肽和醇溶蛋白的提取量最低，1g 预蛹粉中只能提取出 12~19mg。

45℃组分蛋白的提取量见图 8-21，从图 8-21 可以看出：脱脂预蛹粉中提取的碱溶蛋白含量显著高于全脂预蛹粉中提取的，提取率为 31.5%，是其他条件下提取的 1.2~

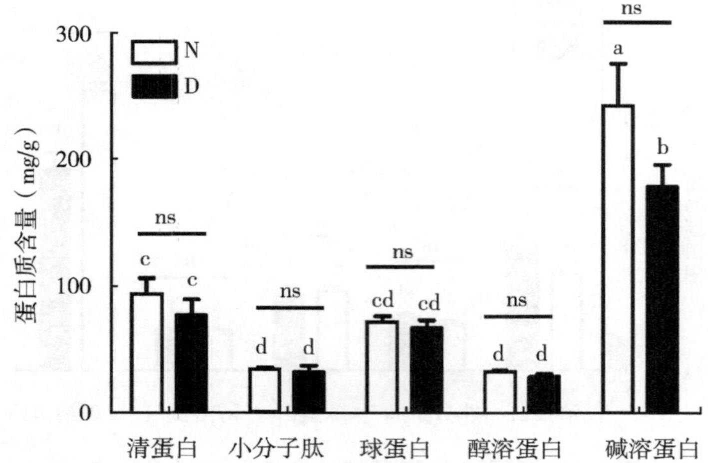

图 8-17　5℃下全脂和脱脂粉中各组分蛋白含量比较

Fig. 8-17　Comparison of protein content of each component of full fat and defatted powder at 5℃

注：N：全脂预蛹粉；D：脱脂预蛹粉。对数据进行单因素方差分析和 t 测验，不同字母表示差异显著性水平（$P<0.05$）；ns：无显著差异，*：差异显著，**：差异极显著

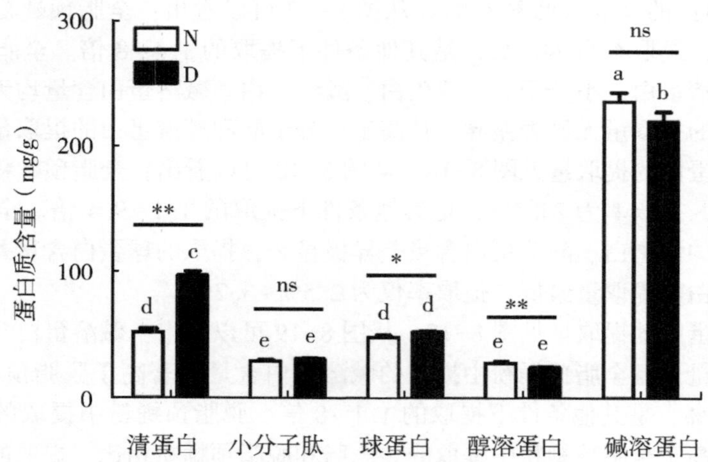

图 8-18　15℃下全脂和脱脂粉中各组分蛋白含量比较

Fig. 8-18　Comparison of protein content of each component of full fat and defatted powder at 15℃

注：N：全脂预蛹粉；D：脱脂预蛹粉。对数据进行单因素方差分析和 t 测验，不同字母表示差异显著性水平（$P<0.05$）；ns：无显著差异，*：差异显著，**：差异极显著

16 倍。脱脂预蛹粉中提取的清蛋白、小分子肽、醇溶蛋白含量显著均高于全脂预蛹粉

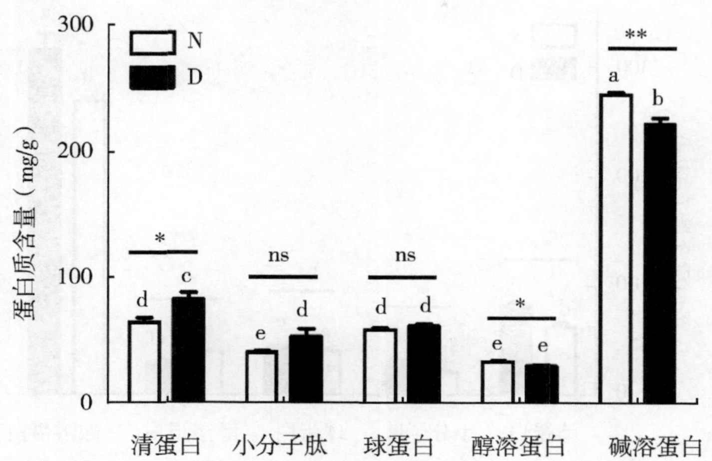

图 8-19　25℃下全脂和脱脂粉中各组分蛋白含量比较

Fig. 8-19　Comparison of protein content of each component of full fat and defatted powder at 25℃

注：N：全脂预蛹粉；D：脱脂预蛹粉。对数据进行单因素方差分析和 t 测验，不同字母表示差异显著性水平（$P<0.05$）；ns：无显著差异，*：差异显著，**：差异极显著

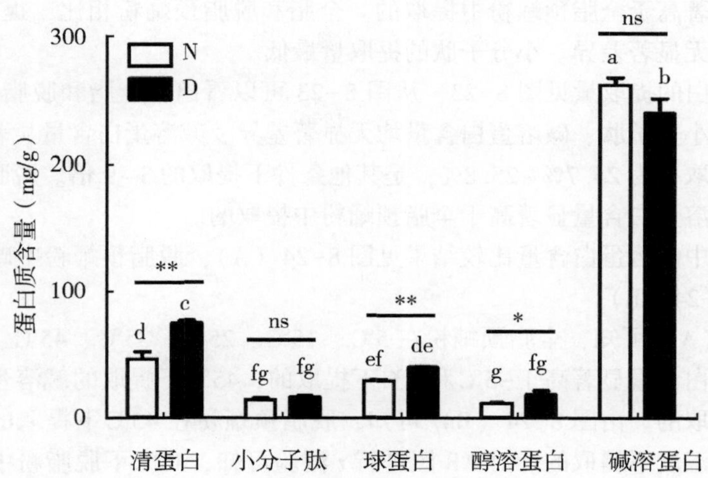

图 8-20　35℃下全脂和脱脂粉中各组分蛋白含量比较

Fig. 8-20　Comparison of protein content of each component of full fat and defatted powder at 35℃

注：N：全脂预蛹粉；D：脱脂预蛹粉。对数据进行单因素方差分析和 t 测验，不同字母表示差异显著性水平（$P<0.05$）；ns：无显著差异，*：差异显著，**：差异极显著

中提取的。全脂和脱脂预蛹粉相比，提取的球蛋白含量无显著差异。

55℃组分蛋白的提取量见图 8-22，从图 8-22 可以看出：全脂预蛹粉中提取的碱溶

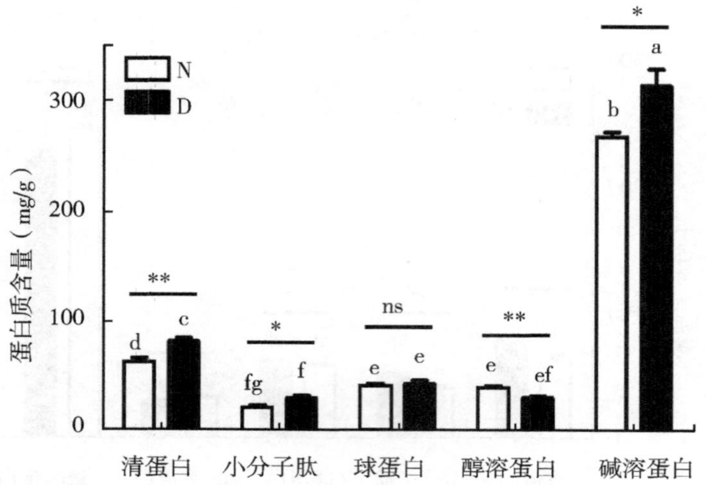

图 8-21　45℃下全脂和脱脂粉中各组分蛋白含量比较

Fig. 8-21　Comparison of protein content of each component of full fat and defatted powder at 45℃

注：N：全脂预蛹粉；D：脱脂预蛹粉。对数据进行单因素方差分析和 t 测验，不同字母表示差异显著性水平（$P<0.05$）；ns：无显著差异，*：差异显著，**：差异极显著

蛋白提取率为 24.5%，是其他条件下提取的 1.2～11 倍。脱脂预蛹粉中提取的清蛋白和小分子肽含量显著高于全脂预蛹粉中提取的。全脂和脱脂预蛹粉相比，提取的球蛋白、醇溶蛋白含量均无显著差异。小分子肽的提取量最低。

65℃组分蛋白的提取量见图 8-23，从图 8-23 可以看出：全脂和脱脂预蛹粉相比，提取的清蛋白、小分子肽、碱溶蛋白含量均无显著差异。碱溶蛋白含量显著高于其他组分蛋白含量，提取率为 24.7%～25.8%，是其他条件下提取的 3～9 倍。脱脂预蛹粉中提取的球蛋白、醇溶蛋白含量显著高于全脂预蛹粉中提取的。

全脂预蛹粉中碱溶蛋白含量比较结果见图 8-24（A），脱脂预蛹粉中碱溶蛋白含量比较结果见图 8-24（B）。

由图 8-24（A）可知，全脂预蛹粉在 5℃、15℃、25℃、35℃、45℃、55℃、65℃下提取的碱溶蛋白含量显著高于-5℃和 0℃下提取的，45℃下提取的碱溶蛋白含量稍高于其他温度下提取的。由图 8-24（B）可知，脱脂预蛹粉在 45℃下提取的碱溶蛋白含量显著高于其他温度下提取的。对 AB 图进行 t 测验可知，45℃下脱脂粉中提取的碱溶蛋白含量显著高于全脂粉中提取的（$t=0.003$）。

2. 样品清除羟基自由基的活性

该研究分别测定并比较了 9 个不同温度下用 4 种不同的试剂提取的黑水虻 5 种组分蛋白的羟基自由基清除活性。

清蛋白清除羟基自由基活性比较结果见表 8-28，对从表 8-28 中可以看出：全脂预蛹粉在 35℃提取的清蛋白对羟基自由基的清除率显著高于其他温度下提取的，此时清除率是其他温度的 1.25～4 倍。脱脂预蛹粉在-5℃和 5℃提取的清蛋白清除率显著高于

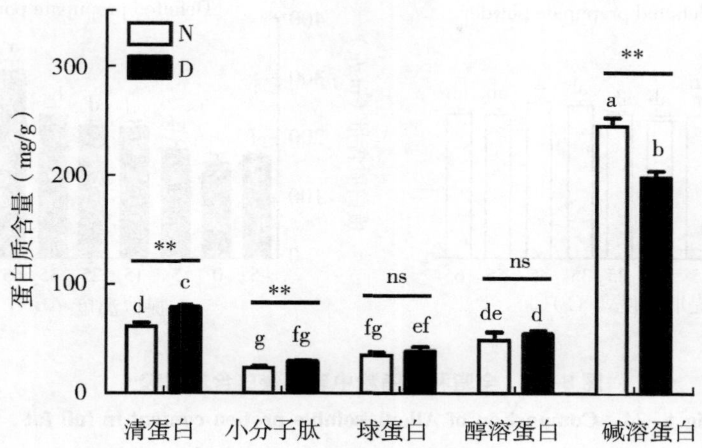

图 8-22 55℃下全脂和脱脂粉中各组分蛋白含量比较

Fig. 8-22 Comparison of protein content of each component of full fat and defatted powder at 55℃

注：N：全脂预蛹粉；D：脱脂预蛹粉。对数据进行单因素方差分析和 t 测验，不同字母表示差异显著性水平（$P<0.05$）；ns：无显著差异，*：差异显著，**：差异极显著

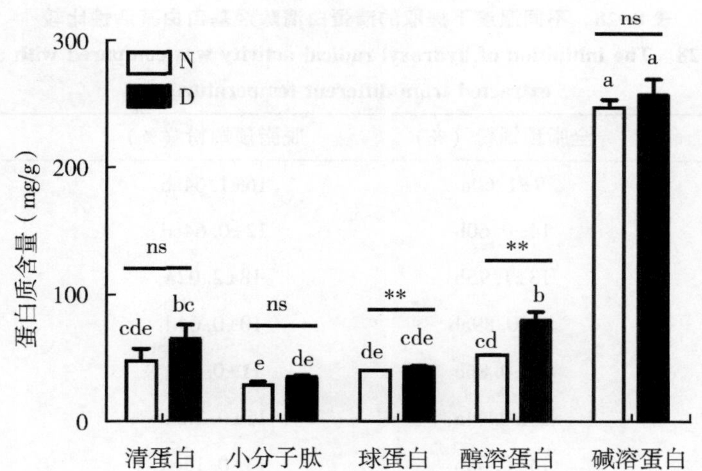

图 8-23 65℃下全脂和脱脂粉中各组分蛋白含量比较

Fig. 8-23 Comparison of protein content of each component of full fat and defatted powder at 65℃

注：N：全脂预蛹粉；D：脱脂预蛹粉。对数据进行单因素方差分析和 t 测验，不同字母表示差异显著性水平（$P<0.05$）；ns：无显著差异，*：差异显著，**：差异极显著

其他温度下提取的，此时清除率是其他温度的 1.2~2.6 倍。在 35℃时全脂预蛹粉中提取的清蛋白对羟基自由基清除率显著高于脱脂预蛹粉，在-5℃时则完全相反，在 5℃时无显著差异。35℃时提取的全脂粉粗蛋白是-5℃和 5℃时提取的脱脂粉粗蛋白对羟基自

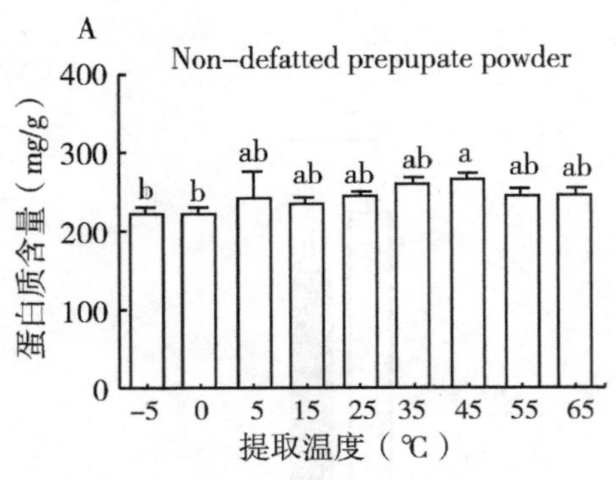

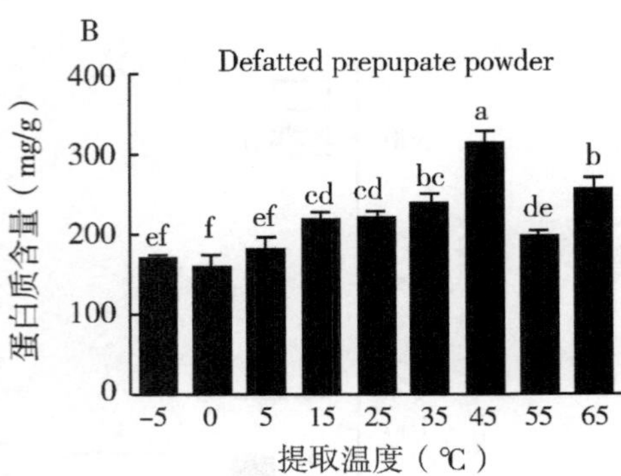

图 8-24　全脂和脱脂粉中碱溶蛋白含量比较

Fig. 8-24　Comparison of Alkali-soluble protien content in full fat powder and defatted prepupae powder

注：A. 全脂预蛹粉中碱溶蛋白含量比较；B. 脱脂预蛹粉中碱溶蛋白含量比较。对数据进行单因素方差分析，不同字母表示差异显著性水平（$P<0.05$）

由基的清除率的 1.2 倍。55℃下清蛋白对羟基自由基的清除率最低。因此，在 35℃时用全脂预蛹粉提取清蛋白，此时清蛋白清除羟基自由基的活性显著高于其他条件下提取的，蛋白浓度为 20μg/mL 时，清除率为 20%。

表 8-28　不同温度下提取的清蛋白清除羟基自由基活性比较

Table 8-28　The inhibition of hydroxyl radical activity was compared with albumin extracted from different temperatures

温度	全脂预蛹粉（%）	脱脂预蛹粉（%）	t 值
-5℃	9±1.60c	16±1.64ab	0.013
0℃	14±0.60b	12±0.64cd	0.002
5℃	13±1.95b	18±2.02a	0.187
15℃	16±0.89ab	10±0.64d	0
25℃	10±0.86c	11±0.65d	0.215
35℃	20±0.44a	15±0.26bc	0
45℃	14±0.56b	13±0.15cd	0.027
55℃	5±1.62d	7±0.40e	0.270
65℃	16±1.28b	13±0.61cd	0.063

注：蛋白浓度为 20μg/mL。同列数值后字母不同表示差异显著，$P<0.05$

小分子肽清除羟基自由基活性比较结果见表 8-29，从表 8-29 中可以看出：全脂预蛹粉和脱脂预蛹粉中提取的小分子肽对羟基自由基清除率均是在提取温度 35℃时显著高于其他温度下提取的。在 35℃下全脂和脱脂预蛹粉提取的小分子肽清除率无显著差异。在 35℃提取的小分子肽清除率是其他温度的 1.8~4.7 倍。在 25℃下提取的小分子肽清除率最低。15℃下全脂和脱脂预蛹粉提取的小分子肽清除率差异极显著（$t=0.004$）。因此，在35℃时用全脂和脱脂预蛹粉提取小分子肽，此时小分子肽清除羟基自由基的活性显著高于其他条件下提取的，蛋白浓度为20μg/mL时，清除率为37%~42%。

表 8-29　不同温度下提取的小分子肽清除羟基自由基活性比较

Table 8-29　The inhibition of hydroxyl radical activity was compared with peptide extracted from different temperatures

温度	全脂预蛹粉（%）	脱脂预蛹粉（%）	t 值
-5℃	15±2.73cd	11±1.62cd	0.083
0℃	21±4.49bc	15±1.61cd	0.156
5℃	18±1.71bcd	23±2.56b	0.111
15℃	21±1.02bc	16±0.54c	0.004
25℃	8±1.36d	9±0.71d	0.063
35℃	37±2.63a	42±3.14a	0.064
45℃	28±7.69ab	15±2.47cd	0.115
55℃	12±3.45cd	16±2.27c	0.177
65℃	30±3.90ab	23±1.40b	0.208

注：蛋白浓度为20μg/mL。同列数值后字母不同表示差异显著，$P<0.05$

球蛋白清除羟基自由基活性比较结果见表8-30，从表8-30中可以看出：35℃时球蛋白对羟基自由基的清除率最高，且全脂预蛹粉中提取的球蛋白对羟基自由基清除率显著高于脱脂预蛹粉中提取的。全脂预蛹粉在35℃提取的球蛋白清除率是其他温度的1.5~33倍。在55℃下提取的球蛋白清除率最低。因此，在35℃时用全脂预蛹粉提取球蛋白，此时球蛋白清除羟基自由基的活性显著高于其他条件下提取的，蛋白浓度为20μg/mL时，清除率为33%。

表 8-30　不同温度下提取的球蛋白清除羟基自由基活性比较

Table 8-30　The inhibition of hydroxyl radical activity was compared with globuline extracted from different temperatures

温度	全脂预蛹粉（%）	脱脂预蛹粉（%）	t 值
-5℃	16±0.41de	14±0.57cd	0.061
0℃	15±1.21de	16±1.46c	0.735
5℃	17±1.10cd	18±1.42bc	0.474
15℃	18±0.81cd	18±1.13bc	0.967
25℃	13±0.46e	11±0.46d	0.031

（续表）

温度	全脂预蛹粉（%）	脱脂预蛹粉（%）	t 值
35℃	33±0.65a	24±0.47a	0
45C	22±0.64b	20±1.52ab	0.321
55℃	1±1.67f	4±2.73e	0.534
65℃	20±1.24bc	17±1.34bc	0.401

注：蛋白浓度为20μg/mL。同列数值后字母不同表示差异显著，$P<0.05$

醇溶蛋白清除羟基自由基活性比较结果见表8-31，从表8-31中可以看出：全脂预蛹粉在35℃提取的醇溶蛋白对羟基自由基的清除率显著高于其他温度下提取的，此时清除率是其他温度的2~8倍。脱脂预蛹粉在5℃和35℃提取的醇溶蛋白清除率显著高于其他温度下提取的，此时清除率是其他温度的1.4~8.7倍。在35℃时全脂预蛹粉中提取的醇溶蛋白对羟基自由基清除率显著高于脱脂预蛹粉，35℃时提取的全脂粉粗蛋白是5℃和35℃时提取的脱脂粉粗蛋白对羟基自由基的清除率的1.8倍。在55℃下提取的醇溶蛋白清除率最低。25℃下全脂和脱脂预蛹粉提取的小分子肽清除率差异极显著（$t=0$），45℃下全脂和脱脂预蛹粉提取的小分子肽清除率差异极显著（$t=0.006$）。因此，在35℃时用全脂预蛹粉提取醇溶蛋白，此时醇溶蛋白清除羟基自由基的活性显著高于其他条件下提取的，蛋白浓度为20μg/mL时，清除率为47%。

表8-31　不同温度下提取的醇溶蛋白清除羟基自由基活性比较

Table 8-31　The inhibition of hydroxyl radical activity was compared with prolamin extracted from different temperatures

温度	全脂预蛹粉（%）	脱脂预蛹粉（%）	t 值
-5℃	18±0.50c	18±0.70b	0.567
0℃	15±1.18cde	14±3.18bc	0.826
5℃	23±0.68b	25±0.35a	0.432
15℃	18±0.68c	19±0.60b	0.234
25℃	14±1.14de	8±1.00de	0.000
35℃	47±2.37a	26±2.27a	0.000
45℃	11±0.78e	16±0.68bc	0.006
55℃	6±1.86f	3±0.74e	0.263
65℃	16±0.73cd	11±0.98cd	0.028

注：蛋白浓度为20μg/mL。同列数值后字母不同表示差异显著，$P<0.05$

碱溶蛋白清除羟基自由基活性比较结果见表8-32，从表8-32中可以看出：全脂预蛹粉在5℃提取的碱溶蛋白对羟基自由基的清除率显著高于其他温度下提取的，此时清除率是其他温度的1~3倍。脱脂预蛹粉在0℃和5℃提取的碱溶蛋白清除率显著高于其他温度下提取的，此时清除率是其他温度的 1.3~4 倍。在 5℃时全脂和脱脂预蛹粉中提取的碱溶蛋白对羟基自由基清除率无显著差异。在 15℃、45℃、55℃、65℃下全脂和脱脂预蛹粉提取的小分子肽清除率无显著差异。因此，在 5℃时用全脂和脱脂预蛹粉提取碱溶蛋白，此时碱溶蛋白清除羟基自由基的活性显著高于其他条件下提取的，但碱溶蛋白清除羟基自由基的活性显著低于其他组分蛋白清除羟基自由基的活性，清除率仅为 3%~4%。

表 8-32　不同温度下提取的碱溶蛋白清除羟基自由基活性比较

Table 8-32　The inhibition of hydroxyl radical activity was compared with alkali-soluble protien extracted from different temperatures

温度	全脂预蛹粉（%）	脱脂预蛹粉（%）	t 值
-5℃	1±0.32de	3±0.07bc	0.004
0℃	3±0.14bc	4±0.30a	0.021
5℃	3±0.45a	4±0.39a	0.117
15℃	2±0.17cd	2±0.14de	0.718
25℃	2±0.06de	2±0.16cd	0.002
35℃	2±0.04de	2±0.14cde	0.020
45℃	1±0.12de	1±0.11e	0.080
55℃	1±0.29e	2±0.34de	0.201
65℃	3±0.18ab	3±0.04b	0.396

注：蛋白浓度为 20μg/mL。同列数值后字母不同表示差异显著，$P<0.05$

根据上述结果，把 35℃下提取的组分蛋白清除羟基自由基活性做了比较，结果见图 8-25。从图 8-25 可以看出：脱脂预蛹粉提取得到的小分子肽和全脂预蛹粉提取得到的醇溶蛋白无显著差异，二者清除羟基自由基的活性一致，并显著高于其他条件下提取的组分蛋白。全脂预蛹粉中提取的小分子肽和球蛋白对羟基自由基的清除率也较高。碱溶蛋白对羟基自由基的清除率最低。清蛋白、球蛋白、醇溶蛋白、碱溶蛋白在全脂预蛹粉和脱脂预蛹粉中提取的含量差异显著。

昆虫体内有多种组分蛋白，不同的组分蛋白活性不同，不同条件下活性蛋白的提取率也不同。王芙蓉（2007）提取了家蝇幼虫的活性蛋白并研究了抗氧化活性，结果表明，家蝇幼虫中清蛋白清除羟基自由基的活性也最高，其次是球蛋白，样品浓度为 500μg/mL 时，清蛋白对羟基自由基的清除率为 69.31%，球蛋白对羟基自由基的清除率为 64.78%。郭倩（2011）以大麦虫作为实验材料，根据溶解性的不同提取出水溶蛋白、酸溶蛋白、醇溶蛋白及碱溶蛋白，并测定了这 4 种蛋白的抗氧化活性。结果表明，大麦虫蛋白有抗氧化作用，水溶蛋白的活性最强。聂路（2012）以丰年虫作为试验材料，对丰年虫的水溶性、醇溶性、碱溶性蛋白进行了抗氧化活性分析，结果表明丰年虫水溶性蛋白的抗氧化活性最高。目前黑水虻组分蛋白的活性高低和活性蛋白最优提取方

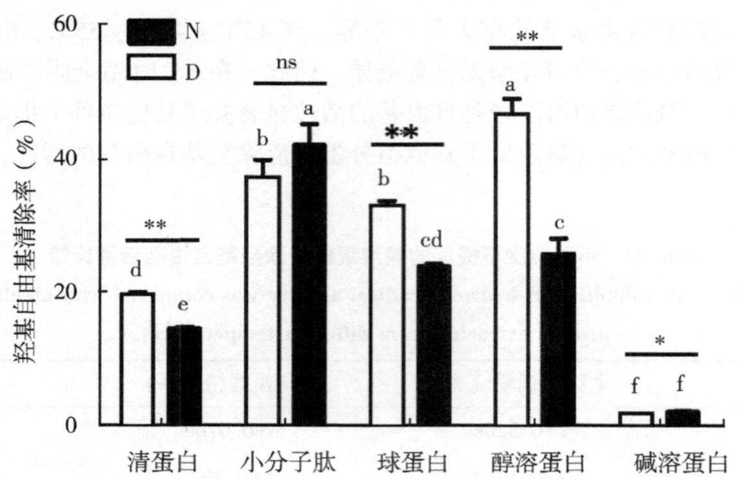

图 8-25　35℃下全脂和脱脂粉中组分蛋白清除羟基自由基活性比较

Fig. 8-25　Comparison of inhibitory effect of component proteins in hydroxyl radical on full fat and defatted powder at 35℃

注：蛋白浓度为 20μg/mL。N：全脂预蛹粉；D：脱脂预蛹粉。不同字母表示差异显著性水平（P<0.05）

法尚不明确。

该研究在不同的条件下对黑水虻预蛹组分蛋白进行提取，并测定其含量和抗氧化活性来确定最优提取条件。研究表明，在 45℃下，用预蛹脱脂粉提取碱溶蛋白含量最高，1g 脱脂预蛹粉中可以提取出 315mg 碱溶蛋白。在 35℃下用脱脂预蛹粉提取的小分子肽和在 35℃下用全脂预蛹粉提取的醇溶蛋白抗氧化活性最高，蛋白样品浓度为 20μg/mL 时，对羟基自由基的清除率可达到 42%～47%。这个结果比家蝇更为理想（王芙蓉，2007），在样品浓度更低的情况下，抗氧化活性更高。推断可能是因为实验材料不同，黑水虻的蛋白抗氧化活性比家蝇蛋白的抗氧化活性更高。在研究中发现，清蛋白、球蛋白、醇溶蛋白、碱溶蛋白均在 55℃下提取时对羟基自由基的清除率最低，推测可能这几种组分蛋白在 55℃下抗氧化活性被破坏的程度更高，具体原因还要进行相关实验验证。

该研究只是对黑水虻的活性蛋白提取及抗氧化活性进行了初步的研究，还有一些方面需要补充。在后期研究过程中，应该加入蛋白质浸提时间，试剂浓度和料液比的优化，这样可能使蛋白质的提取率更高，活性更好。如果将活性蛋白应用于医药方面，则必须补充氨基酸测定方面和体内抗氧化活性方面的实验数据。只有这样，才能保证活性蛋白作为医药的可行性和安全性。

第九章　黑水虻的利用研究

第一节　用于畜禽养殖

一、对肉鸡的饲养效果

黑水虻幼虫粉对珍珠鸡生长性能、表观消化率、血液化学指标的影响见表 9-1，饲料鱼粉（FM）成分被黑水虻幼虫粉（BSFLM）取代，比例为 0~100%，共配制了 6 种含等量热和等量氮的饲料每天喂给珍珠鸡，直到 8 周大（表 9-1）。从表 9-2、表 9-3、表 9-4 可以看出，BSFLM 组的体重显著增加，最终体重差异显著。干物质摄入量略有差异，但未受影响。日粮差异不影响干物质和能量的消化率。不管使用何种蛋白类型以及替换程度如何，器官和造血系统的完整性得到了保证。结果表明，从生产经济学的角度来看，用 60%~100% BSFLM 替代鱼粉可以降低饲料成本（Wallace *et al.*，2017）

表 9-1　用于珍珠鸡饲养的初始实验饲料的组成（资料来源于 Wallace *et al.*，2017）

Table 9-1　Composition of experimental starter diets for guinea keets

成分（%）	饲料处理					
	T1	T2	T3	T4	T5	T6
黄玉米	59.1	53.9	51.0	50.4	48.0	48.0
大豆粉	24.2	29.5	32.4	32.5	34.4	34.3
鱼粉	14.3	11.4	8.58	5.72	2.86	—
虫粉	—	2.86	5.72	8.52	11.4	14.3
赖氨酸	0.152	0.151	0.150	0.152	0.153	0.150
甲硫氨酸	0.0232	0.0214	0.0222	0.0221	0.401	0.403
碘盐	0.201	0.142	0.140	0.203	0.282	0.351
牡蛎壳	1.00	1.00	1.00	1.50	1.50	1.50
磷酸氢钙	0.701	0.701	0.703	0.701	0.702	0.700
维生素/矿物质	0.304	0.301	0.302	0.303	0.304	0.301
能量（MJ/kg）	12.1	12.1	12.0	12.0	12.1	12.1

（续表）

成分（%）	饲料处理					
	T1	T2	T3	T4	T5	T6
粗蛋白	26.1	26.0	25.9	26.0	25.9	26.1
赖氨酸	1.57	1.51	1.47	1.36	1.33	1.36
甲硫氨酸	1.20	1.19	1.17	1.02	1.01	1.02
粗脂肪	4.11	3.65	3.26	2.93	2.58	2.32
粗纤维	2.34	2.56	2.79	2.83	2.58	2.32
钠	0.173	0.165	0.162	0.166	0.164	0.163
钙	1.03	1.00	0.992	0.991	0.913	0.904
速效磷	0.502	0.465	0.454	0.403	0.407	0.404

表 9-2 以分级黑水虻虫粉日粮喂养的珍珠鸡的表观营养消化率

（资料来源于 Wallace *et al.*，2017）

Table 9-2 Apparent nutrient digestibility of guinea keets fed graded BSFLM diets

参数	饲料处理						标准误	*P*
	T1	T2	T3	T4	T5	T6		
日干物质增加（g/d）	45.9a	45.9b	45.3d	45.1e	45.9a	45.7c	0.078	0.000
日代谢能摄入（kJ/d）	2017	2046	1611	1665	1782	1494	77.4	0.221
干物质粪便输出（g/d）	20.1	19.1	23.6	24.2	25.0	26.8	1.21	0.468
重量变化（g）	21.2	23.8	27.3	19.4	19.2	15.3	2.33	0.813
消耗系数								
干物质	56.2	58.3	48.0	46.4	45.5	41.4	2.67	0.448
脂肪	80.5a	79.8a	70.5b	79.5a	87.2a	81.7a	1.52	0.025
碳水化合物	78.2	84.6	76.1	82.1	73.3	79.8	1.85	0.608
能量表观代谢力	63.0	65.2	57.1	55.2	55.5	49.0	2.33	0.417

注：同行数值后字母不同表示差异显著，$P<0.05$

表 9-3 以分级黑水虻虫粉日粮喂养的珍珠鸡的血象和白细胞反应

（资料来源于 Wallace *et al.*，2017）

Table 9-3 Haematogram and leukogram response of guinea keets fed graded BSFLM diets

参数	饲料处理						*P*	标准误
	T1	T2	T3	T4	T5	T6		
红细胞（$\times 10^{12}$/L）	1.82	2.05	1.75	1.18	1.92	1.75	0.127	0.102

（续表）

参数	饲料处理						P	标准误
	T1	T2	T3	T4	T5	T6		
血红细胞（g/dL）	10.4	11.1	11.7	12.2	9.95	10.7	0.086	0.261
血细胞压积（%）	38.7	43.3	44.7	47.0	37.7	40.3	0.386	1.42
白细胞（$\times10^9$/L）	3.33	4.07	2.43	1.47	2.47	2.63	0.130	0.290
淋巴细胞（%）	31.0c	40.3abc	45.3ab	40.0abc	36.7bc	49.0a	0.047	1.86
异嗜性粒细胞（%）	64.0	56.7	53.3	57.7	54.3	50.0	0.365	1.82
嗜碱性粒细胞（%）	1.33	1.33	1.00	1.67	2.00	0.67	0.948	0.363
嗜酸性粒细胞（%）	3.00	0.67	0.33	0.33	4.00	0.33	0.118	0.522
单核细胞（%）	0.670	1.00	0.00	0.330	1.33	0.00	0.656	0.262

注：同行数值后字母不同表示差异显著，$P<0.05$

表 9-4　黑水虻虫粉日粮对珍珠鸡血清脂质、电解质、代谢物和酶的影响

（资料来源于 Wallace *et al.*，2017）

Table 9-4　Effect of BSFLM on serum concentrations of lipids，electrolytes，metabolites and enzymes

参数	饲料处理						P	标准误
	T1	T2	T3	T4	T5	T6		
总胆固醇（mmol/L）	3.83	5.67	4.97	5.90	5.53	4.47	0.077	0.24
甘油三酯（mmol/L）	0.660c	2.83a	1.62bc	2.05ab	0.940bc	0.670c	0.007	0.23
高密度脂蛋白（mmol/L）	2.46	2.94	3.27	3.70	3.30	2.96	0.291	0.15
低密度脂蛋白（mmol/L）	1.03	1.40	0.970	1.27	1.80	1.20	0.425	0.12
肌酐（mmol/L）	16.0	19.1	6.79	19.8	23.8	24.3	0.483	2.68
尿素（mmol/L）	5.63	5.41	6.46	5.44	4.98	5.11	0.700	0.26
钠 Na^+（mmol/L）	160	160	141	142	154	156	0.738	4.43
钾 K^+（mmol/L）	8.93	10.6	10.3	7.70	7.80	7.83	0.583	0.58
氯 Cl^-（mmol/L）	129	117	124	120	115	126	0.525	2.35
谷丙转氨酶（μ/L）	8.13	14.1	30.2	15.9	5.17	14.2	0.057	2.59
天门冬氨酸转氨酶（μ/L）	21.6	15.5	33.5	11.4	25.6	90.4	0.433	11.7
碱性磷酸酶（μ/L）	2453	2629	2475	1752	1918	1896	0.687	182
谷氨酰转肽酶（μ/L）	3.25	9.20	5.46	3.82	8.03	6.03	0.669	1.12
直接胆红素（μmol/L）	2.33	2.24	3.35	1.64	3.07	2.38	0.773	0.33

（续表）

参数	饲料处理						P	标准误
	T1	T2	T3	T4	T5	T6		
总胆红素（μmol/L）	4.54b	3.71b	7.41a	3.78b	3.71b	6.21ab	0.022	0.44
白蛋白（g/L）	14.5	17.3	18.8	19.5	18.2	16.5	0.150	0.59
总蛋白（g/L）	39.7	43.5	46.8	46.0	44.9	41.9	0.214	0.93

在早期黄粉虫应用较多的时候，研究人员比较了肉鸡取食两种昆虫幼虫（黄粉虫和黑水虻）时总径表观消化系数（CTTAD）和表观代谢能（AME 和 AMEn），还测定了氨基酸表观回肠消化率系数（AIDC）。研究结果表明，对于肉鸡来说，黄粉虫粉 TM 和黑水虻虫粉 HI 是 AME 的极好来源，同时也是易消化 AA 的宝贵来源（De Marco *et al.*，2015）。

畜禽饲料的加工过程中本身就需要添加一定量的豆油，而黑水虻是一种高脂肪昆虫，因此有学者研究了黑水虻幼虫脂肪（BSLF）替代肉鸡饲料中的豆油做饲料对肉鸡的效果，主要考察了增长表现，饲料选择，血液性状（表 9-5），屠宰特征（表 9-6）和肉类质量（表 9-7、表 9-8）。共有 150 只雄性肉鸡（ROSS，308）在 1d 被随机分配给 3 组饮食处理（5 个重复和 10 只/栏）：基础日粮对照组（C 组）、大豆油被黑水虻幼虫脂肪替代 50%的组（CH 组）、替代 100%的组（H 组）。生长性能、饲料选择试验、血液性状和屠宰性能未受到饲料的影响。BSLF 的含量对肉鸡胸脯脂肪酸组成有较大影响。随着 BSLF 增加，SFA 的比例增加（C、CH 和 H 胸脯肉分别为 32.2%、37.8%、43.5%，$P<0.001$），对 PUFA 组成有损（C、CH 和 H 胸脯肉分别为 22.7%、23.0%、22.9%，$P<0.001$）。MUFA 未受影响。BSLF 的加入保证了良好的生产性能、胴体性状和整体肉质，因此 BSLF 可能是一种很有前途的鸡饲料成分（Schiavone *et al.*，2017a）。

表 9-5　肉鸡取食含黑水虻幼虫油饲料时的生长性能、自由选择测试和血象

（资料来源于 Schiavone *et al.*，2017）

Table 9-5　Growth performance，free-choice test and blood traits of broiler chickens fed with *H. illucens* larvae fat（BSLF）

项目	对照	50%虫油（CH）	100%虫油（H）	标准误	P
生长性能					
初始体重（d 1；IBW，g）	45.20	45.10	45.20	0.14	0.838
最终体重（d 35；FBW，g）	1747	1763	1796	42.50	0.901
日采食量（DFI，g）	55.10	61.20	65.40	2.00	0.084
日增重（DWG，g）	37.10	40.40	43.10	1.32	0.157
饲料转化率（FCR，%）	1.48	1.51	1.52	0.01	0.479

（续表）

项目	对照	50%虫油（CH）	100%虫油（H）	标准误	P
自由选择试验					
血象	526	—	570	33.5	0.524
红细胞（10^6 cell/μL）	4.26	4.14	4.15	0.47	0.498
白细胞（10^3 cell/μL）	14.40	13.10	13.20	0.29	0.103
红细胞/白细胞	0.66	0.58	0.57	0.03	0.360
总蛋白（g/dL）	3.77	3.38	3.42	0.09	0.148
天门冬氨酸氨基转移酶（UI/L）	257.85	237.43	250.09	12.44	0.800
谷氨酸氨基转移酶（UI/L）	25.21	22.43	19.03	1.52	0.305
γ-谷氨酰转肽酶（UI/L）	32.00	27.45	30.20	1.92	0.622
尿酸（mg/dL）	5.88	4.87	5.63	0.22	0.125
肌酐（mg/dL）	0.34	0.36	0.34	0.01	0.541
甘油三酯（mg/dL）	48.16	56.16	49.45	2.00	0.190
胆固醇（mg/dL）	76.80	69.70	71.78	3.55	0.288
磷（mg/dL）	4.98	4.57	4.68	0.75	0.703
镁（mEq/L）	1.57	1.58	1.49	0.19	0.890
铁（lg/dL）	57.81	53.41	59.11	5.88	0.426

表 9-6　肉鸡取食含黑水虻幼虫脂肪饲料时的屠宰性能和内部器官重量

（资料来源于 Schiavone *et al.*，2017）

Table 9-6　Slaughter performance and internal organs weight of broiler chickens fed with *H. illucens* larvae fat（BSLF）

项目	对照（C）	50%虫油（CH）	100%虫油（H）	标准误	P
鲜重（LW，g）	1776	1802	1781	30.7	0.941
胴体重（CW，g）	1197	1243	1206	24.8	0.732
胸脯（CW，%）	24.3	24.7	27.8	0.28	0.912
大腿（CW，%）	30.8	31.9	30.2	0.35	0.147
腹部脂肪（CW，%）	1.3	1.1	1.5	0.14	0.655
肝（g）	39.3	36.9	37.2	0.86	0.488
心（g）	12.0	12.1	11.8	0.35	0.934
脾脏（g）	1.6	2.0	1.7	0.07	0.100

表 9-7　肉鸡取食含黑水虻幼虫脂肪饲料时的胸脯肉的解冻损失和营养成分
（资料来源于 Schiavone *et al.*，2017）
Table 9-7　Thawing loss（%）and proximate composition（g/100g meat）of breast meat（Pectoralis major）derived from broiler chickens fed with *H. illucens* larvae fat（BSLF）

项目	对照（C）	50%虫油（CH）	100%虫油（H）	标准误	*P*
解冻损失（%）	1.83	1.77	2.03	1.12	0.3101
水（%）	75.30	76.90	75.60	0.66	0.3252
粗蛋白（g/100g）	19.40	19.20	19.20	0.63	0.7165
乙醚提取物（g/100g）	4.05	4.11	3.91	0.58	0.6108
灰分（g/100g）	1.28	1.28	1.27	0.03	0.4231

注：资料来源于 Schiavone *et al.*，2017。

表 9-8　肉鸡取食含黑水虻幼虫脂肪饲料时的胸脯肉的脂肪酸组成
（资料来源于 Schiavone *et al.*，2017）
Table 9-8　Fatty acid profile（% of total FAME）of breast meat（Pectoralis major）derived from broiler chickens fed with black soldier larvae fat（BSLF）

脂肪酸	对照（C）	50%虫油（CH）	100%虫油（H）	标准误	*P*
C8：0	0.10	0.07	0.12	0.10	0.3792
C10：0	0.03B	0.18A	0.28A	0.09	<0.0001
C12：0	0.09C	4.75B	8.50A	1.14	<0.0001
C14：0	0.32C	2.20B	3.59A	0.45	<0.0001
C15：0	0.02	0.03	0.11	0.10	0.1005
C16：0	20.2	21.0	21.1	1.52	0.2825
C17：0	0.11	0.05	0.05	0.09	0.1588
C18：0	10.3	9.47	8.79	1.77	0.1638
C20：0	0.09	0.10	0.09	0.10	0.9672
C22：0	0.06	0.06	0.09	0.15	0.8904
C24：0	0.97	0.87	0.71	0.18	0.3776
饱和脂肪酸 SFA	32.2C	37.8B	43.5A	2.44	<0.0001
C14：1	0.00B	0.13B	0.31A	0.12	<0.0001
C16：1	1.42B	2.27AB	2.86A	0.91	0.0033
C18：1 n-9	18.9	18.4	17.7	2.49	0.5017
C18：1 n-11	2.41a	2.18ab	2.10b	0.24	0.0130

（续表）

脂肪酸	对照（C）	50%虫油（CH）	100%虫油（H）	标准误	*P*
单不饱和脂肪酸 MUFA	22.7	23.0	22.9	3.31	0.9804
C18：2 n-6	27.4A	22.4B	18.1C	2.54	<0.0001
C18：3 n-6	0.13	0.17	0.19	0.10	0.3738
CLA	0.20	0.25	0.22	0.01	0.6778
C20：2	0.66	0.53	0.55	0.18	0.2213
C20：3 n-6	0.59	1.19	1.00	1.33	0.5568
C20：4 n-6	5.08	4.35	4.48	1.69	0.7470
C18：3 n-3	1.81A	1.42AB	0.94B	0.37	<0.0001
C20：5 n-3	0.23	0.29	0.29	0.31	0.8528
C22：6 n-3	0.67	0.53	0.55	0.38	0.6341
多不饱和脂肪酸 PUFA	36.8A	31.1B	26.4B	3.66	<0.0001
不饱和脂肪酸/饱和脂肪酸 UFA/SFA	1.86A	1.40B	1.14C	0.15	<0.0001
n-6	33.4A	28.3B	24.1B	3.33	<0.0001
n-3	2.71A	2.24AB	1.79B	0.51	0.0008
n-6/n-3	12.7	13.2	13.8	3.66	<0.0001
已鉴定的脂肪酸 Indentified FA，%	91.7	92.9	92.8		

注：同行数值后小写字母不同表示差异显著，$P<0.05$；同行数值后大写字母不同表示差异极显著，$P<0.01$

在黑水虻幼虫粉做饲料应用时，有人担心黑水虻幼虫粉脂肪含量太高，会影响应用效果，因此研究人员比较了部分脱脂（BSFp）和高度脱脂（BSFh）的黑水虻幼虫粉对肉鸡的饲养效果，主要考察了表观总消化道消化系数（ATTDC）、表观代谢能（AME 和 AMEn）（表 9-9）和氨基酸（AA）表观回肠消化系数（AIDC）（表 9-10）。实验日粮分别：基础日粮 250g/kg，BSFp 或 BSFh。BSFp 和 BSFh 膳食中营养成分的 ATTDC 有显著差异，BSFp 比 BSFh 更易消化，但 CP 的 ATTDC 在膳食中没有差异，DM 和 EE 的 ATTDC 有统计学趋势。两组间 AME 和 AMEn 值差异显著（$P<0.05$），BSFp 值较高（分别为 16.25 MJ/kg DM 和 14.87 MJ/kg DM）。BSFp 中 AA 的 AIDC 在 0.44~0.92，BSFh 中为 0.45~0.99。AA 消化率无显著差异（BSFp 和 BSFh 分别为 0.77 和 0.80），但 BSFh 餐中谷氨酸、脯氨酸和丝氨酸更易消化（$P<0.05$）。研究表明：脱脂的 BSF 膳食可作为 AME 和 AA 的极好来源，肉鸡具有较好的营养消化效率。建议在家禽饲料配方中有效利用脱脂的黑水虻幼虫粉（Schiavone *et al.*，2017b）。

表 9-9　肉鸡取食两种黑水虻虫粉膳食的营养总消化道表观消化系数、表观代谢能（资料来源于 Schiavone *et al.*，2017）

Table 9-9　Apparent digestibility coefficients of the total tract（ATTDC）of the nutrients and apparent metabolizable energy of the two BSF meals for broilers

项目	部分脱脂粉	高度脱脂粉	标准误 SEM	*P*
干物质系数	0. 63	0. 59	0. 01	0. 092
有机质系数	0. 69	0. 64	0 0. 012	0. 057
粗蛋白系数	0. 62	0. 62	0. 019	0. 834
乙醚提取物系数	0. 98	0. 93	0. 951	0. 008
总能量系数	0. 61	0. 50	0. 021	0. 012
表观代谢能 MJ/kg DM	16. 25	11. 55	0. 811	0. 008
校正的表观代谢能 MJ/kg DM	14. 87	9. 87	0. 860	0. 008

表 9-10　肉鸡取食两种黑水虻虫粉膳食的氨基酸表观消化系数（资料来源于 Schiavone *et al.*，2017）

Table 9-10　Apparent ileal digestibility coefficients（AIDC）of amino acids of the two BSF meals for broilers

氨基酸	部分脱脂粉	高度脱脂粉	标准误	*P*
必需氨基酸				
精氨酸	0. 79	0. 80	0. 015	0. 841
组氨酸	0. 64	0. 63	0. 022	0. 834
异亮氨酸	0. 83	0. 87	0. 018	0. 293
亮氨酸	0. 84	0. 89	0. 019	0. 141
赖氨酸	0. 80	0. 80	0. 013	0. 753
甲硫氨酸	0. 83	0. 78	0. 023	0. 293
苯丙氨酸	0. 82	0. 86	0. 020	0. 249
苏氨酸	0. 73	0. 77	0. 022	0. 675
缬氨酸	0. 90	0. 91	0. 015	0. 833
平均值	0. 80	0. 81	0. 016	0. 917
非必需氨基酸				
丙氨酸	0. 92	0. 99	0. 026	0. 249
天冬氨酸	0. 82	0. 80	0. 012	0. 234
半胱氨酸	0. 44	0. 45	0. 017	0. 834

（续表）

氨基酸	部分脱脂粉	高度脱脂粉	标准误	*P*
甘氨酸	0.66	0.65	0.020	0.548
谷氨酸	0.81	0.85	0.013	0.046
脯氨酸	0.65	0.82	0.041	0.008
丝氨酸	0.71	0.77	0.019	0.035
酪氨酸	0.92	0.95	0.019	0.833
平均值	0.74	0.79	0.014	0.114
整体平均值	0.77	0.80	0.015	0.673

二、对蛋鸡的饲养效果

有人尝试以意大利通心粉和方便食品工业的素食副产品为原料，饲养黑水虻，并对干幼虫粉进行部分脱脂，并检测了营养组成，见表 9-11；然后进行了蛋鸡饲喂实验，结果见表 9-12。脱脂粉的粗蛋白含量更高，但粗脂肪含量只有全脂干粉的 41.5%。实验日粮 H12 和 H24 分别含有 12g/100g 和 24g/100g 黑水虻膳食，替代了 50%或 100%的对照饲料豆饼。经过三周的喂食实验饲料后，喂食组之间在性能（产蛋、采食量）方面没有显著差异。H24 组的白蛋白量有降低趋势；蛋黄和蛋壳重量没有差别（表 9-13）。没有出现死亡和健康障碍的迹象（图 9-1）。在喂养期间，羽毛和伤口评分保持稳定，各处理之间没有差异（表 9-14）。粪便干物质随着黑水虻膳食比例的增加而增加，H24 与对照有显著差异（Maurer *et al.*，2016）。

表 9-11 仅在 60℃干燥后部分脱脂的黑水虻虫粉的营养价值

（资料来源于 Maurer *et al.*，2016）

Table 9-11 Nutritional values of *H. illucens* meal after drying at 60℃ only and drying followed by partly defatting

项目	每 100g 鲜物质中的含量（g）	
	全脂干粉	部分脱脂的干粉
干物质	96.4	95.9
粗蛋白	41.5	59.0
甲硫氨酸	未分析	0.98
赖氨酸	未分析	3.09
粗脂肪	26.5	11.0
粗灰分	4.3	5.0

（续表）

项目	每100g鲜物质中的含量（g）	
	全脂干粉	部分脱脂的干粉
钙	0.80	0.98
磷	0.50	0.63
钠	0.08	0.08
氯	0.33	0.28

表 9-12　蛋鸡取食不同含量黑水虻虫粉饲料时的生长性能（资料来源于 Maurer *et al.*，2016）

Table 9-12　Performance of layers fed diets containing 0%（control），12%（H12），and 24%（H24）of *H. illucens* meal

项目	处理			统计值	
	Control	H12	H24	$F_{2,9}$	*P*
产蛋率（%）	79.0±4.4	84.4±8.4	83.4±3.2	0.25	0.785
日采食量（g/d）	116±5.5	131±5.3	107±9.4	2.95	0.103
每粒蛋的采食量（g）	148±8.0	159±14.9	134±11.6	1.16	0.356
每克蛋重的采食量（g）	2.15±0.08	2.38±0.25	2.03±0.13	1.12	0.369
每克无壳蛋的采食量（g）	2.51±0.09	2.78±0.30	2.38±0.12	1.03	0.397

表 9-13　蛋鸡取食不同含量黑水虻虫粉饲料时的鸡蛋成分及重量（资料来源于 Maurer *et al.*，2016）

Table 9-13　Weight of egg components and total egg weight（g）of layers fed diets containing 0%（control），12%（H12），and 24%（H24）of *H. illucens* meal

项目	处理			统计值	
	Control	H12	H24	$F_{2,9}$	*P*
蛋黄重（g）	19.2±0.30	18.6±0.23	18.6±0.23	3.8	0.15
蛋清重（g）	39.6±0.89	39.2±0.53	36.6±0.81	5.6	0.06
蛋壳重（g）	9.4±0.19	9.3±0.21	9.3±0.24	0.2	0.89
蛋重（g）	68.5±1.1	67.3±0.66	64.8±1.07	3.7	0.15

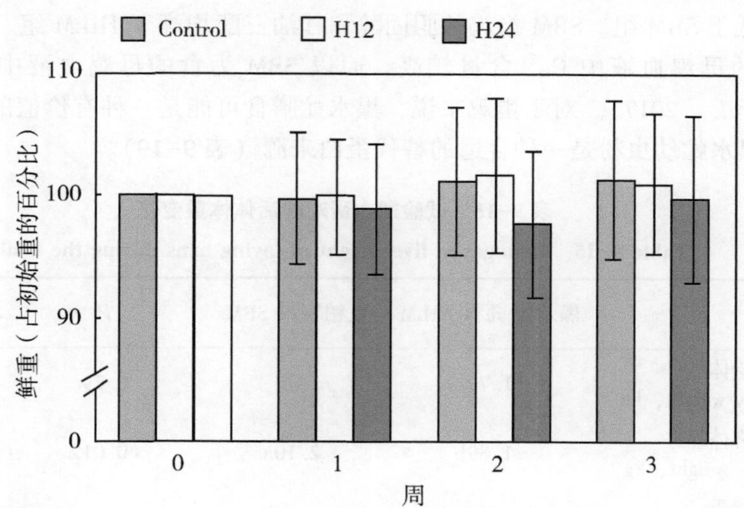

图 9-1　母鸡取食不同含量黑水虻虫粉饲料时的体重变化（资料来源于 Maurer *et al.*，2016）

Fig. 9-1　Live weight in percentage of start weigh of hens fed diets containing 0%（control），12%（H12）and 24%（H24）of *H. illucens* meal

表 9-14　所有处理组的羽毛和损伤评分以及缺失脚趾的数量（资料来源于 Maurer *et al.*，2016）

Table 9-14　Plumage and injury scores and number of missing toes for all treatments

项目	处理		
	Control	H12	H24
羽毛评分	16. 5±0. 52	17±0. 49	16. 6±0. 40
梳伤评分	3. 25±0. 07	3. 17±0. 06	3. 15±0. 06
腹部伤评分	4. 00±0. 00	3. 98±0. 02	3. 90±0. 05
脚垫病变评分	3. 20±0. 14	3. 20±0. 14	3. 31±0. 13
龙骨骨折评分	2. 88±0. 20	3. 33±0. 12	2. 95±0. 18
缺失脚趾 Missing toes（N）	0. 08±0. 04	0. 10±0. 05	0. 08±0. 04

也有研究人员尝试了用黑水虻幼虫粉替代饲料中的豆粕（SBM），研究其对 24~45 周蛋鸡生产性能和血象的影响（表 9-15）。共有 108 只 24 周的蛋鸡被平均分为 2 组（54 只/组，9 个重复，6 只/重复）。24~45 周时，各组均喂食 2 种含等量氮和等能量的饲料，对照组（SBM）喂食玉米豆粕为主的饲料，而 HILM 组的豆粕完全被黑水虻幼虫粉所替代。在试验过程中每周记录进食量、产蛋数量和鸡蛋重量，结果见表 9-16、表 9-17。在 45 周时，抽取 2 只母鸡的血液样本。使用 HIML 可使 SBM 饲粮的母鸡的饲料转化率更优，但产蛋率、饲料摄入量、平均鸡蛋重量和鸡蛋质量均较高。用昆虫饲料喂养的母鸡产的蛋中，小（S）、中（M）和特大号（XL）鸡的比例高于 SBM，而 SBM 组

产的蛋中，大鸡（L）的比例更高。HILM 组球蛋白、白蛋白与球蛋白的比值分别高于 SBM 组，低于 SBM 组。SBM 组鸡的胆固醇和甘油三酯均高于 HILM 组（表 9-18）。以昆虫为食的母鸡血液中 Ca^{2+} 含量较高，而以 SBM 为食的母鸡血液中肌酐含量较高（Marono *et al.*，2017）。对于蛋鸡来说，黑水虻膳食可能是一种有价值的母鸡饲料的组成部分，黑水虻幼虫粉是一种合适的替代蛋白来源（表 9-19）。

表 9-15　试验期内蛋鸡的活体体重变化

Table 9-15　Changes in live weight of laying hens during the trial

	黑水虻饲料 HILM	豆粕饲料 SBM	*P*	均方根误差 RMSE
初始体重 Initial body weight，kg	1.79	1.77	0.79	0.162
最终体重 Final body weight，kg	1.89b	2.10a	0.012	0.154
增重 Weight gain，g	102.2b	328.9a	0.024	181.81

注：同列数值后字母不同表示差异显著，*P* <0.05

表 9-16　主要蛋白质来源和生产周期对蛋鸡产蛋性能的影响（资料来源于 Marono *et al.*，2017）

Table 9-16　Effect of main protein source and wk of production on laying performance of hens

黑水虻饲料 HILM	豆粕饲料 SBM	*P*s	组间效应 Group effect	周期效应 Week effect	互作效应 Interaction effect	均方根误差 RMSE
产蛋率 Lay%	91.9b	94.5a	<0.001	<0.001	0.45	6.580
日采食量 Feed intake g/d/hen	108.0b	125.1a	<0.001	<0.001	0.20	9.192
蛋重 Egg weight，g	59.9b	61.8a	<0.001	0.087	0.38	2.781
蛋数 Egg mass	55.1b	58.3a	<0.001	0.001	0.005	5.921
饲料转化率 FCR	1.97b	2.17a	<0.001	0.423	0.20	0.252

注：同列数值后字母不同表示差异极显著，*P* <0.01。

表 9-17　试验期内饲料处理对鸡蛋重量分级的影响（资料来源于 Marono *et al.*，2017）

Table 9-17　Effect of dietary treatment on weight class of eggs during the entire period of the trial

黑水虻饲料 HILM	豆粕饲料 SBM	*P*	均方根误差 RMSE	
S%（up to 52g）	7.14a	2.82b	<0.001	0.934
M%（53~63g）	69.1a	66.2b	<0.001	2.931

（续表）

黑水虻饲料 HILM	豆粕饲料 SBM	P	均方根误差 RMSE	
L%（64-73g）	21.6b	30.9a	<0.001	0.351
XL%（>73g）	2.17a	0.00b	<0.001	0.153

注：同列数值后字母不同表示差异极显著，$P<0.01$

表 9-18　蛋鸡取食昆虫和豆粕的血液学、血清蛋白、葡萄糖和血脂特性

（资料来源于 Marono *et al.*，2017）

Table 9-18　Haematological traits，serum proteins，glucose，and lipids of laying hens fed insect and soybean meal

项目	黑水虻饲料 HILM	豆粕饲料 SBM	P	均方根误差
血液特征				
血细胞压积（%）	33.3	33.8	0.67	3.642
血红蛋白（g/dL）	11.1	10.1	0.071	1.451
红血细胞，$\times10^6/mm^3$	3.65	3.61	0.85	0.654
白血细胞，$\times10^3/mm^3$	21.1	20.9	0.86	2.982
异嗜性（%）	37.1	37.3	0.35	0.841
淋巴细胞（%）	47.3	48.9	0.34	0.173
单核细胞（%）	2.94	2.69	0.97	0.471
嗜酸性粒细胞（%）	11.4	10.1	0.22	0.090
嗜碱粒细胞（%）	1.31	1.00	0.12	0.472
异细胞与淋巴细胞比率（H/L）	0.79	0.77	0.11	0.534
血清蛋白，葡萄糖和脂类				
总蛋白（g/dL）	5.18	5.31	0.58	0.629
白蛋白（g/dL）	2.72	2.58	0.44	0.501
球蛋白（g/dL）	2.74a	2.12b	0.030	0.763
白蛋白/球蛋白	1.01b	1.62a	0.033	0.771
葡萄糖（mg/dL）	274	295	0.29	55.340
胆固醇（mg/dL）	108b	134a	0.010	26.582
甘油三酯（mg/dL）	1296B	1942A	0.007	627.77

注：同行数值后的小写字母表示差异显著，$P<0.05$；同行数值后的大写字母表示极差异显著，$P<0.01$

表 9-19　蛋鸡取食昆虫和豆粕的电解质、肝脏、肾脏和肌肉功能
（资料来源于 Marono *et al.*，2017）

Table 9-19　Electrolytes, liver, renal, and muscle function of laying hens fed insect and soybean meal

项目	黑水虻饲料	豆粕饲料	P	均方根误差
肝功能				
天门冬氨酸氨基转移酶 AST（U/L）	112	126	0.57	68.470
丙氨酸氨基转移酶 ALT（U/L）	139	133	0.66	97.610
伽马谷氨酰胺转移酶 GGT（U/L）	88.8	76.9	0.64	71.501
碱性磷酸酶 ALP（U/L）	1 191	1189	0.99	906.703
电解质				
钙（mg/dL）	10.6A	9.46B	0.002	0.943
磷（mg/dL）	7.58	8.43	0.34	2.502
镁（mg/dL）	5.22	6.99	0.082	2.734
铁（mcg/L）	215	224	0.18	19.091
氯（mmol/dL）	133b	137a	0.038	7.682
肾脏和肌肉功能				
血尿素氮 BUN（mg/dL）	0.79	0.89	0.38	0.304
肌酐（mg/dL）	0.29B	0.46A	0.002	0.143
尿酸（mg/dL）	4.15	5.02	0.24	2.060
肌酸激酶（U/L）	663	654	0.22	478.182
乳酸脱氢酶（U/L）	949	898	0.62	293.302
乳酸盐（mg/dL）	105	121	0.11	27.942

图 9-2 和图 9-3 分别显示了两种膳食处理的试验周的鸡蛋量和采食量的趋势。鸡蛋量呈波动趋势，总体上 SBM 组较高；只有在第 4 周（31d、38d、41d 和 42d），HILM 组的鸡蛋量更高。SBM 组采食量几乎总是明显高于 HILM 组，仅在 26、32、41 周龄时差异不显著（Marono *et al.*，2017）。

除了幼虫粉，研究人员检测了不同含量的黑水虻蛹（BSFP）的实验饲料对蛋鸡产蛋、产蛋质量、血脂和粪便细菌的影响。4 组（0、35g/kg、50g/kg、65g/kg BSFP，每组 6 次复制），喂养 16 周。喂食 BSFP 的实验组的产蛋量和鸡蛋重量分别比对照组（无 BSFP）高 2.60%和 4.47%。与对照组相比，添加 BSFP 处理组的 Haugh 单位和蛋壳厚度分别增加 6.32%和 33.3%。添加 PBSF 组的甘油三酯、总胆固醇和 LDL-C 水平分别比对照组低 15.7%、11.7%和 26.2%。BSFP 组 HDL-C 水平也比对照组高 34.9%。添加 BSFP 的处理组血液 IgG 含量分别为 35g/kg、50g/kg、65g/kg，分别比对照组高

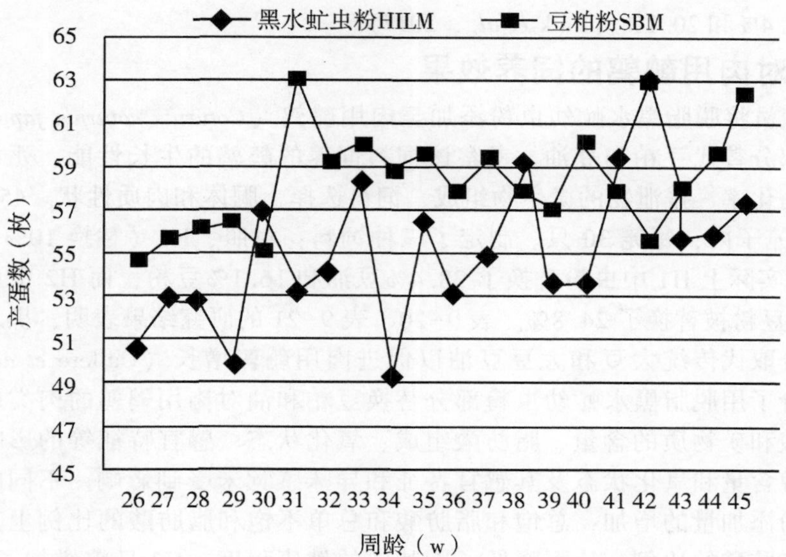

图 9-2　试验期内黑水虻虫粉和豆粕粉对产蛋数的影响（资料来源于 Marono *et al.*, 2017）

Fig. 9-2　Egg mass of *H. illucens* larvae meal（HILM）and soybean meal（SBM）groups

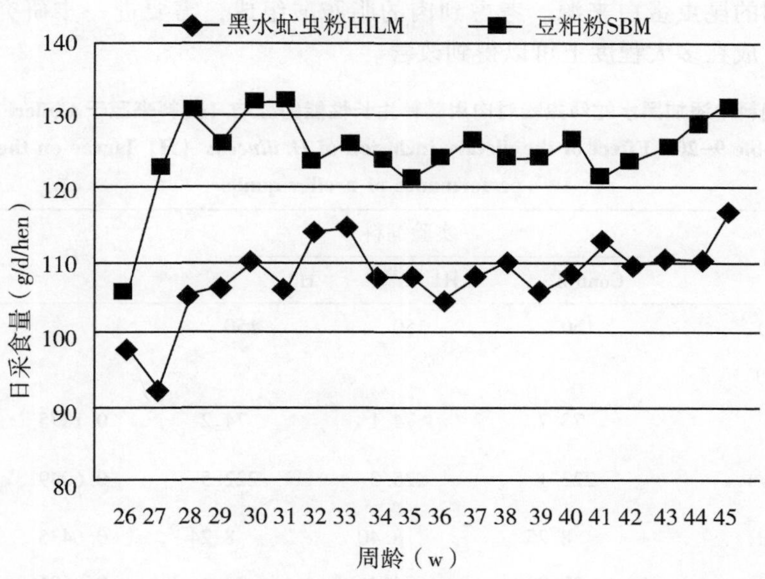

图 9-3　试验期内对黑水虻虫粉和豆粕粉的采食量（资料来源于 Marono *et al.*, 2017）

Fig. 9-3　Feed intake of *H. illucens* larvae meal（HILM）and soybean meal（SBM）groups

22. 5%、46. 1%、56. 6%。BSFP 组的乳酸菌计数高于对照组，且呈现浓度依赖关系。添加 BSFP 组的乳酸菌计数最高，为 65g/kg，比对照组高 15. 8%。与未添加 BSFP 组相比，添加 BSFP 组大肠菌群、总需氧菌和大肠杆菌的菌落形成单位（CFUs）分别降低 16.3%、12.4%和 20.1%（Park *et al.*，2017）。

三、对肉用鹌鹑的饲养效果

研究人员将脱脂黑水虻幼虫粉添加至肉用鹌鹑（*Coturnix coturnix japonica*）饲料中，用于部分替代豆粕和豆油，考察该饲料饲养的鹌鹑的生长性能、死亡率、营养物质表观消化率、排泄物的微生物组成、饲料选择、胴体和肉质性状。450 只鹌鹑分布到 15 个笼子内，每笼 30 只。制定了三种饲料：对照、H1（替换 10%）、H2（替换 15%），实际上 H1 中虫粉替换了 28.4%豆油和 16.1%豆粉，而 H2 中豆油被替换了 100%、豆粉被替换了 24.8%。表 9-20、表 9-21 的研究结果表明，黑水虻幼虫膳食可以部分取代传统大豆和大豆豆油以促进肉用鹌鹑增长（Cullere *et al.*，2016）。人们还评价了用脱脂黑水虻幼虫粉部分替换豆粕和油对肉用鹌鹑的肉类成分、胆固醇、氨基酸和矿物质的含量、脂肪酸组成、氧化状态、感官特征等的影响。肉类成分、胆固醇含量和氧化状态及其感官特征和异味感觉未受到影响。不同的是，随着日粮中虫粉添加量的增加，总饱和脂肪酸和总单不饱和脂肪酸的比例上升，损害了多不饱和脂肪酸的比例，从而降低了胸脯肉的健康程度。H2 日粮增加了天冬氨酸、谷氨酸、丙氨酸、丝氨酸、酪氨酸和苏氨酸的含量，进一步提高了肉蛋白的生物学价值。饲粮中钙、磷的含量直接影响了鹌鹑肉中的含量，H2 组钙含量最高，磷含量最低（Cullere *et al.*，2017）。因此，肉类质量评价证实黑水虻虫粉是一种很有前途的养殖鹌鹑的昆虫蛋白来源。考虑到肉的脂肪酸组成，需要进一步研究黑水虻虫粉的脂肪酸组成在多大程度上可以得到改善。

表 9-20 饲料中添加黑水虻幼虫粉对肉用鹌鹑生长性能的影响（资料来源于 Cullere *et al.*，2016）

Table 9-20 Effect of the dietary inclusion of *H. illucens*（H）larvae on the live performance of broiler quails

项目	实验饲料			*P*	RSD
	Control	H1	H2		
处理数（只）	150	150	150		
鲜重 LW（g）					
初始重（g）	73.7	74.1	74.2	0.1875	0.46
屠宰体重（g）	222.1	225.3	222.5	0.6049	5.43
日增重（g/d）	8.25	8.40	8.24	0.6435	0.31
采食量（g/d）	23.3	24.4	23.4	0.3696	1.28
饲料转化率（%）	2.83	2.90	2.86	0.6243	0.12
死亡率（%）	0.20	0.20	0.00	0.6186	0.37

表 9-21 添加黑水虻幼虫粉饲料时肉用鹌鹑的表观消化率、日粮营养价值、粪便微生物组成及饲料选择（资料来源于 Cullere *et al.*，2016）

Table 9-21 Effect of the dietary inclusion of *H. illucens* larvae meal（H）on the quail nutrients apparent digestibility and nutritive value of diets, microbiological composition of excreta and feed choice

项目	实验饲料			*P*	RSD
	Control	H1	H2		
处理数（只）	5	5	5		
初始鲜重（g）	171.0	174.0	173.0	—	—
最终鲜重（g）	194.2	189.0	188.6	0.5670	9.06
平均鲜重（g）	182.7	181.6	180.6	0.9160	7.90
干物质摄入（g）	51.2	45.0	45.5	0.0784	4.30
干物质摄入率（g/100g LW）	28.0	24.8	25.2	0.0818	2.23
排泄物（g DM）	23.5	18.6	20.4	0.1612	3.84
表观消化率（%）					
干重	54.0	58.9	55.2	0.5429	7.08
有机质	58.4	62.9	59.1	0.5201	6.57
粗蛋白	45.1	42.9	34.0	0.1017	7.92
乙醚提取物	92.9A	82.5B	89.6A	0.0001	2.56
淀粉	93.9	95.7	95.7	0.2736	1.99
能量	62.0	65.3	63.1	0.6611	5.88
营养值					
代谢能（MJ/kg DM）	11.8	12.2	12.4	0.6869	1.13
排泄物的微生物组成（CFU/g）					
活菌总数	8.24	8.30	8.44	0.8778	0.60
肠杆菌科	2.50	2.80	0.00	0.3153	3.03
大肠杆菌群	7.38	8.00	8.23	0.3225	0.89
梭状芽胞杆菌	4.38	5.79	4.83	0.2183	1.23
乳酸菌	8.08	8.44	8.41	0.8331	1.04
芽孢杆菌	6.70	6.70	6.70	—	—
饲料选择					
采食量（g DM/100g LW）	44.1	—	53.8	0.0642	13.8

第二节 用于水产养殖

一、对虹鳟鱼的饲养效果

人们尝试了用黑水虻预蛹粉替代饲料中鱼粉来饲养虹鳟鱼 *Oncorhynchus mykiss*，见表 9-22。采用生长试验和鱼片感官分析的方法进行了测试。4 种测试饲料是通过用正常（BSF）或取食富含鱼内脏的特殊黑水虻预蛹粉取代饲料中 25%和 50%的鱼粉配制而成的。使用鱼油和家禽脂肪将膳食脂肪调整为 20%。以 EBSF 饲料喂养的鱼的生长与以鱼粉为基础的对照饲料喂养的鱼的生长没有显著差异，而以 BSF 饲料喂养的鱼的生长与对照组相比明显减少（Sealey *et al.*，2011）。

表 9-22 虹鳟鱼取食含黑水虻虫粉的饲料时的生长性能（资料来源于 Sealey *et al.*，2011）

Table 9-22 Growth performance of rainbow trout fed diets containing *H. illucens* prepupae

项目	鱼处理组					Pooled SEM	*P*
	对照组	正常 BSF 组（25%）	正常 BSF 组（50%）	特殊 BSF 组（25%）	特殊 BSF 组（50%）		
增重（% increase）	123a	85b	93b	104ab	102ab	6.60	0.0211
饲料转化率（%）	1.2	1.0	1.0	1.0	1.1	0.06	0.1748
饲料消耗（%）	1.7	1.6	1.7	1.7	1.7	0.05	0.6716
肌肉率（%）	51.4	53.9	51.2	52.6	52.7	1.69	0.3544
腹脂率（%）	1.9a	1.4b	1.3b	1.1b	1.2b	0.29	0.0138
肝体指数（%）	1.3a	1.1b	1.1b	1.2ab	1.2ab	0.09	0.0138

注：同行数值后字母不同表示差异显著，$P<0.05$

饲料中添加黑水虻幼虫粉对虹鳟鱼理化和感官特性有一定影响，见表 9-23、表 9-24 和图 9-4。制定了三种饲料：HI0、HI25、HI50（分别以 0、25%和 50%的 HI 替代鱼粉）。用暂时性感官支配（TDS）方法描述鱼片感觉剖面图（图 9-5、图 9-6、图 9-7）。测定了烹饪损失、WB 剪切力、近似分析和脂肪酸组成。所得出的结论是饲料中添加黑水虻虫粉（HI）对虹鳟鱼感官特性有显著影响（Borgogno *et al.*，2017）。

表 9-23 不同日粮喂养的鱼的最小、最大和中位体重：整批和个体的描述分析、暂时性感官支配和物理化学分析（资料来源于 Borgogno *et al.*，2017）

Table 9-23 Minimum，maximum and median weights（g）offish fed different diets：whole lot and individuals used for descriptive analysis（DA），temporal dominance of sensation（TDS）and physico-chemical（Ph-ch）analyses

饲料	整体分析 Whole lot（n=30）			描述分析 DA（n=4）			暂时性感官支配 TDS（n=3）			物理化学分析 Ph-ch（n=4）		
	中位	最小	最大	中位	最小	最大	中位	最小	最大	中位	最小	最大
HI0	405.3	251.6	587.7	468.2	436.1	521.4	449.9	422.4	478.6	594.7	501.4	736.6

（续表）

饲料	整体分析 Whole lot（n=30）			描述分析 DA（n=4）			暂时性感官支配 TDS（n=3）			物理化学分析 Ph-ch（n=4）		
	中位	最小	最大	中位	最小	最大	中位	最小	最大	中位	最小	最大
HI25	421.4	235.9	566.2	477.0	449.7	502.6	485.6	475.0	501.0	637.2	522.9	789.7
HI50	405.5	304.7	581.6	438.2	402.7	483.3	461.6	403.5	539.5	564.3	462.1	699.8

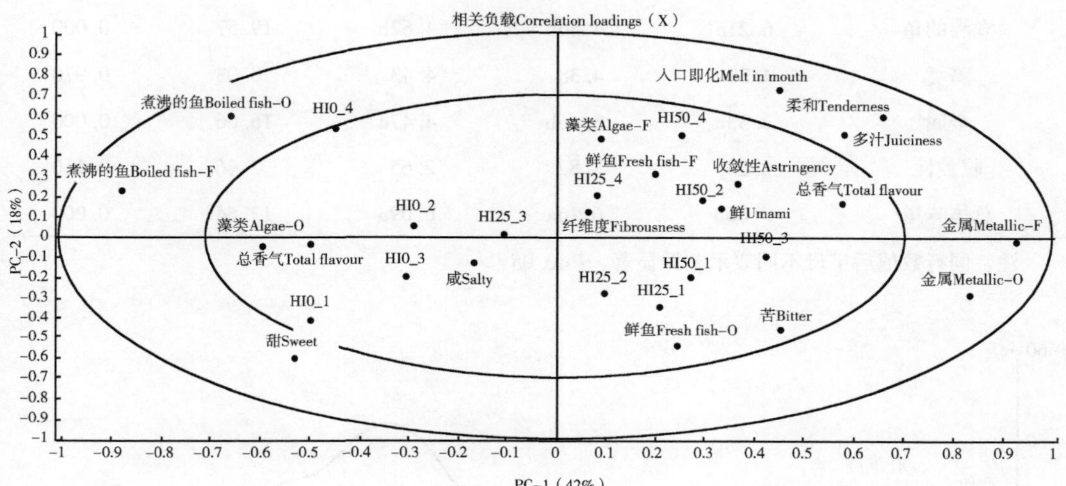

图 9-4　主成分分析与感官属性的相关负荷图（资料来源于 Borgogno *et al.*，2017）

Fig. 9-4　Correlation loadings plot for principal component analysis with sensory attributes

表 9-24　用三种饲料喂养的鱼的感官特征：平均强度评分、F 值和 P 值（资料来源于 Borgogno *et al.*，2017）

Table 9-24　Sensory profile of fish fed with the three diets：mean intensity score，*F* and *P*

项目	HI0	HI25	HI50	*F*	*P*
鲜鱼	2.97b	3.47a	3.06b	5.00	0.020
煮沸的鱼	5.41a	5.06b	4.34b	9.99	0.000
藻类	5.32a	4.18b	4.54b	21.67	0.000
金属	2.97b	3.42ab	3.97a	5.28	0.020
整体香气	6.09a	5.87ab	5.47b	9.17	0.000
柔和	5.78b	6.12b	6.72a	6.81	0.010
多汁	4.25b	4.65ab	5.00a	3.59	0.050
纤维度	4.73	5.03	4.88	0.25	0.780
入口即化	4.09b	3.94b	5.16a	9.26	0.000

（续表）

项目	HI0	HI25	HI50	*F*	*P*
甜	1.89a	1.61b	1.53b	5.60	0.010
咸	2.75	2.73	2.60	0.21	0.810
苦	1.50	1.83	1.73	1.33	0.290
鲜	5.10	5.28	5.33	0.90	0.430
鲜鱼	2.93	3.08	3.03	0.06	0.940
煮沸的鱼	6.21a	4.56b	4.62b	19.57	0.000
藻类	4.33	4.38	4.43	0.03	0.970
金属	2.53c	3.66b	4.47a	16.66	0.000
收敛性	2.25	2.82	2.65	2.46	0.110
总体味道	5.66b	6.16a	6.09a	13.64	0.000

注：同行数值后字母不同表示差异显著，$P<0.05$

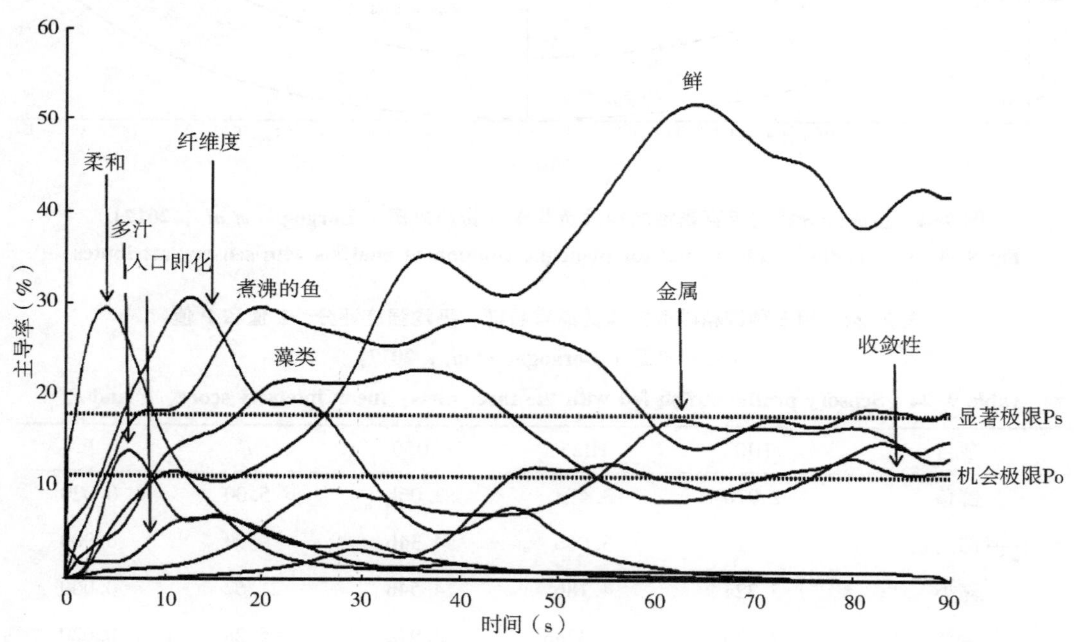

图 9-5　取食对照饲料的虹鳟鱼的 TDS 曲线（资料来源于 Borgogno *et al.*，2017）

Fig. 9-5　TDS curves of rainbow trout fed control diet（HI0）

部分脱脂的黑水虻幼虫粉在虹鳟鱼饲料中作为饲料成分是可能的，见表 9-25。饲料中黑水虻幼虫粉含量水平不断升高：0（HI0，对照饲料）、25%（HI25）和 50%（HI50）的鱼粉替代，与饲料中 0、20%和 40%的包含水平相对应。结果发现，生存率、

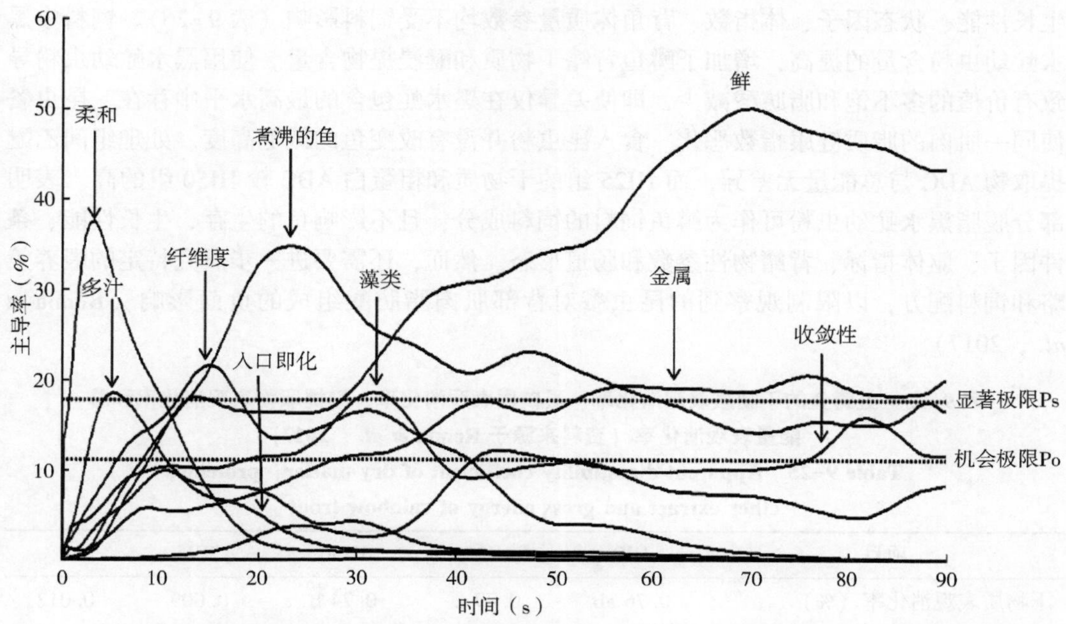

图 9-6　取食含 25%黑水虻预蛹粉饲料的虹鳟鱼的 TDS 曲线（资料来源于 Borgogno *et al.*，2017）

Fig. 9-6　TDS curves of rainbow trout fed 25% of *H. illucens* prepupae meal（HI25）

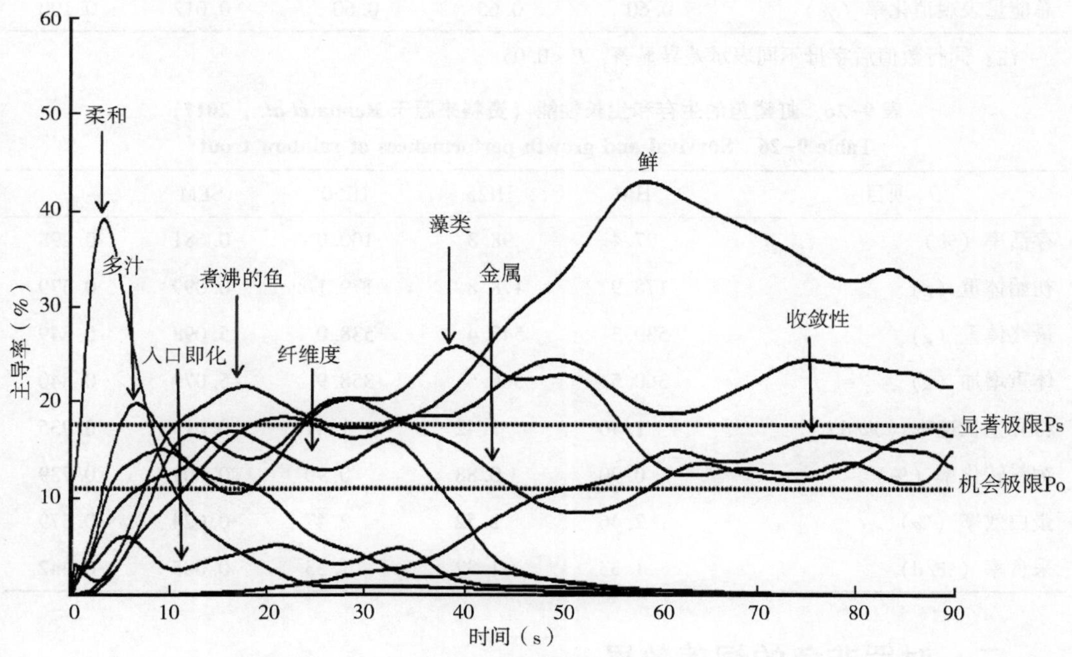

图 9-7　取食含 50%黑水虻预蛹粉饲料的虹鳟鱼的暂时性感官支配曲线（资料来源于 Borgogno *et al.*，2017）

Fig. 9-7　TDS curves of rainbow trout fed 50% of *H. illucens* prepupae meal（HI50）

生长性能、状态因子、体指数、背角体质量参数均不受饲料影响（表9-26）。饲料中黑水虻幼虫粉含量的提高，增加了鳟鱼背鳍干物质和醚浸提物含量。使用黑水虻幼虫粉导致有价值的多不饱和脂肪酸减少，即使差异仅在黑水虻包含的最高水平中存在。昆虫餐使同一肌肉的脂质健康指数恶化。食入昆虫粉并没有改变鱼的绒毛高度。处理组间乙醚提取物 ADC 与总能量无差异，而 HI25 组的干物质和粗蛋白 ADC 较 HI50 组的高。表明部分脱脂黑水虻幼虫粉可作为鳟鱼饲料的饲料成分，且不影响鱼的生存、生长性能、条件因子、躯体指标、背鳍物性参数和肠道形态。然而，还需要进一步研究特定的喂养策略和饲料配方，以限制观察到的昆虫餐对背部肌肉脂肪酸组成的负面影响（Renna *et al.*，2017）。

表 9-25　虹鳟鱼的干物质表观消化率、蛋白质表观消化率、醚提取物表观消化率和总能量表观消化率（资料来源于 Renna *et al.*，2017）

Table 9-25　Apparent digestibility coefficient of dry matter，proteins，ether extract and gross energy of rainbow trout

项目	HI0	HI25	HI50	SEM	*P*
干物质表观消化率（%）	0.76 ab	0.79 a	0.74 b	0.009	0.012
蛋白质表观消化率（%）	0.89 ab	0.91 a	0.87 b	0.006	0.023
醚提取物表观消化率（%）	0.97	0.99	0.97	0.005	0.245
总能量表观消化率（%）	0.60	0.65	0.60	0.012	0.100

注：同行数值后字母不同表示差异显著，$P<0.05$

表 9-26　虹鳟鱼的生存和生长性能（资料来源于 Renna *et al.*，2017）

Table 9-26　Survival and growth performances of rainbow trout

项目	HI0	HI25	HI50	SEM	*P*
存活率（%）	97.4	98.3	100.0	0.681	0.298
初始体重（g）	178.9	178.8	179.1	0.099	0.579
最终体重（g）	539.3	545.4	538.0	5.098	0.849
体重增加（g）	360.5	366.5	358.9	5.079	0.840
特异生长速率（%/d）	1.40	1.42	1.41	0.013	0.935
饲料转化率（%）	0.90	0.88	0.90	0.009	0.739
蛋白效率（%）	2.46	2.52	2.47	0.024	0.579
采食率（%/d）	1.33	1.32	1.33	0.005	0.442

二、对罗非鱼的饲养效果

用罗非鱼 *Oreochromis niloticus* 进行了 56d 的喂养试验，在这项研究中，鱼粉（FM）被黑水虻幼虫粉（BSFM）取代，替换水平分别为 0、25%、50%、75%和 100%，评估了各替代水平对实验鱼生长性能、饲料利用率、体成分和存活率的影响，见表 9-27。

所有的实验饲料都被鱼接受。在实验期间没有观察到死亡。饲料 3 导致体重增加最多，比生长速率值分别为 8. 74%±0. 18%和 2. 43%±0. 04%。与其他饲料相比，饲料 3 的饲料转化效果和饲料蛋白效率值更高。不同日粮（日粮 1～日粮 5）鱼粗蛋白含量差异无统计学意义，但日粮 3 中鱼粗蛋白含量在实验结束时显著增加（P<0. 05）（表 9-28）。根据这些结果，可以得出结论，可以用最多 50%的 BSFM 替代 FM，而不会对生长和饲料利用率参数造成不利影响（Muin *et al.*，2017）。

表 9-27　罗非鱼仔鱼饲养 32d 的生长性能和饲料利用指标（资料来源于 Muin *et al.*，2017）

Table 9-27　Growth performance and feed utilization indices determined for nursing tilapia fingerlings

项目	饲料处理			
	PG40	MM30	MM50	MM80
初始体重（g）	5. 5±0. 2	5. 1±0. 2	6. 1±0. 7	6. 1±0. 3
最终体重（g）	16. 0±0. 8	16. 9±1. 8	17. 0±1. 1	16. 5±0. 9
鲜重增加（g）	10. 4±0. 9	11. 8±1. 9	10. 9±1. 5	10. 4±0. 6
特异生长速率（% /d）	3. 3±0. 2	3. 7±0. 4	3. 2±0. 5	3. 1±0. 1
总饲料分布（kg/ cage）	25. 9±0. 9	25. 7±0. 4	26. 2±0. 2	26. 4±0. 6
饲料转化率（%）	2. 2±0. 1	2. 1±0. 3	2. 0±0. 2	2. 1±0. 1
蛋白效率（%）	1. 2±0. 1	1. 2±0. 2	1. 3±0. 1	1. 2±0. 0
采食量（%/d）	4. 4±0. 1	4. 3±0. 4	4. 0±0. 1	4. 1±0. 1
存活率（%）	86. 1±0. 3b	81. 7±1. 9c	89. 5±2. 2ab	90. 1±0. 5a

注：同行数值后字母不同表示差异显著，P<0. 05

表 9-28　罗非鱼的营养组成和脂肪酸组成（资料来源于 Muin *et al.*，2017）

Table 9-28　Proximate composition and fatty acid composition of *Nile tilapia*

项目		饲料处理			
		PG40	MM30	MM50	MM80
营养组分（g/kg）					
干物质	238. 1±3. 4	286. 0±5. 1	278. 5±2. 5	282. 0±2. 5	285. 2±1. 1
粗蛋白	148. 8±1. 5	153. 6±3. 0	152. 7±1. 3	152. 9±0. 9	154. 3±0. 5
粗脂肪	37. 0±1. 4	107. 8±6. 1	96. 1±1. 1	99. 9±4. 4	102. 2±6. 1
灰分	48. 8±0. 9	33. 1±1. 7	34. 5±0. 8	33. 9±2. 3	35. 7±0. 7
粗纤维	0. 7±0. 2	0. 8±0. 1	0. 8±0. 1	0. 8±0. 1	0. 8±0. 1
脂肪酸组成（g/kg fish）					
饱和总计	7. 56±0. 30	22. 68±1. 35ab	21. 34±0. 84b	24. 35±2. 78ab	26. 57±1. 64a

（续表）

项目	饲料处理				
		PG40	MM30	MM50	MM80
不饱和总计	9.72±0.46	32.98±2.28	28.92±0.97	32.55±3.89	34.26±1.80
n-6 总计	3.69±0.27	10.91±0.77	10.24±0.36	11.10±1.44	12.33±0.72
20∶5n-3（EPA）	0.07±0.00	0.13±0.02a	0.08±0.01b	0.08±0.01b	0.09±0.01b
22∶5n-3	0.16±0.01	0.47±0.04a	0.32±0.03b	0.29±0.04b	0.32±0.02b
n-3 总计	1.43±0.06	3.55±0.32a	2.66±0.18b	2.38±0.35b	2.56±0.12b
多不饱和总计	5.30±0.34	14.77±1.09	13.19±0.53	13.79±1.82	15.21±0.82
总脂肪酸	22.58±1.08	70.42±4.71	63.46±2.17	70.68±8.42	76.04±4.22

注：同行数值后字母不同表示差异显著，$P<0.05$

在一个封闭系统中进行了罗非鱼小鱼（平均初始重2.66g）的饲养实验，以检测用蒸馏干燥的可溶性谷粒（distiller's dried grains with solubles，DDGS，曾被用作黑水虻生产的基质）完全替代鲱鱼粉（FM）的影响，同时还考虑了大豆粉（SBM）、禽类副产物粉（PBM），添加或者不添加氨基酸（蛋氨酸和赖氨酸）。饲料 1 含有 200g/kg FM；饲料 2-5 是替代 FM 形成的，添加量为 DDGS（45%），PBM（25%），SBM（2.1%~2.9%）；饲料 6-7 减少了 2/3 或 1/3 的 DDGS，增加了 SBM，并用赖氨酸和蛋氨酸平衡。表 9-29 呈现了罗非鱼生长指数的因子方差分析结果，生长反应不受 AA 或 Enz（饲料 2-5）的存在或缺失或 DDGS（饲料 3、7 和 6）水平的显著影响。饲料 DDGS 的鱼的氨基酸组成与饲料 FM 控制的鱼的氨基酸组成没有显著差异。在全身氨基酸浓度中检测到 AA 和 Enz 之间相互作用的证据，例如，AA 或 Enz 单独添加时 AA 含量较高，但当两者都添加到饮食中时 AA 含量较低。结果表明，在罗非鱼日粮中，当日粮以可消化蛋白为基础，且日粮与高可消化动物蛋白（PBM）和植物蛋白（SBM）结合时，DDGS 对 FM 的替代作用是显著的（Webster *et al.*，2016）。

表 9-29　罗非鱼生长指数的因子方差分析

Table 9-29　Factorial analysis of variance of growth index in juvenile *Nile tilapia*

饲料	蛋白	氨基酸	酶	最终体重（%）	增重率（%）	特定生长速率（%）	平均日采食量（%）	饲料转化率（%）	蛋白效率（%）	存活率（%）
1	MFM	—	—	62.2	2040	7.29	5.27	1.10	2.62	95.6
2	DDGS	—	—	51.4*	1 643*	6.79*	6.64*	1.39*	2.05*	97.8
3	DDGS	+	—	53.2*	1 681*	6.85*	6.58*	1.38*	2.07*	97.8
4	DDGS	—	+	52.2*	1 548*	6.67*	6.62*	1.39*	2.07*	97.8
5	DDGS	+	+	51.9*	1 533*	6.65*	6.56*	1.38*	2.10*	97.8

（续表）

饲料	蛋白	氨基酸	酶	最终体重（%）	增重率（%）	特定生长速率（%）	平均日采食量（%）	饲料转化率（%）	蛋白效率（%）	存活率（%）
标准误差之和 Pooled SEM			2.54	65	0.09	0.36	0.07	0.13	2.8	
主效应平均值 Main effect means，Diets 2-5										
AA−	51.8	1595	6.73	6.63	1.39	2.06	97.8			
AA+	52.6	1607	6.75	6.57	1.38	2.09	97.8			
En	52.3	1662	6.82	6.61	1.39	2.06	97.8			
Enz+	52.1	1541	6.66	6.59	1.38	2.09	97.8			
方差 ANOVA										
AA		0.768	0.876	0.850	0.877	0.873	0.841	1.000		
Enz		0.933	0.122	0.132	0.965	0.959	0.847	1.000		
AA×Enz		0.684	0.714	0.700	0.996	0.998	0.956	1.000		

注：MFM 指完全替代鱼粉，DDGS 指蒸馏干燥的谷物，同列数值后有星号表示差异显著，$P<0.05$。

资料来源于 Webster *et al.*，2016

三、对鲤鱼的饲养效果

黑水虻幼虫油（BSO）是水产养殖饲料中潜在的脂肪来源，月桂酸含量（21.4%~49.3%）较高。采用 0、25%、50%、75%和 100%BSO 代替大豆油（SO）配制了 5 种试验饲料，探讨了这些饲料对鲤幼鱼生长性能、脂肪酸组成和脂质沉积的影响，见表 9-30。五组鱼的生长发育、营养利用及血清生化指标无显著差异。表明 25%BSO 代替大豆油（SO）配置的饲料与大豆油饲料饲养效果一致（Li *et al.*，2016）。

表 9-30　BSO 对实验鱼生长性能及脂蛋白生物学指标的影响（资料来源于 Li *et al.*，2016）

Table 9-30　Effect of BSO on growth performance and biological indices of lipid and protein of the experimental fish

指数	饲料组					*P*
	SO	BSO25	BSO50	BSO75	BSO100	
初始体重 IBW（g，$n=20$）	10.68±0.00	10.67±0.01	10.67±0.00	10.67±0.00	10.67±0.00	0.636
最终体重 FBW（g，$n=20$）	77.7±2.30	74.80±1.67	72.50±3.77	72.30±3.63	72.00±1.00	0.250
特异生长速率 SGR（%/d，$n=20$）	3.36±0.05	3.30±0.04	3.24±0.09	3.24±0.09	3.28±0.07	0.431
饲料转化率 FCR（$n=20$）	1.40±0.03	1.43±0.04	1.58±0.10	1.53±0.14	1.46±0.07	0.262

（续表）

指数	饲料组					P
	SO	BSO25	BSO50	BSO75	BSO100	
饲料采食量 FI (%/fish/d，n=20)	3. 54±0. 04	3. 64±0. 07	3. 64±0. 12	3. 70±0. 10	3. 64±0. 10	0. 535
肥满度 CF (n=20)	0. 03±0. 00	0. 03±0. 00	0. 03±0. 00	0. 03±0. 00	0. 03±0. 00	0. 596
脏体比 VSI (%，n=17)	13. 82±0. 38a	13. 82±0. 11a	13. 71±0. 21a	13. 03±0. 03b	13. 13±0. 24b	0. 003
肝体比 HSI (%，n=17)	1. 52±0. 10	1. 52±0. 10	1. 63±0. 29	1. 61±0. 12	1. 62±0. 06	0. 856
腹脂指数 IFI (%，n=17)	0. 70±0. 05a	0. 66±0. 04a	0. 66±0. 07a	0. 54±0. 03b	0. 56±0. 01b	0. 004

注：同行数值后字母不同表示差异显著，$P<0.05$

另外，通过59d喂养试验评估了脱脂黑水虻幼虫粉替代鱼粉对剑鲤 *Cyprinus carpio* var. Jian（初始平均体重 34. 78g）的生长性能、抗氧化酶活、消化酶活、肝胰腺和肠道形态学的影响，见表 9－31。设置了 5 组含等量脂（5. 29%±0. 04%）和等量蛋白（40. 69%±0. 11%）的饲料处理，脱脂黑水虻虫粉替代鱼粉的比例分别为 0，25%，50%，75%，100%。黑水虻虫粉的分级为 0，2. 6%，5. 3%，7. 9%和 10. 6%。结果表明，5 组鱼的生长性能和养分利用率无显著差异。处理组肝胰腺血脂、血清胆固醇含量明显低于对照组。随着日粮中脱脂黑水虻虫粉水平的增加，抗氧化酶 CAT 活力明显增加。各组间肠道蛋白酶、脂肪酶和淀粉酶活性无显著差异。小肠组织学检查显示，当鱼粉蛋白含量被替代超过 75%时，肠内出现组织破坏等明显病理改变，肝胰脏 HSP70 相对基因表达显著增加。肝胰管切片的组织学检查显示，处理组与对照组相比，空泡和脂质沉积较少。这些结果表明，鲤鱼的生长不受饲粮中脱脂黑水虻虫粉的影响，而 CAT 活性的提高提高了鲤鱼的抗氧化能力。然而，当替代水平超过 75%时，可观察到饲料压力和肠道组织病理学损害。研究表明，用脱脂黑水虻虫粉替代膳食调频蛋白的比例最高可达 50%（Li *et al.*，2017）。

表 9-31　DBSFLM 对实验鱼生长性能和生物学指标的影响（资料来源于 Li *et al.*，2017）

Table 9-31　Effect of DBSFLM on growth performance and biological indices of the experimental fish

指数	饲料组				
	FM	DBSFLM25	DBSFLM50	DBSFLM75	DBSFLM100
最终体重 FBW（g）	110. 38±3. 34	106. 86±4. 83	107. 80±1. 26	111. 33±1. 07	109. 30±4. 11
增重率 WGR（%）	217. 36±9. 61	211. 79±7. 91	204. 91±10. 16	220. 10±3. 08	214. 27±11. 82
特异生长速率 SGR (%/d)	2. 06±0. 05	2. 03±0. 05	1. 99±0. 06	2. 08±0. 02	2. 04±0. 07

（续表）

指数	饲料组				
	FM	DBSFLM25	DBSFLM50	DBSFLM75	DBSFLM100
饲料采食量 FI（%/d）	2.79±0.08	2.84±0.05	2.87±0.06	2.77±0.01	2.80±0.06
饲料转化率（%）	1.50±0.07	1.55±0.06	1.59±0.08	1.48±0.02	1.52±0.07
蛋白效率（%）	1.64±0.08	1.60±0.13	1.59±0.07	1.65±0.11	1.62±0.08
肝体比 HIS（%）	1.31±0.02	1.28±0.07	1.27±0.01	1.29±0.06	1.27±0.07
脏体比 VSI（%）	13.58±0.31	13.47±0.46	13.44±0.17	12.78±0.59	12.53±0.34
腹脂指数 IFI（%）	0.39±0.04	0.38±0.02	0.33±0.06	0.33±0.07	0.33±0.04
肥满度（g/m^3）	2.44±0.10	2.57±0.20	2.46±0.14	2.38±0.02	2.35±0.01
肠道相对长度 RGL（%）	1.55±0.10	1.56±0.15	1.48±0.06	1.42±0.07	1.47±0.05

四、对鲶鱼的饲养效果

采用 8 周喂养试验，评价用黑水虻幼虫粉替代鱼粉对黄鲶 *Pelteobagrus fulvidraco* 幼鱼生长性能、饲料利用率和血浆参数的影响，见表 9-32。用黑水虻幼虫蛋白替代鱼粉蛋白，制备了 6 种含等量氮和等量脂的饲料，替代量分别为 0（对照组）、10%（BSF10）、15%（BSF15）、20%（BSF20）、25%（BSF25）和 30%（BSF30）。表 9-33 显示，对照组饲料中 20%的鱼粉可以被黑水虻幼虫粉取代，而不会显著影响体重增加、饲料转化率或全身肌肉的近似组成。干物质、粗蛋白、粗脂、总能量或氨基酸的表观消化系数不受 10% 鱼粉被替换的影响。若饲料中 30%的鱼粉被黑水虻幼虫粉替换，该处理组显著提高血浆中胆固醇和一氧化氮的浓度，显著降低超氧自由基阴离子形成的抑制。因此，传统黄鲶饲料中 20%的鱼粉可以被黑水虻幼虫粉取代不会导致生长性能的显著下降（Hu *et al.*，2017）。

表 9-32　试验饲养 8 周的幼年黄鲶鱼的生长性能和饲料利用率（资料来源于 Hu *et al.*，2017）

Table 9-32　Growth performances and feed utilization of juvenile yellow catfish fed test diets for 8 weeks

饲料组	初始体重（g）	最终体重（g）	增重率 WGR（%）	饲料转化率 FCR（%）	存活率（%）
Control	1.17	20.7±0.10a	1656±12.5a	0.74±0.01b	97.8±1.11b
BSF10	1.19	20.6±0.40 a	1610±13.9ab	0.76±0.01ab	100±0.00a
BSF15	1.18	19.2±0.12ab	1544±27.3ab	0.79±0.02ab	98.9±1.11ab
BSF20	1.19	19.8±0.37ab	1590±35.3ab	0.77±0.02ab	100±0.00a

（续表）

饲料组	初始体重（g）	最终体重（g）	增重率 WGR（%）	饲料转化率 FCR（%）	存活率（%）
BSF25	1. 18	19. 5±0. 44ab	1529±29. 4b	0. 80±0. 02ab	100±0. 00a
BSF30	1. 18	18. 9±0. 93b	1498±77. 2b	0. 82±0. 04a	100±0. 00a

注：同列数值后字母不同表示差异显著，$P<0.05$

表 9-33　幼年黄鲶鱼对日粮营养的表观消化率（资料来源于 Hu *et al.*，2017）

Table 9-33　Apparent digestibility coefficients（ADC）（%）of nutrients in test diets consumed by juvenile yellow catfish

项目	饲料组					
	Control	BSF10	BSF15	BSF20	BSF25	BSF30
干物质	76. 0±1. 50a	74. 4±1. 35ab	71. 9±0. 88b	72. 7±0. 00b	73. 6±0. 00ab	74. 7±1. 10ab
粗蛋白	91. 1±0. 35a	90. 2±0. 65ab	89. 0±0. 41bc	88. 9±0. 19bc	89. 0±0. 14bc	88. 3±0. 86c
粗脂肪	90. 9±0. 18ab	92. 1±0. 23a	91. 8±0. 28ab	91. 6±1. 61ab	89. 2±1. 12b	88. 8±0. 16b
总能量	79. 0±0. 60a	78. 5±1. 28a	74. 9±2. 04b	77. 6±0. 08ab	78. 2±0. 18ab	79. 0±1. 22a
必需氨基酸						
精氨酸	97. 1±0. 23a	96. 5±0. 33ab	96. 0±0. 22b	96. 1±0. 07b	95. 9±0. 14b	96. 0±0. 21b
组氨酸	94. 9±0. 35	94. 6±0. 42	94. 2±0. 30	94. 4±0. 17	94. 4±0. 18	94. 0±0. 46
异亮氨酸	91. 1±0. 40a	90. 5±0. 69ab	89. 3±0. 35b	89. 3±0. 41b	89. 2±0. 22b	89. 3±0. 67b
亮氨酸	92. 6±0. 36a	92. 0±0. 59ab	91. 0±0. 33b	90. 8±0. 37b	90. 8±0. 28b	90. 7±0. 64b
苏氨酸	91. 9±0. 28a	91. 3±0. 57ab	90. 5±0. 33b	90. 7±0. 34b	90. 6±0. 34b	90. 6±0. 41b
甲硫氨酸	96. 8±0. 16a	96. 3±0. 36ab	95. 8±0. 23bc	96. 0±0. 25abc	95. 5±0. 46bc	95. 2±0. 04c
缬氨酸	91. 0±0. 15a	90. 6±0. 69ab	89. 1±0. 37c	89. 4±0. 42bc	89. 1±0. 30c	89. 3±0. 69bc
赖氨酸	95. 6±0. 27a	95. 1±0. 35ab	94. 7±0. 18b	94. 6±0. 06bc	94. 4±0. 06bc	93. 9±0. 38c
苯丙氨酸	92. 1±0. 50a	91. 7±0. 79ab	89. 9±0. 51c	90. 4±0. 24bc	90. 7±0. 23abc	90. 8±0. 58abc

注：同行数值后字母不同表示差异显著，$P<0.05$

五、对多宝鱼的饲养效果

在循环水产养殖系统（RAS）中用黑水虻预蛹粉取代鱼粉进行了 56d 的喂养试验，见表 9-34。6 个饲料替代配方分别含 0%，17%，33%，49%，64%，76%的黑水虻预蛹粉（干物质中含 54. 1%±1. 1%粗蛋白，13. 4%±0. 7%脂质）。这些饲料用于饲养 54. 9±0. 9g 重的多宝鱼，手工投料，一天一次，直到明显饱食。随着黑水虻预蛹粉掺入量的增加，其适口性降低。在所有含黑水虻预蛹粉的处理中，比生长速率均较低，而在黑水虻预蛹粉包含水平>33%时，饲料转化效率明显较高。在黑水虻预蛹粉替换量≤33%时蛋白质保留最高。高于该浓度时随黑水虻预蛹粉补充的增加显著降低。有机物、粗蛋白、粗脂和总能量的表观消化系数均较低。多宝鱼中肠内未检测到几丁质酶活性或几丁质水解活性细菌。甲壳素的存在可能影响了营养素的采食量、有效性和消化率，从而影响了生长性能（表 9-35）。研究表明，在鱼的饲料中加入黑水虻预蛹粉蛋白是可能的，但受其低营养价值的限制，需要进一步研究黑水虻预蛹粉膳食加工以提高营养利用（Kroeckel *et al.*，2012）。

表 9-34 多宝鱼取食对照组和实验日粮的生长性能（资料来源于 Kroeckel *et al.*，2012）

Table 9-34 Growth performance of juvenile turbot fed the control and experimental diets

项目	HM 含量（%）					
	0	17	33	49	64	76
初始体重（g）	55±1	54±0	55±1	56±1	55±1	54±1
最终体重（g）	139±8a	124±4b	120±5b	106±3c	91±2d	77±2e
日饲料采食量（%/d）	1.46±0.1a	1.30±0.1a	1.34±0.0a	1.14±0.1b	1.02±0.0b	0.85±0.0c
特异生长速率（%）	1.73±0.1a	1.53±0.1b	1.43±0.1b	1.19±0.1c	0.94±0.0d	0.63±0.0e
饲料转化率（%）	0.76±0.0a	0.76±0.0a	0.82±0.0a，b	0.86±0.0b	0.98±0.0c	1.21±0.0d

注：同行数值后的字母不同表示差异显著，$P<0.05$

表 9-35 多宝鱼取食对照组和实验日粮的营养组成和生物计量参数

（资料来源于 Kroeckel *et al.*，2012）

Table 9-35 Proximate whole body composition and biometric parameters of initial sample and turbot

项目		HM 含量（%）					
		0	17	33	49	64	76
全鱼组成（%）							
水分	77.1	75.5±0.3a	76.6±0.7a，b	76.3±0.1a，b	77.2±0.5b	77.4±0.4b	77.4±0.3b
粗脂肪	4.3	5.8±0.3a	4.8±0.6a，b	4.8±0.3a，b	4.5±0.5b	4.1±0.4b	3.8±0.4b
粗蛋白	14.3	15.2±2.2	15.2±2.8	15.5±2.2	14.9±1.5	15.0±2.1	15.2±3.2
粗灰分	4.3	3.4±0.2	3.4±0.1	3.5±0.1	3.4±0.1	3.5±0.1	3.4±0.2
总能量(MJ/kg)	4.83	5.7±0.2a	5.4±0.1a，b	5.4±0.2a，b	5.2±0.2b，c	4.0±0.2c	4.9±0.1c
生物特征参数							
肥满度 CF（g/cm^3）	n.d	2.02±0.03a	1.93±0.03a，b	1.92±0.02a，b	1.88±0.03b，c	1.81±0.05c	1.69±0.06d
肝体比 HSI(%)	n.d	2.79±0.36a	2.24±0.34a，b	2.09±0.08b	1.96±0.06b	1.73±0.24b	2.34±0.14a，b

注：同行数值后的字母不同表示差异显著，$P<0.05$

六、对石斑鱼的饲养效果

黑水虻预蛹粉部分替代鱼粉可以用于饲养欧洲石斑鱼 *Dicentrarchus labrax*，见表 9-36。研究表明，鱼粉饲料和配置的预蛹粉替代鱼粉饲料中用含 6.5%，13%，19.5%预蛹粉，替代 15%，30%，45%鱼粉。石斑鱼的初始体重为 50g，共饲养了 62d。试验结束时，各组间生长性能或饲料利用率无差异。血浆代谢谱也未受影响，除了膳食中含有黑水虻预蛹粉的血浆胆固醇降低。蛋白质、脂类、干物质、有机质和能量的表观消化系数普遍较高，不受黑水虻预蛹粉膳食处理的影响。在含有黑水虻预蛹粉的处理组中，精氨酸、组氨酸和缬氨酸的 ADC 均高于对照组。淀粉酶和蛋白酶活性不受饲料黑水虻预蛹粉影响，而在黑水虻预蛹粉含量为 6.5%的处理组中脂肪酶活性低于对照组和含有黑水虻预蛹粉 19.5%的处理组。因此黑水虻预蛹粉含量 19.5%，相当于总膳食蛋白的 22.5%，可在幼年欧洲石斑鱼饲料中成功替代 FM，对生长性能、饲料利用率和消化率无不良影响（Magalhaes *et al.*，2017）。

表 9-36　石斑鱼取食对照和黑水虻预蛹粉饲料的生长性能、饲料效率和血浆代谢产物（资料来源于 Magalhaes *et al.*，2017）

Table 9-36　Growth performance, feed efficiency and plasma metabolites of European seabass fed control（HM0）and *H. illucens*（*H. illucens*）pre-pupae meal（HM）diets

项目	HM0	HM6.5	HM13	HM19.5	SEM
初始体重（g）	50.0	50.0	50.0	50.0	0.13
最终体重（g）	123.4	131.6	132.5	127.8	2.47
体重增加（g）	13.7	14.5	14.6	14.1	0.24
日生长指数	2.09	2.26	2.28	2.18	0.05
采食量（g）	22.5	23.8	23.8	22.9	0.44
饲料利用效率（%）	0.61	0.61	0.61	0.62	0.01
蛋白利用效率（%）	1.38a	1.34ab	1.29ab	1.27b	0.01
存活率（%）	100	100	100	100	0.0
血浆代谢物（mg/dL）					
葡萄糖	98.7	98.9	102.4	116.3	3.17
总蛋白	4.7	4.8	5.0	4.8	0.09
甘油三酯	532.4	478.3	598.1	445.9	33.6
胆固醇	171.4a	150.1ab	159.4ab	140.5b	4.90

注：同行数值后字母不同表示差异显著（$P<0.05$）

七、对对虾的饲养效果

人们评价了黑水虻幼虫粉部分或完全替代饲料中的海鱼粉对凡纳滨对虾 *Litopenaeus*

vannamei 的影响，见图 9-8、图 9-9、图 9-10、图 9-11。设置了 6 个含等量氮（35%粗蛋白）、等能的（可获得能量为每克饲料 16.7 kJ）的处理组，用黑水虻幼虫粉替换白虾饲料中的鲱鱼粉。饲料 1（对照）按商业饲料的配方配制，含有 25%鲱鱼粉和 23%豆粕，饲料 2-6 是一个剂量反应系列，逐渐用 BSFL 取代鲱鱼粉，包涵率为 7%、14%、21%、28%和 36%；这相当于逐步取代鲱鱼粉提供的 16.5%的膳食蛋白。一般来说，如果不改变成分或替代饲料中的营养成分，BSFL 膳食替代鲱鱼粉的量限制在饲料的 25%以内，可以达到 95%~100%的生长反应，包括对虾的最终体重、体重增加、比生长率和食物转化率。同样，当黑水虻幼虫粉含量分别限制在 29%和 15%以下时，可以达到 95%或更高的全身蛋白和脂质含量（Cummins *et al.*，2017）。将试验日粮中氨基酸组成与黑水虻幼虫粉膳食中氨基酸含量的需求估计进行比较，为今后黑水虻幼虫粉替代鲱鱼粉的膳食策略提供了建议。

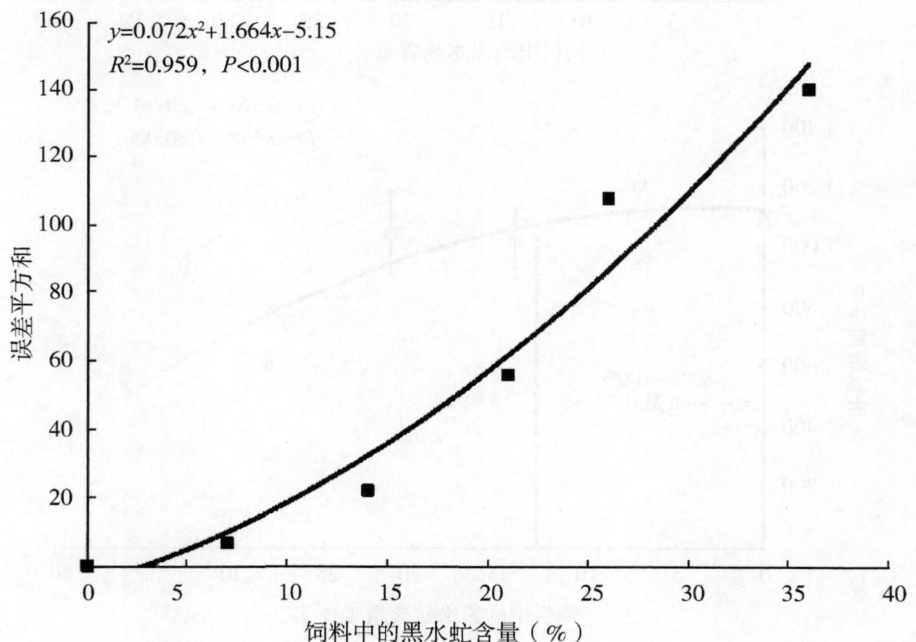

图 9-8　对照饲料与含不同黑水虻虫粉饲料的氨基酸浓度的误差平方和
（资料来源于 Cummins *et al.*，2017）

Fig. 9-8　Sum of the squared differences in amino acid concentrations between the control diet containing 0% *H. illucens* larvae（BSFL）meal and 25% menhaden fish meal（FM）and diets containing increasing levels of BSFL meal（7%~36%）as a replacement for FM in juvenile white shrimp diets

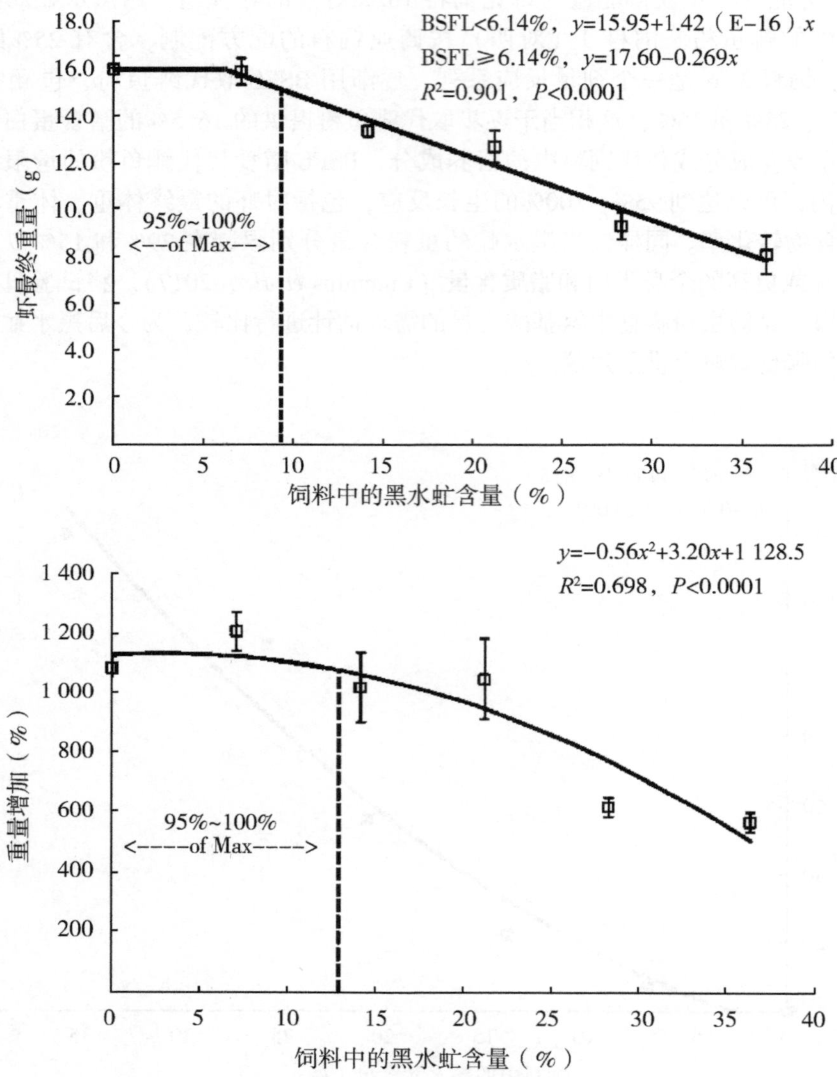

图 9-9　幼虾特异生长率和饲料转化率与饲料中黑水虻虫粉含量的二次回归模型

（资料来源于 Cummins *et al.*，2017）

Fig. 9-9　Quadratic regression models of specific growth rate and food conversion ratio in juvenile white shrimp with diet BSFL level

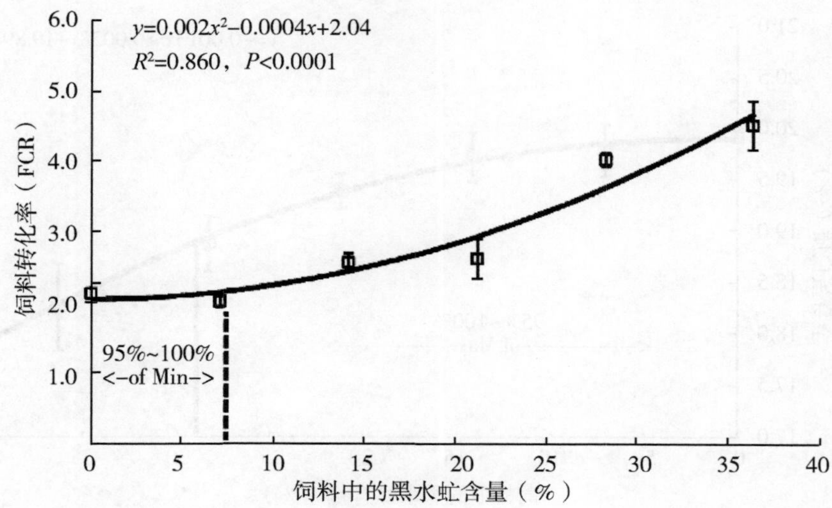

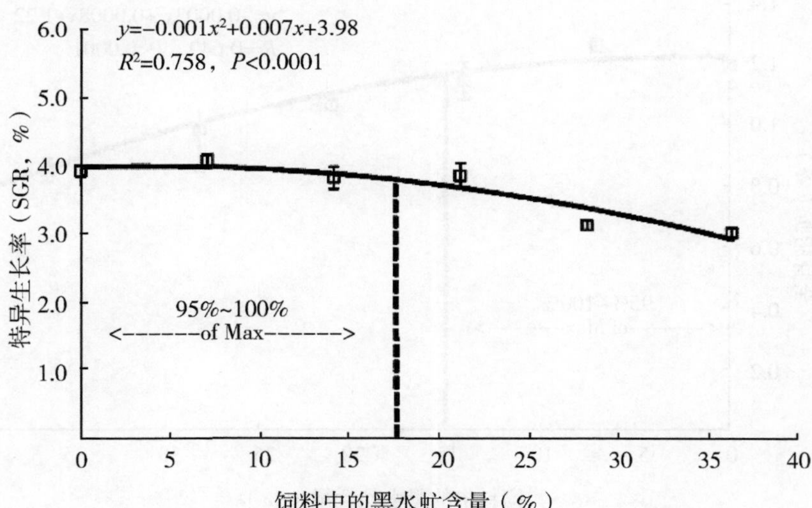

图 9-10　幼虾特异生长率和饲料转化率与饲料中黑水虻虫粉含量的二次回归模型
（资料来源于 Cummins *et al.*，2017）

Fig. 9-10　Quadratic regression models of specific growth rate and food conversion ratio in juvenile white shrimp with diet BSFL level

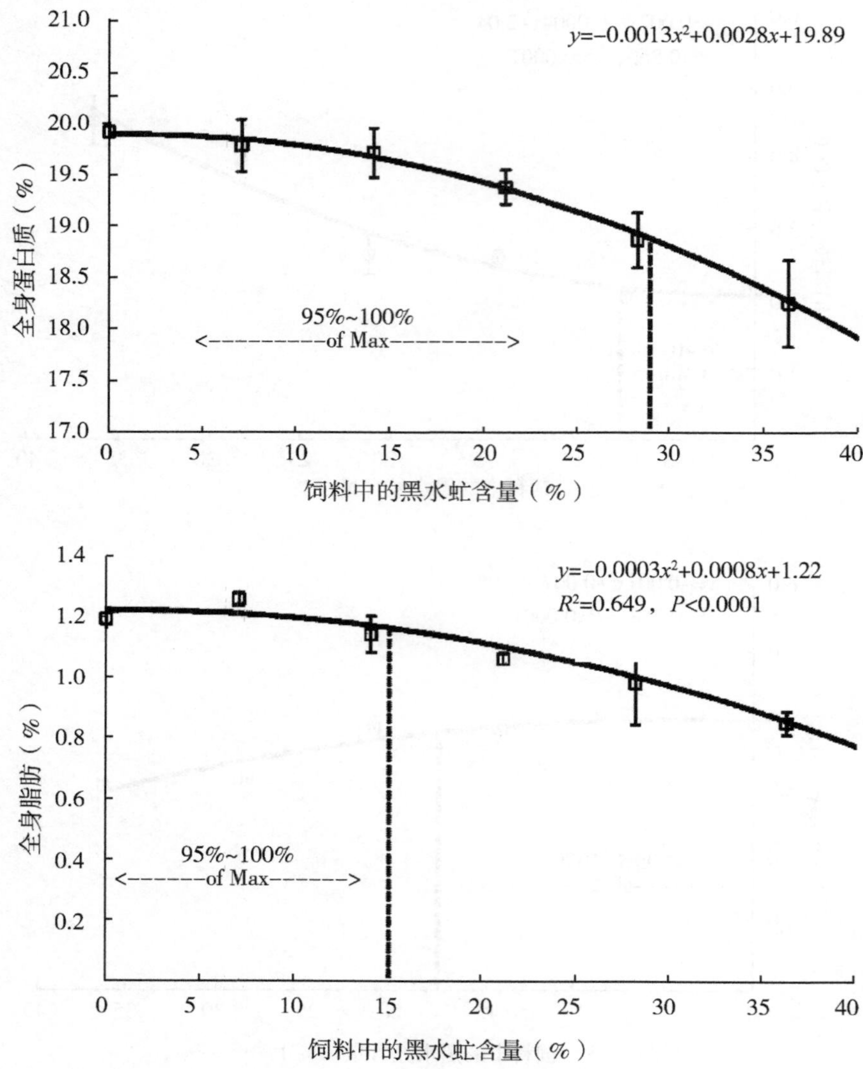

图 9-11　幼虾全身蛋白和全身脂肪含量与饲料中黑水虻虫粉含量的二次回归模型（资料来源于 Cummins *et al.*，2017）

Fig. 9-11　Quadratic regression models of whole body protein and lipid in juvenile white shrimp with diet BSFL level

第三节　用于其他养殖

鹧鸪 *Alectoris barbara* 是一种鸟，分布于欧亚大陆及非洲北部淮河以北的亚洲地区。

人们比较了两种昆虫粉（黄粉虫 TM 和黑水虻 HI）对北非石鸡生长性能、血液指标和屠宰性能的影响，见表 9-37、表 9-38。在 TM25 和 TM50 两组中，分别用 TM 蛋白取代 25%和 50%的豆粕蛋白；在 HI25 和 HI50 组中，豆粕的 25%和 50%分别被 HI 蛋白所取代。喂食 TM25 组在 64d 时 HI 水平均高于对照组（P<0. 01）。在整个实验期间，TM 组的 FCR 均优于 SBM。各昆虫组的胴体重均高于对照组（P<0. 01）。SBM 组全消化道重量最高（P<0. 01）。盲肠重量、肠长和盲肠长度在 SBM 组中最高（P<0. 01）。SBM 组白蛋白/球蛋白最高（P<0. 01），肌酐含量最高（P<0. 05）。TM 似乎比 HI 更有效的改善 FCR。昆虫饲料组中白蛋白/球蛋白比值的降低可能与甲壳素含量有关，而这一结果不受甲壳素摄入量的影响，表明最低的甲壳素摄入量也能表达其在松鸡中的潜在作用（Loponte *et al.*，2017）。

表 9-37　试验过程中鹧鸪的活体重和体重增加量（资料来源于 Loponte *et al.*，2017）

Table 9-37　Live weight and body weight gain of partridges along the trial

项目	SBM	TM25	TM50	HI25	HI50	P	RMSE
活体重（g）							
7d	25. 22	25. 45	23. 80	26. 61	24. 76	0. 2093	2. 91
15d	49. 46	50. 36	49. 97	48. 35	49. 16	0. 4079	4. 53
22d	79. 60	83. 6	78. 93	82. 49	81. 06	0. 4763	7. 32
29d	117. 0	121. 5	116. 0	122. 0	113. 6	0. 1603	9. 54
36d	145. 1	153. 4	149. 1	155. 0	145. 0	0. 0996	11. 17
43d	170. 8	183. 4	172. 0	180. 1	169. 3	0. 1381	16. 18
50d	194. 0b	213. 6a	206. 1	212. 5a	202. 9	0. 0399	18. 72
57d	222. 9b	244. 5a	240. 7a	248. 6a	240. 2	0. 0414	20. 89
64d	248. 7b	267. 3a	262. 3	272. 7a	269. 6a	0. 0312	20. 13
体重增加（g/d）							
7～15d	3. 03	3. 11	3. 27	2. 72	3. 05	0. 5432	0. 59
16～22d	4. 30	4. 74	4. 14	4. 88	4. 56	0. 7021	1. 01
23～29d	5. 34	5. 42	5. 29	5. 64	4. 65	0. 7672	1. 84
30～36d	4. 01	4. 56	4. 73	4. 87	4. 48	0. 9446	1. 55
37～43d	3. 67	4. 28	3. 27	3. 44	3. 47	0. 5452	2. 19
44～50d	3. 32b	4. 32a	4. 88a	4. 62a	4. 80a	0. 0412	0. 28
51～57d	4. 13b	4. 41	4. 94a	5. 16a	5. 33a	0. 0487	0. 19
58～64d	3. 68a	3. 26b	3. 09b	3. 44	4. 10	0. 0197	0. 26
7～64d	3. 92	4. 24	4. 19	4. 31	4. 30	0. 1457	0. 41

注：SBM：黄豆粉；TM25～TM50：用 25%～50%黄粉虫提到黄豆粉；HI25～HI50：用 25%～50%黑水虻替代黄豆粉；a，b：P <0. 05；RMSE：方均根

表 9-38　试验过程中鹧鸪的采食量与饲料转化率（资料来源于 Loponte *et al.*，2017）

Table 9-38　Feed intake and feed conversion ratio of partridges along the trial

项目	SBM	TM25	TM50	HI25	HI50	*P*	RMSE
采食量（g/d）							
7～15d	7.54A	7.52	6.64B	6.54B	7.42	0.0070	0.78
16～22d	9.75A	8.83B	8.30B	9.32	8.35B	0.0007	0.94
23～29d	12.68a	11.46b	11.03b	12.38	11.56	0.0302	1.03
30～36d	13.81A	12.48B	12.65B	14.32	13.57	<0.0001	0.96
37～43d	13.94A	12.84	11.96B	13.07	13.39	0.0001	1.07
44～50d	9.24A	7.96B	7.84B	9.10	10.12	<0.0001	0.87
51～57d	10.29B	8.57C	8.59C	10.09	11.27A	<0.0001	0.86
58～64d	9.83B	8.62C	8.46C	9.95	11.58A	<0.0001	0.93
7～64d	10.88A	9.79	9.43B	10.60	10.91	<0.0001	0.35
饲料转化率（%）							
7～15d	2.49A	2.41	2.03B	2.40	2.43	0.0007	0.18
16～22d	2.27a	1.86b	2.04	1.91b	1.83b	0.0145	0.35
23～29d	2.37a	2.11b	2.09b	2.20	2.49	0.0347	0.65
30～36d	3.44A	2.73B	2.77B	2.94	3.03	0.0050	0.53
37～43d	3.80A	3.00B	2.79B	3.80	3.86	0.0047	0.48
44～50d	2.78A	1.84B	1.81B	1.97	2.11	0.0023	0.56
51～57d	2.49a	1.94b	1.95b	1.96b	2.11	0.0109	0.65
58～64d	2.67	2.64	2.60	2.89	2.82	0.1247	0.55
7～64d	2.79a	2.32b	2.26b	2.51	2.59	0.0171	0.43

注：SBM 指黄豆粉；TM25～TM50 指用 25%～50%黄粉虫提到黄豆粉；HI25～HI50 指用 25%～50% 黑水虻替代黄豆粉；A，B 中 $P<0.01$；a，b 中 $P<0.05$；RMSE：方均根

黑水虻的血淋巴也可以用作饲料。人们在养殖植虫螨（*Amblyseius swirskii*）时就检测了在饲料中补充黑水虻血淋巴对螨生长发育的影响。以人工饲料：蜂蜜、蔗糖、胰蛋白酶、酵母提取物和蛋黄为原料，辅以 5%、10%或 20%的黑水虻预蛹血淋巴，对其生存、发育和繁殖情况进行了评估。黑水虻血淋巴补充到人工饲料中显著提高了饲料的营养价值（Nguyen *et al.*，2015a）。黑水虻血淋巴添加至一种寄蝇 *Exorista larvarum* 的人工培养饲料，补充量为 20%（质量分数），也可以用于寄蝇的养殖。卵孵化、蛹和成虫产量以及性别比例与对照相比没有差异。成虫前的阶段发育比对照快，且蛹重差异不大（Dindo *et al.*，2016）。

第十章　黑水虻的其他研究与利用

第一节　活性物质的研究与利用

一、几丁质

研究人员通过扫描电镜观察了黑水虻蛹壳和成虫的几丁质结构，见图 10-1。

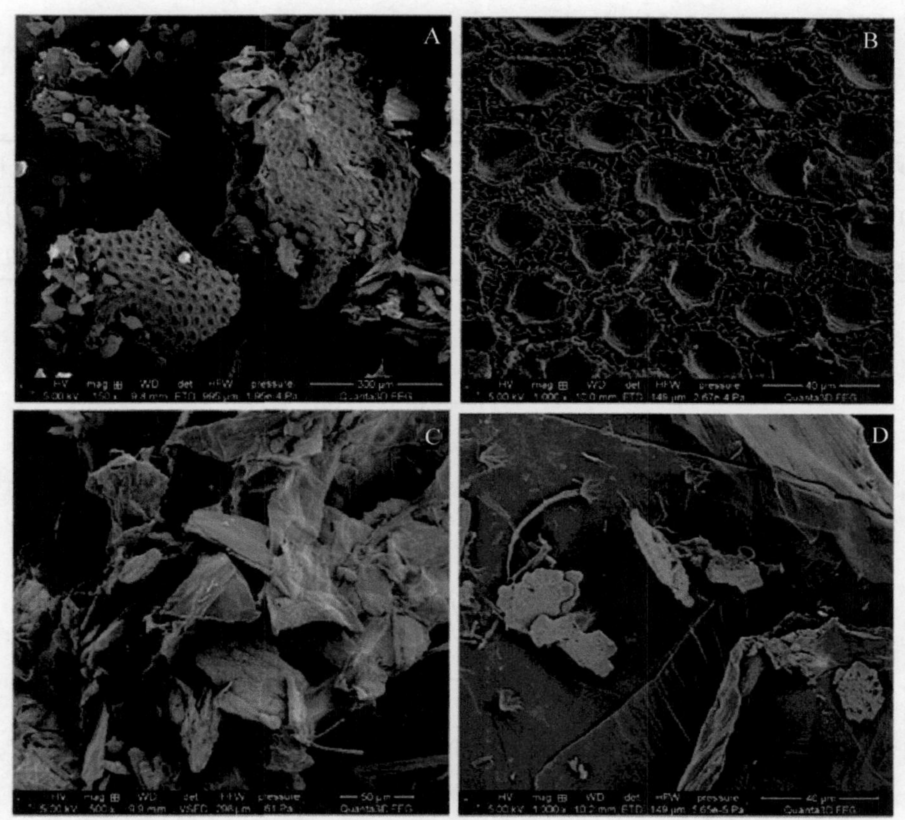

图 10-1　黑水虻蛹和成虫的几丁质扫描电镜图（资料来源于 Wasko *et al.*，2016）

Fig. 10-1　SEM photographs of chitins from pupal exuviae（A）and imago（B）of *H. illucens*

扫描电镜显示了两种几丁质表面形态的差异。从成虫中分离出来的几丁质表面相当光滑，由平行分布的纤维组成，而蛹壳几丁质具有更复杂的凸起结构，因为它由类似于蜂窝的重复单元组成。两种类型的几丁质均无孔隙（Wasko *et al.*，2016）。文献记载几丁质的表面形态因昆虫种类、性别和生长阶段的不同而不同。蚱蜢 *Dociostaurus maroccanus* 成虫和若虫的几丁质由长纳米纤维和许多大的纳米孔组成，但成虫和若虫的几丁质在形态上没有任何差异。马铃薯甲虫 *Leptinotarsa decemlineata* 成虫和幼虫的几丁质在纳米纤维结构上没有差异，而在孔隙数量上却存在差异。类似的几丁质表面形态在暗黑鳃金龟 *Holotrichia parallela*，剑角蝗 *Ailopus simulatrix* 和蝗科垫蝗属 *Duroniella laticornis* 上也有发现。

从黑水虻中提取的几丁质样品的含量高于 6.89%，说明几丁质中没有残留的蛋白质。测量的由乙酰度值表示的几丁质纯度高于理论值，可能是由于几丁质结构中存在一些矿物残留物。并且，从幼虫中分离得到的几丁质样品的纯度高于成虫的几丁质，这与其他一些昆虫的研究结果是一致的（表 10-1）。*X* 射线衍射和红外光谱显示，这两种类型的几丁质样品均为结晶（图 10-2、图 10-3）。成虫和幼虫的几丁质的结晶指数分别为 24.9%和 35%。这是一种将这些生物聚合物与从其他来源提取的几丁质区别开来的特性。经元素分析、热稳定性和红外光谱分析发现，幼虫和成虫的几丁质的理化结构基本一致（Wasko *et al.*，2016）。

表 10-1　黑水虻几丁质的元素组成（资料来源于 Wasko *et al.*，2016）

Table 10-1　Elemental composition of chitins from larvae and adults of *H. illucens*

项目	碳含量（%）	氢含量（%）	氮含量（%）	碳氮比（C/N）	乙酰度（DA%）
蛹壳 pupal exuviae	35.23	5.11	3.73	9.45	250
成虫 imago	32.09	4.80	3.9	8.23	179

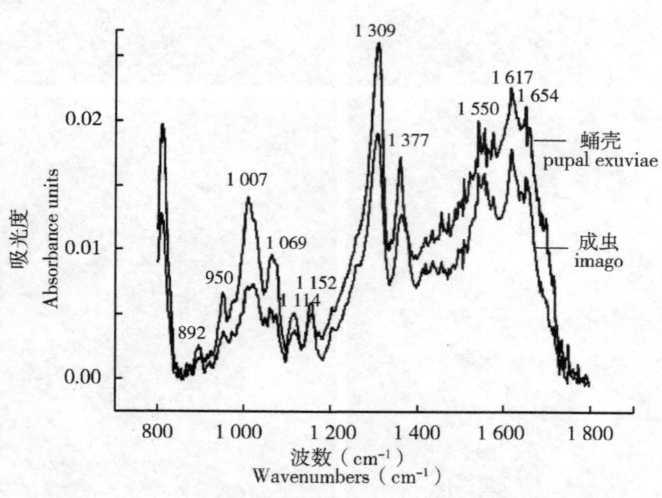

图 10-2　黑水虻幼虫和成虫体内提取的几丁质的红外光谱

（资料来源于 Wasko *et al.*，2016）

Fig. 10-2　FTIR spectra of the chitin samples extracted from larvae（black line）and imago（grey line）of *H. illucens*

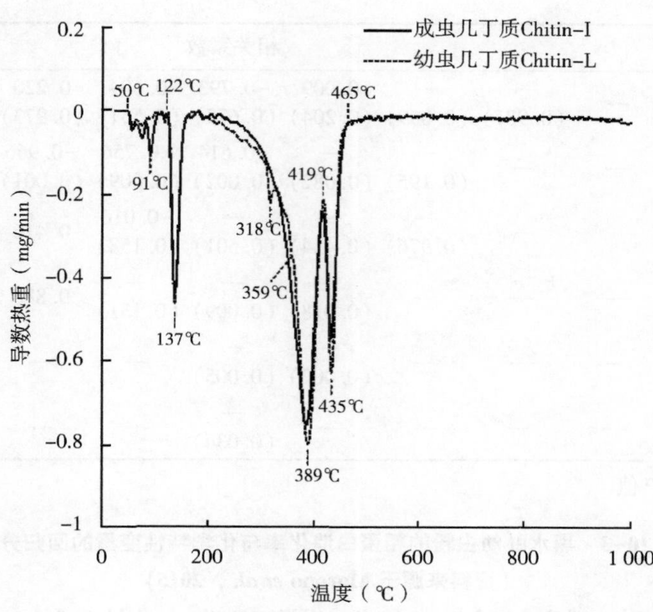

图 10-3　黑水虻幼虫和成虫体内提取的几丁质的导数热重曲线

（资料来源于 Wasko *et al.*，2016）

Fig. 10-3　DTG curves of the chitin samples extracted from larvae（dotted line）and imago（solid line）of *H. illucens*

几丁质含量能影响粗蛋白消化率。表 10-2、表 10-3 中列出了黑水虻虫粉的化学组成与体外蛋白消化性（CPd）的关系（Marono *et al.*，2015）。粗蛋白的可消化性与粗蛋白的百分含量呈正相关（$P<0.01$），与酸性去污剂纤维、几丁质呈负相关（$P<0.01$）。蛋白含量与酸性去污剂纤维、链接至酸性去污剂纤维的蛋白、几丁质呈负相关。中性去污剂纤维与酸性去污剂纤维呈正相关；酸性去污剂纤维与链接至酸性去污剂纤维的蛋白、几丁质呈正相关，链接至酸性去污剂纤维的蛋白与几丁质呈正相关。回归方程显示，第一步的 CP 变异为 98.30%。第二步时 RSD 减少至 1.17（Marono *et al.*，2015）。

表 10-2　黑水虻幼虫粉的粗蛋白消化率与不同化学成分特征的相关系数（资料来源于 Marono *et al.*，2015）

Table 10-2　Correlation coefficients between crude protein digestibility and the different traits of chemical composition of *H. illucens* larvae meal samples

项目	相关系数								
粗蛋白消化率	—	0.799 (0.766)	0.157 (0.005)	0.941 (0.103)	−0.699 (0.184)	−0.625 (0.001)	0.901 (0.061)	−0.791 (0.001)	−0.992
干物质	(0.057)	— (0.410)	−0.418 (0.114)	0.602 (0.674)	−0.221 (0.093)	−0.752 (0.121)	−0.677 (0.138)	−0.661 (0.131)	0.657

（续表）

项目	相关系数								
灰分	—	— (0.987)	— (0.059)	0.009 (0.204)	−0.793 (0.675)	0.604 (0.551)	0.220 (0.973)	0.280	−0.078
粗蛋白	—	—	— (0.195)	— (0.082)	−0.614 (0.002)	−0.756 (0.009)	−0.966 (0.001)	−0.922	−0.973
乙醚提取物	—	—	— (0.976)	— (0.414)	— (0.501)	−0.016 (0.158)	0.416	0.343	0.655
中性洗涤纤维	—	—	—	— (0.018)	— (0.009)	— (0.131)	0.888	0.923	0.688
酸性洗涤纤维	—	—	—	— (0.002)	— (0.005)	—	—	0.966	0.941
酸性洗涤纤维蛋白	—	—	—	—	— (0.034)	—	—	—	0.846

注：括号内为 *P* 值

表 10-3　黑水虻幼虫粉的粗蛋白消化率与化学特性变量的回归分析
（资料来源于 Marono *et al.*，2015）

Table 10-3　Regression of the crude protein digestibility on the variables of chemical characteristics variables of *H. illucens* larvae meal samples

变量			R^2	均方差 RSD
截距	几丁质	蛋白质		
71.57（0.2804）	−0.9705（0.064）	—	0.9830	2.50
80.09（3.62）	−1.412（0.191）	−0.1243（0.0529）	0.9940	1.17

注：回归系数的标准差值在括号内

二、黑色素

黑水虻在发育过程中，体色会从幼虫的白色变为预蛹、蛹及成虫的黑色，主要原因是黑色素的积累。图 10-4 呈现了黑水虻不同生活史阶段的黑色素和锰离子含量。黑色素是有顺磁性的高分子色素，具有抗氧化、抗诱变及基因型保护作用，能吸附重金属或中和脂质过氧化物。黑水虻单个个体中黑色素的含量在不同发育阶段差异较大，幼虫期含 0.45mg，预蛹期含 1.58mg，蛹期含 2.21mg，蛹壳中含 0.28mg，成虫期含 0.32mg。锰在神经递质的合成和代谢过程中发挥了重要作用，也参与了一系列酶的作用发挥，但只有二价锰具有顺磁性。黑水虻不同发育阶段单个个体的二价锰离子含量幼虫期含 3.42×10^{-4}μg，预蛹期含 3.91×10^{-4}μg，蛹期含 2.76×10^{-4}μg，蛹壳中含 1.5×10^{-6}μg，成虫期含 1.65×10^{-8}μg。预蛹中顺磁性活性形式的二价锰含量最高。这说明二价锰催化了含铜酪氨酸酶，该酶正是昆虫黑色素合成的关键酶（Ushakova *et al.*，2017）。

用 Bruker EMX EPR 光谱仪（Bruker，德国）对幼虫、预蛹、蛹、孵化后留下的空蛹壳和成虫的材料进行了光谱（EPR）测量，见表 10-4。将 50~200mg 的干燥样品置于圆柱形石英试管中，记录其光谱。EPR 谱记录条件为：调幅 1.25~3.0G，扫描范围 50g，微波频率 9.8

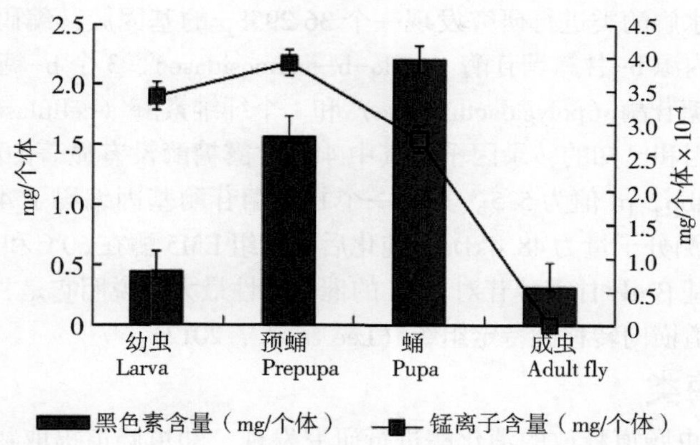

图 10-4　黑水虻不同生活史阶段的黑色素和锰离子含量

（资料来源于 Ushakova *et al.*，2017）

Fig. 10-4　Content of melanin（columns）and Mn^{2+}（line）in the body of one *H. illucens* at different stages of its life cycle

GHz；微波功率 0.2mW，时间常数是 100ms。为了计算 g 因子和确定黑色素自旋浓度，我们使用了参考样本 UDA no. 5。通过与不含蛋白外合物的纯多巴-黑色素量的比较，对这些样品中所含黑色素进行定量，在相同条件下测定顺磁性中心的浓度为 1.94×10^{18} spin/g 干重。多巴-黑色素是由二羟基苯丙氨酸在弱碱性介质中氧化聚合得到的。从成虫中分离到的黑色素通过电子顺磁共振信号参数对应的真黑素：*g* 因子＝2.0036 和 $\Delta H=5.6\pm0.2$ G，这是接近多巴胺黑色素的，后者的信号半宽度为 4.0±0.5 G，*g* 因子为 2.0034±0.0006。样品为 5.6×10^{16}spin/g干重，相当于 1g 干虫中有 29mg 黑色素。幼虫样品为 1.1×10^{16} spin/g 干重，相当于 1g 干虫中有 5.7mg 黑色素。预蛹样品为 8.0×10^{16} spin/g 干重，相当于 1g 干虫中有 22mg 黑色素。蛹样品为 1.24×10^{17}spin/g 干重，相当于 1g 干虫中有 34mg 黑色素。蛹壳样品为 3.7×10^{16} spin/g 干重，相当于 1g 干虫中有 19mg 黑色素。

表 10-4　黑水虻不同生活史阶段黑色素的电子顺磁共振（EPR）信号参数

（资料来源于 Ushakova *et al.*，2017）

Table 10-4　Parameters of electron paramagnetic resonance（EPR）signals of melanin pigments in the biomass of the fly *H. illucens* at different stages of its life cycle

样品编号	生物质来源	*g-factor*	ΔH（G）	自旋浓度（spin/g 干重样品）	黑色素含量（mg/g 干重）	黑色素含量（mg/个体）
1	成虫	2.0036	5.6±0.2	5.6×10^{16}	29.0±3.5	0.32±0.04
2	幼虫	2.0036	6.1±0.7	1.1×10^{16}	5.7±0.7	0.45±0.06
3	预蛹	2.0036	5.7±0.5	8.0×10^{16}	22.0±3.3	1.58±0.24
4	蛹	2.0037	5.8±0.5	1.24×10^{17}	34.0±4.0	2.21±0.26
5	蛹壳	—	5.8±0.4	3.7×10^{16}	19.0±2.2	0.28±0.03

三、水解酶类

对幼虫肠道的水解酶类进行研究发现一个 36 295bp 的基因簇，编码 9 个已知的水解酶基因，包括 4 个内源 b-甘露糖苷酶（endo-b-mannosidase）、3 个 b-糖苷酶（b-glucosidase）、1 个多半乳糖苷酶（polygalacturonase）和 1 个纤维素酶（cellulase）基因，还包括额外的转运蛋白基因和已知的转录因子。其中 4 种甘露糖酶没有显著的两两序列相似性，长度在 1 101~1 134bp，pI 值为 5.5。其中一个甘露糖苷酶基因编码了 427 个氨基酸蛋白（命名为 EM5），预测分子量为 48.4kDa。纯化后的重组 EM5 酶在 60℃和 pH 值 7.0 下工作最理想。对硝基苯基 β-d-甘露醇苷对 EM5 的催化活性最大，说明它是甘露糖苷酶。该基因簇通过黑水虻肠道横向转移到特定组织（Lee *et al.*，2012）。

四、消化酶类

对唾液腺和幼虫肠道释放的消化酶进行研究发现，幼虫肠道提取物具有较高的淀粉酶、脂肪酶和蛋白酶活性（图 10-5），这与黑水虻的杂食性有关。此外，还观察到一种活性很强的胰蛋白酶样蛋白酶。具有较高活性的还有亮氨酸芳基酰胺酶（leucine arylamidase）、α-半乳糖苷酶（α-galactosidase）、β-半乳糖苷酶（β-galactosidase），α-甘露糖苷酶（α-mannosidase）、α-岩藻糖苷酶（α-fucosidase），这些都在黑水虻幼虫的肠道提取物中观察到，且活性比家蝇幼虫高（表 10-5、表 10-6）。这些发现可能解释了为什么黑水虻幼虫比其他已知的蝇类更能有效地消化餐厨垃圾和有机物废弃物（Kim *et al.*，2011）。进一步的研究发现黑水虻能较好的消化糖蛋白、糖脂和碳水化合物。

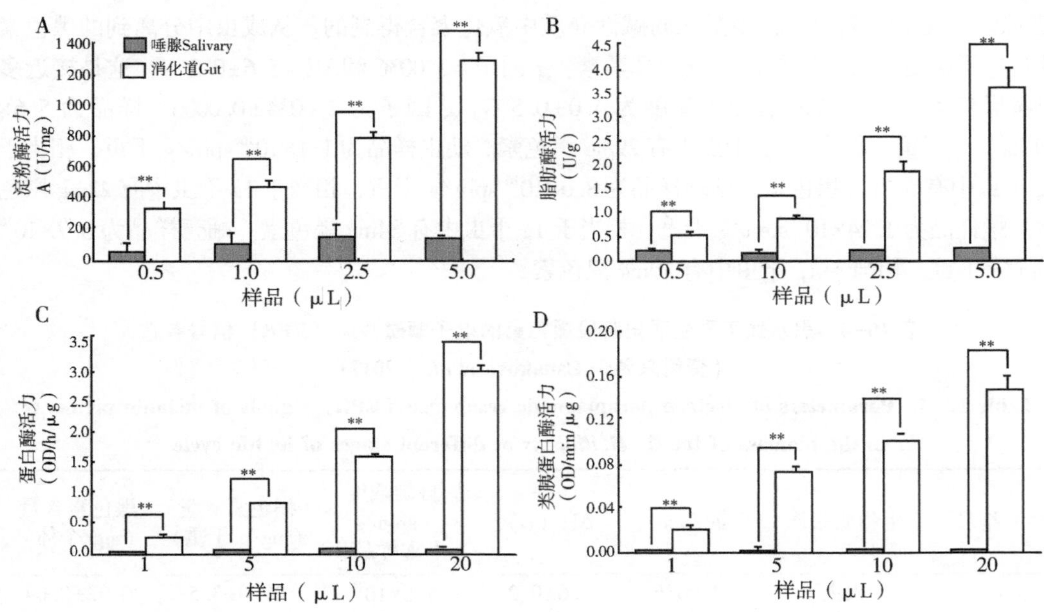

图 10-5　消化酶活性测定（ $P<0.01$**）（资料来源于 Kim *et al.*，2011）**

Fig. 10-5　Digestive enzyme activity assay（ $P<0.01$**）**

表 10-5　黑水虻和家蝇唾液腺与消化道的酶活比较
（资料来源于 Kim *et al.*，2011）

Table 10-5　Comparison of enzyme activity in salivary gland and gut extracts from *H. illucens* and *Musca domestica*

酶	黑水虻		家蝇	
	唾腺	肠道	唾腺	肠道
对照	0	0	0	0
碱性磷酸酶	1	5	1	5
酯酶（C4）	3	3	3	3
类脂酯酶	3	5	3	5
类脂酶	1	5	0	5
白氨酸芳胺酶	5*	5	2	5
缬氨酸芳胺酶	0	5	0	5
胱氨酸芳胺酶	0	5	0	5
胰蛋白酶	0	4	1	4
胰凝乳蛋白酶	0	1	0	1
酸性磷酸酶	4	5	3	5
苯酚-AS-BI-磷酸水解酶	2	5	2	5
α-半乳糖苷酶	0	4*	0	1
β-半乳糖苷酶	3*	5	0	5
β-糖醛酸苷酶	0	1	0	1
α-葡萄糖苷酶	3	5	2	5
β-葡萄糖苷酶	0	1	1	1
N-乙酰-葡萄糖胺酶	2	5	2	5
α-甘露糖苷酶	0	4*	0	1
α-岩藻糖苷酶	3*	3*	0	1

注：* 表示差异显著，$P<0.5$

表 10-6　使用特异酶检测的黑水虻肠道提取物的酶活
（资料来源于 Kim *et al.*，2011）

Table 10-6　Enzyme activity in the gut extracts from *H. illucens* using 4 specific substrates

酶活力（Mean±SE）	黑水虻	家蝇
α-淀粉酶（U/g）	3. 85±0. 014	1. 27±0. 008

（续表）

酶活力（Mean±SE）	黑水虻	家蝇
脂肪酶（U/g）	7.75±0.519	3.30±0.110
蛋白酶（OD/h/μg）	3.33±0.131	2.13±0.018
类胰蛋白酶（OD/min/μg）	0.13±0.008	0.06±0.003

第二节　抗菌肽的研究与利用

黑水虻是一种用于生物降解有机废弃物的生态分解器。它的幼虫可以在大量腐烂的动植物上发育，包括粪便和食物残渣。它们的栖息地富含各种各样的微生物。生活在这样的条件下需要非常有效的免疫机制（Zdybicka-Barabas *et al.*，2017）。在欧美，黑水虻幼虫被用作治疗烧伤，伤口愈合等皮肤损伤的医疗资源和药用昆虫（Choi and Jiang，2014）。黑水虻幼虫表达了大量的抗菌肽（AMPs），其中许多都是通过进食高细菌含量的食物而被诱导产生的。添加磺化木质素、纤维素、甲壳素、啤酒颗粒或葵花籽油后，发现了 AMPs 在幼虫体内的表达谱具有基质饲料依赖性。以添加蛋白质或葵花籽油的饲料喂养幼虫，诱导了最高的 AMPs 数量和 AMP 表达水平。引人注目的是，AMPs 依赖于基质饲料的表达转化为依赖于基质饲料的对一系列细菌的抑制活性谱，为营养免疫学的新兴领域提供了一个有趣的例子。我们假设，扩增 AMP 的微调表达介导了肠道菌群对不寻常饮食消化的适应，这一特性可以促进利用黑水虻进行有机废弃物的生物转化（Vogel *et al.*，2018）。

早期的体外实验中已经证实黑水虻幼虫提取物具有很好的抗菌作用，表 10-7 显示用不同的溶剂提取后在 40℃真空干燥，获得的提取物产量分别为正己烷（0.42%），氯仿（0.49%），乙醇（2.31%），甲醇（2.0%）和水（0.52%）（Choi *et al.*，2012）。

表 10-7　黑水虻幼虫不同提取液的提取率比较（资料来源于 Choi *et al.*，2012）

Table 10-7　The extract yield of the different extracts obtained from *H. illucens* larvae

项目	有机溶剂				
	水	甲醇	乙醇	氯仿	正己烷
幼虫（g）	600	600	600	600	600
体积（L）	6	6	6	6	6
提取物（g）	3.12	12.0	13.86	2.94	2.52
产率（%）	0.52	2.0	2.31	0.49	0.42

与其他提取物相比，甲醇提取物处理的细菌的生长被强烈抑制（图 10-6），从 20mg/mL 开始，呈剂量依赖模式，24h 后抗菌活性逐渐下降。而且对克雷伯肺炎杆菌 *Klebsiella pneumoniae*，淋病奈瑟氏菌 *Neisseria gonorrhoeae* 和宋内氏志贺菌 *Shigella sonnei*

处理 12h 的最小抑菌浓度（MIC）分别为 44.74mg/mL、43.98mg/mL 和 43.96mg/mL（表 10-8、图 10-7）。这些结果表明，黑水虻幼虫的甲醇提取物不仅具有很强的抑菌活性，对细菌的生长和增殖有很强的抑制作用，而且具有独特有效地阻断细菌生存能力的特性（Choi *et al.*，2012）。

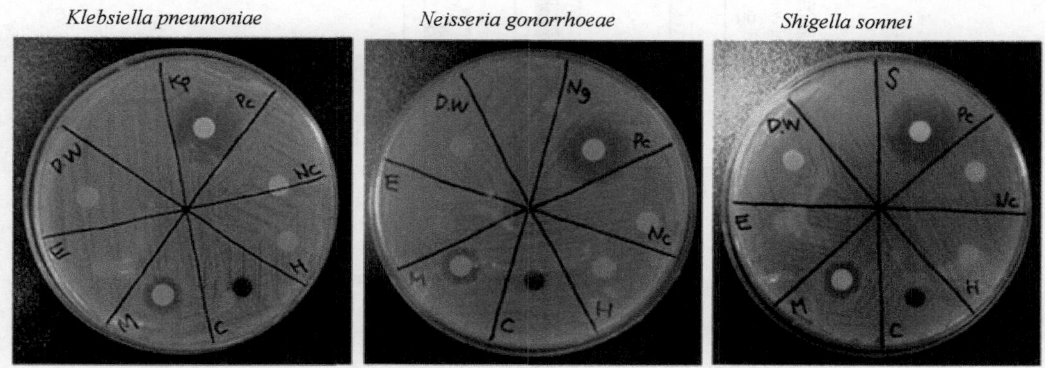

图 10-6　黑水虻幼虫不同提取液的抑菌圈（资料来源于 Choi *et al.*，2012）

Fig. 10-6　The zones of bacterial growth inhibition of different extracts obtained from *H. illucens* larvae

Pc：阳性对照，Nc：阴性对照，H：正己烷，C：氯仿，M：甲醇，E：乙醇，DW：水

表 10-8　黑水虻幼虫甲醇提取物的抑菌活性及抑菌效果（资料来源于 Choi *et al.*，2012）

Table 10-8　The zones of bacterial growth inhibition and antibacterial activity of the methanol extracts of *H. illucens* larvae

项目	微生物	浓度（mg/mL）					
		2.5	5	10	20	40	80
革兰氏阳性菌	枯草芽胞杆菌 *Bacillus subtilis*	-	-	-	-	-	-
	变形链球菌 *Streptococcus mutans*	-	-	-	-	-	-
	藤黄八叠球菌 *Sarcina lutea*	-	-	-	-	-	-
革兰氏阴性菌	克雷伯肺炎杆菌 *Klebsiella pneumoniae*	-	-	-	+	++	+++
	淋病奈瑟氏菌 *Neisseria gonorrhoeae*	-	-	-	+	++	+++
	宋内氏志贺菌 *Shigella sonnei*	-	-	-	+	++	+++

注：抑菌圈直径>7 to 9mm（+），9 to 11mm（++），11 to 13mm（+++），没有活性（-）

用乙酸乙酯等对黑水虻幼虫匀浆进行提取并检测提取物中低分子量抗菌因子对多种微生物的抗真菌和抗细菌作用（图 10-8、图 10-9），包括革兰氏阳性金黄色葡萄球菌 *Staphylococcus aureus*、甲氧西林耐甲氧西林金黄色葡萄球菌（methicillin resistant *Staphylococcus aureus*，MRSA）和革兰氏阴性铜绿假单胞菌 *Pseudomonas aeruginosa*。结合高效液相色谱法从幼虫提取物中分离出抗 MRSA 的物质。这些研究表明，幼虫提取物具有

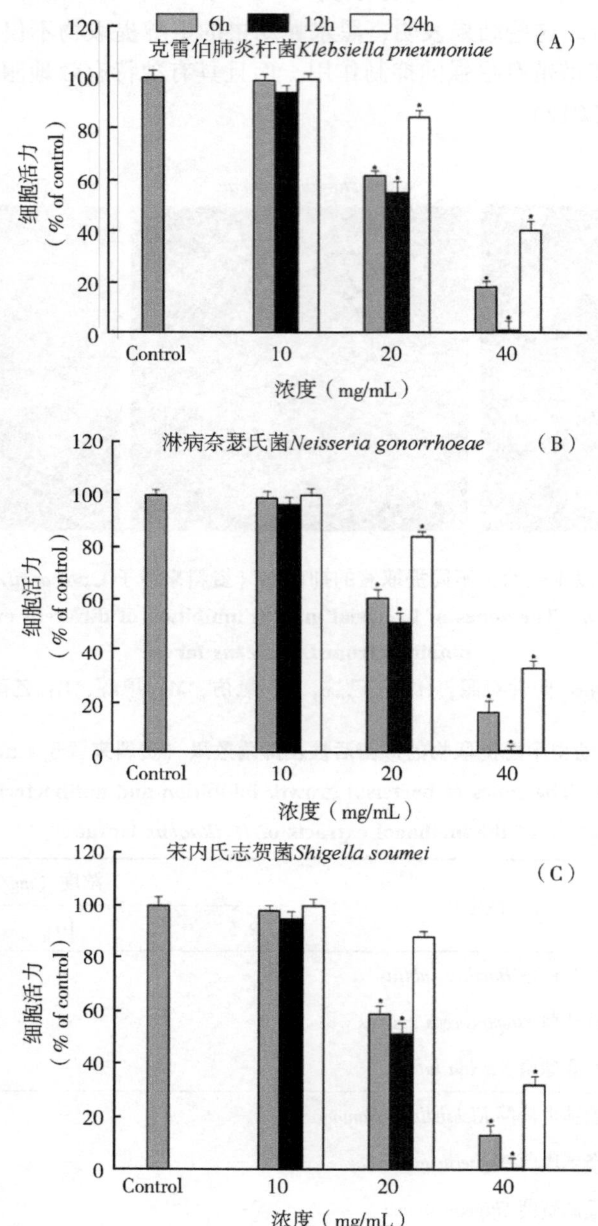

图 10-7　黑水虻幼虫甲醇提取物对细菌的生长抑制率（资料来源于 Choi *et al.*，2012）

Fig. 10-7　Growth inhibitory rate of the methanol extracts of *H. illucens* larvae against bacteria

广谱的抗菌活性（表 10-9），证明了黑水虻幼虫的分泌物在对抗耐甲氧西林金黄色葡萄球菌方面是有用的，并且可能成为新的抗生素类化合物的来源，用于控制感染（Park *et al.*，2014）。

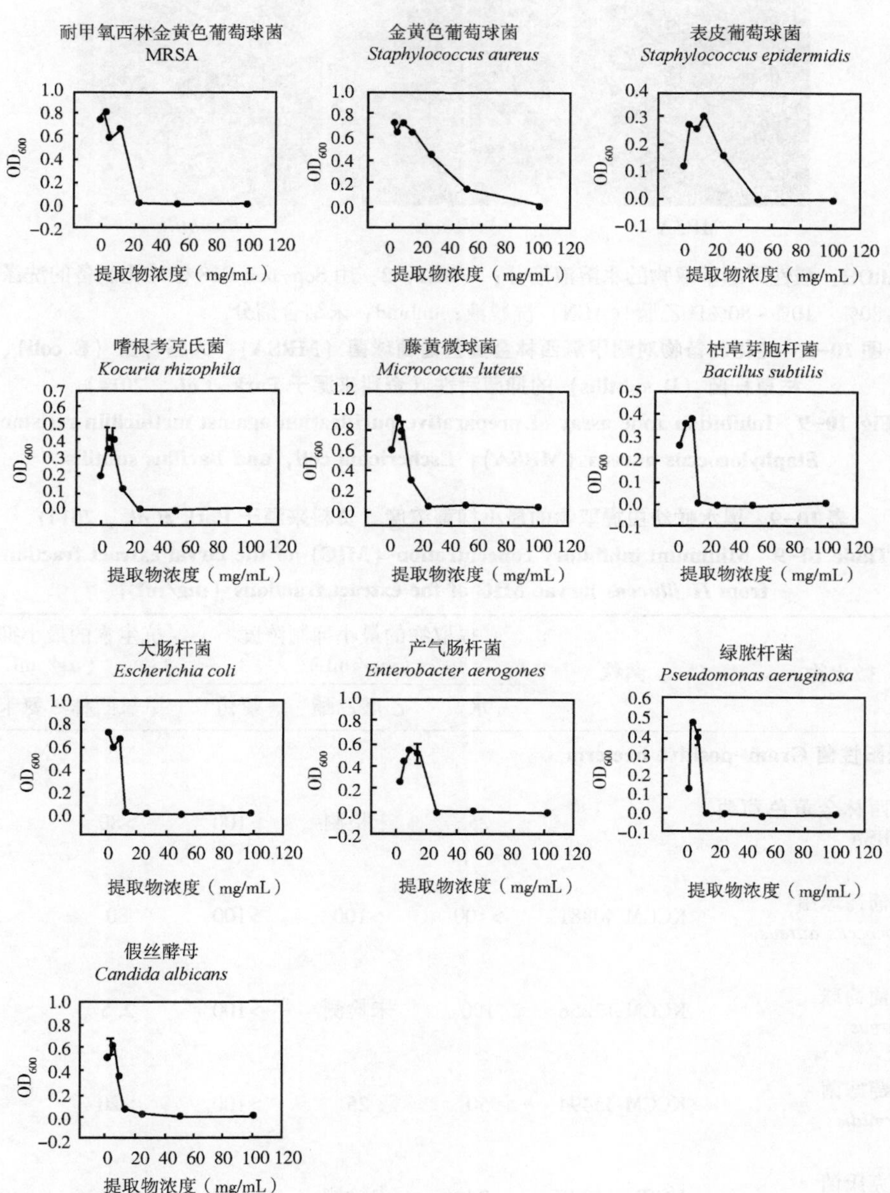

图 10-8　黑水虻幼虫水溶性提取物的抗菌活性（资料来源于 Park *et al.*，2014）

Fig. 10-8　Antimicrobial activity of water-soluble extract from *H. illucens* on the growth of microorganisms at different extract concentrations

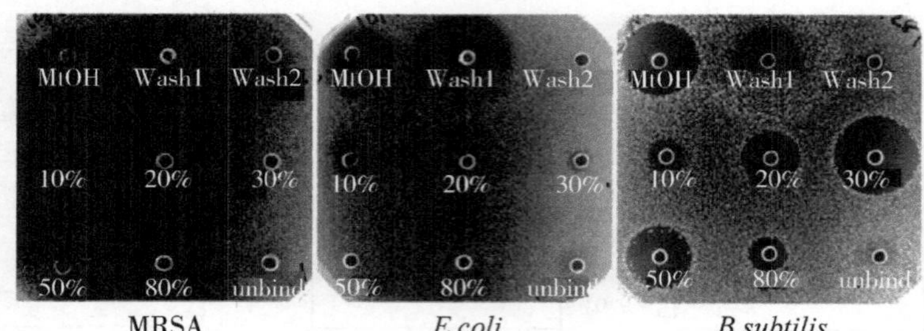

MtOH：酸性甲醇萃取物的水溶液馏分；Wash1，2，用 Sep-pak C18 柱纯化制备的洗涤馏分；10%～80%：10%～80%D 乙腈（ACN）洗脱液；unbind：未结合馏分

图 10-9 纯化制备物对耐甲氧西林金黄色葡萄球菌（MRSA）、大肠杆菌（E. coli）、枯草杆菌（B. subtilis）的抑菌活性（资料来源于 Park *et al.*，2014）

Fig. 10-9 Inhibition zone assay of preparative purification against methicillin resistant Staphylococcus aureus（MRSA），Escherichia coli，and Bacillus subtilis

表 10-9 黑水虻幼虫提取物的最小抑菌浓度（资料来源于 Park *et al.*，2014）

Table 10-9 Minimum inhibitory concentration（MIC）of the larval extract fractions from *H. illucens* larvae MIC of the extract fractions（mg/mL）

微生物	菌株	提取物的最小抑制浓度（mg/ mL）			抗生素的最小抑制浓度（μg/ mL）	
		水	乙酸乙酯	氯仿	甲氧西林	氨苄青霉素
革兰氏阳性菌 Gram-positive bacteria						
耐甲氧西林金黄色葡萄球菌 MRSA		25	未检测	>100	>80	>80
金黄色葡萄球菌 *Staphylococcus aureus*	KCCM 40881	>100	>100	>100	80	2. 5
金黄色葡萄球菌 *S. aureus*	KCCM 12256	100	未检测	>100	2. 5	2
表皮葡萄球菌 *S. epidermidis*	KCCM 35494	50	25	>100	>20	10
嗜根考克氏菌 *Kocuria rhizophila*	KCCM 11236	25	未检测	>100	<0. 3125	<0. 3125
藤黄微球菌 *Micrococcus luteus*	KCCM 11326	25	未检测	>100	未检测	未检测
枯草芽胞杆菌 *Bacillus subtilis*	KCCM 11316	12. 5	25	>100	0. 078125	0. 078125

（续表）

微生物	菌株	提取物的最小抑制浓度（mg/mL）			抗生素的最小抑制浓度（μg/mL）	
		水	乙酸乙酯	氯仿	甲氧西林	氨苄青霉素
革兰氏阴性菌 Gram-negative bacteria						
大肠杆菌 *Escherichia coli*	KCCM 11234	12.5	>100	>100	>80	20
产气肠杆菌 *Enterobacter aerogenes*	KCCM 12177	25	未检测	>100	>20	>20
绿脓杆菌 *Pseudomonas aeruginosa*	KCCM 11328	12.5	25	>100	未检测	未检测
酵母 Yeast						
假丝酵母 *Candida albicans*	KCCM 11282	25	50	>100	>20	>80

人们通过 GC-MS 从幼虫提取物中鉴定出了具有抗菌活性的化合物已二酸。抗菌活性的测定采用了不同的抗菌指标，包括浊度法（turbidometric assay）、刃天青法（resazurin assay）、琼脂纸片扩散法（agar disk diffusion）。结果发现已二酸对金黄色葡萄球菌（*Staphylococcus aureus*）、耐甲氧西林金黄色葡萄球菌（methicillin-resistant *Staphylococcus aureus*，MRSA）、肺炎克雷伯菌（*Klebsiella pneumonia*）和痢疾志贺杆菌（*Shigella dysenteriae*）的生长和增殖具有选择性生长抑制作用，且具有浓度依赖性。用 80μg/mL 的已二酸处理 24h 时，对上述几种细菌的生长抑制分别为 18.27±0.18mm、23.35±0.15mm、16.62±0.18mm、12.96±0.24mm。已二酸对这些细菌 24h 的最低抑菌浓度（MIC）分别为 140.377μg/mL、137.369μg/mL、139.117μg/mL、139.704μg/mL。结果表明，已二酸具有抗菌性能，能有效抑制病原菌的生长/增殖（Choi and Jiang，2014）。深入研究已二酸对肺炎克雷伯菌感染小鼠的抗菌作用，研究表明与对照组相比，注射已二酸后，感染小鼠肺部细菌量减少，体重减轻率降低。基于肺部细菌负荷，口服已二酸治疗比腹腔治疗具有更好的保护作用。组织病理学证实，每日服用已二酸连续 10d，对小鼠肾脏或肝脏无毒性。因此，已二酸可能是一种新型的抗菌剂（Chu *et al.*，2014）。

诱导也是获得抗菌肽的常用方法。有学者从黑水虻幼虫免疫血淋巴中诱导并纯化了新型的对革兰氏阳性菌有活性的 4 种防御素样肽（图 10-10、图 10-11）（defensin-like peptide，DLP）（Park *et al.*，2015）。

经过 NCBI BLAST 发现，DLP4 的氨基酸序列与白蛉 *Phlebotomus duboscqi* 防御素的相似度为 75%，见图 10-12。通过对最低抑菌浓度（MIC）分析，发现 DLP4 对耐甲氧西林金黄色葡萄球菌（MRSA）等革兰氏阳性菌有抗菌作用，见表 10-10。采用实时荧光定量 PCR 检测细菌攻毒后数个组织中 DLP4 转录本的表达情况。免疫前 DLP4 基因的表达很少在全身发生，但免疫后在脂肪体中表达量增多（Park *et al.*，2015）。

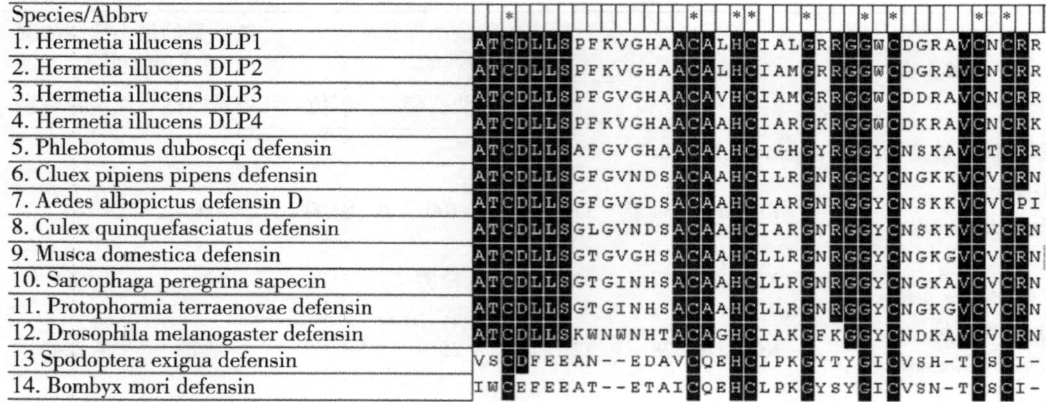

Species/Abbrv
1. Hermetia illucens DLP1
2. Hermetia illucens DLP2
3. Hermetia illucens DLP3
4. Hermetia illucens DLP4
5. Phlebotomus duboscqi defensin
6. Cluex pipiens pipens defensin
7. Aedes albopictus defensin D
8. Culex quinquefasciatus defensin
9. Musca domestica defensin
10. Sarcophaga peregrina sapecin
11. Protophormia terraenovae defensin
12. Drosophila melanogaster defensin
13 Spodoptera exigua defensin
14. Bombyx mori defensin

图 10-10　黑水虻幼虫防御素样肽的完整 cDNA 序列和推导的氨基酸序列

（资料来源于 Park *et al.*，2015）

Fig. 10-10　The complete cDNA sequence and deduced amino acid sequence of DLP1（A），DLP2（B），DLP3（C），and DLP4（D）

（A）

```
GATCAGTCTAGTGAAAGGCAACTGCTAGAATACAGATCCAGCTTCAGCTTTTTCTTCAAC  60
CCAAAGCTTCGATCTTTAACTAAAGCCAAAATGCGTTCCGTTCTCGTCTTGGGTTTAATT  120
                                 M R S V L V L G L I
GTGGCCGCTTTTGCTGTCTACACCTCAGCACAACCCTATCAGTTACAATACGAGGAAGAT  180
 V A A F A V Y T S A Q P Y Q L Q Y E E D
GGTCTCGATCAGGCAGTGGAACTTCCTATTGAAGAAGAACAACTTCCGAGTCAGGTGGTG  240
 G L D Q A V E L P I E E E Q L P S Q V V
GAGCAGCATTACCGTGCGAAACGTGCAACCTGTGATCTCTTGAGTCCCTTCAAAGTGGGT  300
 E Q H Y R A K R A T C D L L S P F K V G
CATGCCGCCTGCGCACTTCATTGTATTGCTTTGGGACGTCGTGGAGGCTGGTGCGATGGT  360
 H A A C A L H C I A L G R R G G W C D G
CGAGCCGTTTGTAATTGCAGACGTTAATTTAAAGTGCTTCTATTATTAATACAACACCAA  420
 R A V C N C R R *
TTTGTTATTTATTCATCCAAATTTTATTAGTAGTTGTTATTTGGTTAAAAAAATTTATT  480
```

（B）

```
ATCAGTCCAGACAACGACTACTCATAGAACACAGATTAAGCTCCAGCTTTTCTTTTCTTC  60
AATTTAAAGTTTTATTCTGAATCTAAAAGTCAAAATGCGTTCTATTCTCGTCTTGGGTTT  120
                                    M R S I L V L G L
AATTGTTGCCGCTTTTGCCGTCTACACCTCAGCACAACCTTATCAGTTACAATACGAGGA  180
 I V A A F A V Y T S A Q P Y Q L Q Y E E
AGATGGTCCTGGATACGCACTGGAACTCCCTAGCGAAGAAGAAGGACTTCCTAGCCAAGT  240
 D G P G Y A L E L P S E E E G L P S Q V
AGTGGAACAACATTACCGGGCGAAACGTGCAACCTGTGACCTCTTGAGTCCCTTCAAAGT  300
 V E Q H Y R A K R A T C D L L S P F K V
GGGTCATGCTGCCTGCGCACTTCATTGTATTGCCATGGGACGACGAGGAGGCTGGTGCGA  360
 G H A A C A L H C I A M G R R G G W C D
TGGTCGAGCCGTTTGTAATTGCAGACGCTAATCTAAAGTGATTGTATTACTAATAGAGCT  420
 G R A V C N C R R *
CTAGTTTGTTATTTATTCACAAAATTTTTATTATTTATCAATTGTTGATTGTTGTTTTGA  480
```

（C）

```
AGTCCAGAGAACGACTACCCATAGAACACAGATTAAGCTCCAGCTTTTCTTTTCTTCAAT  60
TTAAAGTTTTATTCTGAACCTAAAAGTCAAAATGCGTTCTATTCTCGTCTTGGGTTTAAT  120
                                 M R S I L V L G L I
TGTTGCCGTTTTTGGCGTCTACACCTCAGCACAACCCTATCAGCTACAATATGAGGAAGA  180
 V A V F G V Y T S A Q P Y Q L Q Y E E D
TGGTCCTGAATACGCGCTGGTACTCCCTATTGAAGAAGAAGAACTTCCTAGTCAGGTAGT  240
 G P E Y A L V L P I E E E E L P S Q V V
GGAGCAGCATTATCGGGCAAAACGTGCCACCTGTGACCTCTTGAGCCCCTTCGGCGTGGG  300
 E Q H Y R A K R A T C D L L S P F G V G
TCATGCCGCCTGCGCAGTGCATTGTATTGCCATGGGACGACGCGGAGGCTGGTGCGATGA  360
 H A A C A V H C I A M G R R G G W C D D
TCGAGCCGTTTGTAACTGCAGACGTTAATCTAAAGTGCTTGTATTACTAATACAGCTCTA  420
 R A V C N C R R *
GTTTGTTATTTATTCACAAAATTTTTATTATTTGTCAATTGTTGATTGCTGTTTTGAATA  480
AATTTTTGTTTTGGTTGTGT                                          500
```

（D）

```
TTCCAATTCAACCTCCCATTGGAAGATACAATTCACCAGCCCTTAAAGATACTTTGTGCT  60
TTTTAAAGAACGTACAAAATGCGTGTGACCGTGTGTCTATTCAGTGTCGTTGCCTTATTT  120
                       M R V T V C L F S V V A L F
GCAATGGTCCATTGCCAACCTTTCCAACTCGAGACGGAAGGTGACCAACAGCTGGAACCA  180
 A M V H C Q P F Q L E T E G D Q Q L E P
GTCGTTGCTGAAGTAGACGATGTTGTCGATTTGGTAGCTATTCCAGAACATACACGAGAA  240
 V V A E V D D V V D L V A I P E H T R E
AAACGAGCAACCTGTGACCTGTTGAGCCCTTTTAAAGTTGGTCATGCCGCATGCGCTGCT  300
 K R A T C D L L S P F K V G H A A C A A
CATTGTATCGCAAGGGGCAAACGAGGAGGATGGTGTGACAAAAGAGCTGTTTGCAACTGC  360
 H C I A R G K R G G W C D K R A V C N C
CGGAAATAGGAGTACTATTTAAAATAGGAGTACTATTTAAGTTTGTCTGAACCTTTAGTT  420
 R K *
GTCGACAAATATTCAATAATGTAATATAACGTTCTATTCTTTTAACTTAAGTATAATAAA  480
CCATCATATAGTATTGC                                             497
```

图 10-11　黑水虻幼虫防御素样肽与双翅目和鳞翅目防御素的氨基酸序列比对

（资料来源于 Park *et al.*，2015）

Fig. 10-11　Multiple alignment of amino acid sequences of *H. illucens* DLP 1-4 with dipteran and lepidopteran defensins

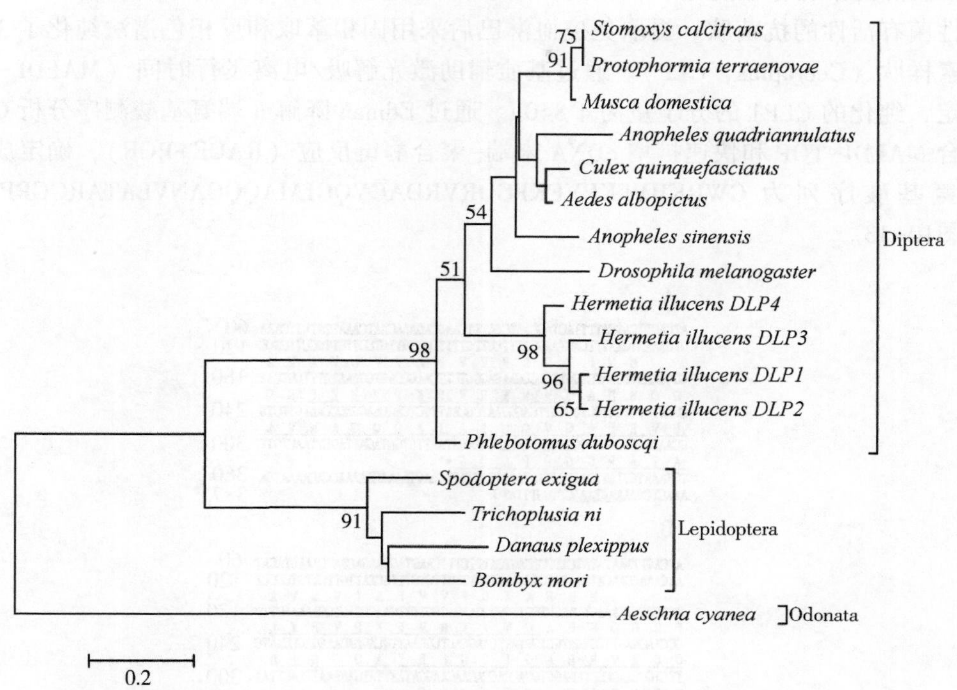

图 10-12　防御素家族的进化树（资料来源于 Park *et al.*，2015）

Fig. 10-12　Phylogenetic tree of defensin families

表 10-10　黑水虻幼虫防御素样肽 4 的最小抑菌浓度（资料来源于 Park *et al.*，2015）

Table 10-10　The MIC of DLP4 from *H. illucens* larvae

微生物	菌株	黑水虻幼虫防御素样肽 4（μmol/L）	抗生素的最小抑制浓度（μmol/L）	
			甲氧西林	氨苄青霉素
革兰氏阳性菌 Gram-positive bacteria				
耐甲氧西林金黄色葡萄球菌 MRSA		0. 59～1. 17	未检测到	未检测到
金黄色葡萄球菌 *S. aureus*	KCCM 40881	0. 59～1. 17	99. 40～198. 80	3. 37～6. 73
金黄色葡萄球菌 *S. aureus*	KCCM 12256	1. 17～2. 34	3. 11～6. 21	2. 69～5. 39
标配葡萄球菌 *S. epidermidis*	KCCM 35494	0. 59～1. 17	未检测到	13. 46～26. 93
枯草芽胞杆菌 *B. subtilis*	KCCM 11316	0. 02～0. 04	0. 10～0. 19	0. 11～0. 21
革兰氏阴性菌 Gram-negative bacteria				
大肠杆菌 *E. coli*	KCCM 11234	未检测到	未检测到	26. 93～53. 85
产气肠杆菌 *E. aerogenes*	KCCM 12177	未检测到	未检测到	未检测到
铜绿假单胞菌 *P. aeruginosa*	KCCM 11328	未检测到	未检测	未检测

血淋巴中也存在抗菌肽，人们从黑水虻幼虫免疫血淋巴中诱导并纯化了对革兰氏阴性菌有活性的抗菌肽。提取免疫血淋巴后采用固相萃取和反相色谱法纯化了 3 种天蚕素样肽（Cecropins，CLP）。通过基质辅助激光解吸/电离飞行时间（MALDI-TOF）测定，纯化的 CLP1 的分子量为 4 840u。通过 Edman 降解 n 端氨基酸测序分析 CLP1，结合 MALDI-TOF 和快速扩增 cDNA 末端-聚合酶链反应（RACE-PCR），确定成熟肽的氨基酸序列为 GWRKRVFKPVEKFGQRVRDAGVQGIAIAQQGANVLATARGGPPQQG，见图10-13。

```
A
ATCAGTTCAGCATTTTACTAGCAATCGCTTTCAAGCAGAAACAATCAAATTATATTCAAA 60
GTCAAAATGAATTTCACTAAGCTTTTCGTTGTTTTCGCTGTTGTCCTTGTTGCCTTCGCC 120
      M  N  F  T  K  L  F  V  V  F  A  V  V  L  V  A  F  A
GGTCAAAGTGAAGCTGGTTGGCGGAAGAGGGTCTTCAAGCCAGTGGAAAAATTTGGTCAA 180
 G  Q  S  E  A  G  W  R  K  R  V  F  K  P  V  E  K  F  G  Q
CGAGTTCGTGATGCTGGGGTTCAGGGAATCGCAATTGCTCAGCAAGGAGCCAATGTTCTG 240
 R  V  R  D  A  G  V  Q  G  I  A  I  A  Q  Q  G  A  N  V  L
GCAACCGCTCGAGGTGGACCACCACAACAAGGATAATTGTGATAGATTAGCTTAACTGTT 300
 A  T  A  R  G  G  P  P  Q  Q  G  *
TCTAAATGTTATTTATTCTCTATAATTTATTATTGAAGTAAAACAAAAACGACAAAATGA 360
AAACTCGAAAAATAAACTTGGTTTATG                                  387

B
ATCAGTTAAATATATCATCCTCAGTCATTTCTTTCAAGTAGGAAGACTATCAAAGTACAT 60
AAGAAACCAACATGAATTTCGCAAAACTTTTCGTTGTCTTTGCTATTGTTCTTGTCGCCT 120
               M  N  F  A  K  L  F  V  V  F  A  I  V  L  V  A
TCTCTGGTCAAAGTGAAGCTGGTTGGTGGAAGAGGGTTTTCAAGCCAGTGGAAAAACTTG 180
 F  S  G  Q  S  E  A  G  W  W  K  R  V  F  K  P  V  E  K  L
GCCAACGAGTTCGTGATGCTGGTATTCAAGGACTCGAAATTGCACAACAAGGAGCCAATG 240
 G  Q  R  V  R  D  A  G  I  Q  G  L  E  I  A  Q  Q  G  A  N
TTCTGGCAACCGCTCGAGGTGGACCACCACAACAAGGATAATTATGAGAAATTAACTTAA 300
 V  L  A  T  A  R  G  G  P  P  Q  Q  G  *
CTATTTCTAAATTTTGTTTATTTATTGTAAATTATAATTGAAGTTGAAAAGGACAAAATC 360
AAAGTTGATAAAATAAACTGTCTTAC                                   386

C
ACATGGGGAGTTCAGCTTGAATCCTCAAGTAGTTCATCTCAATCCATTCAACAATCAATT 60
TACAATCCAAATCAACAGAATGAATTTCACGAAGCTTTTTGTGGTTTTCGCCGTTGTTCT 120
                     M  N  F  T  K  L  F  V  V  F  A  V  V  L
CATCGCCTTCTCCGGTCAAAGCGAAGCTGGTTGGTGGAAGAGAGTCTTCAAACCAGTGGA 180
  I  A  F  S  G  Q  S  E  A  G  W  W  K  R  V  F  K  P  V  E
ACGACTTGGTCAACGAGTTCGTGATGCCGGTATTCAAGGACTCGAAATTGCACAACAAGG 240
  R  L  G  Q  R  V  R  D  A  G  I  Q  G  L  E  I  A  Q  Q  G
AGCCAATGTTCTGGCAACGGTTCGAGGTGGACCACCACAACAAGGATAAATGGACTGAAG 300
  A  N  V  L  A  T  V  R  G  G  P  P  Q  Q  G  *
CGTGCATTTAATTGTCTCTAATTTGTGTTAATATATAGTATTTAATTTATTTATTGGAAA 360
GTGTGAGAGCAAAATTATGTTTGGAAAATAAATGATGCTGTAAATTTCG            409
```

图 10-13　黑水虻天蚕素样肽的完整 cDNA 序列和推导的氨基酸序列

（资料来源于 Park & Yoe，2017）

Fig. 10-13　The complete cDNA sequence and deduced amino acid sequence of（A）CLP1，（B）CLP2，and（C）CLP3

经 NCBI BLAST 的结果见图 10-14，可以看出 CLP1 的氨基酸序列与黑腹果蝇天蚕素 C 相似，其相似度为 60%。计算机模拟分析表明 CLP1 属于 AMPs 的天蚕素超家族，具有阳离子性、线性、02±螺旋以及两性分子的多肽。最小抑菌浓度（MIC）和最小杀菌浓度（MBC）分析见表 10-11，可以看出，CLP1 对革兰氏阴性菌有抗菌作用。采用实时荧光定量 PCR 技术检测细菌攻毒后多个组织中 CLP1 转录本的表达情况。在免疫前，CLP1 在全身的表达量可以忽略不计，而在免疫后的脂肪体中则最为明显（Park and Yoe，2017）。

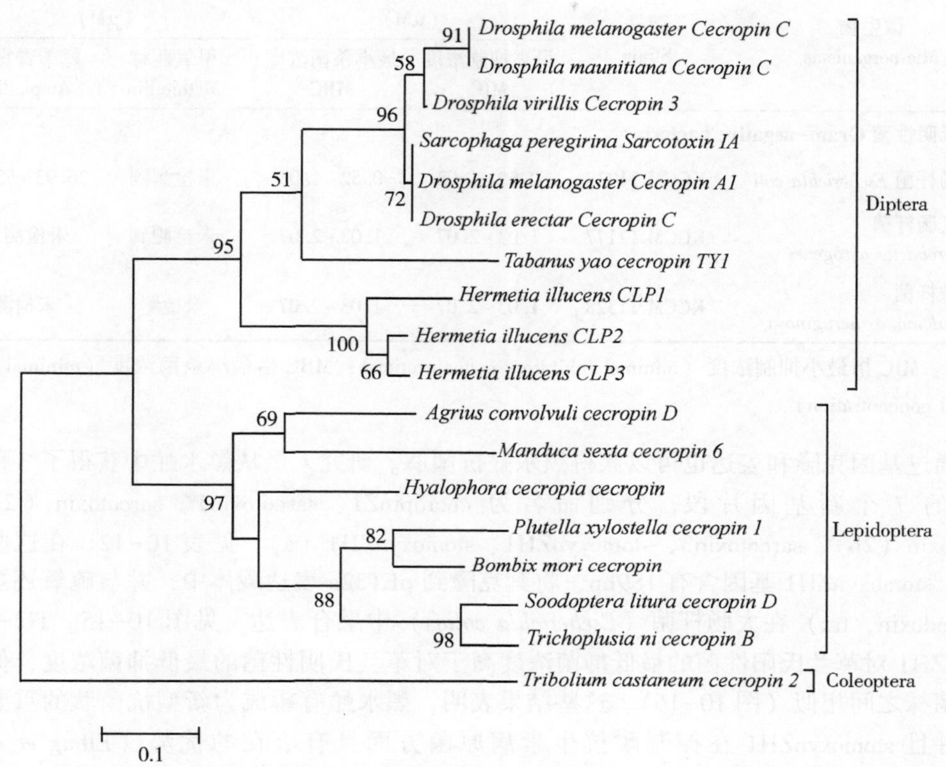

图 10-14 天蚕素样肽家族的进化树（资料来源于 Park & Yoe，2017）

Fig. 10-14 Phylogenetic tree of cecropin families

表 10-11 黑水虻幼虫天蚕素样肽 1 的最小抑菌浓度（资料来源于 Park & Yoe，2017）

Table 10-11 The MIC of CLP1 from *H. illucens* larvae

微生物 Microorganisms	菌株 Strain	黑水虻幼虫天蚕素样肽 1（μM）		抗生素的最小抑制浓度（μM）	
		最小抑制浓度 MIC	最小杀菌浓度 MBC	甲氧西林 Methicillin	氨苄青霉素 Ampicillin
革兰氏阳性菌 Gram-positive bacteria					
耐甲氧西林金黄色葡萄球菌 MRSA		未检测到	未检测到	未检测到	未检测到
金黄色葡萄球菌 *Staphylococcus aureus*	KCCM 40881	未检测到	未检测到	99. 40~198. 80	3. 37~6. 73
金黄色葡萄球菌 *S. aureus*	KCCM 12256	未检测到	未检测到	3. 11~6. 21	2. 69~5. 39
表皮葡萄球菌 *S. epidermidis*	KCCM 35494	未检测到	未检测到	未检测到	13. 46~26. 93

（续表）

微生物 Microorganisms	菌株 Strain	黑水虻幼虫天蚕素样肽 1 (μM)		抗生素的最小抑制浓度 (μM)	
		最小抑制浓度 MIC	最小杀菌浓度 MBC	甲氧西林 Methicillin	氨苄青霉素 Ampicillin
革兰氏阴性菌 Gram-negative bacteria					
大肠杆菌 *Escherichia coli*	KCCM 11234	0.52~1.03	0.52~1.03	未检测到	26.93~53.85
产气肠杆菌 *Enterobacter aerogenes*	KCCM 12177	1.03~2.07	1.03~2.07	未检测到	未检测到
绿脓杆菌 *Pseudomonas aeruginosa*	KCCM 11328	1.03~2.07	1.03~2.07	未检测	未检测

注：MIC 指最小抑制浓度（minimal inhibitory concentration）；MBC 指最小杀菌浓度（minimal bactericidal concentration）

通过基因克隆和表达也可以获得黑水虻抗菌肽。研究人员从黑水虻中获得了 3 种抗菌肽的 7 个新基因片段，分别命名为 cecropinZ1、sarcotoxin1、sarcotoxin（2a）、sarcotoxin（2b）、sarcotoxin3、stomoxynZH1、stomoxynZH1（a），见表 10-12。在这些基因中，stomoxynZH1 基因含有 189bp，将其克隆到 pET32a 表达载体中，并与硫氧还蛋白（thioredoxin，trx）在大肠杆菌（*Escherichia colias*）中融合表达，见图 10-15。Trx-stomoxynZH1 对革兰氏阳性菌的最低抑菌浓度高于对革兰氏阴性菌的最低抑菌浓度，但在真菌菌株之间相似（图 10-16）。这些结果表明，黑水虻有望成为新型抗菌肽的重要来源，并且 stomoxynZH1 在控制耐抗生素病原菌方面具有潜在的优势（Elhag *et al.*，2017）。

表 10-12　黑水虻抗菌肽基因的基本特征（资料来源于 Elhag *et al.*，2017）

Table 10-12　Summary of AMP screened genes in *H. illucens*

序列名	大小 (aa)	最佳退火温度 (℃)	相似性 (%)	备注
Sarcotoxin1	53	54.8	44.44	—
Sarcotoxin（2a）	53	54.8	46.29	与 sarcotoxin1；在 26，57 处碱基不同
Sarcotoxin（2b）	53	54.8	46.29	与 sarcotoxin1；在 26，57，59 处碱基不同
Sarcotoxin3	47	54.8	42.55	—
CecropinZ1	53	56.8	46.29	—
StomoxynZH1	63	50.6	46.29	—
StomoxynZH1（a）	63	50.6	46.29	与 Stomoxyn ZH1 在 21 处碱基不同

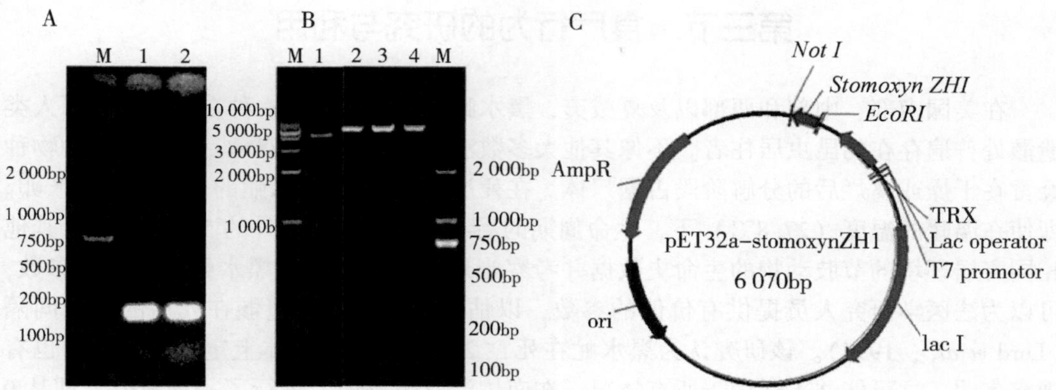

图 10-15　重组质粒 pET32a-stomoxynZH1 的重建（资料来源于 Elhag *et al.*，2017）

Fig. 10-15　Reconstruction of recombinant plasmid pET32a-stomoxynZH1

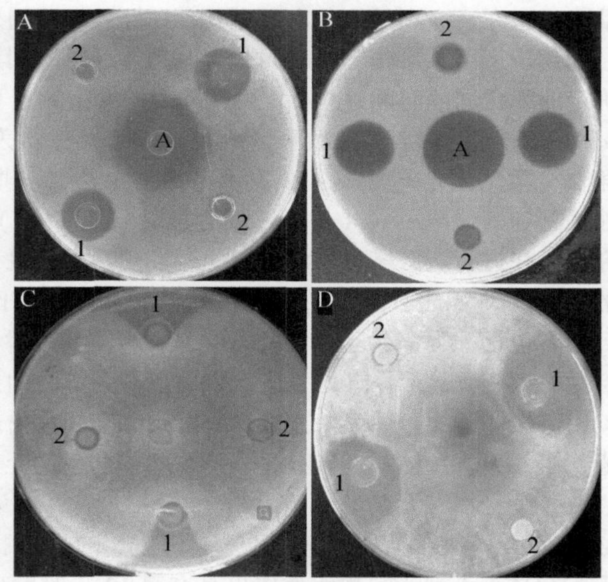

A：金黄色葡萄球菌（*Staphylococcus aureus*），B：大肠杆菌（*Escherichia coli*），C：水稻纹枯病菌（*Rhizoctonia solani Khu¨n*（rice）-10），D：核盘菌（*Sclerotinia sclerotiorum*（Lib.）de Bary-14）

图 10-16　纯化的 Trx-stomoxynZH1 对细菌和真菌的抑菌圈（资料来源于 Elhag *et al.*，2017）

Fig. 10-16　Inhibition zone test of purified Trx-stomoxynZH1 against bacterial and fungal strains

注：1 是 purified Trx-stomoxynZH1 融合蛋白，2 是 purified Trx 融合蛋白（阴性对照）。氨苄青霉素的浓度为 1μg/mL

第三节　食尸行为的研究与利用

在美国南部、中部和西部以及夏威夷，黑水虻已经被证明是一种在地表和地下人类遗骸处普遍存在的昆虫居住者。不像其他大多数法医学上重要的双翅目物种，这种物种经常在干燥或腐烂后的分解阶段占据尸体。在死后 20~30d，黑水虻的成虫会开始产卵。即使在温暖的温度（27.8℃）下，生命周期的后续完成也需要额外的 55d。在结合其他相同寄居环境的节肢动物的生命史数据并考察当地环境条件时，黑水虻的生活史参数，可以为法医学研究人员提供有价值的参数，以估计严重腐烂的遗骸在死后的时间间隔（Lord *et al.*，1994）。该研究认为黑水虻在死亡 20~30d 后的尸体上定居。然而，也有观察表明，这可能并不适用于所有情况。在南佐治亚州耕地上进行了一项研究，即从 9 月 20 日至次年 2 月 21 日观察猪腐肉上黑水虻和其他双翅目昆虫的活动情况。结果发现黑水虻可以在尸体死亡后的第一个星期内占领尸体。了解这些信息可以防止在估计尸体被这个物种定居的时间时犯严重的错误（Tomberlin *et al.*，2005）。

2001 年，在意大利北部的威尼斯发现的三具未埋尸体的案例。在其中一个案例中发现许多黑水虻幼虫，这在意大利是第一次报道其食尸性。在不同外部条件下确认幼虫生长速率，化蛹、羽化、产卵及孵化等的时间是可能的。通过鉴别黑水虻等双翅目昆虫的生活史阶段而确定的死亡间隔时间（PMI）得到随后的警方调查和法医分析的结论确认（Turchetto *et al.*，2001）。2011 年在西班牙人类尸体上第一次发现黑水虻幼虫的记录（这是欧洲的第 2 个案例报告）。一名 72 岁男子尸体腐烂到晚期时，人们从他的尸体中发现了黑水虻预蛹和其他昆虫（Martinez-Sanchez *et al.*，2011）。

马来西亚研究人员在进行法医昆虫的演替规律时发现黑水虻也参与其中。他们观察了一头死于肺炎的 3 个月大小的猪（8.5kg）的腐烂阶段和法医上比较重要的昆虫的演替规律。第一批到达者包括蝇类（约 1min）、蚂蚁和蜘蛛，半小时内丽蝇就到了；第 2 天有少量丽蝇和麻蝇；第 3 天，尸体开始发胀，口附近有大量的幼虫聚集，眼附近也有一些 L1 和 L2 的幼虫；第 4 天，尸体显著衰败，有猎蝽和隐翅虫出现，眼和肛门附近出现了大量的新蝇蛆；第 5 天，尸体加速衰败，颈部、胸部和后足上有新蝇蛆聚集；第 6 天，尸体进一步衰败，全身都有大量的蝇蛆。第 2~6 天，成虫数量占主要的是大头金蝇 *Chrysomya megacephala*，但第 4~14 天，幼虫数量占主要的是红眼金蝇 *Chrysomya rufifacies*。从第 8 天开始尸体渐渐变干。黑水虻成虫是在第 13 天时发现的，且在土壤中发现大量的红眼金蝇的幼虫（Heo *et al.*，2007）。他们还比较了局部烧伤的猪与自然死亡的猪的分解和昆虫种群的演替过程。这两具尸体在 9d 后完全腐烂。出现的昆虫包括丽蝇科的大头金蝇，红眼金蝇，瘦叶带绿蝇 *Hemipyrellia ligurriens*，麻蝇科（Sarcophagidae），蝇科的 *Ophyra spinigera*，水虻科的黑水虻（*H. illucens*），蚤蝇科（Phoridae）、鼓翅蝇科（Sepsidae）。二者只在成虫的数量上有差异，自然死亡的尸体上数量更多。昆虫的演替遵循下面的顺序：丽蝇科、麻蝇科、蝇科、蚤蝇科、水虻科，但这些科之间也有重叠（Heo *et al.*，2008）。

在巴西北部一个案例中，一名男孩从家中被绑架，42d 后他的尸体在腐烂的晚期被发现。在尸体上发现了两只黑色的黑水虻幼虫。由于在当地黑水虻幼虫需要25~26d后才变成黑色。法医考虑到黑水虻的发育周期，基于黑水虻生命周期进行了死亡间隔（PMI）估计。其产卵日期估计为绑架后24~25d。由于黑水虻通常（但并不总是）在腐烂的晚期尸体上定居，这一估计与儿童被绑架后立即死亡的假设是一致的（Pujol-Luz *et al.*，2008）。在另一个案例中，研究人员还发现类固醇类激素可能影响法医昆虫。除了在尸体中常见的几种昆虫种类外，也观察到大量未成熟的黑水虻。这一物种约占所有采集标本的22%，而且只在接受过性类固醇治疗的尸体上发现，如睾丸素、孕酮和雌二醇，含睾酮（68%）的数量更大。说明具有不同性激素的身体对这种物种存在潜在吸引力（Ferrari *et al.*，2009）。

第四节　仿生研究与利用

因为昆虫的眼睛不能独立于头部而移动，所以关于头部姿势的信息对于稳定视觉世界或提供有关注视方向的信息至关重要。图10-17显示了位于黑水虻颈部底部的头部

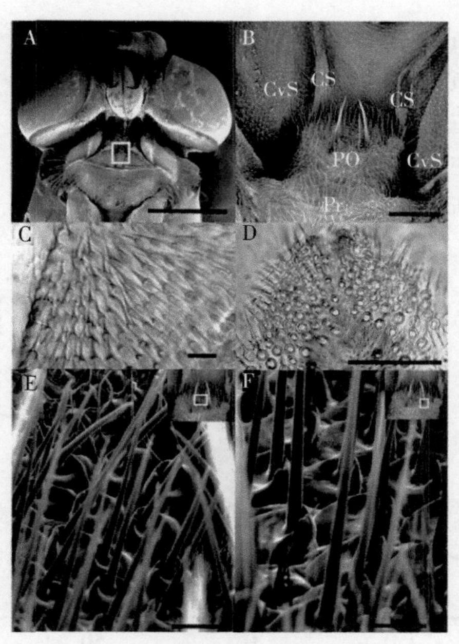

A. 扫描电子显微照片显示的雌性黑水虻的颈部腹侧区域。白色方框表示在图B中被放大的区域，比例尺代表5nm；B. 颈椎硬结（CvS）位于接触硬结（CS）的外侧，后者仅为感受器（PO）前的颈膜皱褶，是胸骨前（Pr）的向前延伸，比例尺代表50μm；C. 高倍光显微照片显示CS表面覆盖有定向微毛，比例尺代表1μm；D. PO由两个带不同方向插座的发板组成，插座之间由一条无毛角质层隔开，比例尺代表50μm；E. -F. 扫描电子显微照片显示，凹槽方向随PO上区域的不对称变化，比例尺代表3μm

图10-17　黑水虻的头部姿态本体感受器

Fig. 10-17　The prosternal organ in *H. illucens*

姿态本体感受器（prosternal organ，PO）的外部解剖和生理功能。PO是性别同型的，由两个融合的板组成，约130根机械性的毛在不对称的窝里，在整个器官中它们的方向不同。头、颈膜和接触硬化体之间的多关节机械耦合或多或少地偏转毛发，以增加或减少它们的兴奋程度。通过一对双侧胸骨前庭神经（PN）向融合的胸神经节投射PO感觉传入中枢神经系统。同时记录PN中的尖峰活动，以及在头部旋转的3个轴周围进行的由风引起的和自发的头部运动的录像显示，一些PN传入在静止时是活跃的，但是活动随着头部偏转而增强。活动受俯仰角（±40°）、偏航（±30°）和横摇（超过±90°）轴的变化而显著调节，尽管每个旋转轴的活动动态范围不同。胸骨前神经传入通过俯卧（上仰）双侧兴奋（抑制）；头部偏航对同侧（对侧）侧的刺激（抑制）；被滚向同侧一侧兴奋，但很少被滚向另一侧抑制。虽然双侧PN传入活动比较可靠地编码了围绕给定旋转轴的头部姿态，但从中枢神经系统的角度来看，编码头部姿态的问题在3个旋转轴和只有两个传入信息流的情况下是不适定的。此外，当头部同时围绕多个轴旋转时，颈部的机械作用会改变围绕3个旋转轴的姿态变化的反应，这进一步增加了头部姿态可靠编码的模糊性（Paulk and Gilbert，2006）。

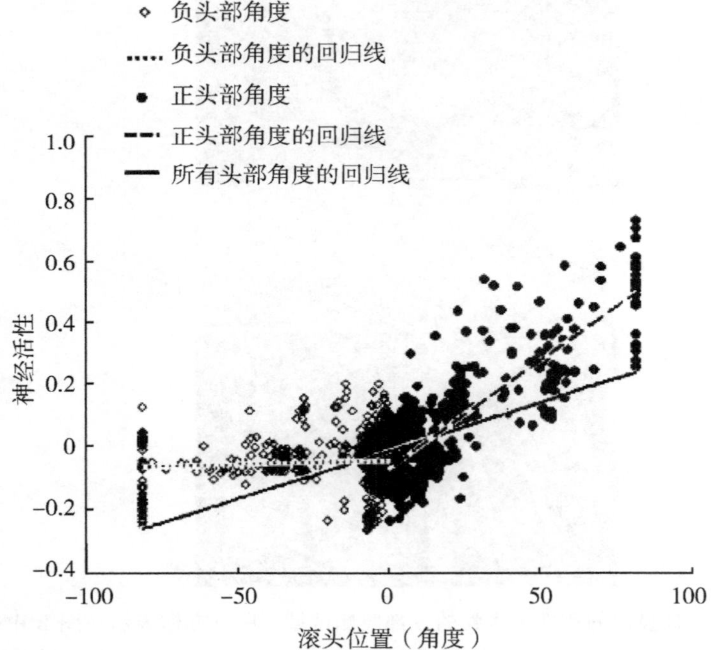

图10−18　黑水虻的头部姿态本体感受器神经与滚头位置的正角和负角关系

Fig. 10−18　Relationship of prosternal organ nerve（PN）activity with roll head position divided into positive angles（roll down，filled symbols；broken regression line）and negative angles（roll up，open symbols，dotted regression line）. The solid line indicates the regression line for the whole data set

有学者尝试揭示黑水虻平衡棒的基本原理以用于振动陀螺仪的研发。首先，使用静态力传感器来确定平衡棒的刚度，评估沿扑动方向的固有频率，然后基于纳米压痕测量其弹性系数。根据测量到的材料性质，将其建模为一个简单的结构，并对陀螺应变进行了分析，还使用有限元模拟来验证估计。研究结果对自然振动陀螺仪的工作机理提供了更好的认识（Parween *et al.*，2014）。平衡棒与身体的连接是平衡棒上肌肉驱动的振动。这些振动决定了弯曲振动的传感方向。在任何外加旋转时，这种感应振动被位于平衡棒底部的感觉器官感知，以确定旋转的速度。研究人员评估了麻醉悬架沿驱动和传感方向的边界条件与刚度，见图 10-19、图 10-20。用扫描电镜（SEM）对黑水虻的平衡棒进

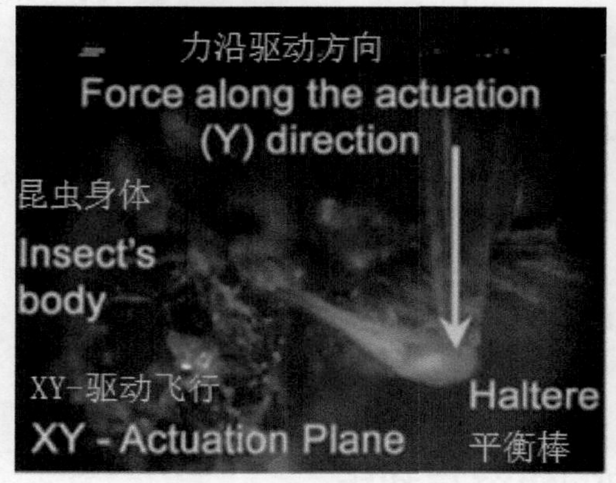

A

B

图 10-19　平衡棒样品沿驱动方向（A）和传感方向（B）的探测
（资料来源于 Parween & Pratap，2015）
Fig. 10-19　A haltere sample is probed along the actuation direction（A）and along the sensing direction（B）

A　B　C

图 10-20　平衡棒的背面观（A）、前面观（B）和横截面观（C）
（资料来源于 Parween & Pratap，2015）
Fig. 10-20　Dorsal view（A），front view（B），and cross-sectional view at AA（C）of a haltere

行了扫描，建立了其三维模型，得到了其质量特性，见图 10-21。在此基础上，估计了

驱动方向和传感方向的固有频率，提出了一种平衡棒关节机构的有限元模型，并讨论了平衡棒不对称截面的意义。沿驱动方向估计的固有频率在平衡棒扑动频率范围内。然而，沿感测方向的固有频率大约是平衡棒扑动频率的两倍，该频率为感知黑水虻的飞行的旋转速度提供了较大的带宽（Parween and Pratap，2015）。

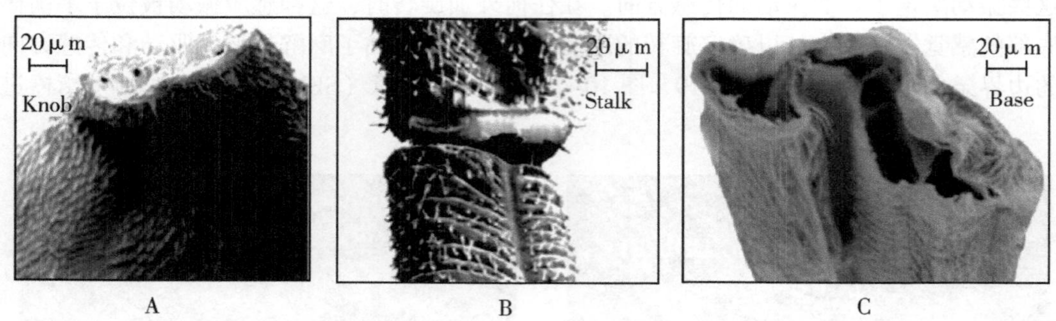

图 10-21　平衡棒横截面的扫描电镜观察（A：旋转处，B：柄节，C：基部）
（资料来源于 Parween & Pratap，2015）
Fig. 10-21　SEM image of the cross-section of a haltere at the knob（A），the stalk（B），and the base（C）

第五节　生物柴油的研究与利用

黑水虻幼虫是一种高脂肪昆虫，是一种很有研究价值和实际应用意义的生物柴油生产原料。黑水虻幼虫可以用于转化粪污并制备生物柴油。在畜禽粪污中生长了 10d 的幼虫，用石油醚提取粗脂肪。提取出的粗脂肪经酸（1% H_2SO_4）催化的酯化和碱（0.8% NaOH）催化的转酯化转化为生物柴油。图 10-22 显示研究人员用1 200头黑水虻幼虫在

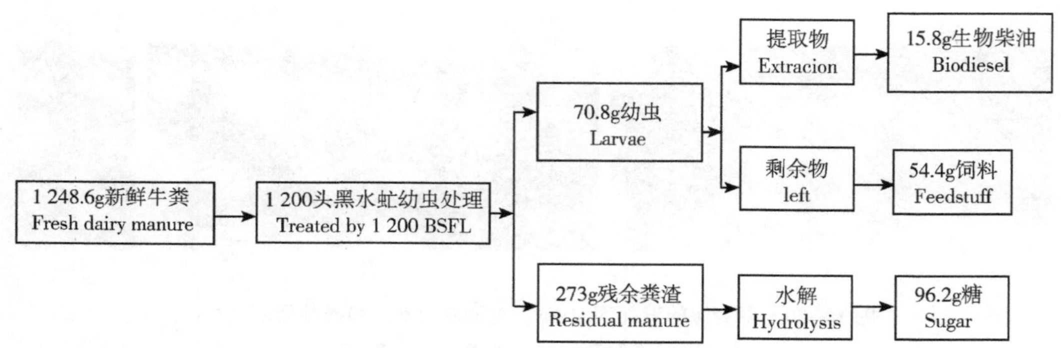

图 10-22　黑水虻幼虫转化牛粪的转化流程（资料来源于 Li *et al.*，2011）
Fig. 10-22　Process of bioconversion of dairy manure by BSFL

21d内将1 248.6g的新鲜牛粪转化，收获了 70.8g 干燥的幼虫，并从中提取了约 15.8g 的生物柴油，还从消化过的牛粪中提取了 96.2g 的糖（Li *et al.*，2011a）。也有学者比

较了牛粪、猪粪和鸡粪的差异。结果用 1kg 的牛粪、猪粪和鸡粪分别生产出 35.5g、57.8g 和 91.4g 生物柴油。黑水虻幼虫来源的生物柴油的主要酯类成分是月桂酸甲酯（35.5%）、油酸甲酯（23.6%）和棕榈酸甲酯（14.8%）；燃料性能，如密度（885kg/m^3）、黏度（5.8mm^2/s）、酯含量（97.2%）、燃点（123℃）和十六烷值（53）与油基生物柴油的燃料性能相当（表 10-13）（Li *et al.*，2011b）。

表 10-13 黑水虻幼虫油脂中提取的生物柴油的质量参数分析数据

Table 10-13 Analysis data of the quality parameters of biodiesel from the BSFL grease

	欧盟生物柴油标准 EN 14214	从黑水虻油脂提取的生物柴油
密度（kg/m^3）	860~900	872±0.3
酯含量（%）	96.5	97.2±1.4
闪点（℃）	120	121±2.6
水含量（mg/kg）	<500	300±3.7
40℃时的运动粘度（mm^2/s）	2.5~6.0	4.5±0.1
酸值（mg KOH/g）	0.50	0.8±0.2
甲醇或乙醇（%）	0.2	未检测到
蒸馏（%）	未提到	360℃时为 91%±1.87%

注：资料来源于 Li *et al.*，2011

餐厅废弃物经典型油脂萃取后的固体残渣组分（solid residual fraction，SRF）可以通过黑水虻转化进而制备生物柴油。实际操作时将固体残渣当作饲料饲喂黑水虻，收获的幼虫经石油醚萃取即得到粗油脂，再通过酸催化酯化（1% H_2SO_4）和碱催化酯交换（0.8% NaOH），将提取的粗脂转化为生物柴油。经试验和测算，发现每 1kg 固体残渣上生长大约1 000头幼虫，可产生大约 23.6g 的幼虫油脂生物柴油。饲养黑水虻幼虫 7d 后，固体残渣的重量减少约 61.8%。餐厅废弃物产生的生物柴油产量几乎翻了一番（原有餐厅废弃物的油脂产量为 2.7%，幼虫油脂产量为 2.4%）。以黑水虻幼虫为原料生产的生物柴油的主要甲酯组分为油酸甲酯（27.1%）、月桂酸甲酯（23.4%）、棕榈酸甲酯（18.2%）。该生物柴油的大部分性能符合 EN14214 标准，包括密度（860kg/m^3）、黏度（4.9mm^2/s）、闪点（128℃）、十六烷值（58）和酯含量（96.9%）。这些结果表明，从固体残渣饲养的幼虫中提取的黑水虻幼虫生物量可以作为生物柴油生产的原料。该方法不仅提高了餐厅废弃物生产生物柴油的效率，还有助于更好地管理和显著减少餐厅废弃物生产生物柴油过程中产生的大量固体残渣（Zheng *et al.*，2012b）。

黑水虻可将稻草转化进而制备生物柴油。黑水虻能同时利用葡萄糖和木糖，97.3%的葡萄糖和 93.8%的木糖能同时被黑水虻消耗。在标准饲料中添加 6%木糖时，脂质含量达到最高水平（34.60%）。将 200g 稻草用 1% 的 KOH 预处理，然后酶解发酵生产乙醇，再将发酵后的残渣通过 BSF 转化进行脂质积累，生物乙醇产量为 10.9g，生物柴油产量为4.3g（Li *et al.*，2015a）。

黑水虻可将废弃的玉米芯转化进而制备生物柴油。以玉米芯为原料，经厌氧发酵生产沼气，再以黑水虻幼虫转化沼气残渣，再以幼虫油脂为原料生产生物柴油。从400g玉米芯中提取到86.70 L沼气，厌氧消化添加沼气产量220.71mL/g。将黑水虻幼虫接种到400g沼气残渣中，用油脂制备了3.17g生物柴油（Li *et al.*，2015b）。

黑水虻可转化污水污泥、果渣、油棕厂的棕榈醇提取残渣进而制备生物柴油。黑水虻幼虫以水果废物和棕榈废物为食时日增长率分别为0.52±0.02g/d、0.23±0.09g/d。用污水污泥处理时日增长率低（-0.04±0.01g/d）。以硫酸为催化剂，通过对幼虫脂质进行酯交换，在甲醇中合成了生物柴油作为脂肪酸甲酯。脂肪酸主要组成为C12：0、C16：0、C18：1n9c。以水果废液、污水污泥和棕榈液为原料喂养的幼虫脂质C12：0含量最高。C12：0分别为76.13%、58.31%和48.06%。另外，脂肪酸C16：0在污泥和棕榈液中分别为16.48%和25.48%（Leong *et al.*，2016）。

黑水虻可联合黄粉虫对玉米秸秆进行转化进而制备生物柴油。首先采用黄粉虫对玉米秸秆进行初步降解，然后采用黑水虻利用第一阶段产生的残渣进行第二阶段降解。以这两种昆虫为基础的生物炼制法，产生了8.50g的昆虫生物量，其干质量降低率为51.32%，随后从幼虫中提取粗油脂1.95g，产生了1.76g生物柴油，6.55g蛋白质和111.59g生物有机肥。粗油脂中游离脂肪酸的转化率达到90%。玉米秸秆中纤维素、半纤维素、木质素等组分的水解程度较好，分别下降45.69%、51.85%、58.35%（Wang *et al.*，2017b）。

黑水虻幼虫油脂的提取还可以用微波提取法。采用响应面法研究提取条件对油脂提取率的影响。统计分析结果表明，二次模型与实际情况吻合较好。通过气相色谱质谱分析，得到脂质含量为22.54%的油酸、12.67%的亚油酸和6.45%的棕榈油酸。通过对提取的脂质样品进行傅里叶变换红外（FTIR）、热重（TG）和差示扫描量热（DSC）分析，定性确认了这些成分数据。表明黑水虻适宜生产生物柴油（Wang *et al.*，2017a）。也可采用脂肪酶催化黑水虻幼虫油脂与甲醇酯交换反应，制备环保型生物柴油。对不同的商业用脂肪酶在反应中的催化活性进行了评价。在被检测的生物催化剂中，固定化酶Novozym 435活性最高。随后采用响应面法对脂酶催化反应进行优化，建立可靠的经验预测模型。得到的最大的生物柴油产量为96.18%，反应条件是26℃，甲醇：脂肪的摩尔比为6.33，加入20%的酶，反应时间为9.48h。基于最佳反应条件和酶的再生过程，Novozym 435可以被再利用达20倍，生产92.5%的生物柴油。所得的生物柴油的性能研究表明：所有性能均符合EN 14214标准。因此证明脂酶催化黑水虻幼虫脂肪转化为生物柴油是一种很有前途的绿色代用燃料（Nguyen *et al.*，2017）。

参考文献

阿尔孜古丽·阿不力孜. 2015. 纤维素分解菌筛选及在棉秆饲料上的应用［D］. 新疆：新疆大学.

安新城. 2016. 黑水虻生物处置餐厨废弃物的技术可行性分析［J］. 环境与可持续发展，41：92-94.

安新城，戴建青，韩诗畴，等. 2011-11-02. 一种黑水虻幼虫虫料分离装置：中国，202019639U［P］.

安新城，李军，吕欣. 2010. 黑水虻处理养殖废物的研究现状［J］. 环境科学与技术，33：113-116.

曾德芳，黄耀辉，许剑臣，等. 2012-09-25. 一种芽孢杆菌系秸秆速腐剂及使用方法：中国，201210360065［P］.

柴志强，朱彦光. 2016. 黑水虻在餐厨垃圾处理中的应用［J］. 科技展望，26：321.

柴志强，朱彦光，龙云，等. 2016. 基于黑水虻的生态循环农业模式［J］. 农业与技术，36：34.

常向前，吕亮，张舒，等. 2018-07-10. 一种自动收集黑水虻蛹的装置：中国，207589898U［P］.

常向前，张舒，吕亮，等. 2018-02-13. 一种冬季获得黑水虻卵块的方法：中国，107683827A［P］.

陈超，蒋剑春，孙康，等. 2013. 炭化条件对秸秆成型燃料热值的影响［C］. 中国林业学术大会.

陈春，周启星. 2009. 金属硫蛋白作为重金属污染生物标志物的研究进展［J］. 农业环境科学学报，28：425-432.

陈国，田泽国. 2012. 棉秆粉碎料栽培平菇的配方研究［J］. 湖南农业科学，11：35-37.

陈杰，邝哲师，肖明，等. 2014. 畜禽粪便处理的优质昆虫黑水虻［J］. 安徽农业科学，457：8180-8182.

陈美珠. 2017. 黑水虻处理餐饮垃圾的技术分析与应用探讨［J］. 广东科技，26：59-61.

陈书峰，赵亮，刘德华. 2004. 绿色木霉在稻壳和麸皮混合基质上固态发酵生产纤维素酶的研究［J］. 食品与发酵工业，30：9-12.

程丽媛，廖先骏，徐龙祥，等. 2014. 以豌豆修尾蚜为猎物的大草蛉两性生命表和捕食率［J］. 植物保护学报，41：680-686.

崔玛丽. 2014. 论秸秆还田技术问题及其对策［J］. 农技服务，31：58-58.

代发文，葛远凯，梁伟才，等. 2017. 黑水虻处理餐厨垃圾浆料的生产性能及其幼虫生长发育规律研究［J］. 养猪（6）：73-75.

单立莉，张敏，周海萍. 2009. 酵母菌处理玉米秸秆的探讨研究［J］. 中国饲料（3）：44-45.

董清风，张大飞. 2015. 瞭望秸秆产业［J］. 新商务周刊（16）：50-56.

窦华泰. 2009. 长江中下游地区秸秆露天焚烧的危害与对策分析［C］. 中国不同经济区域环境污染特征的比较分析与研究学术研讨会.

杜丽娜，余若祯，王海燕，等. 2013. 重金属镉污染及其毒性研究进展［J］. 环境与健康杂志，30：167-174.

杜移珍，梁露，付伟利，等. 2016. 镉对果蝇金属硫蛋白表达的影响［J］. 安全与环境学报，16：383-387.

段永改，陈伟，闫兵磊，等. 2017-01-04. 一种育虫装置、含有该育虫装置的养殖系统及基于养殖系统黑水虻幼虫的养殖方法：中国，106259209A［P］.

范建斌. 2018-04-13. 一种黑水虻虫蛹羽化柜：中国，207219866U［P］.

冯大功. 2010. 随州市农村户用沼气发展制约因素及潜力研究［D］. 武汉：华中农业大学.

高俏，刘馨桧，李逵，等. 2016. 亮斑扁角水虻高附加值产品开发的研究进展［J］. 安徽农业科学，44：102-104.

顾文杰，徐有权，徐培智，等. 2012. 酸性土壤中高效半纤维素降解菌的筛选与鉴定［J］. 微生物学报，52：1251-1259.

郭明. 2015. 黑水虻——营养全面的动物保健品［J］. 农村新技术（12）：39.

郝强，黄倩，梁炜博，等. 2016. 不同温度下斜纹夜蛾的两性生命表［J］. 昆虫学报，59：654-662.

侯柏华，郭明昉. 2013-06-12. 一种快递评估黑水虻幼虫最佳收获时间的方法：中国，103141444A［P］.

胡俊茹，何飞，莫文艳，等. 2017. 采食不同有机废弃物黑水虻幼虫饲料价值分析［J］. 中国饲料（15）：24-27.

胡俊茹，王国霞，黄燕华，等. 2014. 黑水虻幼虫粉替代鱼粉对黄颡鱼幼鱼生长性能、体组成和血清生化指标的影响［C］. 中国畜牧兽医学会动物营养学分会第七届中国饲料营养学术研讨会.

黄燕华，莫文艳，胡俊茹，等. 2018-06-29. 黑水虻成虫养殖设备：中国，207544112U［P］.

黄燕华，盛广成. 2016-07-06. 一种黑水虻卵冷藏保存方法：中国，105724365A［P］.

黄治平，徐斌. 2008. 规模化猪场区域农田土壤重金属积累及影响评价分析［J］. 土壤通报，39：641-646.

惠文森，王康英，申晓蓉，等. 2011. 酵母菌发酵玉米秸秆试验研究［J］. 草业学报，20：180-185.

姬越，安新城，徐齐云. 2017-09-15，2017. 一种风干式黑水虻幼虫分离装置：中国，206491189U［P］.

姬越，任德珠，叶明强，等. 2017. 亮斑扁角水虻人工饲养条件下适宜温度的研究［J］. 环境昆虫学报，39：390-395.

靳红梅，黄红英，管永祥，等. 2016. 规模化猪场废水处理过程中四环素类和磺胺类抗生素的降解特征［J］. 生态与农村环境学报，32：978-985.

靳胜英，张礼安，张福琴. 2008. 我国可用于生产燃料乙醇的秸秆资源分析［J］. 国际石油经济，16：51-55.

柯翎，骆庭伟，林志超. 2004. 利用菲律宾花蛤的金属硫蛋白作为镉污染的检测指标［J］. 漳州师范学院学报（自然科学版），17：60-64.

李彩娟，王磊，凌去非. 2014. 镉胁迫对泥鳅金属硫蛋白基因表达的影响［J］. 水生态学杂志，35：88-93.

李超民，胡吉林，赵丽，等. 2015. 重金属对蚯蚓体内金属硫蛋白和谷胱甘肽过氧化物酶的影响［J］. 浙江农业学报，27：544-548.

李峰，张可，金鑫，等. 2016. 武汉亮斑水虻对猪粪的除臭功能研究［J］. 化学与生物工程，33：28-33.

李海亮，汪春，孙海天，等. 2017. 农作物秸秆的综合利用与可持续发展［J］. 农机化研究，39：256-262.

李金敏，张志焱，张菊，等. 2013. 微生态制剂替代饲用抗生素对肉鸡生产性能及肠道结构影响［J］. 饲料广角（2）：18-19.

李俊波，陈吉红，赵智勇. 2016. 亮斑扁角水虻对鸡粪、猪粪的利用以及水虻作为蛋白质、能量饲料资源的营养价值评价研究［J］. 养猪（4）：87-88.

李来刚. 2016. 优质活体饵料生物——黑水虻［J］. 农村百事通（20）：68-69.

李伟明，鲍艳宇，周启星. 2012. 四环素类抗生素降解途径及其主要降解产物研究进展［J］. 应用生态学报，23：2300-2308.

李卫娟，周文君，杨树义，等. 2016. 黑水虻虫沙对白菜生长性能的影响［J］. 安徽农业科学，44：111-112，115.

李武，郑龙玉，李庆，等. 2014. 亮斑扁角水虻转化餐厨剩余物工艺及资源化利用［J］. 化学与生物工程，31：12-17.

李亚宁，张丽红，殷艳艳，等. 2017. 典型磺胺类抗生素对油菜叶片叶绿素、可溶性蛋白及抗氧化酶的影响［J］. 环境污染与防治（12）：1209-1212.

李志刚，谭乐和，赖剑雄，等. 2011. 利用黑水虻生物转化热带农业废弃物的应用前景［J］. 热带生物学报，2：287-290.

李周直，沈惠娟，蒋巧很，等. 1994. 几种昆虫体内保护酶系统活力的研究［J］. 昆虫学报，37：399-403.

梁爽，于振洋，尹大强. 2015. 环境浓度下磺胺混合物对秀丽线虫（*Caenorhabditis elegans*）生长、饮食、抗氧化酶及其调控基因表达水平的影响［J］. 生态毒理学报，10：88-95.
刘德江，吴伟浩. 2015-09-09. 黑水虻虫卵孵化器：中国，204616805U［P］.
刘飞. 2016. 农户秸秆就地焚烧行为影响因素分析［D］. 杨凌：西北农林科技大学.
刘国丽，杨镇，王娜，等. 2014. 微生物转化秸秆饲料研究进展［J］. 广东农业科学，41：110-114.
刘海霞，张力，叶武. 2016. 白腐真菌降解秸秆条件的研究［J］. 中国畜牧兽医文摘，32：57-58.
刘良，鞠美庭. 2017. 黑水虻治理猪场生物质固体废弃物的潜力分析［J］. 中国畜牧杂志，53：105-108.
刘盼，刘新利. 2016. 绿色木霉、黄孢原毛平革菌和重组毕赤酵母混和发酵玉米秸秆制备饲料的工艺研究［J］. 饲料工业，37：31-34.
刘睿. 2009. 油料秸秆多菌共发酵降解体系的建立及初步应用［D］. 北京：中国农业科学院.
刘韶娜，赵智勇. 2016. 黑水虻对畜禽废弃物治理的研究进展［J］. 养猪（2）：81-83.
刘世胜. 2016. 黑水虻幼虫替代鱼粉在鲤鱼饲料中的应用研究［D］. 杨凌：西北农林科技大学.
刘晓梅，邹亚杰，胡清秀，等. 2015. 菌渣纤维素降解菌的筛选与鉴定［J］. 农业环境科学学报，34：1384-1391.
刘兴，孙学亮，李连星，等. 2017. 黑水虻替代鱼粉对锦鲤生长和健康状况的影响［J］. 大连海洋大学学报，32：422-427.
刘耀明，余志涛，朱文雅，等. 2015. 三种重金属对中华稻蝗金属硫蛋白基因表达的影响［J］. 农业环境科学学报，34：227-232.
刘耀堂，李晓梦. 2011. 我国农业秸秆的现状与利用方法［J］. 环境与发展（7）：150-150.
刘颖，漆学伟，李志豪，等. 2017. 3 种作物秸秆发酵后对家蝇的饲养效果［J］. 华中农业大学学报，36：61-66.
刘元望，李兆君，冯瑶，等. 2016. 微生物降解抗生素的研究进展［J］. 农业环境科学学报，35：212-224.
娄齐年，王安皆，唐文倩，等. 2018-02-06. 一种黑水虻集卵装置：中国，206963720U［P］.
卢建军，许梓荣. 2007. 日粮抗生素影响断奶仔猪肠道结构的机理研究［J］. 浙江农业学报，19：15-19.
罗永玲. 2013. 玉米秸秆的综合利用［J］. 基层农技推广（4）：36.
马加康，郭浩然，王立新 2016. 新鲜鸭粪对黑水虻幼虫生长发育及粪便转化率的影响［J］. 安徽科技学院学报，30：12-18.
明耀衡. 2017-06-06. 一种黑水虻幼虫量产养殖装置：中国，206213054U［P］.
莫文艳，黄燕华，陈晓瑛，等. 2018-11-23. 黑水虻幼虫孵化盘：中国，

208129261U［P］.

莫文艳，黄燕华，王国霞，等. 2018-07-13. 诱导黑水虻产卵的设备：中国，207604399U［P］.

彭靖. 2009. 对我国农业废弃物资源化利用的思考［J］. 生态环境学报，18：794-798.

任玉娟，刘蒙南，王兰，等. 2017. 镉对背角无齿蚌组织中金属硫蛋白含量的影响［J］. 山西农业科学，45：211-214.

沈洪艳，王冰，赵月，等. 2015. 氧氟沙星对锦鲤抗氧化系统和 DNA 损伤的影响［J］. 环境科学与技术，38：59-66.

沈媛，徐齐云，安新城. 2012. 黑水虻幼虫及预蛹抗逆性的初步研究［J］. 环境昆虫学报，34：240-242.

盛广成，黄燕华. 2016-07-27. 一种黑水虻化蛹方法：中国，105794723A［P］.

盛广成，黄燕华. 2016-06-08. 一种黑水虻预蛹冷藏保存方法：中国，105638580A［P］.

石冬冬，王海宏，刘洪亮，等. 2018-10-09. 冬季孵化黑水虻的方法及专用孵化装置：中国，108617598A［P］.

孙承铣. 1964. 给家蚕添食磺胺噻唑钠液的生理影响及存活率的调查［J］. 应用昆虫学报（3）：27-28.

孙海林，胡文锋，杨树义，等. 2016-06-08. 一种用于分离黑水虻幼虫的筛分装置：中国，205284675U［P］.

孙铭，翟倩倩，常志强，等. 2016. 不同浓度磺胺二甲嘧啶对中国对虾 APND、ECOD 和 GST 活性的影响［J］. 中国海洋大学学报（自然科学版），46：16-23.

汤晓燕，陈丽杰，袁文杰. 2014. 金属硫蛋白应用于重金属吸附的研究进展［J］. 现代化工（6）：32-36，38.

唐维媛，强奉群，邢丛丛，等. 2016. 不利环境对昆虫抗氧化酶影响的研究进展［J］. 贵州农业科学，44：75-79.

王凤，高磊，鞠瑞亭. 2016. 早熟禾拟茎草螟在不同温度下的年龄-龄期两性生命表［J］. 植物保护学报，43：641-647.

王海滨，韩立荣，冯俊涛，等. 2015. 高效纤维素降解菌的筛选及复合菌系的构建［J］. 农业生物技术学报，23：421-431.

王红志. 2016. 短翅灶蟋实验种群两性生命表研究及其肠道微生物的初步分离与鉴定［D］. 泰安：山东农业大学.

王丽平，章明奎. 2009. 四种外源抗生素在土壤中的降解研究［J］. 中国科技论文在线：1-5.

王玉宏，李保同，汤丽梅. 2014. 铜胁迫对亚洲玉米螟生长发育与生殖的影响［J］. 中国农业科学，47：473-481.

吴启仙，夏嫱. 2014. 重金属对昆虫抗氧化酶影响研究进展［J］. 环境昆虫学报，36：247-251.

吴银宝，廖新俤，汪植三，等. 2006. 兽药恩诺沙星（enrofloxacin）的水解特性［J］. 应用生态学报，17：1086-1090.

夏嫱，朱伟，廖业，等. 2014. Cu^{2+}在黑水虻体内迁移及对其发育影响［J］. 遵义医学院学报，37：300-303.

谢全喜，崔诗法，徐海燕，等. 2012. 复合微生态制剂与饲用抗生素对肉鸡生长性能、免疫性能和抗氧化指标的影响［J］. 动物营养学报，24：1336-1344.

徐炳政，张东杰，王颖，等. 2014. 金属硫蛋白及其重金属解毒功能研究进展［J］. 中国食品添加剂（5）：171-175.

许小龙，顾中言，徐德进，等. 2009. 杀虫抗生素对4种重要鳞翅目害虫的室内毒力测定［J］. 江苏农业科学（4）：136-138.

许彦腾，张建新，宋真真，等. 2014. 黑水虻幼虫蛋白质的制备及体外抗氧化活性［J］. 核农学报，28：2001-2009.

杨诚. 2014. 白星花金龟生物学及其对玉米秸秆取食习性的研究［D］. 泰安：山东农业大学.

杨森. 2013. 微生物联合蝇蛆转化固体有机废弃物和相关产品的研发［D］. 武汉：华中农业大学.

杨树义，李卫娟，刘春雪，等. 2016. 发酵猪粪对黑水虻转化率的影响及黑水虻幼虫和虫沙营养成分测定［J］. 安徽农业科学，44：69-70，73.

杨献清，字晓，倪喜云，等. 2018-12-21. 一种黑水虻集卵方法：中国，109042543A［P］.

杨燕，严欢，赵智勇，等. 2016. 以黑水虻为媒介处理两种疫病致死猪的安全性检测［J］. 养猪（4）：85-86.

殷万东，闫文涛，仇贵生，等. 2012. 苹果全爪螨在吉尔吉斯与金冠苹果上的实验种群两性生命表［J］. 昆虫学报，55：1230-1238.

俞波，鲁闯，俞明远，等. 2018-12-28. 黑水虻幼虫室息式分离方法和分离装置：中国，109090042A［P］.

喻国辉，李一平，杨玉环，等. 2014. 低含水量饲料对黑水虻生长发育的影响［J］. 昆虫学报，57：943-950.

张放，杨伟丽，杨树义，等. 2018. 黑水虻虫粉对生长猪生长性能和血清生化指标的影响［J］. 动物营养学报，30：2346-2351.

张放，朱建平，张政，等. 2017. 黑水虻虫粉对育肥猪生长性能、血清指标和养分消化率的影响［J］. 猪业观察（6）：43-46，48.

张丽丽. 2010. 筛选高效半纤维素降解菌及利用秸秆发酵酒精研究［D］. 武汉：华中农业大学.

张艳强，安立会，郑丙辉，等. 2012. 浑河野生鲫鱼体内重金属污染水平与金属硫蛋白基因表达［J］. 生态毒理学报，7：57-64.

赵启凤. 2012. 黑水虻抗菌肽诱导及粗提物活性研究［D］. 遵义：遵义医学院.

中国科学院北京动物研究所昆虫生理研究室代谢组. 1977. 抗菌素对于数种害虫的

毒效试验［J］. 昆虫学报，20：21-32.

朱建平，刘春雪，杨树义，等. 2017. 昆虫（黑水虻）资源在饲料中的研究进展［J］. 黑龙江畜牧兽医（7）：61-63.

邹杨，杨在宾，杨维仁，等. 2010. 不同剂型丁酸钠与抗生素对肉仔鸡生产性能、肠道 pH 值及挥发性脂肪酸含量的影响［J］. 动物营养学报，22：675-681.

ADAMS C F 1903. Dipterological contributions［J］. The Kansas University Science Bulletin，2：27.

ADENIYI A A，IDOWU A B，OKEDEYI O O 2003. Levels of cadmium，chromium and lead in dumpsites soil，earthworm（*Lybrodrilus violaceous*），housefly（*Musca domestica*）and dragon fly（*Libellula luctosa*）［J］. Pakistan Journal of Scientific and Industrial Research，46：452-456.

AL-MOMANI F A，MASSADEH A M 2005. Effect of different heavy-metal concentrations on *Drosophila melanogaster* larval growth and development［J］. Biological Trace Element Research，108：271-277.

AMIARD-TRIQUET C，RAINGLET F，LARROUX C，*et al*. 1998. Metallothioneins in arctic bivalves［J］. Ecotoxicology and Environmental Safety，41：96-102.

AOKI Y，SUZUKI K T，KUBOTA K 1984. Accumulation of cadmium and induction of its binding protein in the digestive tract of fleshfly（*Sarcophaga peregrina*）larvae［J］. Comparative Biochemistry and Physiology Part C，77：279-282.

ASSELMAN J，SHAW J R，GLAHOLT S P，*et al*. 2013. Transcription patterns of genes encoding four metallothionein homologs in *Daphnia pulex* exposed to copper and cadmium are time-and homolog-dependent［J］. Aquatic Toxicology，142-143：422-430.

BANKS I J，GIBSON W T，CAMERON M M 2014. Growth rates of black soldier fly larvae fed on fresh human faeces and their implication for improving sanitation［J］. Tropical Medicine & International Health，19：14-22.

BARRAGAN-FONSECA K B，DICKE M，VAN LOON J J A 2017. Nutritional value of the black soldier fly（*Hermetia illucens* L.）and its suitability as animal feed-a review［J］. Journal of Insects as Food and Feed，3：105-120.

BARROS-CORDEIRO K B，BAO S N，PUJOL-LUZ J R 2014. Intra-puparial development of the black soldier-fly，*Hermetia illucens*［J］. Journal of Insect Science（Tucson），14：83.

BARROSO F G，SANCHEZ-MUROS M J，SEGURA M，*et al*. 2017. Insects as food：Enrichment of larvae of *Hermetia illucens* with omega 3 fatty acids by means of dietary modifications［J］. Journal of Food Composition and Analysis，62：8-13.

BENELLI G，CANALE A，RASPI A，*et al*. 2014. The death scenario of an Italian Renaissance princess can shed light on a zoological dilemma：did the black soldier fly reach Europe with Columbus?［J］. Journal of Archaeological Science，49：203-205.

BESKIN K V, HOLCOMB C D, CAMMACK J A, *et al.* 2018. Larval digestion of different manure types by the black soldier fly (Diptera: Stratiomyidae) impacts associated volatile emissions [J]. Waste Management, 74: 213-220.

BIANCAROSA I, LILAND N S, BIEMANS D, *et al.* 2018. Uptake of heavy metals and arsenic in black soldier fly (*Hermetia illucens*) larvae grown on seaweed-enriched media [J]. Journal of the Science of Food and Agriculture, 98: 2176-2183.

BONDARI K, SHEPPARD D C 1981. Soldier fly larvae as feed in commercial fish production [J]. Aquaculture, 24: 103-109.

BOOTH D C, SHEPPARD C 1984. Oviposition of the black soldier fly, *Hermetia illucens* (Diptera: Stratiomyidae): eggs, masses, timing, and site characteristics [J]. Environmental Entomology, 13: 421-423.

BORGOGNO M, DINNELLA C, IACONISI V, *et al.* 2017. Inclusion of *Hermetia illucens* larvae meal on rainbow trout (*Oncorhynchus mykiss*) feed: effect on sensory profile according to static and dynamic evaluations [J]. Journal of the Science of Food and Agriculture, 97: 3402-3411.

BOSCH G, FELS-KLERX H J V, RIJK T C, *et al.* 2017. Aflatoxin b1 tolerance and accumulation in black soldier fly larvae (*Hermetia illucens*) and yellow mealworms (*Tenebrio molitor*) [J]. Toxins (Basel), 9.

BOUSHY A R E 1991. House-fly pupae as poultry manure converters for animal feed: A review [J]. Bioresource Technology, 38: 45-49.

BRAECKMAN B, RAES H, VANHOYE D 1997. Heavy-metal toxicity in an insect cell line. Effects of cadmium chloride, mercuric chloride and methylmercuric chloride on cell viability and proliferation in *Aedes albopictus* cells [J]. Cell Biology And Toxicology, 13: 389-397.

CAI M M, HU R Q, ZHANG K, *et al.* 2018. Resistance of black soldier fly (Diptera: Stratiomyidae) larvae to combined heavy metals and potential application in municipal sewage sludge treatment [J]. Environmental Science and Pollution Research, 25: 1559-1567.

CAMENZULI L, VAN DAM R, DE RIJK T, *et al.* 2018. Tolerance and excretion of the mycotoxins aflatoxin B (1), zearalenone, deoxynivalenol, and ochratoxin A by *Alphitobius diaperinus* and *Hermetia illucens* from contaminated substrates [J]. Toxins (Basel), 10: 91.

CAMMACK J A, TOMBERLIN J K 2017. The impact of diet protein and carbohydrate on select life-history traits of the black soldier fly *Hermetia illucens* (L.) (Diptera: Stratiomyidae) [J]. Insects, 8: 56.

CHEN Y, ZHANG H, LUO Y, *et al.* 2012. Occurrence and assessment of veterinary antibiotics in swine manures: A case study in East China [J]. Chinese Science Bulletin, 57: 606-614.

CHENG J Y K, CHIU S L H, LO I M C 2017. Effects of moisture content of food waste on residue separation, larval growth and larval survival in black soldier fly bioconversion [J]. Waste Management, 67: 315-323.

CHEUNG C C C, ZHENG G J, LI A M Y, *et al*. 2001. Relationships between tissue concentrations of polycyclic aromatic hydrocarbons and antioxidative responses of marine mussels, *Perna viridis* [J]. Aquatic Toxicology, 52: 189-203.

CHOI J, ROCHE H, CAQUET T 2000. Effects of physical (hypoxia, hyperoxia) and chemical (potassium dichromate, fenitrothion) stress on antioxidant enzyme activities in *Chironomus riparius* Mg. (Diptera, Chironomidae) larvae: Potential biomarkers [J]. Environmental Toxicology and Chemistry, 19: 495-500.

CHOI W-H, YUN J-H, CHU J-P, *et al*. 2012. Antibacterial effect of extracts of *Hermetia illucens* (Diptera: Stratiomyidae) larvae against Gram-negative bacteria [J]. Entomological Research, 42: 219-226.

CHOI W H, JIANG M 2014. Evaluation of antibacterial activity of hexanedioic acid isolated from *Hermetia illucens* larvae [J]. Journal of Applied Biomedicine, 12: 179-189.

CHU K-B, JEON G-C, QUAN F-S 2014. Hexanedioic acid from *Hermetia illucens* larvae (Diptera: Stratiomyidae) protects mice against *Klebsiella pneumoniae* infection [J]. Entomological Research, 44: 1-8.

CICKOVA H, NEWTON G L, LACY R C, *et al*. 2015. The use of fly larvae for organic waste treatment [J]. Waste Management, 35: 68-80.

COLE F R, LOVETT A L 1921. An annotated list of Diptera of Oregon [J]. Proceedings of the California Academy of Sciences, 4: 148.

CULLERE M, TASONIERO G, GIACCONE V, *et al*. 2017. Black soldier fly as dietary protein source for broiler quails: meat proximate composition, fatty acid and amino acid profile, oxidative status and sensory traits [J]. Animal: 1-8.

CULLERE M, TASONIERO G, GIACCONE V, *et al*. 2016. Black soldier fly as dietary protein source for broiler quails: apparent digestibility, excreta microbial load, feed choice, performance, carcass and meat traits [J]. Animal, 10: 1923-1930.

CUMMINS V C, RAWLES S D, THOMPSON K R, *et al*. 2017. Evaluation of black soldier fly (*Hermetia illucens*) larvaemeal as partial or total replacement of marine fish meal in practical diets for Pacific white shrimp (*Litopenaeus vannamei*) [J]. Aquaculture, 473: 337-344.

CUTRIGNELLI M I, MESSINA M, TULLI F, *et al*. 2018. Evaluation of an insect meal of the black soldier fly (*Hermetia illucens*) as soybean substitute: Intestinal morphometry, enzymatic and microbial activity in laying hens [J]. Research in Veterinary Science, 117: 209-215.

DE MARCO M, MARTINEZ S, HERNANDEZ F, *et al*. 2015. Nutritional value of two insect larval meals (*Tenebrio molitor* and *Hermetia illucens*) for broiler chickens: Apparent nutrient digestibility, apparent ileal amino acid digestibility and apparent metabolizable energy [J]. Animal Feed Science and Technology, 209: 211-218.

DELEPEE R, POULIQUEN H, LE BRIS H 2004. The bryophyte Fontinalis antipyretica Hedw. bioaccumulates oxytetracycline, flumequine and oxolinic acid in the freshwater environment [J]. Science of the Total Environment, 322: 243-253.

DIBNER J J, RICHARDS J D 2005. Antibiotic growth promoters in agriculture: history and mode of action [J]. Poultry Science, 84: 634-643.

DIEGO M, LARRONDO L F, NIK P, *et al.* 2004. Genome sequence of the lignocellulose degrading fungus *Phanerochaete chrysosporium* strain RP78 [J]. Nature Biotechnology, 22: 695-700.

DIENER S, SOLANO N M S, GUTIERREZ F R, *et al.* 2011. Biological treatment of municipal organic waste using black soldier fly larvae [J]. Waste and Biomass Valorization, 2: 357-363.

DIENER S, ZURBRUEGG C, TOCKNER K 2009. Conversion of organic material by black soldier fly larvae: establishing optimal feeding rates [J]. Waste Management & Research, 27: 603-610.

DIENER S, ZURBRUEGG C, TOCKNER K 2015. Bioaccumulation of heavy metals in the black soldier fly, *Hermetia illucens* and effects on its life cycle [J]. Journal of Insects as Food and Feed, 1: 261-270.

DINDO M L, VANDICKE J, MARCHETTI E, *et al.* 2016. Supplementation of an artificial medium for the parasitoid *Exorista larvarum* (Diptera: Tachnidae) with hemolymph of *Hermetia illucens* (Diptera: Stratiomyidae) or *Antheraea pernyi* (Lepidoptera: Saturniidae) [J]. Journal of Economic Entomology, 109: 602-606.

EC 2002. Directive 2002/32/EC of the european parliament and of the council of 7 may 2002 on undesirable substances in animal feed [J]. Official Journal of the European Union, L140.

ELHAG O, ZHOU D, SONG Q, *et al.* 2017. Screening, expression, purification and functional characterization of novel antimicrobial peptide genes from *Hermetia illucens* (L.) [J]. PLoS One, 12: e0169582.

ELSAYED S A A, AHMED S Y A, ABDELHAMID N R 2014. Immunomodulatory and growth performance effects of ginseng extracts as a natural growth promoter in comparison with oxytetracycline in the diets of Nile tilapia (*Oreochromis niloticus*) [J]. International Journal of Livestock Research, 4: 130-142.

EMRE I, KAYIS T, COSKUN M, *et al.* 2013. Changes in antioxidative enzyme activity, glycogen, lipid, protein, and malondialdehyde content in cadmium-treated *Galleria mellonella* Larvae [J]. Annals of the Entomological Society of America, 106: 371-377.

ENGEL P, MORAN N A 2013. The gut microbiota of insects-diversity in structure and function [J]. FEMS Microbiology Reviews, 37: 699-735.

ERICKSON M C, ISLAM M, SHEPPARD C, *et al*. 2004. Reduction of *Escherichia coli* O157 : H7 and *Salmonella enterica* serovar enteritidis in chicken manure by larvae of the black soldier fly [J]. Journal of Food Protection, 67: 685-690.

FERRARI A C, SOARES A T C, AMORIM D S, *et al*. 2009. Comparison of attraction patterns of *Hermetia illucens* (Diptera, Stratiomyidae) associated to buried *Rattus norvergicus* carcasses with steroid hormones treatment [J]. Revista Brasileira de Entomologia, 53: 565-569.

FINKE M D 2013. Complete nutrient content of four species of feeder insects [J]. Zoo Biology, 32: 27-36.

FURMAN D P, YOUNG R D, CATTS E P 1959. *Hermetia illucens* (Linnaeus) as a factor in the natural control of *Musca domestica* Linnaeus [J]. Journal of Economic Entomology, 52: 917-921.

GAO Q, WANG X, WANG W, *et al*. 2017. Influences of chromium and cadmium on the development of black soldier fly larvae [J]. Environmental Science and Pollution *Research International*, 24: 8637-8644.

GOBBI P, MARTINEZ-SANCHEZ A, ROJO S 2013. The effects of larval diet on adult life-history traits of the black soldier fly, *Hermetia illucens* (Diptera: Stratiomyidae) [J]. European Journal of Entomology, 110: 461-468.

GONZáLEZ-PLEITER M, GONZALO S, RODEA-PALOMARES I, *et al*. 2013. Toxicity of five antibioticsand their mixtures towards photosynthetic aquatic organisms: Implications for environmental risk assessment [J]. Water Research, 47: 2050-2064.

GONZáLEZCOLOMA A, VALENCIA F, MARTíN N, *et al*. 2002. Silphinene sesquiterpenes as model insect antifeedants [J]. Journal of Chemical Ecology, 28: 117-129.

GREEN I D, DIAZ A, TIBBETT M 2010. Factors affecting the concentration in seven-spotted ladybirds (*Coccinella septempunctata* L.) of Cd and Zn transferred through the food chain [J]. Environmental Pollution, 158: 135-141.

GREEN T R, POPA R 2012. Enhanced ammonia content in compost leachate processed by black soldier fly larvae [J]. Applied Biochemistry and Biotechnology, 166: 1381-1387.

HALL D C, GERHARDT R R 2002. Flies (Diptera), pp. 127-161. In Mullen G, Durden L. (editors). Medical and Veterinary Entomology [M]. Academic Press. San Diego, California.

HARNDEN L M, TOMBERLIN J K 2016. Effects of temperature and diet on black soldier fly, *Hermetia illucens* (L.) (Diptera: Stratiomyidae), development [J]. Forensic Science International, 266: 109-116.

HENSBERGEN P J, VAN VELZEN M J M, NUGROHO R A, *et al*. 2000. Metallothionein-bound cadmium in the gut of the insect *Orchesella cincta* (Collembola) in relation to dietary cadmium exposure [J]. Comparative Biochemistry and Physiology C Pharmacology Toxicology and Endocrinology, 125: 17-24.

HEO C C, MOHAMAD A M, AHMAD FIRDAUS M S, *et al*. 2007. A preliminary study of insect succession on a pig carcass in a palm oil plantation in Malaysia [J]. Tropical Biomedicine, 24: 23-27.

HEO C C, MOHAMAD A M, AHMAD F M, *et al*. 2008. Study of insect succession and rate of decomposition on a partially burned pig carcass in an oil palm plantation in Malaysia [J]. Tropical Biomedicine, 25: 202-208.

HOCKNER M, DALLINGER R, STUERZENBAUM S R 2015. Metallothionein gene activation in the earthworm (*Lumbricus rubellus*) [J]. Biochemical and Biophysical Research Communications, 460: 537-542.

HOGSETTE J A 1992. New diets for production of house flies and stable flies (Diptera: Muscidae) in the laboratory [J]. Journal of Economic Entomology, 85: 2291.

HOLMAN D B, CHéNIER M R 2015. Antimicrobial use in swine production and its effect on the swine gut microbiota and antimicrobial resistance [J]. Canadian Journal of Microbiology, 61: 785.

HOLMES L A, VANLAERHOVEN S L, TOMBERLIN J K 2012. Relative humidity effects on the life history of *Hermetia illucens* (Diptera: Stratiomyidae) [J]. Environmental Entomology, 41: 971-978.

HOLMES L A, VANLAERHOVEN S L, TOMBERLIN J K 2013. Substrate effects on pupation and adult emergence of *Hermetia illucens* (Diptera: Stratiomyidae) [J]. Environmental Entomology, 42: 370-374.

HOLMES L A, VANLAERHOVEN S L, TOMBERLIN J K 2016. Lower temperature threshold of black soldier fly (Diptera: Stratiomyidae) development [J]. Journal of Insects as Food and Feed, 2: 255-262.

HOLMES L A, VANLAERHOVEN S L, TOMBERLIN J K 2017. Photophase duration affects immature black soldier fly (Diptera: Stratiomyidae) development [J]. Environmental Entomology, 46: 1439-1447.

HU J, WANG G, HUANG Y, *et al*. 2017. Effects of substitution of fish meal with black soldier fly (*Hermetia illucens*) larvae meal, in yellow catfish (*Pelteobagrus fulvidraco*) diets [J]. Israeli Journal of Aquaculture Bamidgeh, 69: 1382.

HUANG Y, CHENG M, LI W, *et al*. 2013. Simultaneous extraction of four classes of antibiotics in soil, manureand sewage sludge and analysis by liquid chromatography-tandem mass spectrometry with the isotope-labelled internal standard method [J]. Analytical Methods, 5: 3721-3731.

HUI W, GUOXING W U, GONGYIN Y E, *et al*. 2006. Accumulation of cuprum and cadmium and their effects on the antioxidant enzymes in Boetteherisea peregrina exposed to cuprum and cadmium [J]. Journal of Zhejiang University (Agriculture and Life

Sciences), 32: 77-81.

ISIDORI M, LAVORGNA M, NARDELLI A, *et al*. 2005. Toxic and genotoxic evaluation of six antibiotics on non-target organisms [J]. Science of the Total Environment, 346: 87-98.

ISMAN M B 1993. Growth inhibitory and antifeedant effects of azadirachtin on six noctuids of regional economic importance [J]. Pest Management Science, 38: 57-63.

JAMES M 1960. The soldier flies or Stratiomyidae of California [J]. Bulletin of the California Insect Survey, 6: 79-122.

JANSSEN R H, VINCKEN J-P, VAN DEN BROEK L A M, *et al*. 2017. Nitrogen-to-protein conversion factors for three edible insects: *Tenebrio molitor*, *Alphitobius diaperinus*, and *Hermetia illucens* [J]. Journal of Agricultural and Food Chemistry, 65: 2275-2278.

JEON H, PARK S, CHOI J, *et al*. 2011. The intestinal bacterial community in the food waste-reducing larvae of *Hermetia illucens* [J]. Current Microbiology, 62: 1390-1399.

JI X, SHEN Q, LIU F, *et al*. 2012. Antibiotic resistance gene abundances associated with antibiotics and heavy metals in animal manures and agricultural soils adjacent to feedlots in Shanghai; China [J]. Journal of Hazardous Materials, 235-236: 178-185.

JIA F X, DOU W, HU F, *et al*. 2011. Effects of thermal stress on lipid peroxidation and antioxidant enzyme activities of oriental fruit fly, *Bactrocera dorsalis* (Diptera: Tephritidae) [J]. Florida Entomologist, 94: 956-963.

JøRGENSEN P S, WERNLI D, CARROLL S P, *et al*. 2016. Use antimicrobials wisely [J]. Nature, 537: 159-161.

JUCKER C, ERBA D, LEONARDI M G, *et al*. 2017. Assessment of Vegetable and Fruit Substrates as Potential Rearing Media for *Hermetia illucens* (Diptera: Stratiomyidae) Larvae [J]. Environment Entomology, 46: 1415-1423.

KAFEL A, ZAWISZA-RASZKA A, SZULINSKA E 2012. Effects of multigenerational cadmium exposure of insects (*Spodoptera exigua* larvae) on anti-oxidant response in haemolymph and developmental parameters [J]. Environmental Pollution, 162: 8-14.

KARTHI S, SANKARI R, SHIVAKUMAR M S 2014. Ultraviolet-B light induced oxidative stress: Effects on antioxidant response of *Spodoptera litura* [J]. Journal of Photochemistry and Photobiology B-biology, 135: 1-6.

KIM W, BAE S, PARK K, *et al*. 2011. Biochemical characterization of digestive enzymes in the black soldier fly, *Hermetia illucens* (Diptera: Stratiomyidae) [J]. Journal of Asia-Pacific Entomology, 14: 11-14.

KIM W T, ILSONG INSTITUTE OF LIFE SCIENCE, HALLYM UNIVERSITY, AN-

YANG, REPUBLIC OF KOREA 2010. The larval age and mouth morphology of the black soldier fly, *Hermetia illucens* (Diptera: Stratiomyidae) [J]. International Journal of Industrial Entomology, 21: 185-187.

KIM Y, CHOI K, JUNG J, *et al*. 2007. Aquatic toxicity of acetaminophen, carbamazepine, cimetidine, diltiazem and six major sulfonamides, and their potential ecological risks in Korea [J]. Environment International, 33: 370-375.

KROECKEL S, HARJES A G E, ROTH I, *et al*. 2012. When a turbot catches a fly: Evaluation of a pre-pupae meal of the black soldier fly (*Hermetia illucens*) as fish meal substitute-Growth performance and chitin degradation in juvenile turbot (*Psetta maxima*) [J]. Aquaculture, 364: 345-352.

KUMMERER K 2009. Antibiotics in the aquatic environment-a review-part II [J]. Chemosphere, 75: 435-441.

KUTTY S R M, YOONG L S, KHUN T C 2015. Growth performance, waste reduction and efficiency of conversion of digested food waste by *Hermetia illucens* larvae via bioconversion [J]. Journal of Pure and Applied Microbiology, 9: 533-537.

LALANDER C, DIENER S, MAGRI M E, *et al*. 2013. Faecal sludge management with the larvae of the black soldier fly (*Hermetia illucens*) -From a hygiene aspect [J]. Science of the Total Environment, 458: 312-318.

LALANDER C H, FIDJELAND J, DIENER S, *et al*. 2015. High waste-to-biomass conversion and efficient *Salmonella* spp. reduction using black soldier fly for waste recycling [J]. Agronomy for Sustainable Development, 35: 261-271.

LAMSHöFT M, SUKUL P, ZüHLKE S, *et al*. 2007. Metabolism of 14C-labelled and non-labelled sulfadiazine after administration to pigs [J]. Analytical & Bioanalytical Chemistry, 388: 1733-1745.

LANDRY M, COMEAU A M, DEROME N, *et al*. 2015. Composition of the spruce budworm (*Choristoneura fumiferana*) midgut microbiota as affected by rearing conditions [J]. PLoS One, 10.

LECLERCQ M 1969. Dispersion et transport des insectes nuisibles: *Hermetia illucens* L. (Diptera Stratiomyidae) [J]. Bulletin des recherches agronomiques de Gembloux, n. s. 4: 5.

LECLERCQ M 1997. A propos de *Hermetia illucens* (LINNAEuS, 1758) ("soldier fly") (Diptera: Stratiomyidae: Hermetiinae). [J]. Bulletin et annales de la Société royale d'entomologie de Belgique, 133: 8.

LEE C M, PARK J K, KIM S J, *et al*. 2012. Molecular cloning and characterization of a novel hydrolytic gene cluster from the intestinal metagenome of *Hermetia illucens* [J]. FEBS Journal, 279: 347-347.

LEONG S Y, KUTTY S R M, MALAKAHMAD A, *et al*. 2016b. Feasibility study of biodiesel production using lipids of *Hermetia illucens* larva fed with organic waste [J].

Waste Management, 47: 84–90.

LI L X, WU J Y, TIAN G M, *et al.* 2009. Effect of the transit through the gut of earthworm (Eisenia fetida) on fractionation of Cu and Zn in pig manure [J]. Journal of Hazardous Materials, 167: 634–640.

LI Q, ZHENG L, QIU N, *et al.* 2011a. Bioconversion of dairy manure by black soldier fly (Diptera: Stratiomyidae) for biodiesel and sugar production [J]. Waste Management, 31: 1316–1320.

LI Q, ZHENG L Y, CAI H, *et al.* 2011b. From organic waste to biodiesel: Black soldier fly, *Hermetia illucens*, makes it feasible [J]. Fuel, 90: 1545–1548.

LI S, JI H, ZHANG B, *et al.* 2016. Influence of black soldier fly (*Hermetia illucens*) larvae oil on growth performance, body composition, tissue fatty acid composition and lipid deposition in juvenile Jian carp (*Cyprinus carpio* var. Jian) [J]. Aquaculture, 465: 43–52.

LI S, JI H, ZHANG B, *et al.* 2017. Defatted black soldier fly (*Hermetia illucens*) larvae meal in diets for juvenile Jian carp (*Cyprinus carpio* var. Jian): Growth performance, antioxidant enzyme activities, digestive enzyme activities, intestine and hepatopancreas histological structure [J]. Aquaculture, 477: 62–70.

LI W, LI M, ZHENG L, *et al.* 2015a. Simultaneous utilization of glucose and xylose for lipid accumulation in black soldier fly [J]. Biotechnol Biofuels, 8: 117.

LI W, LI Q, ZHENG L Y, *et al.* 2015b. Potential biodiesel and biogas production from corncob by anaerobic fermentation and black soldier fly [J]. Bioresource Technology, 194: 276–282.

LI Y X, XIONG X, LIN C Y, *et al.* 2010. Cadmium in animal production and its potential hazard on Beijing and Fuxin farmlands [J]. Journal of Hazardous Materials, 177: 475–480.

LILAND N S, BIANCAROSA I, ARAUJO P, *et al.* 2017. Modulation of nutrient composition of black soldier fly (*Hermetia illucens*) larvae by feeding seaweed–enriched media [J]. PLoS One, 12: e0183188.

LINDNER E 1936. Die amerikanische *Hermetia illucens* L. im Mittelmeergebiet (Stratiomyiidae, Dipt.) [J]. Zoologischer Anzerger, 113: 2.

LING S F, ZHANG H 2013. Influences of chlorpyrifos on antioxidant enzyme activities of *Nilaparvata lugens* [J]. Ecotoxicology and Environmental Safety, 98: 187–190.

LIU Q, TOMBERLIN J K, BRADY J A, *et al.* 2008. Black soldier fly (Diptera: Stratiomyidae) larvae reduce *Escherichia coli* in dairy manure [J]. Environment Entomology, 37: 1525–1530.

LIU X, CHEN X, WANG H, *et al.* 2017. Dynamic changes of nutrient composition throughout the entire life cycle of black soldier fly [J]. PLoS One, 12: e0182601.

LIU Y M, WU H H, YU Z T, *et al.* 2015. Transcriptional response of two metallothionein genes (*OcMT*1 and *OcMT*2) and histological changes in *Oxya chinensis* (Orthoptera: Acridoidea) exposed to three trace metals [J]. Chemosphere, 139: 310-317.

LOOFT T, JOHNSON T A, ALLEN H K, *et al.* 2012. In-feed antibiotic effects on the swine intestinal microbiome [J]. Proceedings of the National Academy of Sciences, 109: 1691-1696.

LOPONTE R, NIZZA S, BOVERA F, *et al.* 2017. Growth performance, blood profiles and carcass traits of *Barbary partridge* (*Alectoris barbara*) fed two different insect larvae meals (*Tenebrio molitor* and *Hermetia illucens*) [J]. Research in Veterinary Science, 115: 183-188.

LORD W D, GOFF M L, ADKINS T R, *et al.* 1994. The black soldier fly *Hermetia illucens* (Diptera: Stratiomyidae) as a potential measure of human postmortem interval: observations and case histories [J]. Journal of Forensic Sciences, 39: 215-222.

LUO Y, MAO D, RYSZ M, *et al.* 2010. Trends in antibiotic resistance genes occurrence in the Haihe River, China [J]. Environmental Science & Technology, 44: 7220-7225.

MA J H, LEI Y Y, REHMAN K U, *et al.* 2018. Dynamic effects of initial pH of substrate on biological growth and metamorphosis of black soldier fly (Diptera: Stratiomyidae) [J]. Environmental Entomology, 47: 159-165.

MAGALHAES R, SANCHEZ-LOPEZ A, LEAL R S, *et al.* 2017. Black soldier fly (*Hermetia illucens*) pre-pupae meal as a fish meal replacement in diets for European seabass (*Dicentrarchus labrax*) [J]. Aquaculture, 476: 79-85.

MARONO S, LOPONTE R, LOMBARDI P, *et al.* 2017. Productive performance and blood profiles of laying hens fed *Hermetia illucens* larvae meal as total replacement of soybean meal from 24 to 45 weeks of age [J]. Poultry Science, 96: 1783-1790.

MARONO S, PICCOLO G, LOPONTE R, *et al.* 2015. In vitro crude protein digestibility of *Tenebrio molitor* and *Hermetia illucens* insect meals and its correlation with chemical composition traits [J]. Italian Journal of Animal Science, 14: 3889.

MARSHALL S A, WOODLEY N E, HAUSER M 2015. The historical spread of the black soldier fly, *Hermetia illucens* (L.) (Diptera, Stratiomyidae, Hermetiinae), and its establishment in Canada [J]. Journal of the Entomological Society of Ontario, 146: 51-54.

MARTINEZ-SANCHEZ A, MAGANA C, SALONA M, *et al.* 2011. First record of *Hermetia illucens* (Diptera: Stratiomyidae) on human corpses in Iberian Peninsula [J]. Forensic Science International, 206: E76-E78.

MAURER V, HOLINGER M, AMSLER Z, *et al.* 2016. Replacement of soybean cake by *Hermetia illucens* meal in diets for layers [J]. Journal of Insects as Food and Feed, 2: 83-90.

MAY B M 1961. The occurrence in New Zealand and the life-history of the soldier fly

Hermetia illucens (L.) (Diptera: Stratiomyidae) [J]. New Zealand Journal of Science, 4: 55-65.

MENEGUZ M, SCHIAVONE A, GAI F, *et al*. 2018. Effect of rearing substrate on growth performance, waste reduction efficiency and chemical composition of black soldier fly (*Hermetia illucens*) larvae [J]. Journal of the Science of Food and Agriculture, 98: 5776-5784.

MISHRA A, KUMAR S, PANDEY A K 2011. Laccase production and simultaneous decolorization of synthetic dyes in unique inexpensive medium by new isolates of white rot fungus [J]. International Biodeterioration & Biodegradation, 65: 487-493.

MOHD-NOOR S N, WONG C Y, LIM J W, *et al*. 2017. Optimization of self-fermented period of waste coconut endosperm destined to feed black soldier fly larvae in enhancing the lipid and protein yields [J]. Renewable Energy, 111: 646-654.

MORAL R, PEREZ - MURCIA M, PEREZ - ESPINOSA A, *et al*. 2008. Salinity, organic content, micronutrients and heavy metals in pig slurries from South - eastern Spain [J]. Waste Management, 28: 367-371.

MOUGIN C, CHEVIRON N, REPINCAY C, *et al*. 2013. Earthworms highly increase ciprofloxacin mineralization in soils [J]. Environmental Chemistry Letters, 11: 127-133.

MUIN H, TAUFEK N M, KAMARUDIN M S, *et al*. 2017. Growth performance, feed utilization and body composition of Nile tilapia, *Oreochromis niloticus* (Linnaeus, 1758) fed with different levels of black soldier fly, *Hermetia illucens* (Linnaeus, 1758) maggot meal diet [J]. Iranian Journal of Fisheries Sciences, 16: 567-577.

MYERS H M, TOMBERLIN J K, LAMBERT B D, *et al*. 2008. Development of black soldier fly (Diptera: Stratiomyidae) larvae fed dairy manure [J]. Environmental Entomology, 37: 11-15.

NAKAMURA S, ICHIKI R T, SHIMODA M, *et al*. 2016. Small-scale rearing of the black soldier fly, *Hermetia illucens* (Diptera: Stratiomyidae), in the laboratory: low-cost and year-round rearing [J]. Applied Entomology and Zoology, 51: 161-166.

NEWTON G, SHEPPARD D, WATSON D, *et al*. 2005a. The black soldier fly, *Hermetia illucens*, as a manure management/resource recovery tool [C]: Proceeding of Symposium on the State of the Science of Animal Manure and Waste Management, San Antonio, TX, USA: 0-5.

NEWTON G L, BOORAM C V, BARKER R W, *et al*. 1977. Dried *Hermetia illucens* larvae meal as a supplement for swine [J]. Journal of Animal Science, 44: 395-400.

NEWTON L, SHEPPARD C, WATSON D W, *et al*. 2005b. Using the black soldier fly, *Hermetia illucens*, as a value-added tool for the management of swine manure. [J]. Waste Management Programs, 10: 265-273.

NGUYEN D T, BOUGUET V, SPRANGHERS T, *et al*. 2015a. Beneficial effect of supplementing an artificial diet for *Amblyseius swirskii* with *Hermetia illucens* haemolymph [J]. Journal of Applied Entomology, 139: 342-351.

NGUYEN H C, LIANG S H, DOAN T T, *et al*. 2017. Lipase-catalyzed synthesis of biodiesel from black soldier fly (*Hermetia illucens*): Optimization by using response surface methodology [J]. Energy Conversion and Management, 145: 335-342.

NGUYEN T T X, TOMBERLIN J K, VANLAERHOVEN S 2013. Influence of resources on *Hermetia illucens* (Diptera: Stratiomyidae) larval development [J]. Journal of Medical Entomology, 50: 898-906.

NGUYEN T T X, TOMBERLIN J K, VANLAERHOVEN S 2015b. Ability of black soldier fly (Diptera: Stratiomyidae) larvae to recycle food waste [J]. Environmental Entomology, 44: 406-410.

NIU C-Y, LEI C-L, HUI C 2000. Research progesses of insect metallothionein [J]. Entomological Knowledge, 37: 244-247.

NYAKERI E M, OGOLA H J, AYIEKO M A, *et al*. 2017. An open system for farming black soldier fly larvae as a source of proteins for smallscale poultry and fish production [J]. Journal of Insects as Food and Feed, 3: 51-56.

OONINCX D G A B, VAN BROEKHOVEN S, VAN HUIS A, *et al*. 2015a. Feed conversion, survival and development, and composition of four insect species on diets composed of food by-products [J]. PLoS One, 10: e0144601.

OONINCX D G A B, VAN HUIS A, VAN LOON J J A 2015b. Nutrient utilisation by black soldier flies fed with chicken, pig, or cow manure [J]. Journal of Insects as Food and Feed, 1: 131-139.

OONINCX D G A B, VOLK N, DIEHL J J E, *et al*. 2016. Photoreceptor spectral sensitivity of the compound eyes of black soldier fly (*Hermetia illucens*) informing the design of LED-based illumination to enhance indoor reproduction [J]. Journal of Insect Physiology, 95: 133-139.

OVEREND G, LUO Y, HENDERSON L, *et al*. 2016. Molecular mechanism and functional significance of acid generation in the *Drosophila midgut* [J]. Scientific Reports, 6: 27242.

PAN X, QIANG Z, BEN W, *et al*. 2011. Residual veterinary antibiotics in swine manure from concentrated animal feeding operations in Shandong Province, China [J]. Chemosphere, 84: 695-700.

PANDEY K K, PITMAN A J 2003. FTIR studies of the changes in wood chemistry following decay by brown-rot and white-rot fungi [J]. International Biodeterioration & Biodegradation, 52: 151-160.

PARK B S, UM K H, CHOI W K, *et al*. 2017. Effect of feeding black soldier fly pupa meal in the diet on egg production, egg quality, blood lipid profiles and faecal bacteria in laying hens [J]. European Poultry Science, 81: 12.

PARK H, CHOUNG Y K 2007. Degradation of antibiotics (tetracycline, sulfathiazole, ampicillin) using enzymes of Glutathion S－Transferase [J]. Human & Ecological Risk Assessment an International Journal, 13: 1147-1155.

PARK S-I, CHANG B S, YOE S M 2014. Detection of antimicrobial substances from larvae of the blacksoldier fly, *Hermetia illucens* (Diptera: Stratiomyidae) [J]. Entomological Research, 44: 58-64.

PARK S-I, KIM J-W, YOE S M 2015. Purification and characterization of a novel antibacterial peptide from black soldier fly (*Hermetia illucens*) larvae [J]. Developmental & Comparative Immunology, 52: 98-106.

PARK S-I, YOE S M 2017. A novel cecropin-like peptide from black soldier fly, *Hermetia illucens*: Isolation, structural and functional characterization[J].Entomological Research, 47:115-124.

PARMENTIER L, MEEUS I, MOSALLANEJAD H, *et al*. 2016. Plasticity in the gut microbial community and uptake of Enterobacteriaceae (Gammaproteobacteria) in *Bombus terrestris* bumblebees' nests when reared indoors and moved to an outdoor environment [J]. Apidologie, 47: 237-250.

PARWEEN R, PRATAP R 2015. Modelling of soldier fly halteres for gyroscopic oscillations [J]. Biology Open, 4: 137-145.

PARWEEN R, PRATAP R, DEORA T, *et al*. 2014. Modeling strain sensing by the gyroscopic halteres, in the dipteran soldier fly, *Hermetia illucens* [J]. Mechanics Based Design of Structures and Machines, 42: 371-385.

PAULK A, GILBERT C 2006. Proprioceptive encoding of head position in the black soldier fly, *Hermetia illucens* (L.) (Stratiomyidae) [J]. Journal of Experimental Biology, 209: 3913-3924.

PAZ A S P, CARREJO N S, RODRIGUEZ C H G 2015. Effects of larval density and feeding rates on the bioconversion of vegetable waste using black soldier fly larvae *Hermetia illucens* (L.), (Diptera: Stratiomyidae) [J]. Waste and Biomass Valorization, 6: 1059-1065.

PETRIDIS M, BAGDASARIAN M, WALDOR M K, *et al*. 2006. Horizontal transfer of Shiga toxin and antibiotic resistance genes among *Escherichia coli* strains in house fly (Diptera: Muscidae) gut [J]. Journal of Medical Entomology, 43: 288-295.

POPA R, GREEN T R 2012. Using black soldier fly larvae for processing organic leachates [J]. Journal of Economic Entomology, 105: 374-378.

PUJOL-LUZ J R, FRANCEZ P A D C, URURAHY-RODRIGUES A, *et al*. 2008. The black soldier-fly, *Hermetia illucens* (Diptera, Stratiomyidae), used to estimate the postmortem interval in a case in Amapa State, Brazil [J]. Journal of Forensic Sciences, 53: 476-478.

PURSCHKE B, SCHEIBELBERGER R, AXMANN S, *et al*. 2017. Impact of substrate contamination with mycotoxins, heavy metals and pesticides on the growth performance and composition of black soldier fly larvae (*Hermetia illucens*) for use in the feed and food value chain [J]. Food Additives and Contaminants Part A-Chemistry Analysis Control Exposure & Risk Assessment, 34: 1410-1420.

QIN S S, WU C M, WANG Y, *et al.* 2011. Antimicrobial resistance in *Campylobacter coli* isolated from pigs in two provinces of China [J]. International Journal of Food Microbiology, 146: 94-98.

REDA R M, AHMED E N G, IBRAHIM R E, *et al.* 2013. Effect of oxytetracycline and florfenicol as growth promoters on the health status of cultured *Oreochromis niloticus* [J]. Egyptian Journal of Aquatic Research, 39: 241-248.

REHMAN K U, CAI M M, XIAO X P, *et al.* 2017a. Cellulose decomposition and larval biomass production from the co-digestion of dairy manure and chicken manure by mini-livestock (*Hermetia illucens* L.) [J]. Journal of Environmental Management, 196: 458-465.

REHMAN K U, REHMAN A, CAI M M, *et al.* 2017b. Conversion of mixtures of dairy manure and soybeancurd residue by black soldier fly larvae (*Hermetia illucens* L.) [J]. Journal of Cleaner Production, 154: 366-373.

RENNA M, SCHIAVONE A, GAI F, *et al.* 2017. Evaluation of the suitability of a partially defatted black soldier fly (*Hermetia illucens* L.) larvae meal as ingredient for rainbow trout (*Oncorhynchus mykiss* Walbaum) diets [J]. Journal of Animal Science and Biotechnology, 8: 57.

RILEY C V, HOWARD L O 1889. Hermetia mucens infesting bee-hives [J]. Insect Life, 1: 2.

ROHáČEK J, HORA M 2013. A northernmost European record of the alien black soldier fly *Hermetia illucens* (Linnaeus, 1758) (Diptera: Stratiomyidae) [J]. Časopis Slezské zemské muzeum, série A 62: 6.

ROSABAL M, PONTON D E, CAMPBELL P G C, *et al.* 2014. Uptake and subcellular distributions of cadmium and selenium in transplanted aquatic insect larvae [J]. Environmental Science & Technology, 48: 12654-12661.

SAHA R, NANDI R, SAHA B 2011. Sources and toxicity of hexavalent chromium [J]. Journal of Coordination Chemistry, 64: 1782-1806.

SALOMONE R, SAIJA G, MONDELLO G, *et al.* 2017. Environmental impact of food waste bioconversion by insects: Application of Life Cycle Assessment to process using *Hermetia illucens* [J]. Journal of Cleaner Production, 140: 890-905.

SAMAYOA A C, CHEN W T, HWANG S Y 2016. Survival and development of *Hermetia illucens* (Diptera: Stratiomyidae): A biodegradation agent of organic waste [J]. Journal of Economic Entomology, 109: 2580-2585.

SAMAYOA A C, HWANG S Y 2018. Degradation capacity and diapause effects on oviposition of *Hermetia illucens* (Diptera: Stratiomyidae) [J]. Joumal of Economic Entomology, 111: 1682-1690.

SARMAH A K, MEYER M T, BOXALL A B 2006. A global perspective on the use, sales, exposure pathways, occurrence, fate and effects of veterinary antibiotics (VAs) in the environment [J]. Chemosphere, 65: 725-759.

SCANDALIOS J G 2005. Oxidative stress: molecular perception and transduction of signals triggering antioxidant gene defenses [J]. Brazilian Journal of Medical and Biological Research, 38: 995-1014.

SCHIAVONE A, CULLERE M, DE MARCO M, *et al*. 2017a. Partial or total replacement of soybean oil by black soldier fly larvae (*Hermetia illucens* L.) fat in broiler diets: effect on growth performances, feed-choice, blood traits, carcass characteristics and meat quality [J]. Italian Journal of Animal Science, 16: 93-100.

SCHIAVONE A, DE MARCO M, MARTINEZ S, *et al*. 2017b. Nutritional value of a partially defatted and a highly defatted black soldier fly larvae (*Hermetia illucens* L.) meal for broiler chickens: apparent nutrient digestibility, apparent metabolizable energy and apparent ileal amino acid digestibility [J]. Journal of Animal Science and Biotechnology, 8: 51.

SCHMIDT G H, IBRAHIM N M, ABDALLAH M D 1992. Long-term effects of heavy metals in food on developmental stages of *Aiolopus thalassinus* (Saltatoria: Acrididae) [J]. Archives of Environmental Contamination and Toxicology, 23: 375-382.

SEALEY W M, GAYLORD T G, BARROWS F T, *et al*. 2011. Sensory analysis of rainbow trout, *Oncorhynchus mykiss*, fed enriched black soldier fly prepupae, *Hermetia illucens* [J]. Journal of the World Aquaculture Society, 42: 34-45.

SHEPPARD C 1983. Housefly and lesser fly control utilizing the black soldier fly in manure management-systems for caged laying hens [J]. Environmental Entomology, 12: 1439-1442.

SHEPPARD D C, NEWTON G L, THOMPSON S A, *et al*. 1994. A value added manure management system using the black soldier fly [J]. Bioresource Technology, 50: 275-279.

SHEPPARD D C, TOMBERLIN J K, JOYCE J A, *et al*. 2002. Rearing methods for the black soldier fly (Diptera: Stratiomyidae) [J]. Journal of Medical Entomology, 39: 695-698.

SHI W, GUO Y, XU C, *et al*. 2014. Unveiling the mechanism by which microsporidian parasites prevent locust swarm behavior [J]. Proceedings of the National *Academy* of *Sciences* of the United States, 111: 1343-1348.

SHU Y H, ZHANG G R, WANG J W 2012. Response of the common cutworm *Spodoptera litura* to zinc stress: Zn accumulation, metallothionein and cell ultrastructure of the midgut [J]. Science of the Total Environment, 438: 210-217.

SPRANGHERS T, NOYEZ A, SCHILDERMANS K, *et al.* 2017a. Cold hardiness of the black soldier fly (Diptera: Stratiomyidae) [J]. Journal of Economic Entomology, 110: 1501-1507.

SPRANGHERS T, OTTOBONI M, KLOOTWIJK C, *et al.* 2017b. Nutritional composition of black soldier fly (*Hermetia illucens*) prepupae reared on different organic waste substrates [J]. Journal of the Science of Food and Agriculture, 97: 2594-2600.

SSYMANK A, DOCZKAL D 2010. *Hermetia illucens* (Linnaeus, 1758) (Stratiomyidae), a soldierfly new to the German fauna [J]. Studia Dipterologica, 16: 3.

ST-HILAIRE S, CRANFILL K, MCGUIRE M A, *et al.* 2007. Fish offal recycling by the black soldier fly produces a foodstuff high in omega-3 fatty acids [J]. Journal of the World Aquaculture Society, 38: 309-313.

STERENBORG I, ROELOFS D 2003. Field-selected cadmium tolerance in the springtail *Orchesella cincta* is correlated with increased metallothionein mRNA expression [J]. Insect Biochemistry and Molecular Biology, 33: 741-747.

TABARSA T, JAHANSHAHI S, ASHORI A 2011. Mechanical and physical properties of wheat straw boards bonded with a tannin modified phenol-formaldehyde adhesive [J]. Composites Part B Engineering, 42: 176-180.

TINDER A C, PUCKETT R T, TURNER N D, *et al.* 2017. Bioconversion of sorghum and cowpea by black soldier fly (*Hermetia illucens* (L.) larvae for alternative protein production [J]. Journal of Insects as Food and Feed, 3: 121-130.

TOMBERLIN J K, ADLER P H, MYERS H M 2009. Development of the black soldier fly (Diptera: Stratiomyidae) in relation to temperature [J]. Environmental Entomology, 38: 930-934.

TOMBERLIN J K, SHEPPARD D C 2002. Factors influencing mating and oviposition of black soldier flies (Diptera: Stratiomyidae) in a colony [J]. Journal of Entomological Science, 37: 345-352.

TOMBERLIN J K, SHEPPARD D C, JOYCE J A 2002a. Selected life-history traits of black soldier flies (Diptera: Stratiomyidae) reared on three artificial diets [J]. Annals of the Entomological Society of America, 95: 379-386.

TOMBERLIN J K, SHEPPARD D C, JOYCE J A 2002b. Susceptibility of black soldier fly (Diptera: Stratiomyidae) larvae and adults to four insecticides [J]. Journal of Economic Entomology, 95: 598-602.

TOMBERLIN J K, SHEPPARD D C, JOYCE J A 2005. Black soldier fly (Diptera: Stratiomyidae) colonization of pig carrion in south Georgia [J]. Journal of Forensic Sciences, 50: 152-153.

TURCHETTO M, LAFISCA S, COSTANTINI G 2001. Postmortem interval (PMI) determined by study sarcophagous biocenoses: three cases from the province of Venice (Italy) [J]. Forensic Science International, 120: 28-31.

USHAKOVA N A, BRODSKII E S, KOVALENKO A A, *et al.* 2016. Characteristics of lipid fractions of larvae of the black soldier fly *Hermetia illucens* [J]. Doklady Biochemistry and Biophysics, 468: 209-212.

USHAKOVA N A, DONTSOV A E, BASTRAKOV A I, *et al.* 2017. Paramagnetics melanin and Mn^{2+} in black soldier fly *Hermetia illucens* [J]. Doklady Biochemistry and Biophysics, 473: 102-105.

VAN DEN MEERSCHE T, VAN PAMEL E, VAN POUCKE C, *et al.* 2016. Development, validation and application of an ultra high performance liquid chromatographic-tandem mass spectrometric method for the simultaneous detection and quantification of five different classes of veterinary antibiotics in swine manure [J]. Journal of Chromatography A, 1429: 248-257.

VAN DER FELS-KLERX H J, CAMENZULI L, VAN DER LEE M K, *et al.* 2016. Uptake of cadmium, lead and arsenic by *Tenebrio molitor* and *Hermetia illucens* from contaminated substrates [J]. PLoS One, 11: e0166186.

VOGEL H, MULLER A, HECKEL D G, *et al.* 2018. Nutritional immunology: Diversification and diet-dependent expression of antimicrobial peptides in the black soldier fly *Hermetia illucens* [J]. Developmental and Comparative Immunology, 78: 141-148.

VOS J G, DYBING E, GREIM H A, *et al.* 2000. Health effects of endocrine-disrupting chemicals on wildlife, with special reference to the European situation [J]. Critical Reviews in Toxicology, 30: 71-133.

WALLACE P A, NYAMEASEM J K, ADU-ABOAGYE G A, *et al.* 2017. Impact of black soldier fly larval meal on growth performance, apparent digestibility, haematological and blood chemistry indices of guinea fowl starter keets under tropical conditions [J]. Tropical Animal Health and Production, 49: 1163-1169.

WANG C W, QIAN L, WANG W G, *et al.* 2017a. Exploring the potential of lipids from black soldier fly: New paradigm for biodiesel production (I) [J]. Renewable Energy, 111: 749-756.

WANG H, DONG Y H, YANG Y Y, *et al.* 2013. Changes in heavy metal contents in animal feeds and manures in an intensive animal production region of China [J]. Journal of Environmental Sciences, 25: 2435-2442.

WANG H, REHMAN K U, LIU X, *et al.* 2017b. Insect biorefinery: a green approach for conversion of crop residues into biodiesel and protein [J]. Biotechnology for Biofuels, 10: 304.

WANG H, SANGWAN N, LI H Y, *et al.* 2017c. The antibiotic resistome of swine manure is significantly altered by association with the *Musca domestica* larvae gut microbiome [J]. ISME Journal, 11: 100-111.

WANG X Y, GAO Q, LIU X H, *et al.* 2018. Metallothionein in *Hermetia illucens* (Linnaeus, 1758) larvae (Diptera: Stratiomyidae), a potential biomarker for organic waste system [J]. Environmental Science and Pollution Research, 25: 5379-5385.

WASKO A, BULAK P, POLAK-BERECKA M, *et al.* 2016. The first report of the physicochemical structure of chitin isolated from *Hermetia illucens* [J]. International Journal of Biological Macromolecules, 92: 316-320.

WEBSTER C D, RAWLES S D, KOCH J F, *et al.* 2016. Bio-Ag reutilization of distiller's dried grains withsolubles (DDGS) as a substrate for black soldier fly larvae, *Hermetia illucens*, along with poultry by-product meal and soybean meal, as total replacement of fish meal in diets for Nile tilapia, *Oreochromis niloticus* [J]. Aquaculture Nutrition, 22: 976-988.

WEN X, JIA Y, LI J 2009. Degradation of tetracycline and oxytetracycline by crude lignin peroxidase prepared from *Phanerochaete chrysosporium*-A white rot fungus [J]. Chemosphere, 75: 1003-1007.

WOLLENBERGER L, HALLING-SøRENSEN B, KUSK K O. 2000. Acute and chronic toxicity of veterinary antibiotics to Daphnia magna [J]. Chemosphere, 40: 723-730.

WOODLEY N E 2001. A world catalog of the Stratiomyidae (Diptera) [J]. Myia, 11: 475.

WU J W, JIANG Y J, ZHA L Z, *et al.* 2010. Tetracycline degradation by ozonation, and evaluation of biodegradabil [J]. Canadian Journal of Civil Engineering, 37: 1485-1491.

XIA Q, LIAO Y, ZHU W, *et al.* 2013. Accumulation and distribution of heavy metal Zn^{2+} in two successive generations black soldier fly *Hermetia illucens* L. (Dipetra: Stratiomyidae) [J]. Journal of Hunan University of Science & Technology, 28: 110-114.

XIN-CHENG A N, JU L I, XIN L V. 2010. Development of Manure Management System with *Hermetia illucens* [J]. Enuivonmental Science and Technology, 33: 113-116.

YU G-H, CHEN Y-H, YU Z-N, *et al.* 2009. Research progression on the larvae and prepupae of black soldier fly *Hermetia illucens* used as animal feedstuff [J]. Chinese Bulletin of Entomology, 46: 41-45.

YU G-H, LI Y-P, YANG Y-H, *et al.* 2014. Effects of the artificial diet with low water content on the growth and development of the black soldier fly, *Hermetia illucens* (Diptera: Stratiomyidae) [J]. Acta Entomologica Sinica, 57: 943-950.

YU G-H, YANG Z-H, XIA Q, *et al.* 2010. Effect of chicken manure treated by gut symbiotic bacteria on the growth and development of black solder fly *Hermetia illucens* [J]. Chinese Bulletin of Entomology, 47: 1123-1127.

YU G, CHENG P, CHEN Y, *et al.* 2011. Inoculating poultry manure with companion bacteria influences growth and development of black soldier fly (Diptera: Stratiomyidae) larvae [J]. Environmental Entomology, 40: 30-35.

YUAN H X, QIN F J, GUO W Q, *et al.* 2016. Oxidative stress and spermatogenesis suppression in the testis of cadmium-treated *Bombyx mori* larvae [J]. Environmental Science and Pollution Research, 23: 5763-5770.

ZAGON J, DI RIENZO V, POTKURA J, *et al*. 2018. A real-time PCR method for the detection of black soldier fly (*Hermetia illucens*) in feedstuff [J]. Food Control, 91: 440-448.

ZDYBICKA - BARABAS A, BULAK P, POLAKOWSKI C, *et al*. 2017. Immune response in the larvae of the black soldier fly *Hermetia illucens* [J]. ISJ-Invertebrate Survival Journal, 14: 9-17.

ZHANG J, HUANG L, HE J, *et al*. 2010. An artificial light source influences mating and oviposition of black soldier flies, *Hermetia illucens* [J]. Journal of Insect Science (Tucson), 10: 202.

ZHANG Q Q, YING G G, PAN C G, *et al*. 2015. Comprehensive evaluation of antibiotics emission and fate in the river basins of China: source analysis, multimedia modeling, and linkage to bacterial resistance [J]. Environmental Science and Technology, 49: 6772-6782.

ZHANG Z, SHEN J, WANG H, *et al*. 2014. Attenuation of veterinary antibiotics in full-scale vermicompostingof swine manure via the housefly larvae (*Musca domestica*) [J]. Scientific Reports, 4: 6844.

ZHENG L Y, HOU Y F, LI W, *et al*. 2012a. Biodiesel production from rice straw and restaurant waste employing black soldier fly assisted by microbes [J]. Energy, 47: 225-229.

ZHENG L Y, LI Q, ZHANG J B, *et al*. 2012b. Double the biodiesel yield: Rearing black soldier fly larvae, *Hermetia illucens*, on solid residual fraction of restaurant waste after grease extraction for biodiesel production [J]. Renewable Energy, 41: 75-79.

ZHENG X Y, LONG W M, GUO Y P, *et al*. 2011. Effects of cadmium exposure on lipid peroxidation and the antioxidant system in fourth-instar larvae of *Propsilocerus akamusi* (Diptera: Chironomidae) under laboratory conditions [J]. Journal of Economic Entomology, 104: 827-832.

ZHOU F, TOMBERLIN J K, ZHENG L, *et al*. 2013a. Developmental and waste reduction plasticity of three black soldier fly strains (Diptera: Stratiomyidae) raised on different livestock manures [J]. Journal of Medical Entomology, 50: 1224-1230.

ZHOU J, WANG Y H, CHU J, *et al*. 2008. Identification and purification of the main components of cellulases from a mutant strain of *Trichoderma viride* T 100-14 [J]. Bioresource Technology, 99: 6826-6833.

ZHOU L J, YING G G, LIU S, *et al*. 2013b. Occurrence and fate of eleven classes of antibiotics in two typical wastewater treatment plants in South China [J]. Science of the Total Environment, 452-453: 365-376.

ZHOU L J, YING G G, ZHANG R Q, *et al*. 2013c. Use patterns, excretion masses and contamination profiles of antibiotics in a typical swine farm, south China [J]. Environmental Science Processes & Impacts, 15: 802-813.

ZHOU Z, RASKIN L, ZILLES J L 2010. Effects of Swine manure on macrolide, lincosamide, and streptogramin B antimicrobial resistance in soils [J]. Applied and environmental microbiology, 76: 2218-2224.

ZHU Y G, JOHNSON T A, SU J Q, *et al*. 2013. Diverse and abundant antibiotic resistance genes in Chinese swine farms [J]. Proceedings of the National Academy of Sciences, 110: 3435-3440.